"城市轨道交通控制专业"教材编写委员会

国家骨干高职院校建设
郑州铁路职业技术学院项目化教学规划教材建设委员会

高职高专“十二五”规划教材
——城市轨道交通控制专业

光通信技术与设备维护

朱　锦　主编
贾　萍　张江波　副主编
杜胜军　主审

化学工业出版社
·北京·

本书主要包括光通信、光工程和光传输三部分。光通信主要介绍光纤通信技术的基本知识，包括光纤通信系统的认知，光纤、光缆的认知，光仪表、光器件的认知；光工程主要介绍了光缆线路的施工，包括光纤通信工程的设计，光缆线路工程施工步骤，重点介绍了架空光缆、管道光缆、直埋光缆、水底光缆和进入光缆的敷设过程，同时介绍了光缆的接续和光缆线路的维护工作；光传输主要介绍了目前光纤通信系统 PDH、SDH 和 WDM 三种，重点介绍了 SDH 的原理、中兴 SDH 设备及日常工作、故障处理等内容。各校可以根据专业设置情况，选择其中的内容进行讲授。

本书可以作为高等院校通信技术、电子信息技术等专业光纤通信类课程的专业教材，也可以作为现场工程技术人员的培训教材和自学用书。

图书在版编目（CIP）数据

光通信技术与设备维护/朱锦主编．—北京：化学工业出版社，2014.3（2018.2 重印）
高职高专“十二五”规划教材——城市轨道交通控制专业
ISBN 978-7-122-19567-8

Ⅰ.①光…　Ⅱ.①朱…　Ⅲ.①光通信-通信设备-高等职业教育-教材　Ⅳ.①TN929.1

中国版本图书馆 CIP 数据核字（2014）第 012089 号

责任编辑：张建茹　刘　哲　　　　装帧设计：尹琳琳
责任校对：边　涛

出版发行：化学工业出版社（北京市东城区青年湖南街 13 号　邮政编码 100011）
印　　装：大厂聚鑫印刷有限责任公司
787mm×1092mm　1/16　印张 19¾　字数 496 千字　2018 年 2 月北京第 1 版第 2 次印刷

购书咨询：010-64518888（传真：010-64519686）　售后服务：010-64518899
网　　址：http://www.cip.com.cn
凡购买本书，如有缺损质量问题，本社销售中心负责调换。

定　　价：40.00 元

序

“城市轨道交通控制专业”是伴随城市快速发展、交通运输运能需求快速增长而发展起来的新兴专业，是城轨交通运输调度指挥系统核心设备运营维护的关键岗位。城市轨道交通控制系统是城轨交通系统运输调度指挥的灵魂，其全自动行车调度指挥控制模式，向传统的以轨道电路作为信息传输媒介的列车运行控制系统提出了新的挑战。随着 3C 技术［即：控制技术（Control）、通信技术（Communication）和计算机技术（Computer）］的飞跃发展，城轨交通控制专业岗位内涵和从业标准也随着技术和装备的升级不断发生变化，对岗位能力的需求向集信号控制、通信、计算机网络于一体的复合人才转化。

本套教材以职业岗位能力为依据，形成以城市轨道交通控制专业为核心、由铁道通信信号、铁道通信技术、电子信息工程技术等专业组成的专业群，搭建了专业群课程技术平台并形成各专业课程体系，教材开发全过程体现了校企合作，由铁路及城市轨道交通等运维企业、产品制造及系统集成企业、全国铁道行业教学指导委员会铁道通信信号专业教学指导委员会和部分相关院校合作完成。

本套教材在内容上，以检修过程型、操作程序型、故障检测型、工艺型项目为主体，紧密结合职业技能鉴定标准，涵盖现场的检修作业流程、常见故障处理；在形式上，以实际岗位工作项目为编写单元，设置包括学习提示、工艺（操作或检修）流程、工艺（操作或检修）标准、课堂组织、自我评价、非专业能力拓展等内容，强调教学过程的设计；在场景设计上，要求课堂环境模拟现场的岗位情境、模拟具体工作过程，方便学生自我学习、自我训练、自我评价，实现“做中学”（learning by doing），融“学习过程”与“工作过程”为一体。

本套教材兼顾国铁与地铁领域信号设备制式等方面的不同需求，求同存异。整体采用模块化结构，使用时，可有针对性地灵活选择所需要的模块，并结合各自的优势和特色，使教学内容和形式不断丰富和完善，共同为“城市轨道交通控制专业”的发展作出更大贡献。

“城市轨道交通控制专业”教材编委会
2013 年 7 月

前言

光纤通信技术、光传输技术、光缆线路工程等方面需求的技能型人才一直是高职通信专业培养的目标之一，几乎所有的通信技术、电子信息技术专业都开设有光纤通信类课程，光纤通信作为通信专业的核心课程，其地位是不可动摇的。随着光通信的发展，这门课程也在不断地增加新知识、新技术、新理念。本课程一般安排在学生大学二年级开设，学生前期学习了电子技术、通信原理等专业基础课程，与程控交换、数据通信等通信技术类课程同期学习，构成通信网络的承载体系，为后期的接入网技术、通信线缆概预算、移动通信技术等提供支撑。

目前国内外同类教材非常多，主要的编写方式是以光纤通信理论知识、光传输理论知识介绍为主，附有少量的实验操作。以项目化教学方式编写的教材就比较少。通过编者多年教学经验，根据高职高专的教学特点开发和编写了《光通信技术与设备维护》教材，本教材是以校企合作为基础，联合企业现场的工作人员对于项目分配、任务设定、考核细则都进行了详细的论证，具有非常高的可执行性。

本书共分三个模块：光通信、光工程和光传输。各模块分别附有不同的项目。各学校可以根据各自的实际教学条件选择不同的项目开展教学。

另外，本教材通过前期的资源共享平台的建设，可以提供项目化教学实施方案、项目化教学考核方案、电子教案、多媒体课件、部分实作环节视频、配套习题、职业资格考试培训资料及教材部分章节的企业素材，可以方便学生自学和企业职工学习。

本书为城市轨道交通控制专业及专业群建设国家骨干院校建设项目中央财政重点支持专业建设项目之一，项目标号 11-18-04。

本书是由郑州铁路职业技术学院朱锦主编，负责全书的规划与统稿；郑州市轨道交通有限公司的贾萍和张江波任副主编；郑州铁路局郑州通信段杜胜军任主审。参加本书编写任务的人员及分工如下：郑州市轨道交通有限公司张江波编写了项目一、项目二和项目三；郑州铁路职业技术学院付涛编写了项目四的 4.1～4.5 节；郑州铁路职业技术学院谢丹编写了项目四的 4.6、4.7 节；郑州铁路职业技术学院张俊逸编写了项目五；河南省电力公司高峰编写了项目六的 6.1、6.5 和 6.6 节；郑州铁路职业技术学院赵新颖编写了项目六的 6.2、6.3.1 和 6.3.2 节；郑州市轨道交通有限公司贾萍编写了项目六的 6.3.3 节；郑州铁路职业技术学院刘伟编写了项目六的 6.4 节；郑州铁路职业技术学院杨靖雅编写了项目六的 6.7 节；郑州铁路职业技术学院张清淼编写了项目七；郑州铁路职业技术学院朱锦编写了项目八的 8.1 节和课程设计部分；中兴通讯股份有限公司赵阳编写了项目八的 8.2 节和课程设计部分；郑州铁路职业技术学院黄根岭编写了项目八的 8.3、8.4 节；中兴通讯股份有限公司代华编写了项目九。

本书在编写过程中得到了企业、学院各位领导和化学工业出版社的热情支持和帮助，在此表示衷心的感谢。

由于编者水平有限，书中难免有疏漏和不足之处，恳请读者批评指正。

编者

2013 年 12 月

目录

课程设计

一、课程设置依据

随着光传输网络在中国规模化、产业化的发展，光通信网络已成为现代通信网络中最为重要的基础设施，社会各行业对光纤通信技术人才的需求也日益迫切，特别是对既有理论基础，又有实践技能的应用型人才需求更大。《光纤通信与设备维护》的课程在设置上，以相关行业岗位需求为导向，以通信行业职业能力培养为目标，以单科独进形式开展教学，设计教学情境、精选实作项目，实施工学结合、提升实践技能，体验工作过程。通过教学做一体化的教学过程，培养学生具有良好的光器件使用和维修能力，对光传输网设备能够安装调试、操作维护和技术支持，具有光通信施工的工程安装、测试、验收以及维护管理能力。

二、课程内容及学时分配

本门课程依照项目化教学开展，在教学过程中完成考核。具体的学时分配如下表所示。

单元内容	讲授	实验			小计
		实验	现场教学	考核	
模块一　光通信	10	10	6	2	28
模块二　光工程	12	6	2	2	22
模块三　光传输	12	14	12	2	40

三、教学设计思路

在本课程的教学设计中，弱化理论知识的分析，强化实践操作；在课堂教学中，主要采用多媒体教学、多媒体演示、现场演练为主的教学方式，以简单实用为教学的主导方向；学生在三周的单科独进教学结束后，需要完成九个项目的工作。具体的教学设计如下表。

项目名称	任务名称	主要内容	教学设计	教学方法	建议学时	教学环境
模块一 光通信	项目一 光纤通信认知	1. 光纤通信的发展概况； 2. 光纤通信系统的组成； 3. 光纤通信的发展	课程介绍、教学要求等。时间:10min 一、理论基础 理论讲授,PPT 演示,常见光器件、光仪表演示。 二、任务布置 理论讲授,实物展示,教师演示。实验内容、实验器材、实验报告要求。 三、任务实施 学生分组完成,教师指导。 四、项目总结 项目内容总结,任务单、课业收取。	理论讲授法 实物展示 多媒体辅助教学	2	多媒体教室

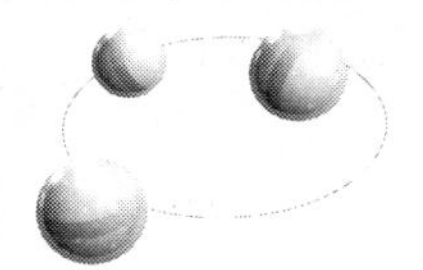

续表

项目名称	任务名称	主要内容	教学设计	教学方法	建议学时	教学环境
模块一光通信	项目二光纤认知	1. 光纤的结构、原理和特性； 2. 光纤熔接机的使用	课前提问，本项目总体介绍。 一、理论基础 1. 光纤：理论讲解、PPT演示、常见光纤展示； 2. 光纤熔接机的使用：理论讲解、PPT演示、视频播放、教师演示。 二、任务布置 理论讲授，实物展示，教师演示。实验内容、实验器材、实验报告要求。 三、任务实施 学生分组完成，教师指导。 四、实作考核 1. 考核内容：光纤熔接； 2. 考核方式：单独考试。 五、项目总结 项目内容总结，任务单、课业收取	多媒体辅助教学 讲授法 实物展示法 演示法 视频辅助教学	12	光纤熔接机及配套实验设备
	项目三光缆认知	1. 光缆的结构、型号和种类； 2. 光缆端别的识别	课前提问，本项目总体介绍。 一、理论基础 光缆：理论讲解、PPT演示、常见光纤展示。 二、任务布置 理论讲授，实物展示，教师演示。实验内容、实验器材、实验报告要求。 三、任务实施 学生分组完成，教师指导。 四、实作考核 1. 考核内容：光缆端别的识别； 2. 考核方式：单独考试。 五、项目总结 项目内容总结，任务单、课业收取	多媒体辅助教学 讲授法 实物展示法 演示法 视频辅助教学	4	光缆
	项目四光器件认知	1. 各种光仪表的原理及使用； 2. 各种常见光器件的原理及认知	课前提问，本项目总体介绍。 一、理论基础 1. 光仪表：理论讲解、PPT演示、光仪表展示； 2. 光器件：理论讲解、PPT演示、光器件展示。 二、任务布置 理论讲授，实物展示，教师演示。实验内容、实验器材、实验报告要求。 三、任务实施 学生分组完成，教师指导。 四、实作考核 1. 考核内容：无源光器件的识别、尾纤的识别； 2. 考核方式：单独考试。 五、项目总结 项目内容总结，任务单、课业收取	多媒体辅助教学 讲授法 实物展示法 演示法	10	光源、光时域反射仪、各类无源光器件等

续表

项目名称	任务名称	主要内容	教学设计	教学方法	建议学时	教学环境
模块二 光工程	项目五 光纤通信工程设计	1. 光纤通信工程设计的具体内容； 2. 光纤通信工程相关图纸的识读； 3. 光纤通信工程设计的相关文档	课前提问，本项目总体介绍。 一、理论基础 理论讲解、PPT演示、图片展示 二、任务布置 理论讲授，教师演示，图纸识读；实验内容、实验器材、实验报告要求。 三、任务实施 学生独自完成，教师指导；分组展示课业效果，大家探讨。 四、实作考核 1. 考核内容：光缆线路、指示图标的识读； 2. 考核方式：单独考试。 五、项目总结 项目内容总结，任务单、课业收取	多媒体辅助教学 讲授法 图片展示 演示法	6	多媒体教室
	项目六 光缆线路施工与维护	1. 光缆的线路敷设方式； 2. 光缆线路的测试与维护； 3. 光缆的成端方法和技术	课前提问，本项目总体介绍。 一、理论基础 理论讲解、PPT演示、图片展示、现场演示 二、任务布置 理论讲授，教师演示，视频观看；实验内容、实验器材、实验报告要求。 三、任务实施 学生独自完成，教师指导。 四、实作考核 1. 考核内容：光缆交接箱的成端、光缆的接续； 2. 考核方式：单独考试。 五、项目总结 项目内容总结，任务单、课业收取	多媒体辅助教学 讲授法 实物展示法 演示法	16	光缆线路敷设环境、光缆敷设相关工具等、光缆接续盒、光缆交接箱等
模块三 光传输	项目七 PDH光传输系统	1. PDH光传输系统的组成； 2. PDH光端机	课前提问，本项目总体介绍。 一、理论基础 理论讲解、PPT演示。 二、任务布置 理论讲授，实物展示，教师演示。实验内容、实验器材、实验报告要求。 三、任务实施 学生分组完成，教师指导。 四、项目总结 项目内容总结，任务单、课业收取。	多媒体辅助教学 讲授法 演示法	4	多媒体教室
	项目八 SDH光传输系统	1. SDH的相关理论知识； 2. SDH传输设备（中兴）认知； 3. SDH设备相关操作技术	课前提问，本项目总体介绍。 一、理论基础 理论讲解、PPT演示、设备展示、板卡认知、教师演示。 二、任务布置 理论讲授，教师演示；实验内容、实验器材、实验报告要求。 三、任务实施 学生独自完成，教师指导。 四、实作考核 1. 考核内容：按要求完成SDH环形网络组建、电路业务配置、数据业务配置、公务和时钟配置、保护配置等； 2. 考核方式：单独考试。 五、项目总结 项目内容总结，任务单、课业收取	多媒体辅助教学 讲授法 实物展示法 演示法 现场参观	34	SDH设备

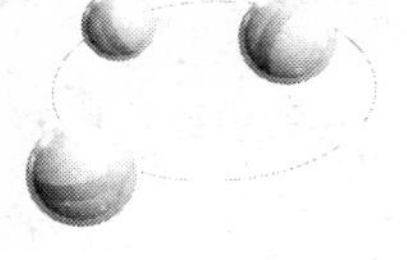

续表

项目名称	任务名称	主要内容	教 学 设 计	教学方法	建议学时	教学环境
模块三 光传输	项目九 WDM 光传输系统	1. WDM 技术的原理及应用 2. PTN 技术的原理及应用	课前提问，本项目总体介绍。 一、理论基础 理论讲解、PPT 演示。 二、任务布置 理论讲授，实物展示，教师演示。实验内容、实验器材、实验报告要求。 三、任务实施 学生分组完成，教师指导。 四、项目总结 项目内容总结，任务单、课业收取。	多媒体辅助教学 讲授法 实物展示法 演示法 现场参观	2	WDM 设备

四、考核要求

本门课程不再采用期末闭卷考试，3 周项目化教学完毕考核也同步完成。

1. 评价方式及评价标准

考核内容包括实作考试和应知应会的闭卷考试两部分，其中实作考核共 80 分，应知应会共 20 分，总分 100 分。

2. 实作考核在进行完相关教学以后由任课老师确定考核时间，进行相关考核。与此相关的考核包括以下内容：

① 光纤熔接(40 分)：
② 光纤模拟线路测试（40 分）：
③ 无源光器件识别（20 分）：
④ 尾纤识别（20 分）：
⑤ 光仪器识别（20 分）：
⑥ 光缆的接头盒的处理（20 分）：
⑦ OTDR 对光纤的测试及分析（40 分）：
⑧ 环形网络的组建（20 分）：
⑨ 环形网络电路业务的配置（40 分）：
⑩ 链形网络数据业务的配置（40 分）：
⑪ 公务和时钟的配置（20 分）：
⑫ 链形网络通道和复用段的保护配置（20 分）：
⑬ 环形网络通道保护的配置（40 分）：
⑭ 环形网络复用段保护配置（20 分）：

3. 应知应会理论考核

应知应会理论试题分为填空、选择、判断、简答、计算等五个部分。总分值 20 分。应知应会试题主要参考通信工试题库、线缆大赛试题库等资源，结合具体教学内容自动生成试卷，同进度不同班级不同试卷，在完成教学以后安排一个学时进行考试。

模块一 光通信

项目一 光纤通信认知

学习目标

1. 完成对光纤通信系统的认知。
2. 掌握光纤通信系统的组成功能及作用。
3. 了解光纤通信系统的发展。

相关知识

1.1 光纤通信系统简介

光纤通信就是以光波为载波，光导纤维为传输介质的通信方式。随着人类社会的进步与发展，人们对于信息的需求呈现出爆炸性的增长，信息高速公路建设也成为世界性的热潮，作为信息高速公路的核心和支柱，各国都在不遗余力地发展光纤通信技术及其相关产业，光纤通信事业也得到了空前发展。

1.1.1 光纤通信系统的组成

数字光纤通信系统主要由电端机、光端机（光发射机、光接收机）、光纤等部分组成，如图 1-1 所示。

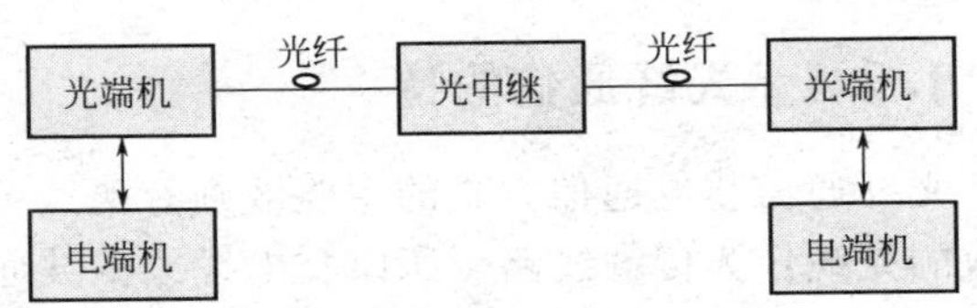

图 1-1 数字光纤通信系统模型

其中，电端机的作用是对来自信源的信号进行处理；发送端的光端机称为光发射机，主要组成部分是光源，实现电信号到光信号的转换；接收端的光端机称为光接收机，主要组成部分是光检测器，将来自光纤的光信号还原成电信号，经过放大、整形、再生后输入到电端机的接收端；如果是长距离的光纤通信系统，还需要有中继器，将

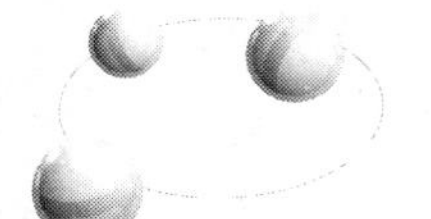

经过长距离光纤衰减和畸变后的微弱光信号放大、整形、再生成一定强度的光信号，继续在光纤中传送；光纤的作用是传输光信号。

1.1.2 光纤通信系统的分类

光纤通信系统根据使用的光传输波长、调制信号形式、传输信号的调制方式、光纤传导模式数量的不同，有以下几种分类方式。

（1）按照传输光波长划分　根据传输波长，将光纤通信系统分为短波长光纤通信系统、长波长光纤通信系统以及超长波长光纤通信系统。光纤通信系统的工作波长及中继距离如表1-1所示。

表 1-1　光纤通信系统工作波长及中继距离

光纤通信系统	短波长光纤通信系统	长波长光纤通信系统	超长波长光纤通信系统
工作波长/μm	0.7～0.9	1.1～1.6	不小于 2
中继距离/km	小于或等于 10	大于 100	不小于 1000

目前，短波长光纤通信系统已经被长波长光纤通信系统所代替，长波长光纤通信系统是应用主流，而超长波长光纤通信系统是重要的研究方向。

（2）按照调制信号形式划分　根据调制信号的形式，将光纤通信系统分为模拟光纤通信系统和数字光纤通信系统。模拟光纤通信系统使用的调制信号为模拟信号，如有线电视HFC网；数字光纤通信系统使用的调制信号为数字信号，几乎适用于各种信号的传输，目前广泛应用。

（3）按照传输信号的调制方式划分　根据光源的调制方式，将光纤通信系统分为直接调制光纤通信系统和间接调制光纤通信系统。直接调制光纤通信系统设备简单，应用广泛；间接调制光纤通信系统调制速率高，具有发展前途，在实际中也得到了部分应用。

（4）按照光纤传导模式数量划分　根据光纤的传导模式数量，将光纤通信系统分为多模光纤通信系统和单模光纤通信系统。多模光纤通信系统在早期的光纤通信系统中采用，主要应用于计算机局域网；单模光纤通信系统目前广泛应用于长途以及大容量的光纤通信系统中。

1.2 光纤通信的光波波谱

光纤通信的光波长在 0.8～1.8μm 之间，其中 0.8～0.9μm 称为短波长，1.0～1.8μm 称为长波长，2.0μm 以上称为超长波长。在短波长和长波长区间中，光纤通信有 3 个低损耗窗口，分别是 0.85μm 的短波长窗口、1.31μm 和 1.55μm 的长波长窗口。

1.3 光纤通信的特点及应用

1.3.1 光纤通信的特点

光纤通信与电通信方式的主要区别有两点：一是用光波作为载波传输信号，二是用光纤构成的光缆作为传输线路。所以与电缆或微波通信相比，光纤通信具有以下优点。

（1）巨大的传输容量　在实际应用中，一根头发丝粗细的光纤中可以同时传输 24 万路光信号，远远高出电缆和微波的传输容量；而一根光缆中又包含几十甚至上百根光纤，再加上波分复用技术，一根光缆的传输容量是非常巨大的。

(2) 极低的传输损耗　目前单模光纤在 1.31μm 窗口的损耗为 0.35dB/km，在 1.55μm 窗口的损耗低至 0.2dB/km，同时，合适的光端机设备以及光放大器，使得光纤传输的中继距离达到数百千米以上，甚至数千千米。

(3) 信道串扰小，保密性能好　光纤的结构保证光在传输中很少向外泄漏，因而在光纤中传输的信息之间不会产生串扰，更不易被窃听，保密性优于传统的电通信方式。

(4) 抗电磁干扰　光纤的主要成分是石英，不怕电磁干扰，不受外界光的影响，在核辐射的环境中，光纤通信也能正常进行。所以可以广泛应用于电力输配、电气化铁路、雷击多发区、核试验等环境中。

(5) 体积小、重量轻　24～28 芯光缆外径约为 18mm，比同样传输能力的电缆要细得多，重量约为电缆的 1/3～1/10。

(6) 原材料来源丰富，价格低廉　制造光纤的材料是极为普通的硅酸盐，与电缆相比，可节约大量的金属材料，大幅度降低成本，节约资源。

当然，光纤通信同样也存在着自身的一些缺点，比如，需要光电变换部分、光直接放大困难、电力传输困难、弯曲半径不宜太小、需要高级的切割接续技术、分路耦合不方便等，但是这些都不是严重的问题，并且随着技术的发展，这些问题都是可以获得解决的。

1.3.2　光纤通信的应用

光纤通信的应用主要体现在以下几个方面：

① 作为传输线在公用电信网中应用；

② 作为连接线在局域网中应用；

③ 作为接入线在综合业务网中应用；

④ 作为通信线在危险环境中应用；

⑤ 在不同网络层面中应用；

⑥ 在专网中应用。

1.4　光纤通信的发展现状与趋势

1.4.1　光纤通信发展的现状

随着光纤制造技术和光器件制造水平的发展，超大规模集成电路技术和微处理技术在光纤通信系统的应用，带动了光纤通信系统从小容量到大容量、从短距离到长距离、从旧体制到新体制的发展。目前的光纤通信系统在通信网、广播电视网、计算机网络以及其他数据传输系统中广泛应用，而且综合业务光纤接入网也提供了各种各样的社区服务。

1.4.2　光纤通信发展的趋势

光纤通信未来的发展方向主要表现在以下几个方面：

① 向超高速系统发展；

② 向超大容量 WDM 系统演进；

③ 向光传送网方向发展；

④ 向 G.655 光纤发展；

⑤ 向宽带光纤接入网方向发展。

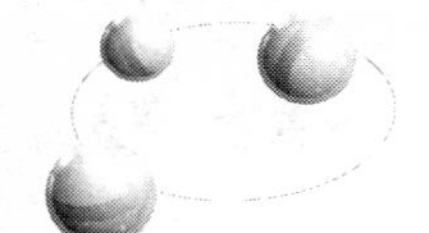

知识巩固 ▶▶▶

一、填空

1. 光纤通信是以____为载波，以光纤为____的一种通信方式。
2. 光纤的传输能力主要反映在______和______两个方面。
3. 光纤通信采用的三个工作窗口分别是：______、______、______。
4. 光纤通信系统由____、____、____和____组成。

二、选择

1. 下列哪个是短波长光纤通信系统的工作波长(　　)

A. 850nm　　B. 1550nm　　C. 1310nm　　D. 1450nm

2. 下列哪项不属于光纤通信系统(　　)

A. 光纤　　B. 光中继器　　C. 光时域反射仪　　D. 光端机

三、判断

1. 光纤通信选用光波的波长 λ 等于 0.85μm 时，传输衰减最小。(　　)
2. 多模光纤通信系统是以多模光纤作为传输介质的光纤通信系统，主要在局域网中使用。(　　)
3. 单模光纤通信系统目前被广泛应用于长途以及大容量的通信系统中。(　　)

四、简答

1. 简述光纤通信有哪些优缺点?
2. 光通信和电通信有哪些区别?

项目二　光纤认知

学习目标 ▶▶▶

1. 完成对光纤的认知。
2. 熟练操作光纤熔接。

相关知识 ▶▶▶

光纤是光纤通信系统的重要组成部分，是光信号传输的介质，也是光纤通信系统传输性能稳定、可靠的基本保证。

2.1　光纤简介

2.1.1　光纤的结构

光纤是光导纤维的简称，其作用是将光信号由发送端传输到接收端。典型结构是多层同轴圆柱体，如图 2-1 所示。图中自内向外的结构依次为纤芯、包层、涂覆层和套塑。

光纤的核心部分是纤芯和包层，其中纤芯成分是高纯度的 SiO_2，掺有极少量的掺杂剂

（如 GeO_2、P_2O_5）。掺杂剂的作用是提高纤芯对光的折射率（n_1）。纤芯是光波的主要传输通道，单模光纤的纤芯直径为 8～10μm，多模光纤的纤芯直径为 50μm；包层位于纤芯的周围，包层的直径一般为 125μm，其成分也是含有极少量掺杂剂（如 B_2O_3）的高纯度 SiO_2，包层中掺杂剂的作用是让包层的折射率（n_2）略小于纤芯的折射率（n_1）。

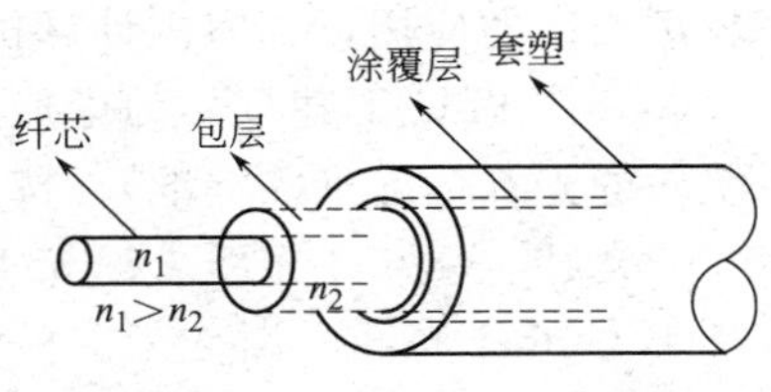

图 2-1　光纤结构示意图

涂覆层包括一次涂覆、缓冲层和二次涂覆。一次涂覆层一般使用丙烯酸酯、有机硅或硅橡胶材料；二次涂覆层一般多用聚丙烯或尼龙等高聚物；涂覆层起保护光纤不受水汽的侵蚀和机械的擦伤，同时又增加光纤的柔韧性，起着延长光纤寿命的作用。

仅由纤芯和包层构成的光纤称为裸光纤，简称裸纤。在裸光纤外面进行二次涂覆后形成的光纤称为光纤芯线，通常所说的光纤是指这种经过涂覆后的光纤。

2.1.2　光纤的分类

光纤有很多种分类方式，下面介绍几种常见的光纤分类。

（1）按光纤折射率分布　可以将光纤分为阶跃型光纤和渐变型光纤。

① 阶跃型光纤　阶跃型光纤的纤芯折射率是常数 n_1，包层折射率也是常数 n_2，且 $n_1 > n_2$。阶跃型光纤的折射率分布如图 2-2(a) 所示，图中 $2a$、$2b$ 分别为纤芯和包层的直径。

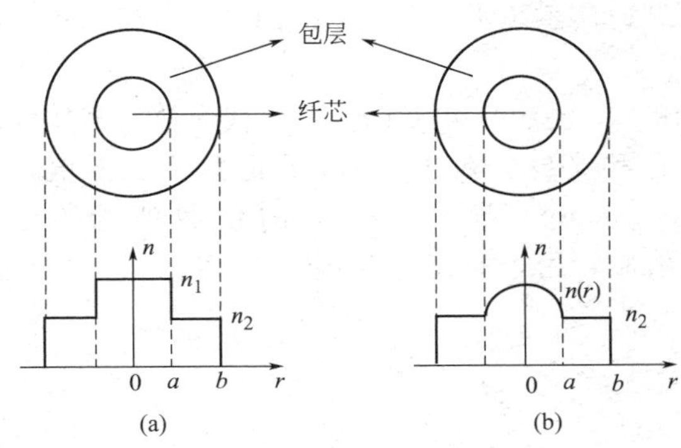

图 2-2　光纤的折射率剖面分布

② 渐变型光纤　渐变型光纤具有纤芯折射率随着半径加大而逐渐减小，到了纤芯和包层界面降至包层的折射率 n_2 的特性。渐变型光纤的折射率分布如图 2-2（b）所示。

（2）按光纤中传输模式数量　可以将光纤分为多模光纤和单模光纤。

① 多模光纤　多模光纤是可以传输多个模式的光纤。多模光纤的纤芯直径一般为 50μm，包层直径为 125μm。多模光纤纤芯直径较大，传输模式较多，传输特性较差，传输容量也较小。

② 单模光纤　单模光纤只有传输基模这一种模式。单模光纤纤芯直径一般为 8～10μm，包层直径为 125μm。单模光纤适用于大容量、长距离传输。

（3）按照光纤的工作波长　可以将光纤分为短波长光纤和长波长光纤。

① 短波长光纤　短波长光纤的工作波长在 0.8～0.9μm 范围内，具体工作窗口为 0.85μm，主要用于短距离、小容量的光纤通信系统中。

② 长波长光纤　长波长光纤的工作波长在 1.1～1.8μm 范围内，有 1.31μm 和 1.55μm 两个工作窗口，主要用于中长距离、大容量的光纤通信系统中。

（4）按制造光纤的材料　可以将光纤分为石英光纤和全塑光纤。

① 石英光纤　石英光纤的纤芯和包层都是由高纯度的 SiO_2 掺有适当的掺杂剂制成。目前通信用的光纤绝大多数是石英光纤。

② 全塑光纤　全塑光纤是一种通信用新型光纤，其纤芯和包层都是由塑料制成，适合

于较短长度的应用，如室内计算机联网和船舶内的通信等。

（5）按ITU-T建议　为了使光纤具有统一的国际标准，国际电信联盟（ITU-T）制定了统一的光纤标准（G标准）。按照ITU-T关于光纤的建议，可以将光纤分为G.651光纤、G.652光纤、G.653光纤、G.654光纤和G.655光纤。

① G.651光纤　渐变型多模渐变光纤，主要应用于850nm和1310nm两个波长的模拟或数字信号传输。在光纤通信发展初期广泛应用于中小容量、中短距离的通信系统。

② G.652光纤　常规单模光纤，也称非色散位移单模光纤，于1983年开始商用。适用于SDH和WDM系统。其特点是在1310nm波长处具有零色散，在1550nm波长处具有最低损耗，但有较大色散，这个限制了它在更高速光缆中的应用。这种光纤是目前使用最为广泛的光纤，我国已敷设的光纤绝大多数是这类光纤。

③ G.653光纤　色散位移单模光纤（DSF），于1985年开始商用。零色散点从1310nm位移到1550nm，实现1550nm处最低损耗和零色散波长相统一。这种光纤非常适合于长距离、单信道、高速光纤通信系统。该光纤在进行波分复用信号传输时，在1550nm附近低色散区存在有害的四波混频等非线性效应。所以这种光缆适用于SDH系统，但不太适用于WDM系统。

④ G.654光纤　截止波长位移型单模光纤，也叫1550nm波长衰减最小光纤。该光纤在1550nm波长处具有极小的损耗（0.18dB/km），弯曲性能好。这种光纤主要应用在传输距离很长且不能插入有源器件的无中继海底光纤通信系统中，但是制造困难，价格昂贵，因此很少使用。

⑤ G.655光纤　非零色散位移光纤（NDSF），是1994年专门为新一代光放大密集波分复用系统设计和制造的新型光纤，属于色散位移光纤。在1550nm处色散不是零值，按ITU-T关于G.655的规定，在波长1530～1565nm范围内对应的色散值为0.1～6.0ps/km·nm，用以平衡四波混频等非线性效应，用于高速率（10Gb/s以上）、大容量、密集波分复用的长距离光纤通信系统中。

2.1.3　光纤制造过程

光纤是用高纯度的玻璃材料制成的。下面简单介绍石英光纤的制作工艺。

（1）光纤制造过程

① 制作光纤预制棒　制作光纤的第一步就是利用熔融的、透明状态的二氧化硅（石英玻璃）熔制出一条玻璃棒，称为光纤预制棒。石英玻璃的折射率为1.48，为了满足$n_1>n_2$的条件，在制备纤芯时，需要均匀地掺入极少量的，能提高石英折射率的材料，使其折射率为n_1，在制备包层时，则相反。

② 拉丝　将光纤预制棒放入高温拉丝炉中，加温，使其软化，然后以相应比例的尺寸拉制成又长又细的玻璃丝，最后得到的玻璃丝就是光纤。

（2）制造方法　制造光纤预制棒的方法很多，主要有管内化学汽相沉积法、管外化学汽相沉积法、轴向汽相沉积法、微波腔体等离子体法、多元素组分玻璃法等。下面简单介绍管内化学汽相沉积法，该方法是制作高质量石英光纤中比较稳定可靠的方法，称为MCVD法。

MCVD法是在石英反应管（也称衬底管、外包皮管）内沉积内包层和芯层的玻璃，整个系统是处于封闭的超提纯状态下，所以用这种方法制得的预制棒可以生产出高质量的单模和多模光纤。MCVD法制备光纤预制棒的示意图如图2-3所示。

MCVD的其基本制作步骤如下。

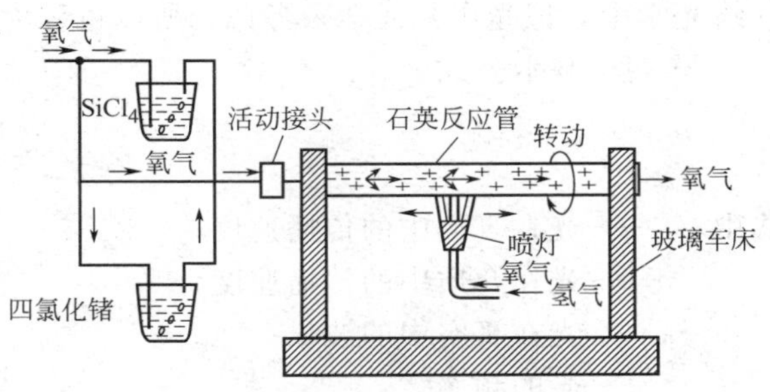

图 2-3　MCVD 法制备光纤预制棒

第一步，熔制光纤的内包层玻璃。熔制的主材料选择液态的四氯化硅（$SiCl_4$），掺杂剂选择氟利昂（CF_2Cl_2）等低折射率材料。在制作过程中载运气体——氧气带着四氯化硅等物质一起进入石英反应管。随着玻璃车床的旋转，高达 1400～1600℃ 的氢氧火焰为反应管加热，这时管内的四氯化硅等物质在高温下发生氧化反应，形成粉尘状氧化物（SiO_2-SiF_4 等），并逐渐沉积在高温区的气流下游的管内壁上，当氢氧火焰的高温区经过这里时，就在石英反应管的内壁上形成均匀透明的掺杂玻璃 SiO_2-SiF_4。氯气和没反应完的材料均从石英反应管的尾端排出去。这样不断地重复沉积，就在管子的内壁上形成一定厚度的玻璃层，作为纤维的内包层。

第二步，熔制芯层玻璃。芯层的折射率比内包层的折射率稍高，可选择折射率高的材料，如三氯氧磷、四氯化锗等作为掺杂剂。用超纯氧气把掺杂剂等送进反应管中进行高温氧化反应，形成粉尘状氧化物等沉积在气流下游的内壁上，氢氧火焰烧到这里时，就在内壁上形成透明的玻璃层，沉积在内包层玻璃上。经过一段时间的沉积后，就在石英管的内壁上沉积出一定厚度的掺锗玻璃，这层玻璃就成为芯层玻璃。

第三步，光纤预制棒。芯层经过数小时的沉积，石英反应管内壁上已沉积相当厚度的玻璃层，初步形成了玻璃棒体，持续加大火焰，或者降低火焰左右移动的速度，并保持石英反应管的旋转状态，石英反应管在高温下软化收缩，最后形成一个实心棒，即光纤的原始的预制棒。原石英反应管已经和沉积的石英玻璃熔缩成一个整体，成为光纤的外包层（或称为保护层）。

2.2　光纤的导光原理

光从一种介质入射到另一种介质时会产生反射和折射。当光从光密媒质入射到光疏媒质时，如果入射角大于临界角，将产生全反射，不会泄漏。那么分析光纤传输原理，常用的方法有射线光学法和波动光学理论。

2.2.1　射线光学法

光纤芯径远大于光波长 λ 时，可以近似认为 $\lambda \to 0$，从而可以近似将光波看成由一根一根光线构成，因此可以采用几何光学方法来分析光线的入射、传播轨迹以及时延差（色散）和光强分布等特性。其优点是简单直观，适用于分析芯径较粗的多模光纤；缺点是由于忽略光的波动性质，不能了解光场在纤芯、包层中的结构分布以及其他许多特性，尤其是对单模光纤，由于纤芯尺寸小，射线光学理论不可能正确处理单模光纤的问题。

（1）射线光学法中几个基本概念

① 光射线　假设有一极小的光源，其光通过一块不透明板上的一个极小的孔，板后面的一条光的边界并不是明显锐利，而是有连续但又快速变化的亮和暗，这就是所谓的衍射条纹。如果光波长极短，趋于 0 且可以忽略，并使小孔小到无穷小，则通过的光就形成了一条尖锐的线，这就是光射线。也可以说一条很细很细的光束，它的轴线就是光射线。

② 射线光学　当波长趋于 0 而可以忽略时，用射线去代表光能量传输线路的方法。在

射线光学中，把光用几何学来考虑，所以也称为几何光学。

③ 两个基本公式

$$c=\lambda f \tag{2-1}$$

$$v=c/n \tag{2-2}$$

式中 c——光在真空中的传播速度；

v——光在介质中的传播速度；

λ——光在真空中的波长；

f——光的频率；

n——介质的折射率。

（2）斯涅耳定律　按照光射线理论，当一条光线照射到两种介质的分界面时，入射光线分成两束，即反射光线与折射光线，如图 2-4 所示。

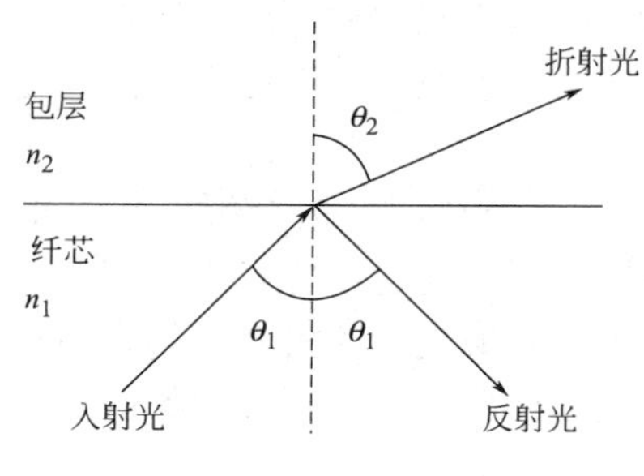

图 2-4　光的反射与折射

由斯涅耳定律，反射角与入射角相等，均为 θ_1，折射角为 θ_2，且

$$n_1 \sin\theta_1 = n_2 \sin\theta_2 \tag{2-3}$$

很显然，入射光被分成两条光线，即反射光与折射光，且 n_1 与 n_2 的关系直接影响入射角 θ_1 与折射角 θ_2 的关系。这种影响达到一定程度的时候，折射角 θ_2 将等于或大于 90°，光线的传播出现全反射现象。

（3）全反射　由式(2-3)，有

$$\sin\theta_2 = \frac{n_1 \sin\theta_1}{n_2} \tag{2-4}$$

已知 $n_1 > n_2$，则 $\theta_1 < \theta_2$。若 n_1 与 n_2 的比值加大到一定值后，必然使折射角 $\theta_2 \geqslant 90°$，这意味着折射光不再进入包层，而出现在纤芯与包层的分界面或返回纤芯，这个现象称为全反射。

满足全反射的条件是

$$\sin\theta_c = \frac{n_2}{n_1} \tag{2-5}$$

可见，全反射是光信号在光纤传播的必要条件，此时必须满足 $\theta_1 \geqslant \theta_c$，光线会在纤芯区域内传播，没有光“泄漏”到包层中，大大降低了光纤的衰耗，可以实现远距离传输。

2.2.2　波动光学理论

光纤波动理论是一种严格的分析方法，从光波的本质特性电磁波出发，通过求解电磁波所遵从的麦克斯韦方程，导出电磁场的分布。其优点是具有理论上的严谨性，未做任何前提近似，因此适合于各种折射率分布的单模和多模光纤；缺点是分析过程较为复杂。

2.2.3　光在阶跃型光纤中的传播

对于阶跃型光纤，由于纤芯及包层的折射率有 $n_1 > n_2$ 的关系，因此完全可以满足全反射的要求，只要入射角 $\theta_1 \geqslant \theta_c$。在阶跃型光纤内，其光线的传播轨迹将是“之”字形的，如图 2-5 所示。

2.2.4　光在渐变型光纤中的传播

对于渐变型光纤，使用光射线理论进行定量分析是不合适的，而使用波动理论，利用麦

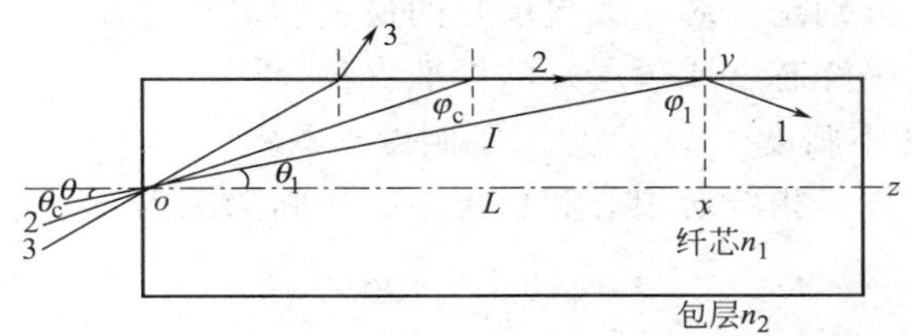

图 2-5　阶跃型多模光纤的光线传播原理

克斯韦方程求解，显得复杂、艰涩，因此这里只给出相应的定性分析。

由图 2-2(b) 可知，在光纤轴心处，折射率最大，沿截面径向外，折射率依次变小。可以设想光纤是由许许多多的同心层构成，其折射率依次减小，如图 2-6 所示，这样光在每个相邻层的分界面处均会产生折射现象，其折射角也会大于入射角，其结果是光线在不断地折射过程中，在纤芯与包层的分界面产生全反射，全反射沿该分界面传播，而反射光则向轴心方向逐层折射，不断重复以上过程，就会得到光在渐变型光纤中的传播轨迹，如图 2-7 所示。

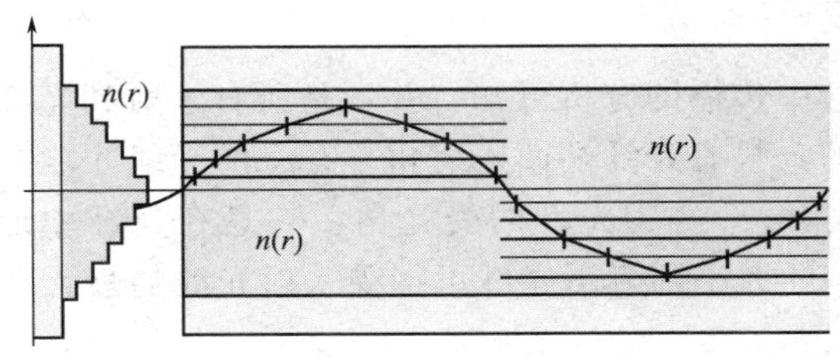

图 2-6　渐变型光纤中光的传播

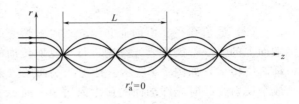

图 2-7　渐变型光纤光传播轨迹

2.3　光纤的特性

光纤的特性较多，有几何特性（包括纤芯直径、包层直径、不圆度、同心度等）、光学特性（包括相对折射率差、数值孔径、截止波长等）、传输特性（包括损耗特性、色散特性等）、机械特性、温度特性等。其中，光纤的传输特性和光学特性对光纤通信系统的工作波长、传输速率、传输容量、传输距离和信息质量等都有着至关重要的影响。

2.3.1　光纤的几何特性

为了实现光纤的低损耗连接，光纤制造厂商对光纤的几何参数进行了严格的控制和筛选。光纤的几何参数主要包括纤芯直径、包层直径、纤芯不圆度、包层不圆度、纤芯与包层的同心度等。

(1) 纤芯直径　纤芯直径主要是对多模光纤而言。ITU-T 建议的多模光纤的纤芯直径有 50.0μm±3μm（欧洲标准）、62.5μm±3μm（美国标准）等几种。

(2) 包层直径　包层直径又称光纤的外径，它是指裸光纤的直径。无论多模光纤还是单模光纤，ITU-T 规定通信用光纤的外径均为 125μm±3μm。

(3) 纤芯/包层不圆度　光纤的不圆度将影响连接时的对准效果，增大接头损耗。不圆度主要包括纤芯的不圆度和包层的不圆度，用下式表示

$$N_c=\frac{D_{max}-D_{min}}{D}\times 100\% \tag{2-6}$$

式中　$D_{\max}$，$D_{\min}$——分别是纤芯（或包层）的最大和最小直径；

D——是纤芯（或包层）的标准直径。

ITU-T 规定：纤芯不圆度<6%，包层不圆度<2%。

（4）同心度　同心度是指纤芯中心和包层中心之间的距离 x 与芯径 D 之比，即

$$c=\frac{x}{D}\times 100\% \tag{2-7}$$

ITU-T 规定，光纤同心度误差<6%。

2.3.2　光纤的光学特性

光纤不仅具有芯径、外径、同心度等几何参数，还有相对折射率差、数值孔径、截止波长、归一化频率等光学参数，这些参数对光的传播都具有重要意义。

（1）相对折射率差 Δ　对于阶跃型光纤，其纤芯的折射率为 n_1，包层的折射率为 n_2，且 $n_1>n_2$。n_1 和 n_2 差值的大小直接影响着光纤的性能，为此引入相对折射率差这样一个物理量来表示它们相差的程度，用 Δ 表示，即

$$\Delta=\frac{n_1^2-n_2^2}{2n_1^2} \tag{2-8}$$

（2）数值孔径　由前面介绍光在阶跃型光纤中传播的分析可知，并不是所有入射到光纤端面上的光线都能进入光纤中进行全反射传播的，只有光纤端面入射角 $\varphi<\varphi_c$ 的光线才能在纤芯中传播，如图 2-8 所示。把光纤端面的入射角 φ_c 称为光纤的受光角，它是在光纤中形成全反射光线时光纤端面的最大入射角。而 $2\varphi_c$ 的大小则表示光纤可接受入射光线的最大范围，即光纤的受光范围。

为了表示光纤受光能力的大小，将受光角 φ_c 的正弦值定义为光纤的数值孔径 NA，即

$$NA=\sin\varphi_c \tag{2-9}$$

如图 2-8 所示，光纤端面的折射光线服从折射定律，有

$$n_0\sin\varphi_c=n_1\sin\theta_0=n_1\sin(90^\circ-\theta_c)=n_1\cos\theta_c=n_1\sqrt{1-\sin^2\theta_c}$$

因空气折射率 $n_0\approx 1$，$\sin\theta_c=n_2/n_1$，所以

$$NA=\sin\varphi_c=\sqrt{n_1^2-n_2^2}=n_1\sqrt{2\Delta} \tag{2-10}$$

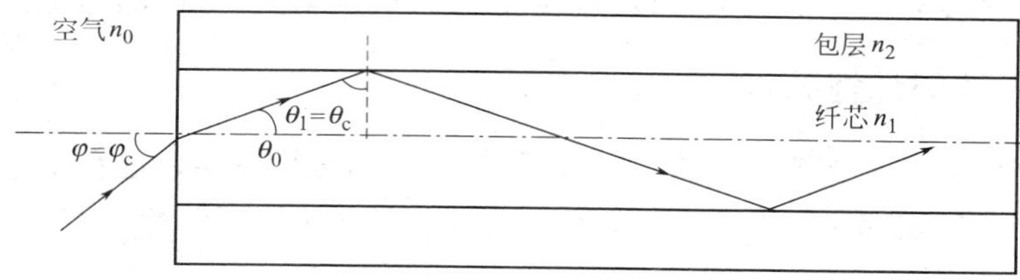

图 2-8　阶跃型光纤的受光角及数值孔径

数值孔径是光纤的重要参数之一，它是表示光纤受光能力大小的一个参数。由式(2-10)可知，光纤的数值孔径只与纤芯和包层的折射率 n_1 和 n_2 有关，而与纤芯和包层的直径无关。n_1 与 n_2 的差值越大，数值孔径越大，光纤接收有用光的本领越大。但 NA 也不能太大，必须有统一的标准，通常数值孔径 NA 的值为 0.2。

（3）截止波长　截止波长是单模光纤特有的重要参数，它表示使光纤实现单模传输的最小工作波长，用 λ_c 表示。使用截止波长 λ_c 可以判断光纤是否是单模光纤，具体方法是比较其工作波长 λ 和截止波长 λ_c 的大小。当 $\lambda\geqslant\lambda_c$ 时，该光纤只能传输基模，所以是单模光纤；

当 $\lambda<\lambda_c$ 时，光纤不仅能够传输基模，还能传输其他高阶模式，这就不是单模光纤。可见，截止波长是保证单模光纤实现基模传输的必要条件。

（4）光纤的归一化频率　为了表征光纤中所能传播模式数目的多少，引入光纤的一个特征参数，即光纤的归一化频率，一般用 V 表示，其表示式为

$$V=\frac{2\pi a}{\lambda}\sqrt{n_1^2-n_2^2}=\frac{2\pi a}{\lambda}n_1\sqrt{2\Delta} \tag{2-11}$$

式中　a——光纤的纤芯半径；

λ——光波的工作波长；

n_1，n_2——分别是纤芯、包层的折射率；

Δ——光纤的相对折射差。

由于 V 值是一个无量纲参数，又与光波的频率成正比，因此被称为光纤的归一化频率。V 值的大小不仅可以判断一根光纤是否是单模传输，而且也决定多模光纤中传导模的数目。

2.3.3　光纤的传输特性

损耗和色散是光纤的两个主要传输特性，分别决定光纤通信系统的传输距离和通信容量。

（1）光纤的损耗特性　光波在光纤中传输时，随着传输距离的增加光功率逐渐减小的现象称为光纤的损耗。

① 损耗系数　损耗系数 $\alpha(\lambda)$ 定义为单位长度的光纤对光功率的衰减值，即

$$\alpha(\lambda)=10\lg\frac{P_i}{P_o}\quad(\text{dB/km}) \tag{2-12}$$

式中　P_i——输入的平均光功率；

P_o——输出的平均光功率。

光纤的损耗为

$$\alpha=\frac{10}{L}\lg\frac{P_i}{P_o}\quad(\text{dB/km}) \tag{2-13}$$

式中　L——光纤的长度；

α——每千米光纤的损耗值，dB/km。

光纤的损耗关系到光纤通信系统传输距离的长短，光纤的损耗与波长的关系曲线即损耗波谱曲线，如图 2-9 所示。

② 产生光纤损耗的原因　引起光纤损耗的原因很多，如光纤结构的不完善、工艺及材料的不尽合理等。概括起来，产生光纤损耗的主要原因有吸收损耗、散射损耗、弯曲和微弯曲损耗等。

• 吸收损耗　光纤的吸收损耗主要包括本征吸收和杂质吸收。

本征吸收是由于光纤材料（SiO_2）本身吸收光能而产生的损耗。它主要存在于紫外波段和红外波段，对短波长的影响较大。本征吸收又称为固有吸收，是不可消除的。只有选用本征吸收比较小的材料，才能减小其损耗值。

杂质吸收主要是由于光纤中含有铁、铜、锰、铬、钒等过渡金属离子和氢氧根离子（OH^-），这些离子在光的激励下产生振动，吸收光能，从而造成对光的吸收。实践证明对杂质吸收影响较大的是氢氧根离子（OH^-），所以光纤制造过程中最大的问题就是去水。

• 散射损耗　散射损耗主要包括瑞利散射损耗、波导散射损耗和非线性散射损耗。

瑞利散射损耗是光纤材料的本征散射损耗。在光纤材料的加热过程中，由于 SiO_2 材料的分子结构受到热骚动，造成材料密度的起伏，进而造成折射率不均匀，当光波在折射率不均匀的介质中传播时，就要受到它的散射作用，使一部分光功率散射到光纤外部引起损耗，称为瑞利散射损耗。波长越短，损耗越大，因此对短波长窗口的影响较大。光时域反射仪（OTDR）就是通过被测光纤中产生的瑞利散射来工作的。

波导散射损耗是由于光纤波导结构缺陷引起的损耗，例如纤芯和包层界面不平整、纤芯内气泡、气痕等，这种损耗与波长无关。要降低这种损耗，就要提高光纤制造工艺。

当光纤中传输的光强大到一定程度时，就会产生非线性喇曼散射和布里渊散射，使输入光的部分能量转移到新的频率分量上。在常规的光纤通信系统中，半导体激光器发射的光功率较小，因此非线性散射可忽略，但在波分复用系统中，由于总的光功率很大，非线性散射损耗下可忽略。

• 弯曲和微弯曲损耗　光纤实际使用时，不可避免地会产生弯曲，在弯曲半径达到一定数值时，就会破坏原光纤纤芯和包层界面上的全反射条件，形成折射或漏泄，从而产生弯曲损耗。弯曲半径越大，弯曲损耗越小，一般认为，当弯曲半径大于 10cm 时，弯曲损耗可忽略不计。

微弯曲是由于光纤成缆时产生的不均匀侧压力引起的。微弯曲使得纤芯和包层的界面出现局部凸凹，从而引起模变换而产生损耗。

③ 光纤的损耗波谱曲线　光纤的损耗随波长变化的曲线，即为光纤的损耗波谱曲线，如图 2-9 所示。上述的有关损耗如紫外吸收、红外吸收、瑞利散射损耗、OH^- 吸收峰等均在图中画出。

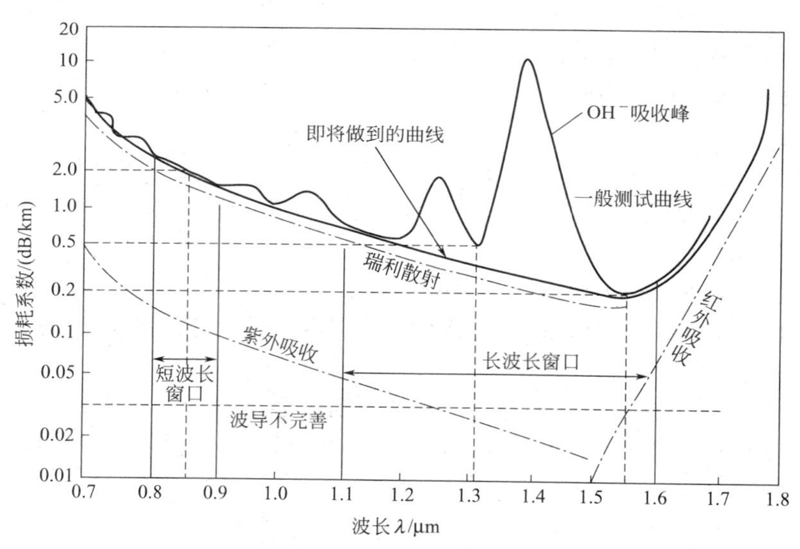

图 2-9　光纤的损耗波谱曲线

从图 2-9 中可以看到，光纤的损耗与波长有着密切的关系，在损耗波谱曲线上除了有几个大小不同的吸收峰外，还有 3 个损耗较低的工作窗口：850nm、1310nm 和 1550nm。光纤在 850nm 波长处的损耗值约为 2dB/km，在 1310nm 波长处的损耗值约为 0.5dB/km，而在 1550nm 波长处的损耗最小，仅约为 0.2dB/km，已接近理论极限。

④ 光纤损耗的测量方法　常用的光纤衰减测量方法有截断法、后向散射法和插入损耗法。具体的测量方法在中具体介绍。

（2）光纤的色散特性　色散是光纤的另一个重要传输特性。

① 色散的概念　当信号在光纤中传输时，随着传输距离的增加，由于光信号的各频率（或波长）成分或各模式成分的传播速度不同，从而引起光信号的畸变和展宽，这种现象称为光纤的色散。

光纤色散是导致光纤带宽变窄的主要原因，而带宽变窄会限制光纤的传输容量。

②色散的类型　光纤色散分为模式色散、材料色散、波导色散。模式色散是由于信号不是单一模式所引的，而材料色散和波导色散是由于信号不是单一频率所引起的。

a. 模式色散　模式色散是因为在光纤中存在多种不同的传播模式，而不同的传播模式具有不同的传播速度和相位，不同模式的光线到达接收端的时间不同，其叠加的结果产生了光脉冲的展宽现象，如图 2-10 所示。

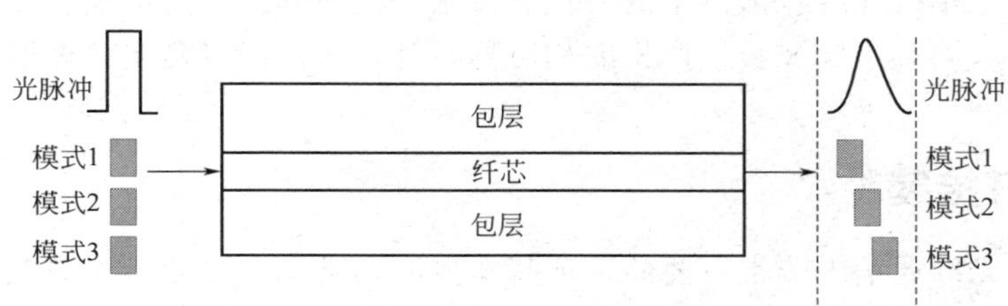

图 2-10　模式色散示意图

单模光纤因为其光波是基模传输，因此基本不受模式色散的影响。多模光纤受模式色散影响。

b. 材料色散　光纤材料的折射率随光波波长的变化而变化，使光信号中不同波长成分的传播速度不同，从而引起脉冲展宽的现象，称为材料色散。

单模光纤受材料色散的影响，多模光纤虽然也受材料色散的影响，但模式色散对其影响最大，因此多模光纤一般只考虑模式色散的影响。

光纤的材料色散系数，单位是 ps/(km • nm)，其含义是谱线宽度为 1nm 的光波在光纤中传输 1km 时所产生的时延差。对于石英材料的光纤，在 $\lambda=850$nm 处，其色散系数为 85ps/(km • nm)；$\lambda=1310$nm 处，色散系数为 0.15ps/(km • nm)。

c. 波导色散　从理论上讲，光纤中的光波只在纤芯中传输，但由于光纤的几何结构、形状等方面的不完善，使得光波的一部分在纤芯中传输，而另一部分在包层中传输，由于纤芯和包层的折射率不同，而造成脉冲展宽的现象，称为波导色散。这种色散主要是由光波导的结构参数决定。在一定的波长范围内，波导色散与材料色散相反，它表现为负值，其幅度由纤芯半径 a、相对折射率差 Δ 以及剖面形状决定。

总体来说，对于多模光纤，不仅存在模式色散，还存在材料色散和波导色散。而单模光纤，不存在模式色散，只有材料色散和波导色散。

（3）色散系数的测量

① 色散系数　色散系数 $D(\lambda)$ 定义为单位长度、单位波长间隔内的平均群时延，即

$$D(\lambda)=\frac{\mathrm{d}\tau(\lambda)}{\mathrm{d}\lambda}\times\frac{1}{L}[\mathrm{ps/(nm \cdot km)}] \tag{2-14}$$

式中　λ——传播的光波波长；

L——光纤长度；

$\tau(\lambda)$——单位长度的群时延。

② 色散系数的测试方法　主要是群时延相移法和脉冲时延法。

利用群时延相移法测量色散系数时，可选择两个不同波长（λ_1，λ_2）的调制光信号，经传输后测出相移 φ_1 和 φ_2，其相对相位差 $\Delta\varphi$ 为

$$\Delta\varphi=\varphi_1-\varphi_2$$

则相对群时延 $\Delta\tau$ 为

$$\Delta\tau=\frac{\Delta\varphi}{\omega}=\frac{\Delta\varphi}{2\pi f_0}$$

则在 λ_1 处光纤的色散系数 $D(\lambda)$ 为

$$D(\lambda)=\frac{\Delta\tau}{\Delta\lambda L}=\frac{\Delta\varphi}{2\pi f_0 L\Delta\lambda} \tag{2-15}$$

群时延相移法主要用于单模光纤色散的测量。

脉冲时延法是单模光纤色散测量的替代测量法。使不同波长的窄光脉冲分别通过已知长度的受试光纤时，测量不同波长下产生的相对群时延，再由群时延差计算出被测光纤的色散系数。

2.4 光纤接续

光纤接续是光纤通信中非常重要的一项基本技能，是光缆接续、光缆成端以及光缆线路维护、维修的基础。接续质量的高低，会直接影响到整个光通信系统的传输质量。

2.4.1 光纤熔接机

熔接机的熔接原理比较简单。首先熔接机要正确地找到光纤的纤芯并将它准确地对准，然后通过电极间的高压放电电弧将光纤熔化再推进熔接。熔接损耗的估算是根据纤芯接头的错位、变形、端面切割角度、是否有气泡等因素计算出来的。而真正的损耗还是要通过光源、光功率计或 OTDR 等专用光仪表测量。

（1）光纤熔接机的结构

光纤熔接机是光纤固定接续的专用工具，可自动完成光纤对芯、熔接和推定熔接损耗等功能。光纤熔接机是光缆线路工程中最常用、最重要的一种仪器，如图 2-11 所示。

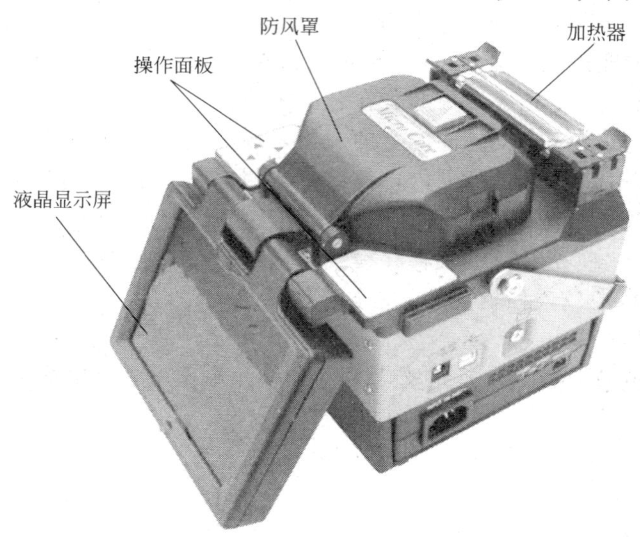

图 2-11　光纤熔接机结构

(2) 光纤熔接机的操作

以 T-39 熔接机为例简单介绍熔接机的操作。熔接机键盘如图 2-12 所示。

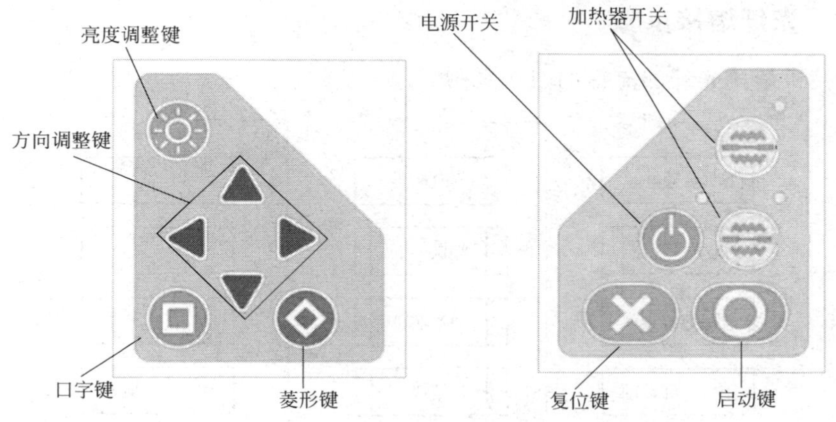

图 2-12　T-39 光纤熔接机键盘

T-39 熔接机键盘可以分为两大部分。

① 软件操作键　分布在面板的左侧，共 7 个键，其用途是通过熔接机的软件系统的操作修改熔接机的运行状态。

亮度键　用于改变显示屏幕的显示亮度。按此键后，显示屏将显示出亮度条，通过左移或右移改变显示屏亮度。设置好后，再按亮度键退出该功能即可。

上移键（双功能键）　其一，在功能设置时，用于将光标向上移动；其二，在修改参数时，用于数据的递增。

下移键（双功能键）　其一，在功能设置时，用于将光标向下移动；其二，在修改参数时，用于数据的递减。

左移键（双功能键）　其一，在功能设置时，用于将光标向左移动；其二，在修改相关功能时，用于该功能的进入和修改后的确认。

右移键（双功能键）　其一，在功能设置时，用于将光标向右移动；其二，在修改相关功能时，用于返回显示屏的前一显示画面。

菱形键　显示键盘向导键。具体功能见屏幕显示提示。

口字形键　操作菜单显示键。具体功能见屏幕显示提示，功能二是追加放电键。

② 硬件操作键　分布在面板的右侧，共 5 个键，其用途是通过熔接机的硬件系统使熔接机开始运行。

电源开/关键　用于熔接机电源的开启和关闭。开关状态由 LED 指示。

熔接启动键　用于使熔接机开始接续。

复位键　用于终止接续或重新设置参数时使用。

右上方的两个黄色的键分别为：第一（熔接机上面的）加热炉加热开始键；第二

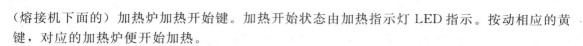

（熔接机下面的）加热炉加热开始键。加热开始状态由加热指示灯 LED 指示。按动相应的黄键，对应的加热炉便开始加热。

2.4.2 光纤熔接步骤

光纤熔接机熔接光纤的流程如图 2-13 所示。

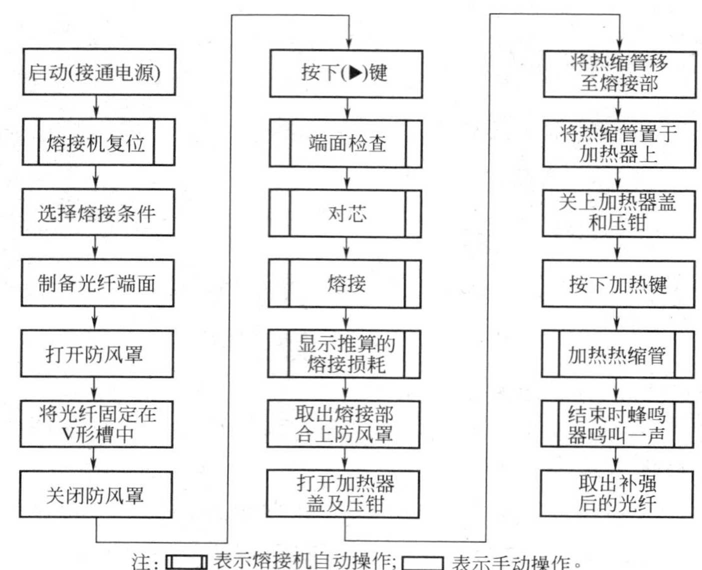

图 2-13　光纤熔接机熔接光纤的流程

（1）光纤端面处理　光纤的端面处理（又称端面制备）是光纤接续中的一项关键工序。光纤端面处理包括去除套塑层、去除涂覆层、清洗和切割（制备端面）。在光纤进行端面制备前，先要将热缩管套上被接光纤。

① 去除套塑层　松套光纤去除套塑层（也叫松套管、束管）的方法是采用专用切割钳，在距端头规定长度（视光缆接头盒的规定）处截断松套管。施工过程中去除松套管时，务必小心不能伤及光纤。

松套管去除后应及时清洁光纤。清洁光纤采用丙酮或酒精棉球将光纤上的油膏擦去，避免光纤沾上沙土。如果在光缆接续的过程中，由于受到外部环境影响或操作人员的疏忽，在擦去油膏之前光纤已沾上沙土，千万不可将整个束管内的光纤捏在一起去擦除油膏，应将光纤分开逐根轻轻擦除油膏。如清洗方法不当，油膏中的小沙砾会损伤光纤，而且这种损伤不易被发现，损伤部位受到空气中水分子的长期作用导致裂痕加深，造成光纤断裂，这是接头盒内发生自然断纤的主要原因。

沾上沙土的光纤也可用如图 2-14 所示的方法擦除油膏和沙土：先在束管根部将光纤逐根分开（不需要全部分开），然后用酒精棉球或纱布轻轻捏住分开的部位，沿光纤轴向擦去油膏和沙土。注意第一遍一定要轻，擦完第一遍后更换酒精棉球后再擦。

紧套管光纤去除套塑层，是用光纤涂覆层剥离钳按要求去除 4cm 左右。操作方法如图 2-15 所示。

套塑层太紧的光纤可分段剥除，并注意剥除后根部平整。应用如图 2-15 所示的涂覆层剥离钳轻轻剥除。剥除过程中应注意均匀用力，勿弯折光纤。

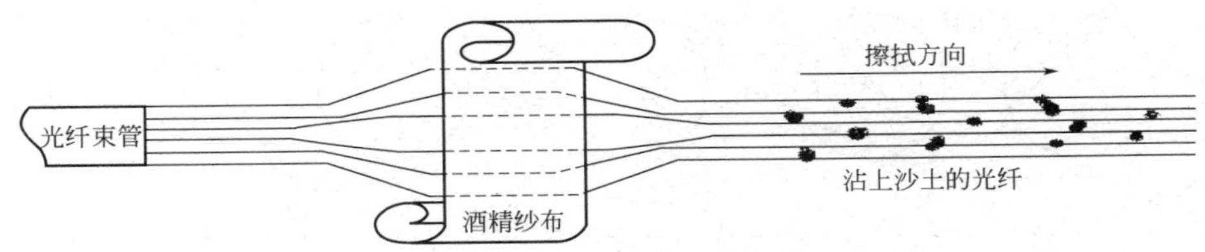

图 2-14　光纤清洁方法

② 去除光纤涂覆层　光纤涂覆层也叫一次涂层，去除紧套光纤和松套光纤涂覆层的方法相同，一般采用光纤涂层剥离钳去除。如图 2-16 所示。

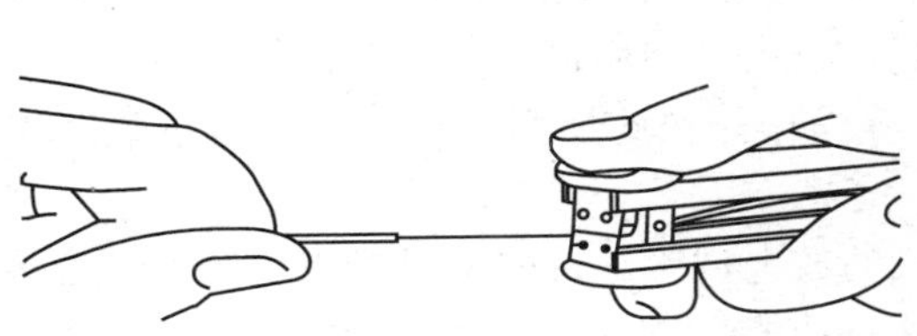
图 2-15　光纤套塑层剥离方法

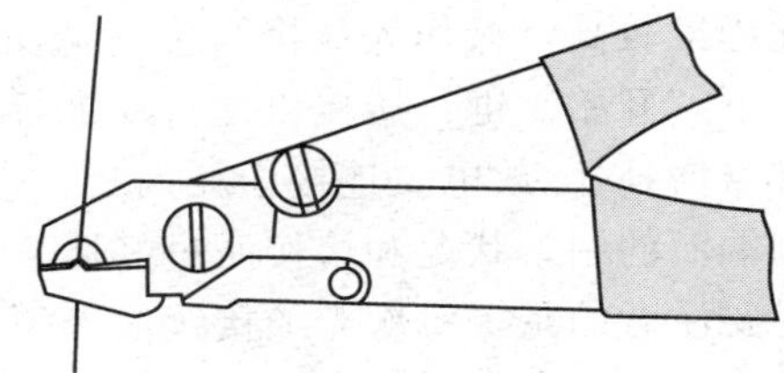
图 2-16　光纤涂覆层剥离方法

剥除涂覆层时，要掌握平、稳、快三字剥纤法。“平”，即手持纤要平放。左手拇指和食指捏紧光纤，使之成水平状，所露长度 5cm 左右，余纤在无名指、小拇指之间自然弯曲，以增加力度，防止打滑。“稳”，即手握剥离钳要握得稳。“快”即剥纤要快，剥纤钳应与光纤垂直，上方略向内倾斜一定角度，然后用钳口轻轻卡住光纤，随之用力，顺光纤轴向平推出去，整个过程要自然流畅，一气呵成。

③ 清洁裸光纤　观察光纤剥除部分的涂覆层是否全部剥除，若有残留，应重新剥除。如有极少量不易剥除的涂覆层，可用棉球沾适量酒精，一边浸渍，一边逐步擦除。将棉花撕成层面平整的方形小块，沾少许酒精（以两手指相捏，无酒精溢出为宜），折成“V”形，夹住已剥离涂覆层的光纤，顺光纤轴向擦拭 3～4 次，直到发出“吱吱”声为止。一块棉花擦 2～3 根光纤后要及时更换，每次要使用棉花的不同部位和层面，提高利用率。

④ 切割、制备光纤端面　光纤端面的切割（制备）是一项关键工序，尤其是光纤熔接的最重要开端，它是低损耗连接的首要条件。

目前制备光纤端面采用的一般都是光纤切割刀，光纤切割刀的实物如图 2-17 所示。

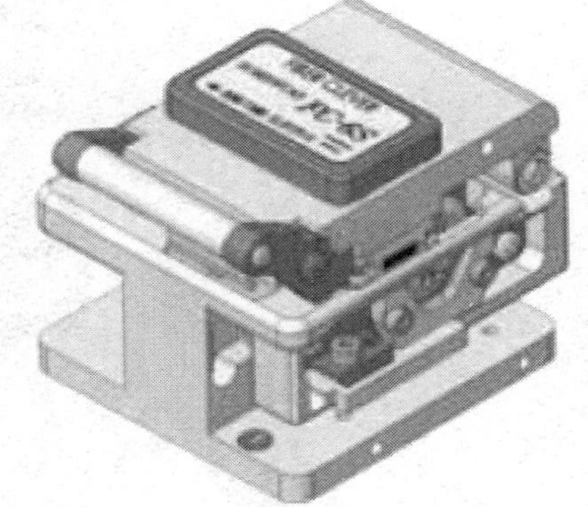
图 2-17　光纤端面切割刀

光纤切割刀属于精密度较高的器械。切割光纤时要严格按照切割刀的操作顺序进行，动作要轻，不可用力过猛。光纤制备端面后的长度一般为 8～16mm。制备好的端面应垂直于光纤轴，端面平整无损伤，边缘整齐、无缺损、无毛刺，符合熔接要求。图 2-18 所示的是几种常见的光纤端面制备后的状态。

⑤ 清洗　目前光纤自动熔接机在对光纤熔接前有一个清洁过程，可清除极少量的灰尘、碎屑。如果确有必要手工清除时，可将制备好端面的光纤置于超声波清洗器皿（盛丙酮或酒精）内，清除灰尘微粒。

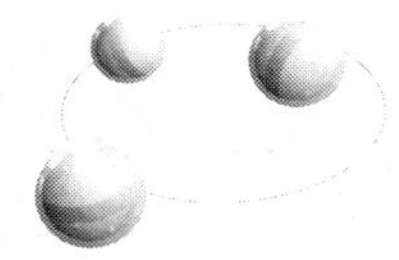

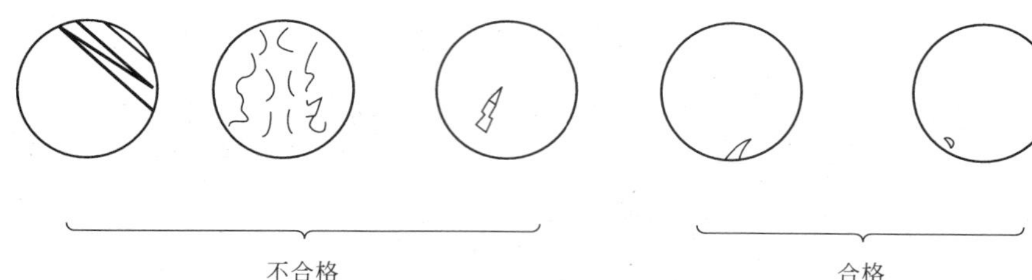

图 2-18　光纤端面制备的几种状态

(2) 光纤的自动熔接（这里只介绍单模光纤的自动熔接）　目前实际使用的光纤熔接机自动化程度较高，操作人员将制备好端面的光纤按要求放入熔接机的 V 形槽内，合上防风盖，按下“开始”键，熔接机便自动进行清洁、光纤校准、端面检查、间隙预留、预熔、光纤推进（增补）、放电、连接损耗判断、张力测试等操作。在此期间，接续人员通过显示屏可目测端面的制备状况和熔接质量好坏。

需要注意的是，每次光缆接续前必须做熔接机的放电试验。目的是根据接续环境使熔接机自动修正相关参数（绝大多数自动熔接机都有这一功能），提高接续成功率。

在完成了光纤的端面制备和清洁以后，就开始进入光纤熔接的过程了。

首先，连接电源，并打开熔接机电源开关，熔接机复位后显示待机状态。

第二步，将准备好的光纤置于光纤熔接机的 V 形槽中。打开熔接机的防风罩及以光纤压板；切割后光纤放置于 V 形槽中，放置时光纤端头必须在 V 形槽前端和电极中心线之间，防止光纤端面接触任何物体，以免损伤光纤端面；轻轻盖上光纤压板压住光纤；以同样的操作，放置另一侧的光纤；关闭防风罩。如图 2-19 所示。

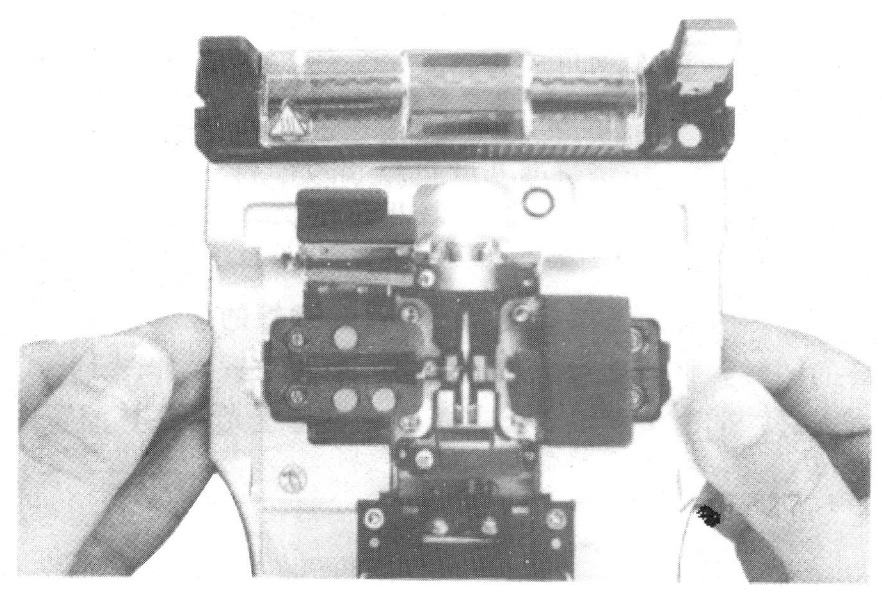

图 2-19　光纤的置放

第三步，按熔接机的熔接启动键 ，熔接机自动完成熔接过程。主要包括快速推进光纤；光纤的左右端显示在 LCD 显示器上；清洁电弧放电来清洁光纤端面；检查光纤的轴偏移量以及清洁情况；电弧放电完成光纤的熔接；熔接机估算出熔接损耗值并在显示器上显示。

当光纤状态有误或切割角度超出切割角度容限时，熔接机会发出警告，并显示错误信息，这时需重新制备光纤端面。需要按下复位键 ，终止接续，重新制备光纤端面。然后再从第一步开始熔接。

最后，熔接结束后打开防风罩，熔接机对光纤进行张力测试（200g）。张力测试后，取出被接光纤。

(3) 连接质量的评价　光纤完成熔接后，应及时对连接质量进行评价，确定是否需要重新接续。由于光纤接头的使用场合、连接损耗的标准等不同，具体要求也不尽相同，但评价的内容、方法基本相似。

① 外观目测检查　光纤熔接完毕在熔接机的显示屏上观察熔接部位是否良好。

② 连接损耗估测　熔接机上显示的损耗估测值可以作为参考，估测值不符合要求需要重新接续。

③ 张力测试　光纤自动熔接机上的张力自动测试装置，如果光纤不断裂说明达到了接续强度的要求。

④ 连接损耗测量　对于长途光缆的光纤接续损耗，只靠目测是不够的，而且自动熔接机上显示的连接损耗也是按照熔接机内存储的经验公式推算出来的，有些因素没有考虑进去。因此准确的接续损耗必须通过专门的测量才能得出。

(4) 光纤接头的增强保护　光纤熔接后需要增加专门的保护。光纤接头增强保护的方法有金属套管补强法、V形槽板补强法、紫外光再涂覆补强法、热可缩管补强法等，这里只介绍最常用的热可缩管补强法，如图2-20所示。

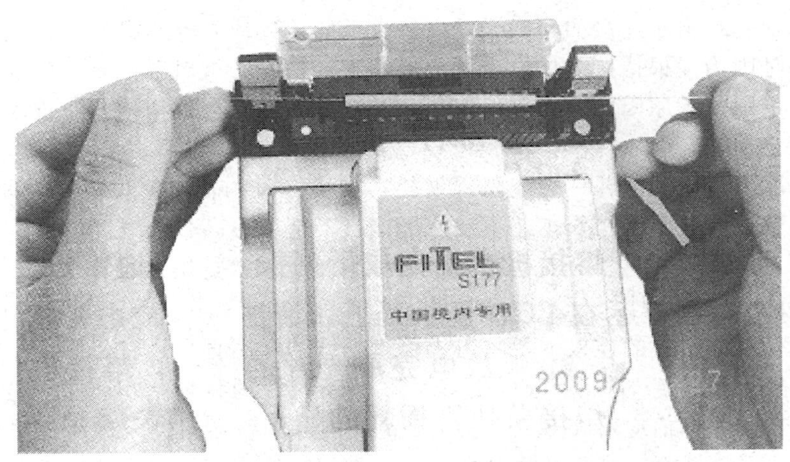

图2-20　熔接点加固

热可缩管补强法是指用热可缩管（也叫热熔管）对光纤接头进行保护的方法。热熔管由易熔管、不锈钢加强棒和外面的热可缩管组成，如图2-21(a)所示。它是在光纤接续之前（制备端面之前）套到一侧待接光纤上，熔接后移到接头部位，然后加热使之收缩，将光纤接头的裸光纤部位保护起来。加热光纤热熔管需要专门的热熔炉，一般光纤熔接机上都带有热熔炉。图2-21(b)为收缩后的热缩管示意图。

2.4.3　光纤的连接损耗

对于光缆线路施工和维护来说，光纤接续量非常大，必须掌握光纤连接损耗产生的原因

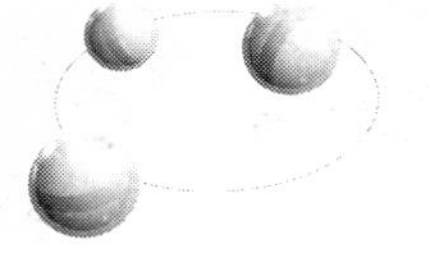

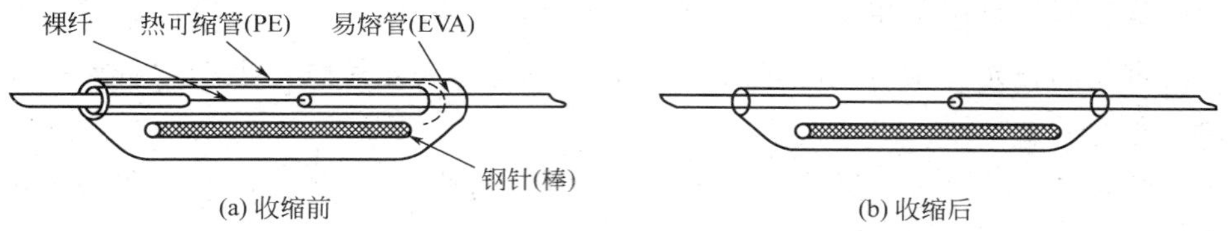

图 2-21　裸光纤热熔管保护

和如何改善光纤的连接损耗。多模光纤和单模光纤有一定区别，这里仅讲述单模光纤熔接损耗产生的原因和改善方法。

（1）光纤连接损耗产生的原因　影响光纤连接损耗的因素有两类，分为固有连接损耗和非固有损耗。

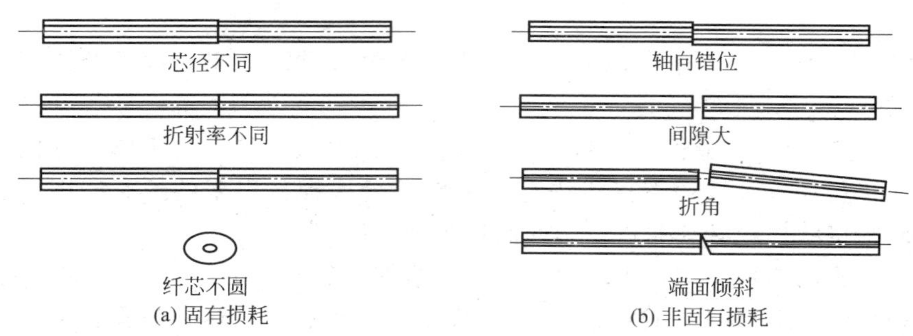

图 2-22　光纤连接损耗产生的原因

固有连接损耗是由于连接的两根光纤在特性上的差异或光纤本身的不完善而造成的连接损耗。它主要是因为两根待接续单模光纤的模场直径偏差、折射率偏差、模场与包层的同心度偏差、纤芯不圆度等原因而造成，如图 2-22(a) 所示。这类损耗不能通过改善接续工艺和熔接设备来减少损耗。

由于外部原因造成的损耗称为非固有损耗，如接续时的轴向错位、光纤间的间隙过大、端面倾斜等。它主要是由于操作工艺不良、熔接设备精度不高、接续环境质量差等因素造成的，如图 2-22(b) 所示。这类损耗可通过改善接续工艺和改进熔接设备来减少。

① 固有损耗产生的原因

• 模场直径不同引起的连接损耗　由于单模光纤的纤芯直径只有 10μm 左右，一般用传输光的模场直径来描述。如根据 ITU-T G.652 单模光纤的特性指出：单模光纤在 1310nm 波长处模场直径的标称值应落在 8.6～9.5μm 范围内，偏差不超过±10%。如果两根待接单模光纤的模场直径不一样，就会使光纤接头的固有损耗增大。当两光纤的模场直径偏差达到 20%时，其引起的接头损耗大约是 0.2dB。

• 折射率不同引起的连接损耗　两根待接光纤的折射率不同会引起连接损耗。这个因素所造成的连接损耗不大，可以忽略不计。当两光纤的折射率差达到 10%时，由此所产生的连接损耗大约为 0.01dB。

• 包层的同心度偏差和不圆度引起的连接损耗　理论上讲两根待接光纤的包层同心度偏差和不圆度也会导致产生连接损耗，但在实际中由于目前所有的单模光纤自动熔接机采用的都是纤芯对准方式，这样就避免了由这两个本征参数的不同而引起连接损耗。

② 非固有损耗产生的原因

• 光纤轴向错位引起的连接损耗　一般产生光纤轴向错位的原因是由于光纤接续设备的

精度不高，光纤放置在熔接机 V 形槽中时产生光纤轴向错位。经过试验得出：仅 2μm 的轴向错位，就会导致 0.5dB 的连接损耗。

• 光纤间隙引起的连接损耗　光纤接续时，如果光纤端面间的间隙过大，会使传导模部分泄漏而产生连接损耗。从试验中得知：当光纤间隙达到 10μm 时，会由此产生约 0.2dB 的连接损耗。

• 折角引起的连接损耗　经过试验验证，光纤的接续损耗对折角比较敏感，当折角达到 1°时其所造成的连接损耗就达到 0.5dB。这一点在实际操作中要注意，接续前一定要将熔接机的 V 形槽清干净。

• 光纤端面不完整引起的连接损耗　光纤端面不完整包括端面倾斜和端面粗糙。当出现这些情况时，两根光纤就不能完全对接，从而引起连接损耗。据资料显示：当光纤端面的倾角达到 3°时，连接损耗大约有 0.4dB。倾角越大，损耗越大。

（2）降低接续损耗的方法

① 对于固有损耗，也就是由于两段光纤本征因素偏差所引起的连接损耗，在工程和维护工作中，应选择一致性较好的光纤、光缆，如同型号、同厂家、同批次的光缆，以减少其差别，这样才能保证接续质量。

这里需要特别提醒的是，由于不同型号光纤的特性与应用范围不同，在施工和维护中一定要选择同型号的光纤。简单来说绝对不能让单模光纤和多模光纤对接，G.655 光纤和 G.652 光纤不能对接。尤其是在维护工作中，经常会出现在光缆线路中接入（或替换）一段光缆的情况。如果在 G.655 光纤链路中接入一段 G.652 光纤，就会影响密集波分系统的正常运行。

② 对于非固有损耗，可以通过完善操作工艺、改善操作环境或更换高精度仪表、工具，使其降低或改善。

• 改善接续环境　由于熔接机属于精密度较高的机械装置，对环境条件要求高。只要改善接续现场的温度、湿度和清洁度，熔接机就会提供较高、较稳定的接续质量，这也是为什么要求在野外进行光缆接续时要搭帐篷的原因。

• 调校接续设备　在每次光缆接续之前，必须将接续机具调校到最佳状态。其中包括光纤切割刀和光纤熔接机的调校。

机械式切割刀　当制备的光纤端面达不到要求时，要查明原因，不可频繁更换切割刀的刀片或刀面（每一个面的切割次数均可达到 2000 次以上）。一般有以下几个方面的原因：刀面的高度不合适；切割刀的夹具出现问题，当刀面划过光纤时光纤出现松动；切割刀的 V 形槽内有灰尘，需要清洁；刀面不清洁等。

切割刀的状态以及操作的熟练与否直接反映着操作人员的技术水平，也直接影响着光纤接续的速度与质量。

熔接机的使用　首先，保持熔接机的清洁是非常重要的，熔接机的清洁分为 V 形槽清洁、微型摄像头清洁和反光镜清洁；其次，接续前进行熔接机的放电试验；另外，操作人员还要学会根据仪表说明书对熔接机进行灰尘检查、电机检查、推进量检查等自我诊断，并掌握更换电极、放电校正、稳定电极等基本操作。

③ 提高操作水平　光缆接续人员的操作水平直接影响着光缆接续质量的高低。作为一个合格的光缆接续者，必须做到“净、轻、稳、细”这 4 个字。

净　时刻保持接续设备（切割刀、熔接机）的干净，并保证待接光纤的干净（尤其是制备好端面的光纤不能再碰触其他地方）。注意经常更换酒精棉球（纱布），养成良好的习惯。

轻 在整个接续过程中动作要轻，一个是操作仪表、器械时要轻；再就是来回移动裸光纤时要轻，避免光纤受力、受伤。

稳 在接续和盘纤时动作要稳，不可急躁，动作幅度也不要太大，以免裸纤受伤。熔接机、切割刀也要放在稳妥的地方。

细 心要细，避免盘到收容盘内的光纤出现微弯或受力等情况。接续前仔细察看所熔接的光纤是否颜色相同、是否符合设计要求。

知识巩固 ▶▶▶

一、填空

1. 光纤通信系统的工作波长为 1.31μm，则其对应的频率为____________。
2. 裸光纤是由____________和____________组成，其直径为____________。
3. 光纤的两种主要连接方式是____________和____________。
4. 光纤熔接机可自动完成光纤对芯、熔接和____________等功能。
5. 光纤的制造要经过材料提纯、____________、____________和套塑等基本环节。
6. 光纤按传输模式数的多少可分为多模光纤和____________光纤。
7. 常规单模光纤的零色散波长为____________。
8. 散射损耗主要包括______________、波导散射损耗和非线性散射损耗。
9. 目前，通信用的光纤绝大多数是由________材料构成的。
10. 全色谱光纤的纤芯所对应的色谱顺序如表所示：

纤序	1	2	3	4	5	6	7	8	9	10	11	12
颜色		橙		棕		白		黑		紫	粉红	天蓝

二、选择

1. 不属于光纤衰减损耗的是（　　）。

   A. 吸收损耗　　B. 散射损耗　　C. 弯曲损耗　　D. 固有损耗

2. 属于光纤光学特性的是（　　）。

   A. 折射率、数值孔径、截止波长　　B. 纤芯包层直径　　C. 损耗带宽　　D. 偏心度

3. 单模光纤的色散，主要是由（　　）引起的。

   A. 模式色散　　B. 材料色散　　C. 折射剖面色散

4. 纤芯和包层的折射率成台阶型突变，为（　　）光纤。

   A. 多模　　B. 单模　　C. 阶跃　　D. 渐变

5. 传输光波的模式仅一个，纤芯的直径仅几微米，这是（　　）光纤。

   A. 多模　　B. 单模　　C. 阶跃　　D. 渐变

6. 在目前最常用的 G.652 光纤中，波长为（　　）的光具有最小色散。

   A. 850nm　　B. 1310nm　　C. 1550nm　　D. 1720nm

7. 在目前最常用的 G.652 光纤中，波长为（　　）的光具有最小损耗。

   A. 850nm　　B. 1310nm　　C. 1550nm　　D. 1720nm。

三、判断

1. 光纤熔接机分为单芯熔接机和带状熔接机，单芯熔接机无法熔接带状光纤，带状熔

接机无法熔接单芯光纤。(　　)

2. 光纤熔接时的热缩加固步骤要求热缩管内不能有气泡。(　　)

3. 单模光纤只能跟单模光纤对熔，多模光纤只能与多模光纤对熔，目前熔接机无法将单模光纤与多模光纤混熔。(　　)

4. 光信号在光纤中传输时，色散导致信号能量降低。(　　)

5. 熔接机推定的熔接损耗值可作为熔接点的正式损耗值。(　　)

6. 数值孔径不仅与纤芯和包层的折射率有关，而且还与其直径有关。(　　)

四、简答

1. 简述影响光纤接续质量、造成光纤接续损耗的原因。

2. 光纤色散主要可分为哪几种？色散对光纤通信会产生什么影响？

3. 数值孔径是衡量光纤什么的物理量？假设阶跃型光纤的纤芯折射率 $n_1=1.48$，包层折射率 $n_2=1.478$，工作波长为1310nm，试计算光纤的数值孔径。

4. 请在下图的右边横线上填写光纤剖面图结构名称。

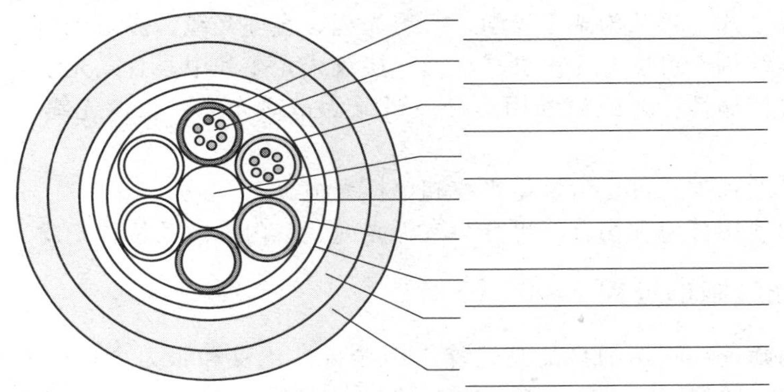

项目三　光缆认知

学习目标

1. 完成光缆结构及纤序的识别。

2. 能够完成光缆的选型。

相关知识

3.1　光缆简介

在实际通信线路中，将光纤制成不同结构形式的光缆，使其具备一定的机械强度和防护能力，可以承受敷设时施加的张力等，并能在各种使用环境下保证传输性能的稳定、可靠。

3.1.1　光缆的结构

光缆的典型结构一般可分为缆芯、护层和加强元件三大部分。

(1) 缆芯　缆芯内有光纤、套管或骨架和加强元件。光纤是光缆的核心，决定着光缆的传输特性。加强件使用的材料可为钢丝或非金属的纤维、增强塑料等，起着承受光缆拉力的

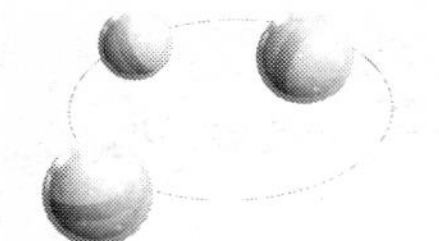

作用，通常处在缆芯中心，有时也配置在护套中。在缆芯内还需填充油膏，具有可靠的防潮性能，防止潮气在缆芯中扩散。

（2）护层　光缆的护层主要是对已成缆的光纤芯线起保护作用，具有耐压力、防潮、温度特性好、重量轻、耐化学浸蚀和阻燃等特点。

光缆的护层可分为内护层和外护层。内护层一般采用聚乙烯或聚氯乙烯等，外护层可根据敷设条件而定，采用铝带和聚乙烯组成的 LAP 外护套加钢丝铠装等。

（3）加强元件　加强元件主要是承受敷设安装时所加的外力。一般层绞式和骨架式光缆的加强元件均处于缆芯中央，属于“中心加强元件”（亦称加强芯）；中心束管式光缆的加强元件从缆芯移到护层，属于“外周加强元件”。加强元件一般有金属钢线和非金属玻璃纤维增强塑料（FRP）。使用非金属加强元件的非金属光缆能有效地防止雷击。

3.1.2　光缆的分类

光缆的分类方法很多，下面做简要介绍。

（1）按敷设方式　可分为架空光缆、管道光缆、直埋光缆、隧道光缆和水底光缆等。

（2）按光缆结构　可以分为束管式光缆、层绞式光缆和中心管式光缆等。

（3）按光缆传输性能、距离和用途分　可分为市话光缆、长途光缆、海底光缆和用户光缆。

（4）按光纤的种类　可分为多模光缆和单模光缆。

（5）按光缆使用环境和场合　可分为室外光缆、室内光缆及特种光缆三大类。

3.1.3　光缆制造过程

（1）光纤的筛选　筛选的目的是选择出传输特性优良和张力合格的光纤。在筛选过程中，首先，按照有关规定，进行 400～600g 的张力试验，通过了张力筛选的光纤才能作为成缆的合格光纤。其次，对成缆用的各种塑料、加强元件材料、金属包扎带（涂塑的铝带或涂塑的钢带）、填充胶等进行抽样试验，检查外形和备用长度是否合格。

（2）光纤的染色　染色的目的是方便对光纤的识别，有利于施工和维护时的光纤接续操作。光缆中的光纤单元、单元内的光纤、导电线组（对）及组（对）内的绝缘芯线都使用全色谱来识别，也可用领示色谱来识别。用于识别的色标应该鲜明，遇到高温时不褪色，也不迁移到相邻的其他光缆元件上。染色时可以是全染的单色，也可印成色带。

常见的光纤色带，其排列顺序是蓝、橙、绿、棕、灰、白、红、黑、黄、紫、粉红、天蓝。

（3）二次挤塑　二次挤塑的目的是为光纤制作套管（紧套和松套管）。一般选用低膨胀系数的塑料挤成一定尺寸的管子，能将光纤纳入，并填入防潮、防水的凝胶。

二次挤塑的要点是要选用高弹性模量、低膨胀系数的塑料；单纤入管的，其张力和余长设计必须得到良好控制，以保证套塑后的光纤在低温时有优良的温度特性；要填入凝胶；二次被覆挤塑后的松套的光纤，要储存数天（不少于两天），使外套的塑料管产生一个微小收缩，并缓慢固化定形下来。

（4）光缆绞合　光缆绞合的目的是将挤塑好的光纤与加强件绞合，构成缆芯。绞合时，在胶合机上，用套的光纤管（或一次涂覆 UV 丙烯酸酯和染色后的光纤）环绕着中心强度元件进行绞合。盘绞过程中，应使用拉力控制的全退扭的放线设备。

对于层绞式光缆，在绞合定型之前要使用热熔胶，将管子固定在中心加强元件上，用包扎带进行特别的固定。对于骨架式光缆，绞合时也要包扎好，并用黑色 PE 塑料套上第一层护套，以固定光纤进入 V 形槽道内，防止光纤位移到骨架的脊背上，引起光纤受应力而加大附加损耗。

（5）挤光缆外护套　挤光缆外护套的目的就是为光缆加上外层护套，以满足工程应用的需要。在挤外护套的过程中要加填凝胶（在加强芯和二次挤塑后的套管之间），防止水流入缆芯。在挤塑中使用纵向涂塑钢带（或涂塑铝带）进行压波纹搭接，金属搭接层的宽度一般为 6mm。在挤塑线上，收线之前还要记“米”长的打印，连续打印记录光缆的段长。

（6）光缆测试　光缆测试是光缆生产过程中的最后一道工序，其目的是测试光缆是否符合各项设计指标，如测试损耗、是否有断纤、弯曲度如何。

通过测试后，就可向用户提供成品光缆了。

3.2　典型光缆介绍

3.2.1　常用光缆类型

目前常用的光缆结构有层绞式、骨架式、中心束管式和带状式等 4 种。

（1）层绞式光缆　层绞式光缆的结构如图 3-1 所示，它是将经过套塑的光纤绕在加强芯周围绞合而成的一种结构。层绞式结构光缆类似传统的电缆结构，故又称之为古典光缆，在光纤通信发展的前期被普遍使用。

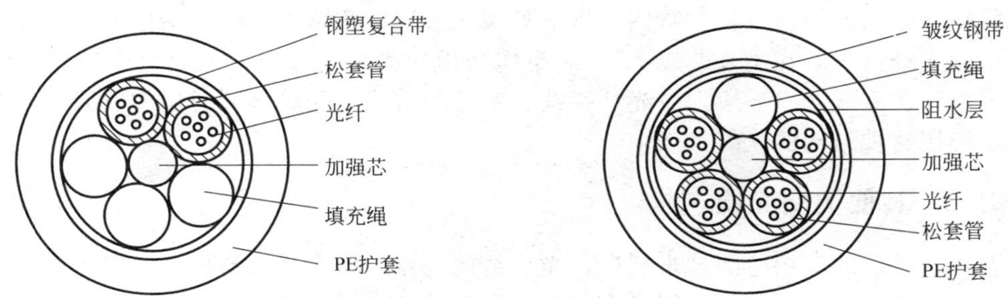

图 3-1　层绞式光缆结构示意图

层绞式结构光缆收容光纤数有限，多数为 6～12 芯，也有 24 芯的。随着光纤数的增多，出现单元式绞合，一个松套管就是一个单元，其内可有多根光纤。生产时先绞合成单元，再挤制松套管，然后再绞合成缆。目前，松套式一管多纤的结构得到了大量的使用。

（2）骨架式光缆　骨架式光缆的结构如图 3-2 所示，它是将紧套光纤或一次涂覆光纤放入螺旋形塑料骨架凹槽内而构成，骨架的中心是加强元件。在骨架式光缆的一个凹槽内，可放置一根或几根一次涂覆光纤，也可放置光纤带，从而构成大容量的光缆。骨架式结构光缆对光纤保护较好，耐压、抗弯性能较好，但制造工艺复杂。

（3）中心束管式光缆　中心束管式光缆的结构如图 3-3 所示，它是将数根一次涂覆光纤或光纤束放入一个大塑料套管中，加强元件配置在塑料套管周围。从对光纤的保护来说，束管式结构光缆最合理。在图 3-3 中，光缆的两个加强元件是在护层中的两根单股钢丝，该光缆强度好，尤其耐侧压，能防止恶劣环境和可能出现的野蛮作业。中心束管式光缆近年来得到较快发展，它具有体积小、重量轻、制造容易、成本低的优点。

（4）带状式光缆　带状式结构光缆如图 3-4 所示，它是将多根一次涂覆光纤排列成行制成带状光纤单元，然后再把带状光纤单元放入在塑料套管中，形成中心束管式结构；也可把

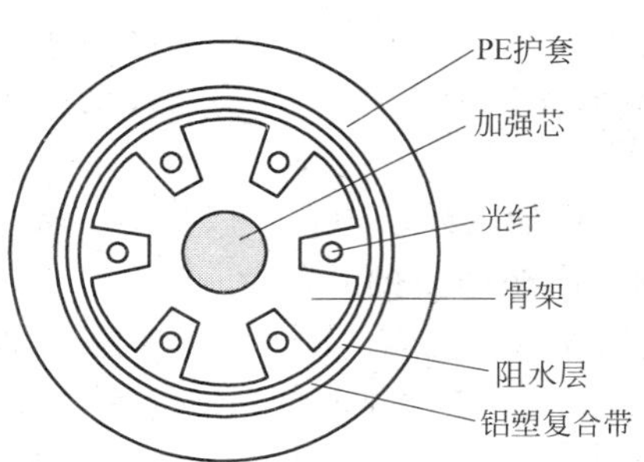

图 3-2　骨架式光缆结构示意图

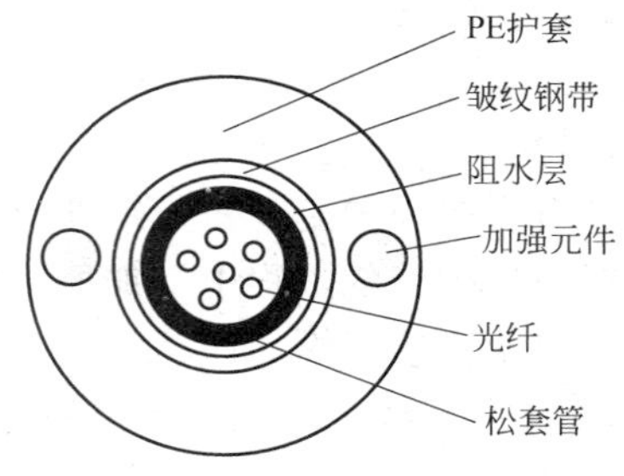

图 3-3　中心束管式光缆结构示意图

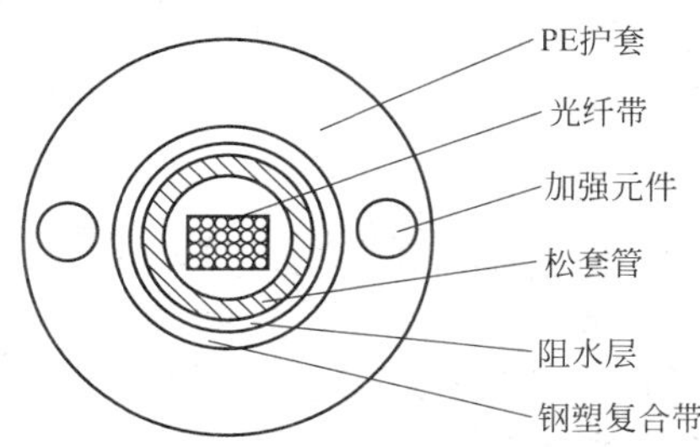

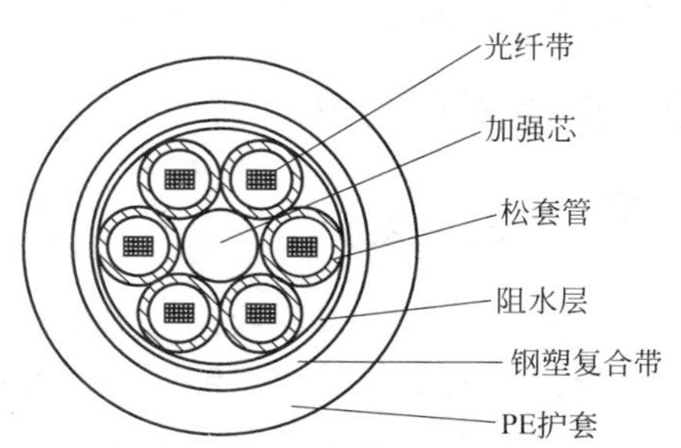

图 3-4　带状式光缆结构示意图

带状光纤单元放入凹槽内或松套管内，形成骨架式或层绞式结构。带状结构光缆的优点是可容纳大量的光纤（一般在100芯以上），满足作为用户光缆的需要；同时每个带状光纤单元的接续可以一次完成，以适应大量光纤接续、安装的需要。随着光纤通信的发展，光纤接入网将大量使用这种结构的光缆。

3.2.2　其他类型光缆

随着光纤通信的应用范围越来越广，光缆结构也在不断变化。新材料的应用，进一步促进了光缆结构的改进，不同的应用场合和不同的要求造成了光缆的多结构的发展趋势。

(1) ADSS和OPGW　随着电力网建设，带动了电力通信的需求，所以也有了全介质自承式光缆（ADSS）和复合光纤架空地线（OPGW）的出现。ADSS在工艺上增加了芳纶绞工艺，而OPGW则是一种全新的、大量应用的类型。

ADSS型光缆是由多根松套管（或部分填充绳）绕中心非金属加强构件（FRP）绞合成缆芯，缆芯外挤上PE内护套后再绞绕一定数量起增强作用的芳纶纱，最后挤上PE外护套。光缆全截面阻水，具有低损耗、低色散、适用于电力通信系统的高压输电线路需要的特点。

为避免雷击等大电流通过光缆时损伤光纤，OPGW把多根光纤放在不锈钢保护管中，其光纤单元中采用PBT材料（属于聚酯系列），套管外面再加上一层不锈钢管，有的还在塑料套管与不锈钢管之间加上一层热塑胶，不锈钢管用激光焊接，长度可达数十公里，光纤在这样的多层保护管中得到了充分的机械保护。这种光缆广泛应用在电力系统中，而其不锈钢管套管技术为海缆的实现奠定了基础。

(2) 生态光缆　由于环境因素正日益受到重视，人们从环境保护及阻燃性能的要求出发，开发了生态光缆，应用于室内、楼房及家庭。现有光缆中使用的一些材料已不符合环保的要求，不少公司开发了一些新生态材料，如对室内用缆开发了含有阻燃添加剂的聚酞胺化合物，以及无卤阻燃塑料等。

（3）纳米材料的光缆　一些厂商已开发出纳米光纤涂料、纳米光纤油膏、纳米护套用聚乙烯（PE）及光纤护套管用纳米 PBT 等材料。目前此类材料尚处于试用阶段。

（4）浅水光缆和海底光缆　海底光缆要求长距离、低衰减的传输，而且要适应海底的环境，对抗水压、抗气损、抗拉伸、抗冲击的要求都特别严格。海底光缆又分为浅海光缆和深海光缆，图 3-5 所示为海底光缆的典型结构，图 3-6 所示为海底光缆实物图片。

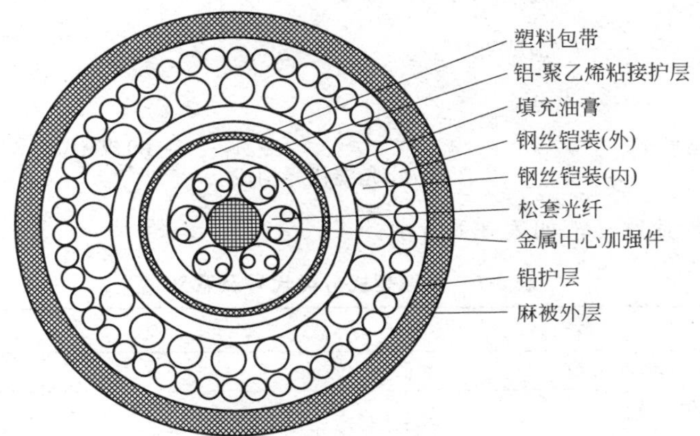

图 3-5　海底光缆典型结构

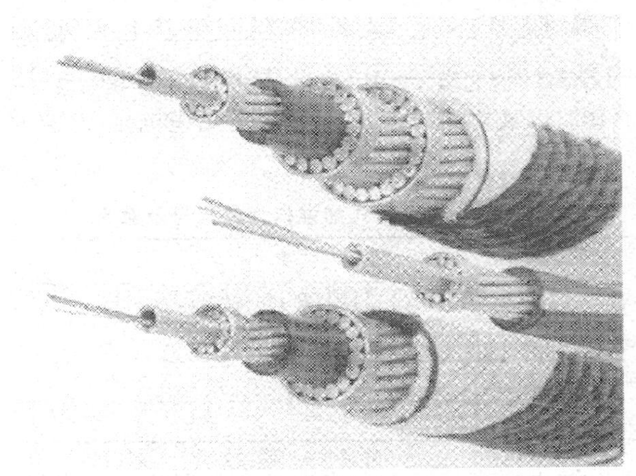

图 3-6　海底光缆实物图

（5）室内光缆　传统的室内光缆主要是跳线用光缆和短距离楼内连接用光缆，光纤到户开始后，楼内的光缆类型开始增加，有分支光缆、布线光缆等。这些光缆工艺上都基于紧套工艺，材料有 PVC、HYTREL、PA、LSZH 等，与以往的松套工艺区别比较大，对剥离有各种要求。

3.3　光缆的型号

光缆型号由它的型式代号和规格代号构成，如图 3-7 所示，中间用一短横线分开。

3.3.1　型式代号

（1）光缆型式代号意义

光缆的形式代号由 5 个部分组成，如图 3-7(a) 所示。

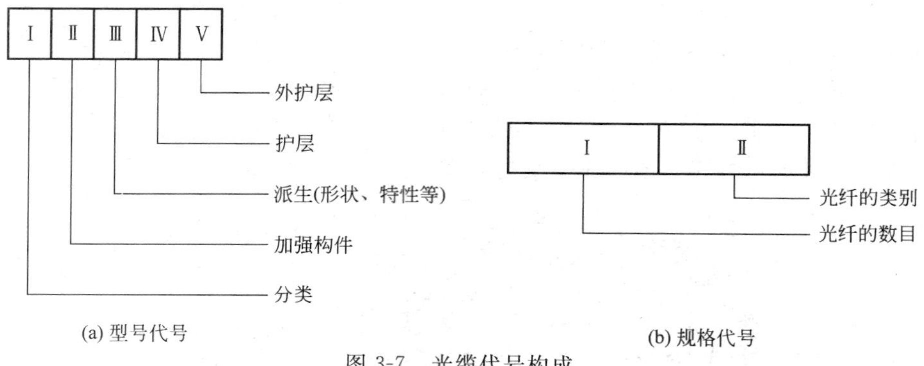

图 3-7　光缆代号构成

Ⅰ　分类代号及其意义，如表 3-1 所示。

表 3-1　光缆型式分类代号及意义

代号	意　　义
GY	通信用室(野)外光缆
GR	通信用软光缆
GJ	通信用室(局)内光缆
GS	通信用设备内光缆
GH	通信用海底光缆
GT	通信用特殊光缆

Ⅱ　加强构件指护套以内或嵌入护套中用于增强光缆抗拉力的构件。加强构件的代号及其意义如表 3-2 所示。

表 3-2　光缆型式加强构件的代号及意义

代号	意　　义
无符号	金属加强构件
F	非金属加强构件
G	金属重型加强构件
H	非金属重型加强构件

Ⅲ　缆芯和光缆派生结构特征代号中，光缆结构特征应表示出缆芯的主要类型和光缆的派生结构。光缆型式有几个结构特征需要注明时，可用组合代号表示，其组合代号按表 3-3 所描述的各代号自上而下的顺序排列。

表 3-3　光缆型式派生代号及意义

代号	意　　义	代号	意　　义
J	光纤紧套被覆结构	无符号	松套光纤
D	光纤带结构	无符号	层绞结构
G	骨架槽结构	X	中心束管式结构
T	油膏填充式结构	无符号	干式阻水结构
R	充气式结构		
B	扁平式结构	E	椭圆式结构
Z	阻燃	C	自承式结构

Ⅳ 护层代号及其意义如表 3-4 所示。

表 3-4 光缆型式护层代号及意义

代号	意　义
Y	聚乙烯护层
V	聚氯乙烯护层
U	聚氨酯护层
A	铝-聚乙烯黏结护层(简称 A 护套)
L	铝护套
G	钢护套
Q	铅护套
S	钢带-聚乙烯综合护套
W	夹带平行钢丝的钢-聚乙烯黏结护套(简称 W 护套)

Ⅴ 外护层是指铠装层及其铠装外边的外护层，代号表示如表 3-5 所示。

表 3-5 外护层代号及其含义

代　号	铠装层(方式)	代　号	外护层(材料)
0	无	0	无
1		1	纤维层
2	双钢带	2	聚氯乙烯套
3	细圆钢丝	3	聚乙烯套
4	粗圆钢丝		
5	当钢带皱纹纵包		

(2) 光缆形式代号举例

① 光缆的形式代号为 GYDTS 金属加强构件，光纤带结构，松套层绞油膏填充型，钢-聚乙烯黏结护套通信用室外光缆。

② 光缆的形式代号为 GYXTEW 型 金属加强构件，椭圆形，中心束管式，夹带钢丝的钢-聚乙烯黏结护套，油膏填充式，通信用室外光缆。

③ 光缆的形式代号为 GYXTW 型 金属加强构件，中心束管式，油膏填充式，夹带钢丝的钢-聚乙烯黏结护套，通信用室外光缆。

3.3.2 规格代号

光缆的规格代号由光纤规格和导电芯线的有关规格组成，如图 3-7(b) 所示。

(1) 光缆规格代号意义

Ⅰ 光纤数目 用 1、2、…，表示光缆内光纤实际数目。

Ⅱ 光纤类别 应采用光纤产品的分类代号表示。按照相关的标准规定，用大写字母 A 表示多模光纤，见表 3-6，大写字母 B 表示单模光纤，见表 3-7，再以数字和小写字母表示不同种类、类型的光纤。

(2) 光缆型号举例

① 某光缆型号为 GYTA53-12A1 松套层绞式结构，金属加强件，铝-塑黏结护层，皱纹钢带铠装，聚乙烯外护套，室外用通信光缆，内有 12 根渐变型多模光纤。

表 3-6 多模光纤

分类代号	类型	纤芯直径/μm	包层直径/μm	材料
A1a	渐变型	50	125	二氧化硅
A1b	渐变型	62.5	125	二氧化硅
A2	阶跃型	50	125	二氧化硅

表 3-7 单模光纤

分类代号	名称	材料
B1	非色散位移型	二氧化硅
B2	色散位移型	二氧化硅
B4	非零色散位移型	二氧化硅

② 光缆型号为 GTDXTW-144B 中心管式结构，带状光纤，金属加强件，油膏填充型，夹带增强聚乙烯护套，通信用特殊光缆，内装 144 根常规单模光纤（G. 652）。

③ C 缆型号为 GJFBZY-12B 扁平型结构，非金属加强件，阻燃聚乙烯外护套，通信用局内光缆，内含 12 根常规单模光纤（G. 652）。

④ 光缆型号为 GYTA-144B1 金属加强构件，松套层绞填充式，铝-聚乙烯黏结护套，通信用室外光缆，内装 144 根非色散位移型单模光纤。

3.4 光缆的端别及纤序

3.4.1 纤序排列规则

光纤成缆后，为便于区分光纤的顺序，在光缆结构中设置了标志识别光缆的端别（纤序的方向）及光纤排序方法。对于工程测量和接续工作，必须首先注意光缆的端别和了解光纤纤序的排列。

（1）光缆端别 光缆的端别是由领示光纤的颜色来确定的：面对光缆横截面，以红或蓝（起始色）到绿或黄（终止色）顺时针为 A 端，逆时针为 B 端。光缆的端别还可通过光缆外护套上标明光缆长度的数码来区分，数字小的为 A 端，数字大的为 B 端。在施工设计中有明确规定的应按设计中的规定来区别光缆端别。

光纤的色谱是区别纤序的重要标志，其色谱顺序为蓝、橙、绿、棕、灰、白、红、黑、黄、紫、粉红、天蓝。

（2）光缆色谱 一般来说，按照端别和光纤涂覆层的颜色可以将光纤的纤芯顺序区分清楚。单模和多模光纤色谱排列是一样的，光纤着色的目的是便于区分。光纤纤序排列主要有下列几种方式，下面以 A 端截面为例介绍。

① 以红、绿领示色中间填充白色套管的光缆，正对光缆横截面，其红色为 $1^{\#}$ 纤，顺时针数为 $2^{\#}$，$3^{\#}$，$4^{\#}$，最后一根是绿套管。

表 3-8 所示是以红、绿为领示色的 6 管双芯松套光缆的纤序，红色为 1 管，绿为 6 管，红、绿顺时针计数。

② 以蓝、黄领示的 6 芯单元松套，蓝色为一单元（组），黄色为二单元组，单元管内 6 芯光纤全色谱，纤序如表 3-9 所示。

③ 全色谱光缆，纤芯的颜色顺序为蓝、橙、绿、棕、灰、白、红、黑、黄、紫、粉红、

天蓝。带状光纤芯数一般为4、6、8、12芯。光纤带内光纤色谱纤序如表3-10所示。

表3-8 红、绿领示色的6管双芯松套纤序

管序	1		2		3		4		5		6	
管色	红		白(本色)		白		白		白		绿	
纤序	1	2	3	4	5	6	7	8	9	10	11	12
颜色	红(或黑)	白	红(或黑)	白	红(或黑)	白	红(或黑)	白	红(或黑)	白	红(或黑)	白

表3-9 以蓝、黄领示色的单元松套(6芯)管纤序

单元	一(蓝)						二(黄)					
纤序	1	2	3	4	5	6	7	8	9	10	11	12
颜色	蓝	橙	绿	棕	灰	白	蓝	橙	绿	棕	灰	白

表3-10 光纤带内光纤色谱

序号	1	2	3	4	5	6	7	8	9	10	11	12
颜色	蓝	橙	绿	棕	灰	白	红	黑	黄	紫	粉红	天蓝

光纤的色谱是区别纤序的重要标志,因此要求光纤涂覆表面颜色不褪色、不迁移。光纤的着色技术从热固化的600m/min发展到紫外线光固化的1500m/min,材料用量减少,效果和效率都大幅提升。现在发展的着色环技术,在着色线上增加喷环装置,可以达到在光纤上喷多个环或不同颜色环来区分同色纤的作用。

3.4.2 举例

① 已知图3-8所示为室内光纤带光缆结构示意图,其中从左到右的12根光纤的颜色为蓝、橙、绿、棕、灰、白、红、黑、黄、紫、粉红、天蓝,试排定12根光纤的纤序。

序号	1	2	3	4	5	6	7	8	9	10	11	12
颜色	蓝	橙	绿	棕	灰	白	红	黑	黄	紫	粉红	天蓝

图3-8 室内光纤带光缆结构

蓝色光纤为1号纤,橙色光纤为2号纤,依此类推绿、棕、灰、白、红、黑、黄、紫、粉红、天蓝色,光纤分别对应为3~12号纤。

② 图3-9所示为某钢带纵向层绞式光缆的截面图,已知图中每根松套管中6根光纤的颜

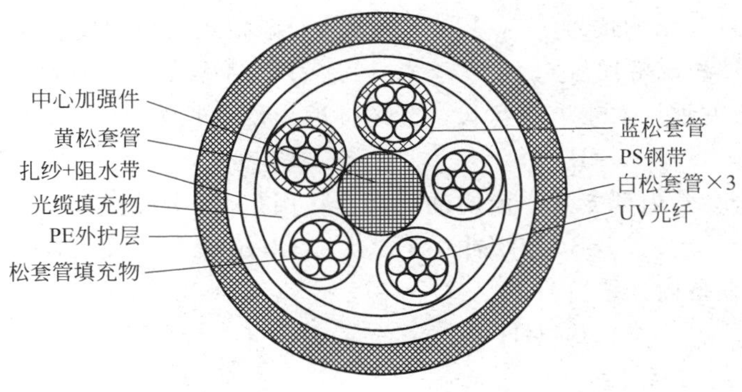

图3-9 某钢带纵向层绞式光缆的截面图

色为蓝、橙、绿、棕、灰、白，试判断其端别并排定30根光纤的纤序。

判断端别：因为领示色管由蓝—黄是顺时针，故为光缆的A端。

排定纤序：蓝色套管中的蓝、橙、绿、棕、灰、白6纤对应1～6号纤；紧扣蓝松套管的白松套管中的蓝、橙、绿、棕、灰、白对应7～12号纤……依此类推，直至黄松套管中的白色光纤为第30号光纤。

知识巩固 ▶▶▶

一、填空

1. 光缆按缆芯结构不同，可分为骨架式光缆、________、________和________。
2. 光缆的标准制造长度一般为________________。
3. 光缆的型式代号由光缆的分类、________、________、护层和外护层五个部分组成。
4. 型号为GYTA53的光缆，“A”表示____，“5”表示____，“3”表示____。

二、选择

1. 面对光缆截面，当领示色光纤（或松套管）的绿组作为最后一组，在红组的（　　）方向时，该截面为光缆的A端。
   A. 右侧　　B. 顺时针　　C. 逆时针
2. 光缆的所有金属构件在接头处（　　）电气连通，局、站内光缆金属构件全部连接到保护地。
   A. 不进行　　B. 视情况进行　　C. 进行
3. 对于光缆传输线路，故障发生概率最高的部位是（　　）。
   A. 光缆内部光纤　　B. 光缆的接头　　C. 光缆外护套
4. 光缆护层剥除后，缆内油膏可用（　　）擦干净
   A. 汽油　　B. 煤油　　C. 酒精　　D. 丙酮
5. 下列哪项不属于光缆结构形式：（　　）
   A. 层绞式结构光缆　　B. 带状结构光缆
   C. 单芯结构光缆　　D. 填充式结构光缆
6. 光纤通信是以（　　）为载波，以（　　）为传输媒质的一种通信方式。
   A. 电波　光导纤维　　B. 光波　电缆
   C. 光波　光导纤维　　D. 电波　电缆
7. 光缆型号由（　　）构成。
   A. 规格代号和结构代号　　B. 型式代号和用途代号
   C. 型式代号和规格代号　　D. 结构代号和用途代号
8. 光缆单盘长度远远大于电缆盘长，光缆标准出厂盘长为（　　）km。
   A. 1　　B. 2　　C. 3　　D. 4
9. 通常光缆松套管内都充入半流质油剂，其作用是（　　）。
   A. 防水　　B. 起缓冲　　C. 绝缘　　D. 防锈
10. 表示通信设备内光缆符号的是（　　）。
    A. GS　　B. GH　　C. GT　　D. GR

三、判断

1. 深海光缆是指敷设于海水深度大于1000m海区的光缆。（　　）

2. 非金属光缆是指中心加强构件采用非金属材料的光缆。( )

3. GYTA53 型光缆为金属加强构件+松套层绞油膏填充式+铝塑 LAP 粘接护套+纵包皱纹钢带铠装+聚乙烯外护套通信用室外光缆。( )

4. 光缆的弯曲半径不小于光缆外径的 15 倍。( )

四、简答

1. 简述按缆芯结构、敷设方式不同光缆的分类。
2. 光纤为什么制成光缆?
3. 解释下列光缆型号之意义:GYSTY53-12B1、GYTA53-96B4 的意义。
4. 简述光缆端别的识别方法。
5. 光缆常采用的护套有哪些?
6. 简述光缆的护层和加强构件的作用各是什么?

项目四 光器件认知

学习目标

1. 熟练进行光器件的识别。
2. 熟练进行光仪表的使用。
3. 熟练进行光纤测试(OTDR 的使用)。

相关知识

4.1 光源

4.1.1 光源的工作原理

在光纤通信系统中,光纤中所传输的光信号是由光源产生的。从光纤通信的意义上来说,将在近红外光谱附近产生电磁场能的发生器称为光源。光源是光发射机的核心器件,其作用是把电信号转变成光信号。光源性能的好坏是保证光纤通信系统稳定可靠工作的关键。

目前光纤通信系统使用的光源几乎都是半导体光源,它分为半导体激光器(LD)和半导体发光二极管(LED)。

半导体激光器具有输出功率大、发射方向集中、单色性好等优点,主要适用于长距离、大容量的光纤通信系统。半导体发光二极管虽然没有半导体激光器那样优越,但其制造工艺简单、成本低、可靠性高,适用于短距离、小容量的光纤通信系统。

4.1.1.1 激光器的工作原理

(1) 基本概念

① 光子 光是以光速运动的粒子流,这些粒子称为光子。光子具有一定的频率和能量,频率为 f 的光子具有的能量 E 是

$$E=hf \tag{4-1}$$

式中,$h=6.625\times10^{-34}\text{J}\cdot\text{s}$,是比例常数,称为普朗克常数。不同频率的光子具有不

同的能量，光波所具有的能量是光子能量的总和。光波中的光子数目越多，光的强度就越强。当光子与物质相互作用时，光子能量作为一个整体被吸收或发射。

光不仅具有波动性，而且还具有粒子性，而波动性和粒子性是不可分割的统一体，因此说光具有波动、粒子两重性。

② 原子能级　物质由分子组成，分子由原子组成，而原子是由原子核和围绕原子核旋转的电子构成的。围绕原子核旋转的电子能量是不连续的，只能取特定的离散值，这种现象称为电子能量的量子化，这些离散的能量值称为原子能级。

最低的能级 E_1 称为基态，能量比基态大的所有其他能级 E_i（$i=1$，2，3，…）都称为激发态。当电子从较高能级 E_2 跃迁至较低能级 E_1 时，释放能量；而当电子从较低能级 E_1 跃迁至较高能级 E_2 时，吸收能量。吸收或释放的能量等于相应两能级之间的能量差。

③ 光与物质的相互作用　光可以被物质吸收，也可以从物质中发射。光与物质相互作用时，将发生受激吸收、自发辐射、受激辐射三种物理过程。图 4-1 示出了光与物质作用的三种基本过程。

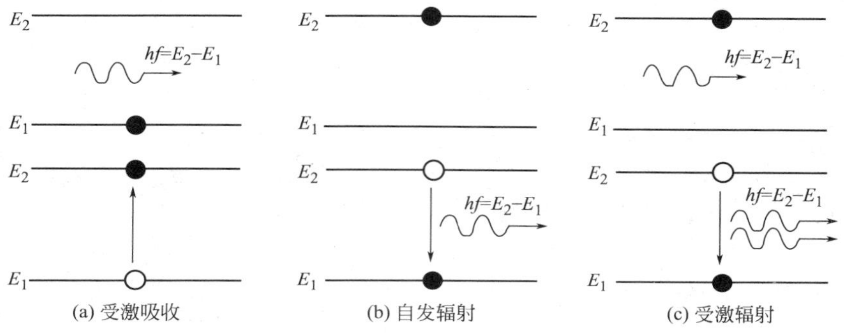

图 4-1　光与物质的三种相互作用

• **受激吸收**　在能量为 $E=E_2-E_1$、频率为 $f=(E_2-E_1)/h$ 的外来光子的激发下，电子吸收外来光子的能量而从低能级 E_1 跃迁到高能级 E_2 的过程，称为受激吸收，如图 4-1(a) 所示。

受激吸收的特点是，电子跃迁的过程不是自发产生的，必须在外来光子的激发下才会产生，外来光子的能量必须等于相应能级的能量差。

• **自发辐射**　处于高能级上的电子是不稳定的，在没有外界作用的情况下，它将自发地从高能级 E_2 跃迁到低能级 E_1，并辐射出一个能量为 $E=E_2-E_1$、频率为 $f=(E_2-E_1)/h$ 的光子，这个过程称为自发辐射，如图 4-1(b) 所示。

自发辐射的特点是，处于高能级上的各个电子都是独立地、自发地、随机地跃迁，彼此无关。不同的电子可能在不同的能级之间跃迁，故辐射出的光子频率各不相同；即使有些电子在相同的能级之间跃迁，辐射出的光子频率相同，但这些光子的相位和传播方向也各不相同，因此自发辐射光是非相干光。白炽灯、日光灯等普通光源的发光过程就是自发辐射。

• **受激辐射**　高能级上的电子在能量为 $E=E_2-E_1$、频率为 $f=(E_2-E_1)/h$ 的外来光子的激发下，从高能级 E_2 跃迁到低能级 E_1，同时辐射出一个和外来光子完全相同的光子的过程称为受激辐射，如图 4-1(c) 所示。

受激辐射的特点是，受激辐射是在外来光子的激励下产生的，受激辐射产生的光子和外来光子具有完全相同的特征，即它们的频率、相位、振动方向和传播方向均相同，称为全同光子。在受激辐射过程中，通过一个光子的作用可以得到两个全同光子。如果这两个全同光子再引起其他原子产生受激辐射，就能得到更多的全同光子。在一定的条件下，一个入射光子的作用可以引起大量原子产生受激辐射，从而产生大量的全同光子，这种现象称为光的放大。可见，在受激辐射的过程中，各个原子发出的光是互相有联系的，是相干光，受激辐射可以产生光的放大。

④ 粒子数反转分布　在热平衡状态的物质中，低能级上的电子多，高能级上的电子少。那么在单位体积、单位时间内，物质的受激吸收总是强于受激辐射，因此热平衡条件下的物质不可能对光进行放大。要使物质能对光进行放大，必须使其内部的受激辐射强于受激吸收，即使高能级上的电子数远多于低能级上的电子数。物质的这种一反常态的分布称为粒子数反转分布。

有多种方法可以实现能级之间的粒子数反转分布状态，包括光激励方法、电激励方法等。在半导体光源器件中，通常是利用外加适当的正向偏压来实现粒子数反转分布的。

(2) 激光器的工作原理　所谓激光器就是激光自激振荡器。它通常由以下三部分组成：产生激光的工作物质（激活物质）、能够使工作物质处于粒子数反转分布状态的激励源（泵浦源）、能够完成频率选择及反馈作用的光学谐振腔。其结构如图 4-2 所示。

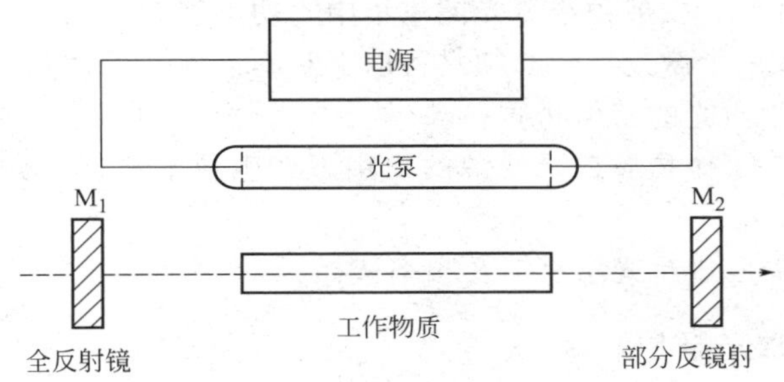

图 4-2　激光器的结构

① 工作物质　能够产生激光的物质，也就是能够形成粒子数反转分布状态的物质，称为工作物质，它是产生激光的必要条件。

② 泵浦源　使工作物质产生粒子数反转分布的外界激励源，称为泵浦源。工作物质在泵浦源的作用下，使粒子从低能级跃迁到高能级，形成粒子数反转分布。在这种情况下，受激辐射大于受激吸收，从而具有光的放大作用。这时的工作物质已被激活，成为激活物质或增益物质。

③ 光学谐振腔　激活物质只能使光放大，只有把激活物质置于光学谐振腔中，以提供必要的反馈及对光的频率和方向进行选择，才能获得连续的光放大和激光振荡输出。光学谐振腔的结构如图 4-2 所示，它由两块精确平行的反射镜 M_1 和 M_2 构成。对于两个反射镜，要求其中一个能全反射，另一个为部分反射。如 M_1 为全反射，其反射系数为 100%，M_2 为部分反射，其反射系数为 95%左右。产生的激光由 M_2 射出。

④ 激光器产生激光振荡过程　如图 4-3 所示，当工作物质在泵浦源的作用下，已实现粒子数反转分布时，由于高能级上的电子不稳定，很快自发地跃迁到低能级，同时辐射出一些频率为 $f=(E_2-E_1)/h$ 的光子。这些光子的辐射方向是任意的，其中凡是不沿谐振腔轴线方向传播的光子，几次折射之后就逸出谐振腔外消失了，只有那些沿轴线方向传播的光子能在谐振腔中存在。当某个沿轴线方向传播的光子遇到激发态的电子时，将使它产生受激辐射而射出一个全同光子，这样两个光子继续在腔内运动时，又激发出新的光子。这些光子在反射镜上来回反射，反复在激活物质中穿行，受激辐射雪崩般地加剧，就有了光的反馈与放大。

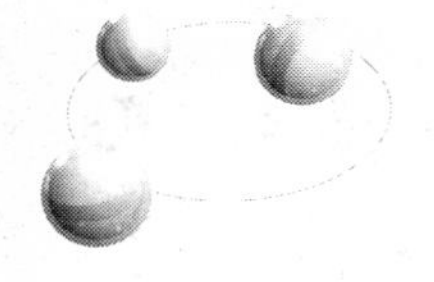

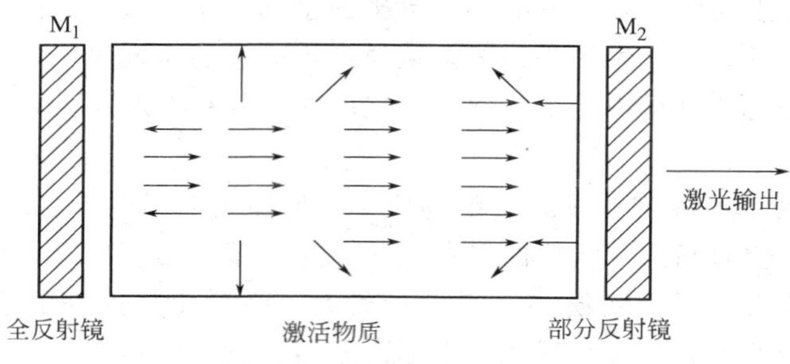

图 4-3 激光器原理示意图

在光放大的过程中，也存在着一些能量的损耗。如果光子在谐振腔中每往返一次，由放大得到的能量恰好抵消损耗的能量，达到平衡时激光器即保持稳定的输出，于是在部分反射镜一侧将出现一个高功率的、平行的光子流，这就是激光。

激光是受激辐射发光，激光中所有光子的频率、相位和传播方向都相同，所以激光的单色性、相干性好。由于光学谐振腔的作用，只有沿谐振腔轴线方向传播的光才能被放大和输出，所以激光的方向性好、发散角小、光能量集中、功率密度大。

综上所述，要构成一个激光器，必须具备以下基本条件：

① 必须有能够产生激光的工作物质；

② 必须有泵浦源，工作物质在泵浦源的作用下产生粒子数反转分布，从而具有光放大的能力；

③ 必须有光学谐振腔进行光学反馈及频率选择。

4.1.1.2 半导体激光器 LD

用半导体材料作为工作物质的激光器，称为半导体激光器（LD）。半导体激光器也是由工作物质、泵浦源和光学谐振腔构成，其工作原理与激光器的一般原理没有原则上的区别，但由于物质结构不同，也有其自己的特点。

（1）半导体的能带　半导体材料是一种单晶体。在晶体中，大量的原子有秩序地、周期性地排列在一起，相邻的原子靠得非常紧密，不同的原子能级互相重叠变成了能带的形式，如图 4-4 所示。

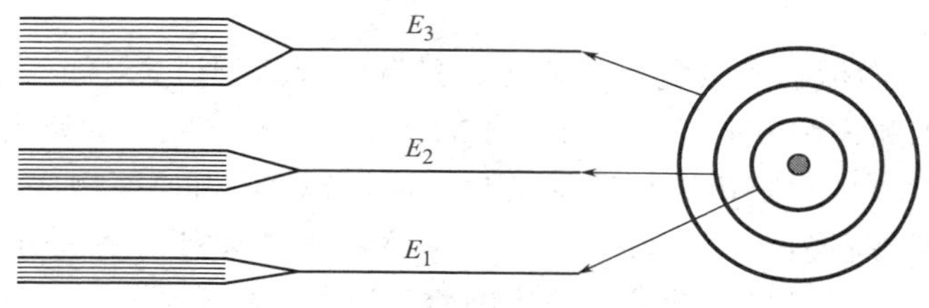

图 4-4 晶体中的能带

对于半导体，其内部自由运动的电子（简称自由电子）所填充的能带称为导带；价电子所填充的能带称为价带；导带和价带之间不允许电子填充，所以称为禁带，其宽度称为禁带宽度，用 E_g 表示，单位为电子伏特（eV），如图 4-5 所示。

在半导体中，导带与价带之间的电子跃迁也分为受激吸收、受激辐射和自发辐射三种。若价带上的电子得到能量，就会跃迁到导带，同时在价带上留下一个空穴；反之，导带上的电子也可以自发地或受激地跃迁到价带，与价带上的空穴复合。复合时，辐射出一个能量为

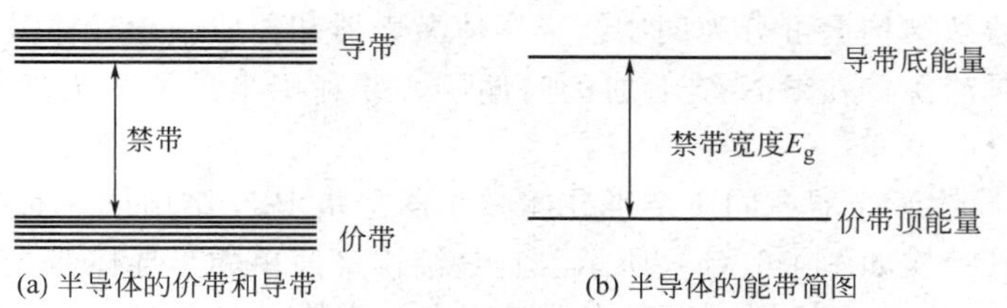

(a) 半导体的价带和导带　　(b) 半导体的能带简图

图 4-5　半导体的能带结构

E_g、频率为 $f=E_g/h$ 的光子。

（2）半导体激光器的工作原理

图 4-6 所示为砷化镓（GaAs）半导体激光器，核心部分就是一个 P-N 结，激光从结区发出。P-N 结的两个端面是按照晶体的天然晶面（通常称为解理面）切开的，表面非常光滑，构成两个平行的反射镜，形成了光学谐振腔。

在 GaAs 半导体激光器中，其 P-N 结由 P^+-GaAs 和 N^+-GaAs 构成，它们都是重掺杂的，即 P 型半导体中有大量的空穴，而 N 型半导体中有大量的自由电子。当 P 型半导体与 N 型半导体结合在一起时，N 区的电子向 P 区扩散，在交界面 N 区侧留下带正电的离子；P 区的空穴向 N 区扩散，在交界面 P 区侧留下带负电的离子。这样交界面两侧就形成了带相反电荷的区域（叫做空间电荷区），并形成一个由 N 区指向 P 区的自建电场。由于自建电场的存在，一方面阻碍了电子和空穴的进一步扩散，另一方面使电子和空穴产生漂移运动，即 N 区的少量空穴向 P 区漂移，P 区的少量电子向 N 区漂移。当扩散与漂移的载流子数相等时，就达到了动态平衡。

处于平衡状态下的 P-N 结，没有形成粒子数反转分布，不能产生激光，如图 4-6(b) 所示。

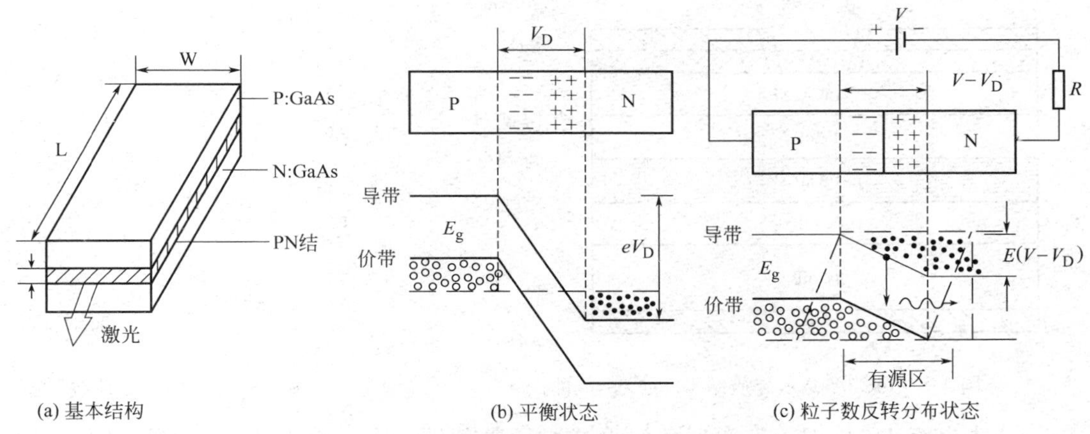

(a) 基本结构　　(b) 平衡状态　　(c) 粒子数反转分布状态

图 4-6　半导体激光器的 PN 结及能带

当给激光器的 PN 结外加足够大的正向偏压时，打破了 P-N 结内部的动态平衡。P 区的空穴和 N 区的电子大量地、源源不断地注入 P-N 结，在结区及其附近形成并维持导带上电子多、价带上空穴多的粒子数反转分布，如图 4-6(c) 所示。这种状态将使受激辐射大于受激吸收，产生光的放大。被放大的光在由解理面构成的光学谐振腔内来回反射得到加强，当满足阈值条件后，即可发出激光。

（3）半导体激光器的结构

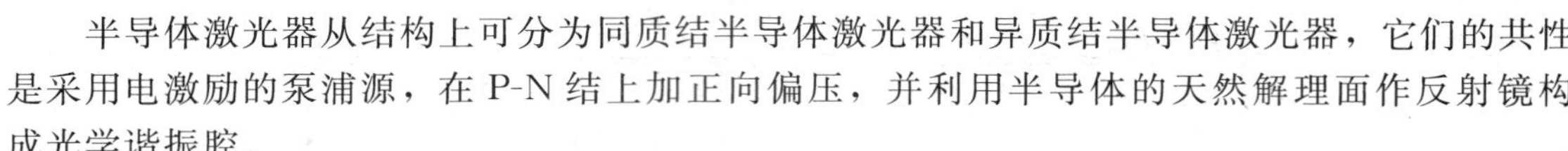

半导体激光器从结构上可分为同质结半导体激光器和异质结半导体激光器，它们的共性是采用电激励的泵浦源，在P-N结上加正向偏压，并利用半导体的天然解理面作反射镜构成光学谐振腔。

① 同质结半导体激光器　同质结半导体激光器是指P-N结由同一种半导体材料制成的半导体激光器，其结构如图4-6（a）所示。它是结构最简单的半导体激光器。其核心部分是一个PN结，由结区发出激光。这种激光器的缺点是阈值电流太高，在室温下工作时发热严重，无法做到连续的激光输出，因而不能进入实用。

② 异质结半导体激光器　异质结是指具有不同折射率和不同禁带宽度的两种半导体材料构成的P-N结。其特点是有效地限制载流子的扩散长度，减小发光区的厚度，降低阈值电流，提高发射效率。

目前，光纤通信用的激光器大多采用如图4-7所示的铟镓砷磷（InGaAsP）双异质结条形激光器。由剖面图中可以看出，它由5层半导体材料构成。其中N-InGaAsP是发光的有源区，有源区的上、下两层称为限制层，限制层和有源层之间形成异质结。最下面一层N-InP是衬底。顶层P^{+}-InGaAsP是接触层，其作用是为了改善和金属电极的接触。顶层上面数微米宽的窗口为条形电极。

对于双异质结半导体激光器，其有源层的折射率高于限制层，产生的激光被限制在有源区内，因而电光转换效率很高，输出激光的阈值电流很低，只要很小的散射体就可以在室温下连续工作。

（4）半导体激光器的工作特性

① *P-I* 特性　LD的输出光功率 *P* 与注入电流 *I* 之间的关系曲线，称为 *P-I* 曲线，如图4-8所示。图中，I_{th}是LD的阈值电流，其定义为自发辐射区曲线与受激辐射区曲线之间的拐点对应的电流值。

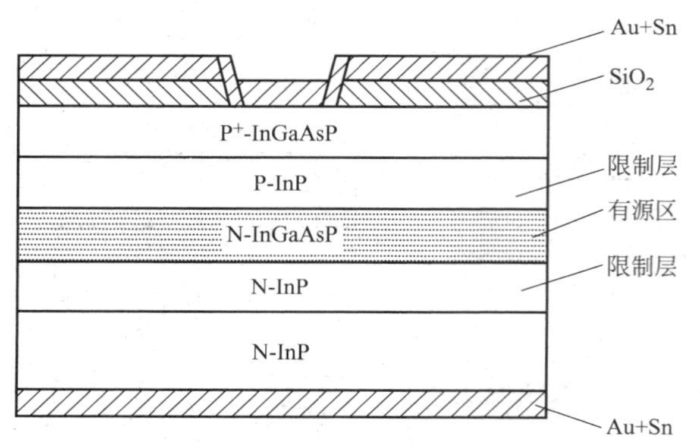

图4-7　InGaAsP双异质结LD的基本结构

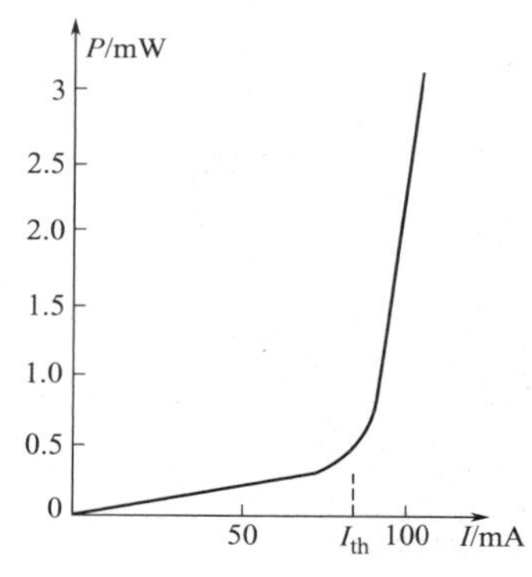

图4-8　LD的 *P-I* 曲线

当注入电流 $I<I_{th}$时，有源区无法形成粒子数反转分布，也无法达到谐振条件，此时LD以自发辐射为主，输出光功率很小，发出的是非相干的荧光。当注入电流 $I>I_{th}$时，有源区不仅形成粒子数反转分布，而且达到了谐振条件，输出光功率急剧增加，这时LD以受激辐射为主，发出的是相干的激光。

为了使光纤通信系统稳定可靠地工作，阈值电流越小越好。目前，最好的半导体激光器的阈值电流可小于10mA。

② 光谱特性　光谱特性是衡量光源单色性好坏的一个物理量。半导体激光器的光谱特性如图4-9所示，在图中，通常将光源的峰值功率下降一半时，半功率点所对应的宽度定义

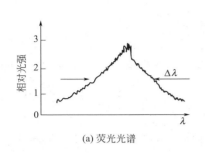

(a) 荧光光谱

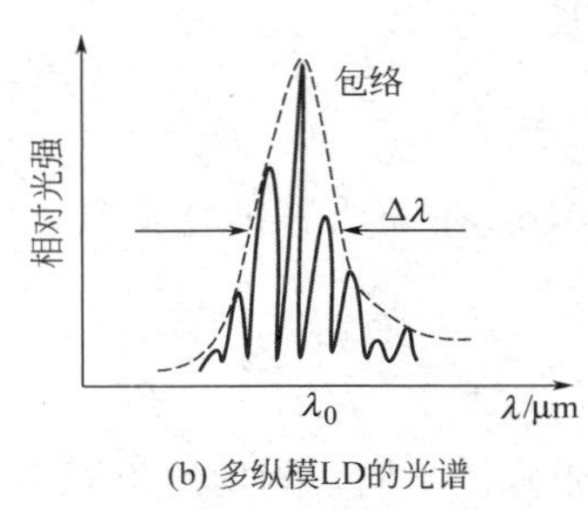

(b) 多纵模LD的光谱

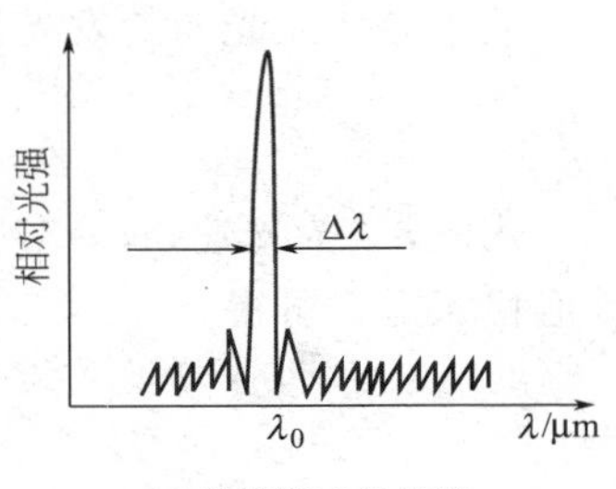

(c) 单纵模LD的光谱

图 4-9　LD 的光谱特性

为光源的谱线宽度（Δλ）。谱线宽度越窄，光源的光谱特性越好。

由 LD 的光谱特性可以看出，LD 的光谱随着注入电流的变化而变化。当注入电流低于阈值电流时，LD 发出的是荧光，荧光的光谱范围很宽，其谱线宽度约为几十纳米，如图 4-9(a) 所示；当注入电流高于阈值电流时，腔内形成稳定的振荡，光谱突然变窄，谱线宽度约为几个纳米，谱线中心强度也急剧增加，说明发出的是激光，如图 4-9(b)、(c) 所示。

激光器根据输出谱线的多少，分为单纵模激光器和多纵模激光器。单纵模激光器的光谱只有一根谱线，如图 4-9(c) 所示。当谱线很多时，即为多纵模激光器，如图 4-9(b) 所示。一般要求多纵模激光器光谱特性包络内含有 3～5 个纵模，Δλ 值约为 3～5nm；较好的单纵模激光器的 Δλ 值约为 0.1nm，甚至更小。

③ 温度特性　半导体激光器是一个对温度很敏感的器件。LD 的温度特性是指其阈值电流随温度的变化而变化的特性，LD 的温度特性如图 4-10 所示。

由图 4-10 可以看出，温度升高时，LD 的阈值电流增大，*P-I* 曲线右移。此时，若激光器的注入电流不变，则激光器的输出光功率下降，如图 4-11 所示。所以，在采用 LD 作为光源的光发射机中，一般需采用自动功率控制电路（APC）和自动温度控制电路（ATC）来稳定激光器的输出光功率。

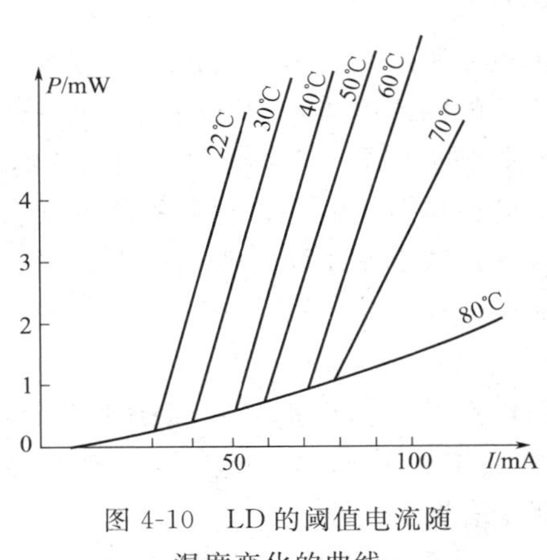

图 4-10　LD 的阈值电流随温度变化的曲线

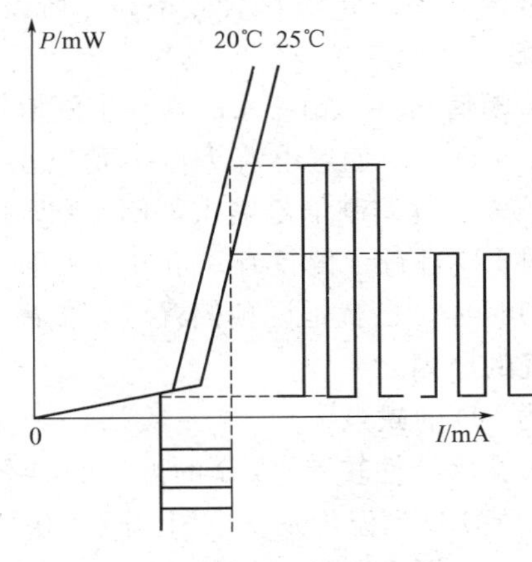

图 4-11　温度变化引起的输出光功率的变化

④ 发光波长　半导体激光器的发光波长取决于半导体材料的禁带宽度 E_g。由于

$$E_g = hf$$

而

$$\lambda = \frac{c}{f}$$

故半导体激光器的发光波长 λ 为

$$\lambda=\frac{hc}{E_g} \tag{4-2}$$

式中，c 为光速，$c=3\times10^8$m/s；h 为普朗克常数，$h=6.625\times10^{-34}$J·s。将 h、c 的数值代入上式可得

$$\lambda=\frac{1.24}{E_g(\text{eV})}\ (\mu\text{m}) \tag{4-3}$$

由于不同半导体材料的禁带宽度不同，因此用不同半导体材料可制成发光波长不同的激光器。目前使用的半导体激光器材料有镓铝砷/砷化镓（GaAlAs/GaAs），适用于 0.85μm 波段；铟镓砷磷/磷化铟（InGaAsP/InP），适用于 1.31～1.55μm 波段。

（5）半导体激光器的特点　发光波长为 1.31μm 的半导体激光器的特性如表 4-1 所示，参考表中数据总结半导体激光器的特点如下。

表 4-1　1.31μm 波长半导体激光器的特性

项　　目	典型数值	项　　目	典型数值
波长	1.31μm	寿命	约 10^5h
输出功率	约 1mW	谱线宽度	约 2nm
入纤功率	约 0.3mW	调制速率	Gb/s 级

① LD 的优点

• **谱线宽度窄**　由于在谐振腔内因振荡而辐射出来的光子具有基本相同的频率，所以 LD 所发出光的谱线宽度十分狭窄，仅有 1～5nm，从而大大降低了光纤的色散，增大了光纤的传输带宽。因此 LD 适用于大容量的光纤通信系统。

• **与光纤耦合效率高**　由于从谐振腔反射镜输出的光，其方向一致性好，发散角小，所以 LD 与光纤的耦合效率较高，一般用直接耦合方式就可达 20%以上，如果采用适当的耦合措施可达 90%。由于耦合效率高，所以入纤光功率就比较大，故 LD 适用于长距离的光纤通信系统。

• **阈值器件**　由于 LD 是一个阈值器件，所以在实际使用时必须对之进行预偏置。即预先赋予 LD 一个偏置电流 I_B，其值略小于但接近于 LD 的阈值电流，使其仅发出极其微弱的荧光；一旦有调制信号输入，LD 立即工作在能发出激光的区域，且发光曲线相当陡峭。

对 LD 进行预偏置有一个好处，即可以减少由于建立和阈值电流相对应的载流子密度所出现的时延，也就是说预偏置可以提高 LD 的调制速率，这也是 LD 能适用于大容量光纤通信系统的原因之一。

② LD 的缺点

• **温度特性较差**　LD 的温度特性较差，主要表现在其阈值电流随温度的上升而增加。例如，某 LD 当温度从 20℃上升到 50℃时，阈值电流会增加 1～2 倍，这样会给使用者带来许多不便。因此，一般情况下 LD 要加温度控制和制冷措施。

• **线性度较差**　LD 的发光功率随其工作电流的变化，并非是一种良好的线性对应关系，但这并不影响 LD 在数字光纤通信中的广泛应用，因为数字光纤通信对光源器件的线性度并没有过高的要求。

由于 LD 具有谱线宽度窄、与光纤的耦合效率高等显著优点，所以被广泛应用在大容量、长距离的数字光纤通信之中。尽管 LD 也有一些不足，如线性度与温度特性欠佳，但数

字光纤通信对光源器件的线性度并没有很严格的要求，而温度特性欠佳可以通过一些有效的措施来补偿，因此LD成为数字光纤通信最重要的光源器件。

4.1.1.3 发光二极管LED

光纤通信使用的光源，除了半导体激光器（LD）外，还有半导体发光二极管（LED）。它与半导体激光器的区别是：在结构上没有光学谐振腔，是无阈值器件。LED以自发辐射为主，发出的是非相干的荧光。

（1）发光二极管结构　为了提高发光功率和效率，与LD相似，LED大多也采用双异质结结构。LED有面发光二极管（SLED）和边发光二极管（ELED）两种结构。

① 面发光LED　如图4-12所示，面发光二极管（SLED）的发射光束垂直于有源层，光束发散角很大，一般为120°，相当一部分光不能进入光纤而损失掉，因而面发光二极管与光纤的耦合效率很低。

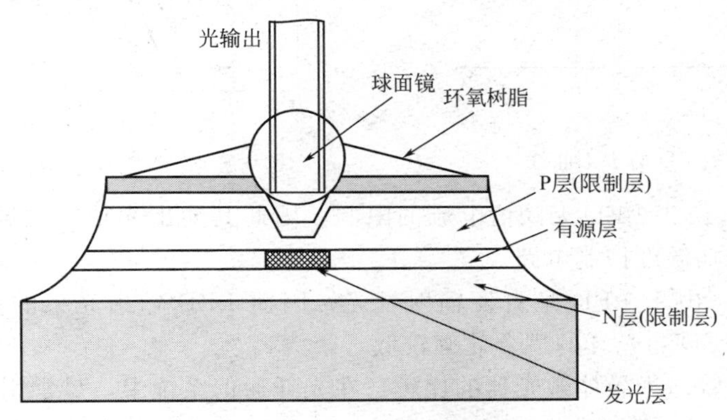

图4-12　面发光型LED结构

② 边发光LED　如图4-13所示，边发光二极管（ELED）的发射光束平行于有源层，发光面一般小于光纤的横截面，光束的发散角较小，一般为25°～35°。此类LED的方向性好，亮度高，与光纤的耦合效率高。目前应用较为广泛的是边发光二极管。

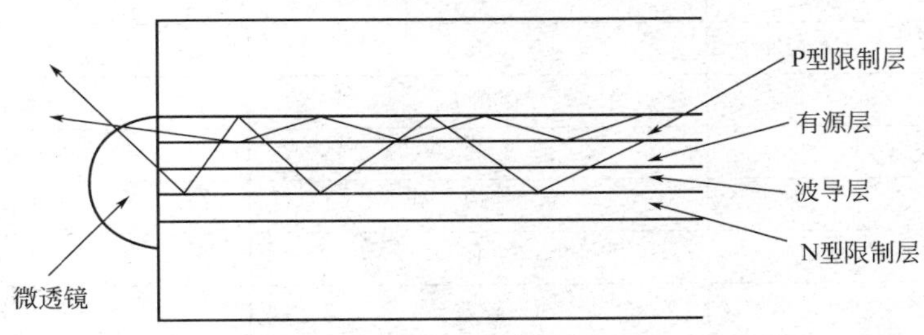

图4-13　边发光型LED结构

（2）发光二极管的发光原理　当给LED外加合适的正向偏压时，即向LED注入正向电流时，注入的载流子在扩散过程中进行复合，发生自发辐射，产生具有一定波长的自发辐射光，发射光经透镜构成的聚焦系统发射出去，直接射入光纤端面，然后在光纤中传输，这就是发光二极管的基本工作原理。

（3）发光二极管的工作特性

① *P-I* 特性　LED的 *P-I* 特性曲线如图4-14所示。由图可知，LED不存在阈值电流，

线性度比 LD 好。注入电流较小时，*P-I* 曲线的线性度较好；当注入电流过大时，由于 PN 结发热而产生饱和现象，使 *P-I* 曲线的斜率减小。一般情况下，LED 工作电流为 50～100mA，输出光功率为几毫瓦，由于发散角大，入纤功率（耦合到光纤中的功率）只有数百微瓦。

② 光谱特性　图 4-15 所示为 LED 的光谱特性。由于 LED 发光二极管没有谐振腔，不具有选频特性，所以谱线宽度 $\Delta\lambda$ 比 LD 的要宽很多，一般为 30～100nm，这使得光信号在光纤中传输时的色散较大。

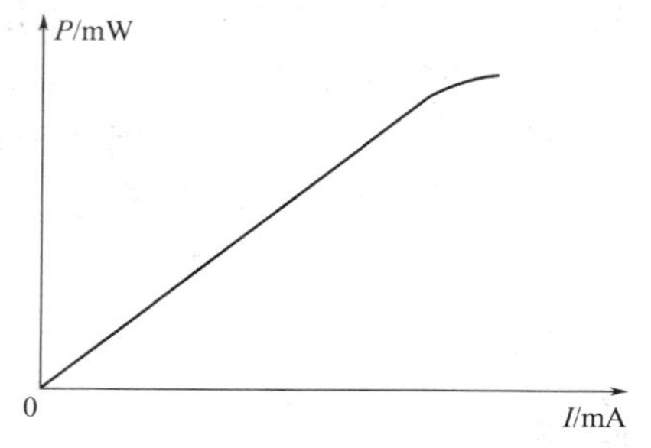

图 4-14　LED 的 *P-I* 曲线

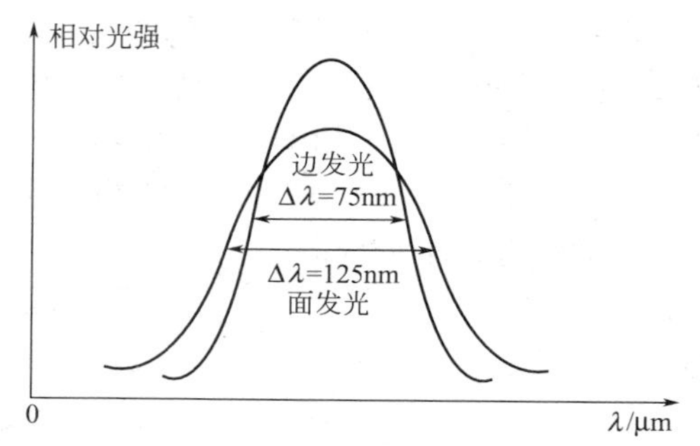

图 4-15　LED 的光谱

③ 温度特性　由于 LED 无阈值电流的限制，因此其输出光功率对温度的依赖性比 LD 小得多，一般不需加温度控制电路。

④ 耦合效率　由于 LED 是自发辐射发光，因而 LED 输出光束的发散角较大，约为 30°～120°，所以 LED 与光纤的耦合效率较低。

(4) 发光二极管与半导体激光器的比较　在光纤通信系统中，最常用的光源器件是半导体激光器（LD）和半导体发光二极管（LED），两者均是用半导体材料构成的，能发出光波并能通过调制技术携带数据信息，实现光传输。这两种光源器件的比较如表 4-2 所示。

表 4-2　LD 与 LED 的比较

项目＼光源	LD	LED
输出光功率	大	小
P-I 曲线	存在 I_{th}	线性好
谱线宽度	窄	较宽
光束	激光	荧光
发散角	小	大
温度特性	较差	好
寿命	较短	较长
结构	有光学谐振腔	无光学谐振腔
工艺	复杂	简单
价格	贵	便宜
适用范围	长距离、大容量	短距离、小容量

由表可知，与 LD 相比，LED 输出光功率较小，谱线宽度较宽，调制频率较低。但由于 LED 性能稳定，寿命长，使用简单，输出光功率线性范围宽，而且制造工艺简单，价格

低廉。因此，LED在短距离、小容量的光纤通信系统中得到广泛应用。

4.1.2 光源的使用

4.1.2.1 光源实例

光源是光纤测试的主要部分，是光特性测试不可缺少的信号源。光纤通信测量中使用的光源主要有稳定光源、白色光源（即宽谱线光源）及可见光光源三种。如图4-16所示，实际应用中分为台式稳定光源、手持式光源和可视激光光源等几类。

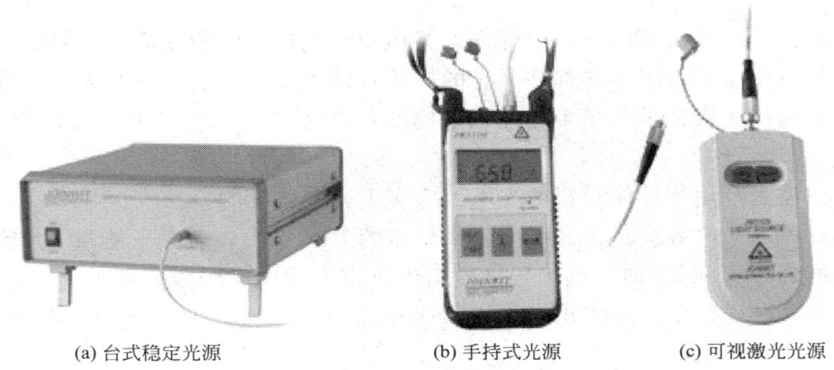

(a) 台式稳定光源 (b) 手持式光源 (c) 可视激光光源

图4-16 光纤通信测量中常用的光源

4.1.2.2 LP-5250光源

以目前最常用的LP-5250光源为主介绍光源的使用方法（其他种类的光源可参考其工作原理）。

（1）LP-5250光源的面板结构 如图4-17所示。其中，正面图中上侧为光源工作指示灯，最上面为波长指示灯（分别为1310nm和1550nm）；下面为模式指示灯（分别为CW，270Hz，2kHz）；侧面的外接电源可外接6V稳压电源；最上面为光信号输出端。

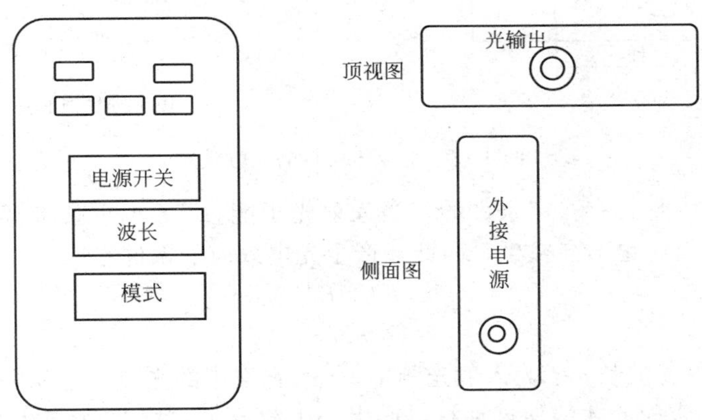

图4-17 LP-5250光源的面板图

（2）LP-5250光源的操作步骤

① 连接测试光纤。

② 按下电源开关，模式和波长工作灯亮。

③ 调整波长操作键选择所用工作波长，此时选中波长亮。

④ 调整工作模式键选择光源工作模式，此时模式指示灯变换，直至所选择工作模式灯亮。

⑤ 让光源加电 5～10min，使输出的光功率稳定。

4.2 光检测器

4.2.1 光检测器的工作原理

光电检测器是光接收机的第一个部件，其作用是把接收到的光信号转换成电信号。光电检测器是光接收机中极为关键的部件，它的好坏直接决定了系统性能的优劣。目前光纤通信系统使用的光电检测器几乎都是半导体光电检测器，它分为 PIN 光电二极管和 APD 雪崩光电二极管。

光电检测器是利用半导体材料的光电效应实现光电转换的。

半导体材料的光电效应是指光照射到半导体的 P-N 结上，若光子能量 hf 足够大，大于半导体材料的禁带宽度 E_g 时，则半导体材料中价带上的电子吸收光子的能量，从价带越过禁带到达导带，在导带中出现光电子，在价带中出现光空穴，即形成光生电子-空穴对，又称光生载流子。

光生载流子在外加反向偏压和内建电场的作用下，电子向 N 区漂移，空穴向 P 区漂移，如果 P-N 结外电路构成回路，就会形成光电流，如图 4-18(a) 所示，从而在电阻 R 上有信号电压产生。这样，就实现了输出电压跟随光信号变化的光电转换作用。

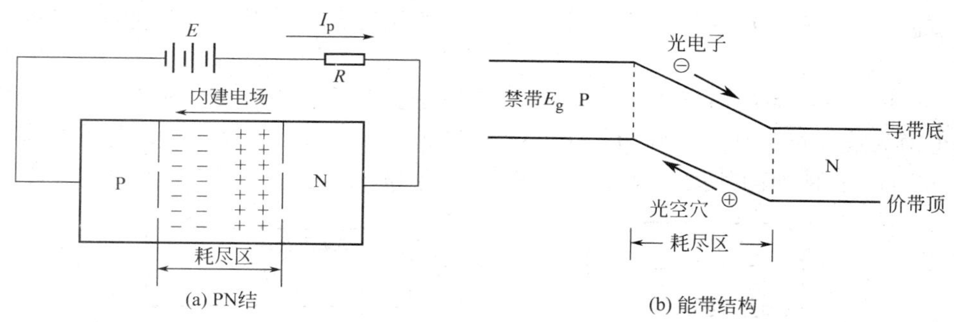

图 4-18 半导体材料的光电效应

光电效应的发生是具有一定条件的。当入射光子能量 hf 小于禁带宽度 E_g 时，不论入射光有多强，光电效应也不会发生，因此，产生光电效应的条件是

$$hf > E_g \tag{4-4}$$

或

$$\lambda < hc/E_g \tag{4-5}$$

式中，λ 为入射光波长；f 为入射光频率；c 为真空中的光速。这就是说，只有波长 $\lambda < \lambda_c$（$\lambda_c = hc/E_g$）的入射光才能使这种材料产生光生载流子，故 λ_c 为产生光电效应的入射光的最大波长，又称为截止波长，相应的 f_c 称为截止频率。

对 Ge 材料，其 $\lambda_c \approx 1.60\mu m$，适用于长波长光电二极管；对 Si 材料，$\lambda_c \approx 1.06\mu m$，可用于短波长光电二极管。但是 Ge 管的暗电流较大，因此附加噪声也较大。所以，长波长光电二极管多采用三元或四元半导体化合物作材料，如 InGaAs 和 InGaAsP 等。

4.2.1.1 PIN 光电二极管

显然，利用上述光电效应可以制造出简单的 P-N 结光电二极管。但是，仔细研究将会发现，在 P-N 结中，由于有内建电场的作用，使光电子和光空穴的运动速度加快，从而使光电流能快速地跟着光信号变化，即响应速度快。然而，在耗尽区以外产生的光电子和光空穴，由于没有内建电场的加速作用，运动速度慢，因而响应速度低，而且容易复合掉，使光电转换效率低，这是人们所不希望的。

为了改善光电检测器的响应速度和转换效率，显然，适当加大耗尽区的宽度是有利的。为此在制造时，在 P 型、N 型材料之间加一层轻掺杂的 N 型材料来改善光电检测器的性能，这就是 PIN 光电二极管。

（1）PIN 光电二极管的结构　PIN 光电二极管是在掺杂浓度很高的 P 型、N 型半导体之间加一层轻掺杂的 N 型材料，称为 I（Intrinsic，本征的）层。由于是轻掺杂，因此电子浓度很低，经扩散后形成一个很宽的耗尽区，如图 4-19(b) 所示。这样，在外加反向偏压下，可大大提高 PIN 光电二极管的响应速度和转换效率。

制造这种晶体管的本征材料可以是 Si 或 InGaAs，通过掺杂后形成 P 型材料和 N 型材料。PIN 光电二极管的结构如图 4-19(c) 所示。

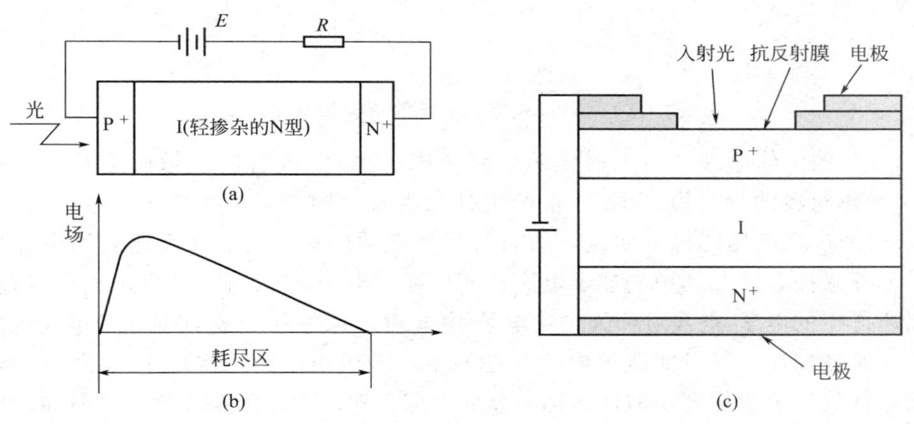

图 4-19　PIN 光电二极管的结构及电场分布

（2）PIN 光电二极管的工作原理　当入射光照射到 PIN 光电二极管的光敏面上时，会在整个耗尽区及附近产生光电效应，即受激吸收现象，从而产生光生电子-空穴对。在外加电场作用下，这种光生载流子运动到电极。当外部电路闭合时，就会在外部电路中形成电流，从而完成光电转换的过程。

4.2.1.2 雪崩光电二极管(APD)

在长途光纤通信系统中，仅有毫瓦数量级的光功率从光发射机输出，经过几十千米光纤的传输衰减，到达光接收机的光信号将变得十分微弱，如果采用 PIN 光电二极管，则输出的光电流仅几纳安。为了使数字光接收机的判决电路正常工作，就需要采用多级放大，但放大的同时会引入噪声，从而使光接收机的灵敏度下降。如果能使电信号进入放大器之前，先在光电二极管内部进行放大，则可克服 PIN 光电二极管的上述缺点。这就引出了另外一种类型的光电二极管，即 APD 雪崩光电二极管。

(1) APD的结构　常用的APD雪崩光电二极管结构形式有保护环型和拉通型，前者在制作时淀积一层环形N型材料，以防止在高反压时使PN结边缘产生雪崩击穿。下面主要介绍拉通型光电二极管（RAPD），它的结构示意图和电场分布如图4-20所示。

由图可见，它仍然是一个PN结的结构形式，只不过其中的P型材料是由三部分构成。其中，N^+、P^+分别为重掺杂的N型和P型半导体，π是轻掺杂的P型半导体。未加电压时，N^+与P层之间形成PN结。当APD两端外加很高的反向偏压时，大部分电压降落在PN^+结上，从而在PN结内部形成一个高电场区（称为雪崩区），P区和π区都成为耗尽区。

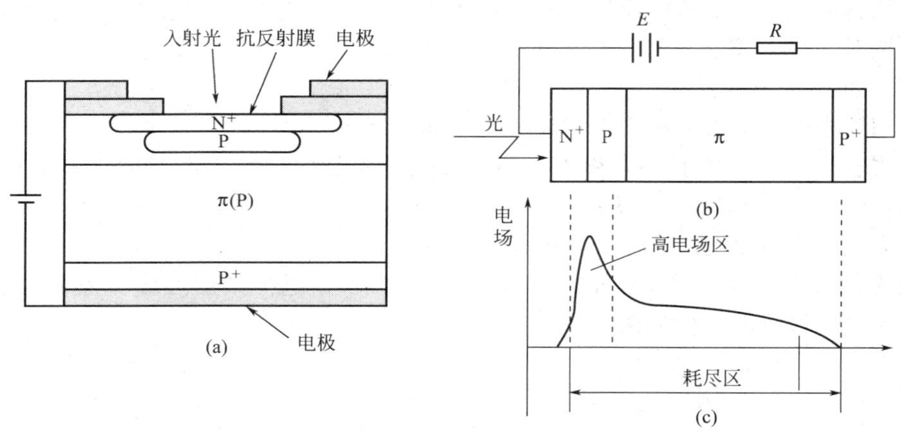

图4-20　APD光电二极管的结构及电场分布

(2) APD的工作原理　当入射光照射到APD光电二极管的光敏面上时，若光子能量hf大于半导体材料的禁带宽度E_g，将产生受激吸收，即产生光生电子-空穴对。这些光生电子-空穴对经过高电场区将被加速，从而获得足够的能量。它们在高速运动中与半导体晶体的原子相互碰撞，使晶体中的原子电离，产生新的电子-空穴对. 这个过程称为碰撞电离。碰撞电离所产生的电子-空穴对称为二次电子-空穴对。这些电子-空穴对在高电场区以相反的方向运动时又被加速，又可能碰撞电离其他原子，产生更多的二次电子-空穴对。经过多次碰撞电离，使载流子数量雪崩似地增加，反向电流迅速增大，形成雪崩倍增效应。所以这种器件就称为雪崩光电二极管（APD）。

雪崩光电二极管根据使用的材料不同有以下几种：Si-APD（工作在短波长区）、Ge-APD和InGaAs/InP-APD（工作在长波长区）等。

4.2.2　光检测器特性

下面介绍衡量光电检测器PIN和APD性能好坏的几个主要性能指标。

(1) 响应度和量子效率　响应度和量子效率都是衡量光电检测器光电转换能力的参数。

① 响应度　响应度定义为光电二极管的平均输出电流与平均入射光功率之比，其表示式为

$$R=\frac{I_p}{P_{in}}\quad (A/W) \tag{4-6}$$

其中，I_p为光电二极管产生的平均输出光电流；P_{in}为入射到光电二极管的平均输入光功率。一般PIN和APD的响应度在0.3～0.7A/W范围。

② 量子效率　量子效率定义为

$$\eta=\frac{光生有效电子-空穴对数目}{入射光子数目}=\frac{I_p/e}{P_{in}/hf}=\frac{I_p}{P_{in}}\times\frac{hf}{e}=R\times\frac{hf}{e} \tag{4-7}$$

其中：$e=1.60\times10^{-19}$J，为电子电荷；hf 为一个光子的能量。由式(4-7) 可得：

$$R=\frac{e}{hf}\eta=\frac{e\lambda}{hc}\eta=0.805\eta\lambda \tag{4-8}$$

其中，$c=3\times10^8$m/s 为光速。

例如，对于 $\lambda=0.85\mu$m、$\eta=75\%$的光电检测器，可求得其响应度 $R=0.5$A/W。

(2) 响应速度　响应速度是指光电二极管产生的光电流跟随入射光信号变化快慢的状态，一般用响应时间来表示，响应时间包括上升时间和下降时间。图 4-21 是光电二极管的输出电脉冲波形，通常将输出电脉冲前沿的 10%上升到 90%所需的时间定义为上升时间，而将后沿的 90%下降到 10%所需的时间定义为下降时间。

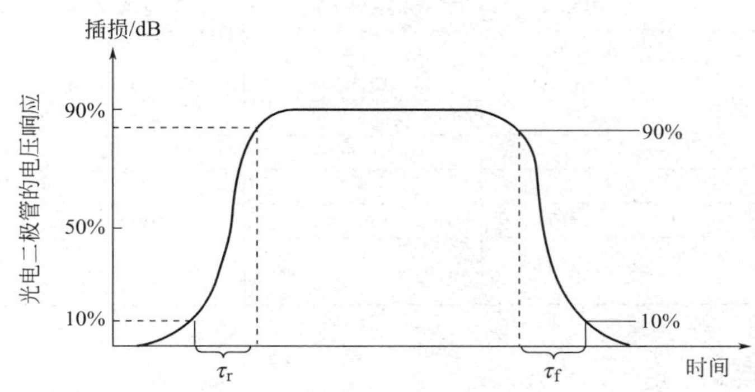

图 4-21　光电二极管的响应时间

响应时间的长短反映光电转换的速度，它对系统的调制速率和传输速率有极大的影响，显然响应时间越短越好。

光电二极管具有一定的响应时间是因为光生载流子的产生、移动和复合等都有一定的时间，所以响应时间取决于耗尽区内光生载流子的漂移时间、零场区光生载流子的扩散时间及P-N结的结电容和外电路的负载电阻。

(3) 暗电流　在理想条件下，当没有光照射时，光电检测器应无光电流输出。但实际上由于热激励等，在无光情况下，光电检测器仍有电流输出，这种电流称为暗电流。产生暗电流的机理比较复杂，与 P-N 结结构的表面状态（表面漏电流）、载流子的扩散、复合等因素有关。暗电流是器件处于反偏下的电流，因此数量级很小（一般为 nA 量级），但它带来的噪声位于光接收机的最前端，其影响是不能忽视的。显然暗电流越小越好。

暗电流的大小与光电二极管的材料和结构有关。Si 材料制作的光电二极管的暗电流可小于 1nA，但 Ge 材料光电二极管的暗电流达到几百纳安；对于雪崩光电二极管，由于暗电流经历了碰撞电离的雪崩倍增过程，暗电流较大。在长波长波段，InGaAs 材料制成的光电二极管暗电流较小，应用十分广泛。

(4) 雪崩倍增因子 G　倍增因子 G 是 APD 管特有的性能参数。在忽略暗电流影响条件下，其定义为

$$G=\frac{I_o}{I_p} \tag{4-9}$$

其中，I_o 为 APD 倍增后的光生电流；I_p 是未倍增时的原始光生电流。

目前，APD 的 G 值在 40～100 之间。由于 PIN 光电二极管无雪崩倍增作用，所以其

$G=1$。这里要指出的是，APD的倍增因子随着温度的变化而变化，当温度升高时，倍增因子将下降。为保持稳定的增益，需加控制电路，对APD很高的反向偏压进行控制。

(5) APD过剩噪声因子　APD管由于雪崩倍增的随机性会带来新的噪声，称为过剩噪声，可用过剩噪声因子 $F(G)$ 表示：

$$F(G)=G^x \tag{4-10}$$

其中，x 为过剩噪声指数，它可以反映倍增噪声的大小。Si材料的APD管 $x=0.3\sim0.5$，Ge材料的APD管 $x=0.6\sim1.0$，InGaAsP/InP材料的APD管 $x=0.5\sim0.7$。显然，x 的值越小越好。

表4-3列出半导体光电二极管（PIN和APD）的一般性能。

表4-3　PIN和APD光电二极管的一般性能

参　　数	Si-PIN	InGaAs-PIN	Si-APD	InGaAs-APD
响应波长/μm	0.4～1.0	1.0～1.6	0.4～1.0	1.0～1.65
响应度/(A/W)	0.4(0.85μm)	0.6(1.3μm)	0.5(0.85μm)	0.5～0.7(1.3μm)
暗电流/nA	0.1～1	2～5	0.1～1	10～20
响应时间/ns	2～10	0.2～1	0.2～0.5	0.1～0.3
结电容/pF	0.5～1	1～2	1～2	<0.5
工作电压/V	−15～−5	−15～−5	−100～−50	−60～−40
倍增因子	—	—	30～100	20～30
过剩噪声指数	—	—	0.3～0.4	0.5～0.7

4.3　光功率计

4.3.1　光功率计的工作原理

光功率计是测量光纤上传送信号强度的设备，用于测量绝对光功率或通过一段光纤的光功率的相对损耗。例如，光功率计可用于测量光源的输出功率，用于确认光纤链路的损耗估算，也是测试光器件（光纤、连接器、衰减器等）性能指标的关键仪器。

(1) 光功率计的分类　光功率计的种类有很多，根据显示方式的不同，可分为模拟显示型和数字显示型；根据可接收光功率大小的不同，可分为高光平型（测量范围为10～40dBm）、中光平型（测量范围为0～55dBm）和低光平型（测量范围为0～90dBm）；根据光波长的不同，可分为长波长型（1.0～1.7μm）、短波长型（0.4～1.1μm）和全波长型（0.7～1.6μm）；根据接收方式的不同，还可将光功率计分为连接器式和光束式两类。

(2) 光功率计的基本组成和工作原理　光功率计的作用是将由光纤传来的微弱光信号转换为电信号，经放大、处理后恢复原信号。它一般由显示器（属于主机部分）和检测器（探头）两大部分组成，图4-22所示为一种典型的数字显示型光功率计的组成原理图。

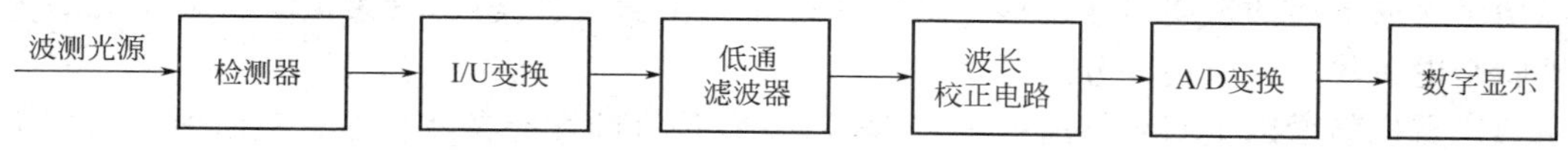

图4-22　数字显示型光功率计组成原理图

图4-22中的检测器在受光辐射后，产生微弱的光生电流，该电流与入射到光敏面上的光功率成正比，通过I/U变换器变成电压信号，再经过放大和数据处理，便可显示出对应的光功率值的大小。

4.3.2　光功率计的使用

4.3.2.1　光功率计实例

在光纤测量中，光功率计是重负荷常用表。通过测量发射端机或光网络的绝对功率，一台光功率计就能够评价光端设备的性能。用光功率计与稳定光源组合使用，则能够测量连接损耗，检验连续性，并帮助评估光纤链路传输质量。

光功率计分普通光功率计和PON功率计。普通光功率计测量光纤链路里的光功率，一般是850/1300/1310/1490/1550/1625nm等波长的光绝对功率值。而PON功率计更适用于测量光纤到户（FFTTX）网路，具体测量方法是，PON功率计从单一端口输出3种波长激光（1310nm、1490nm、1550nm），其中1310nm测试上行传输方向测试，1490nm和1550nm可测量下行方向测试。上行跟上传数据有关，下行则是下载数据了。

如图4-23所示，实际应用中主要有台式光功率计和手持式功率计。

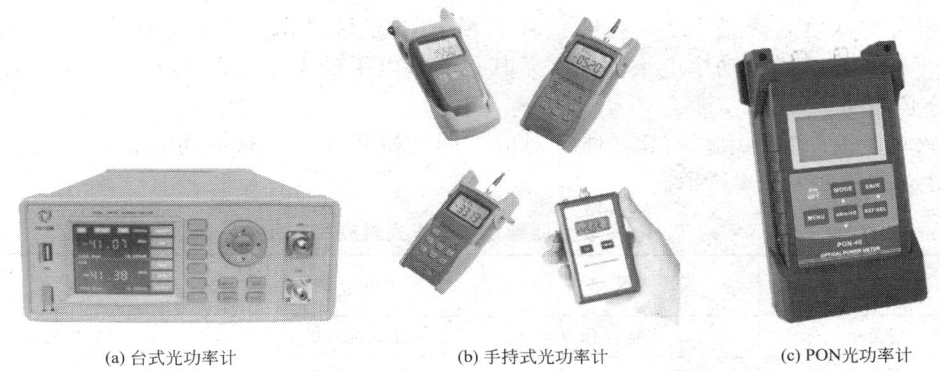

(a) 台式光功率计　(b) 手持式光功率计　(c) PON光功率计

图4-23　光纤通信测量中常用的光功率计

4.3.2.2　LP-5025光功率计

光功率计是测量光纤输入、输出光功率的重要仪表，对于某些仪表还能测试光纤的衰耗和反射损耗。以目前较常用的LP-5025光功率计为例介绍光功率计的操作应用。

（1）LP-5025光功率计面板图　如图4-24所示。其中，面板图显示屏下的3个键为软功能键，分别对应不同的3层功能菜单（一般称为左、中、右键）。

（2）各功能键作用

① 模式键　用于对软功能键进行菜单变换，以改变3个软功能键的功能。在进行功率电平通过/失败门限值设定时，该键用于退出门限电平设定模式。

② 波长键　用于波长设定。在LP-5025光功率中有3组波长可供选择，分别是850nm，1310nm和1550nm，其中在每一组中又有多个中心波长（共26种中心波长）。

③ 存储键　用于存储用参考值的功率电平值。该电平值对于后续的测量结果相当于一个“零”电平参考值，用测量结果减去该参考值，便可获得光纤链路的实际测量结果。实际上是参考值存储键。

④ 增、减键　增、减键同时又叫“背景光”（“打印”）键。当仪表处于“波长”时，用于中心波长的递增和递减；当仪表处于“P/F”时，用于测量分辨率的调节；在其他模式

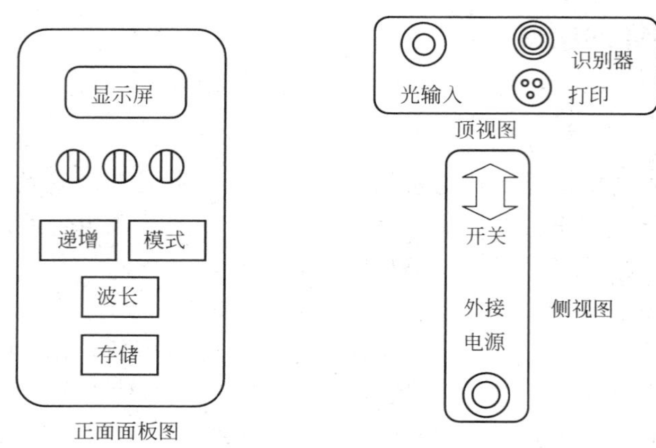

图 4-24 LP-5025 光功率计面板图

下，“递减”用于背景光的打开和关闭，“递增”用于测量数据的打印。

⑤ 组合键（模式＋波长） 同时按住“模式”键和“波长”键，仪表将自动进行清“零”电平调整。当进行功率电平测试（尤其是功率电平低于 10nV），这种“零”电平的调整是十分必要的。

⑥ 软功能键 左、中、右软功能键对应不同的模式选择具有不同的意义，其各键功能与模式对应关系如表 4-4 所示。

表 4-4 软功能键功能与模式对应关系表

模式 \ 键号	左软键	中软键	右软键
第一层菜单	光源操作	光源调节操作	回波损耗测量
第二层菜单	dBm 与 W 切换	P/F 与显示分辨率操作	中心波长设置
第三层菜单	损耗测量存储	内存数据读出	内存清零操作

在实际操作中，上述各功能键是相互作用的，3 个软功能键间有一定的因果关系，其中各软功能键作用如下。

• **左侧软功能键**（Source，dB/W，Min）

第一层菜单时：打开/关闭光源（部分光功率计上带有光源土）。在打开光源状态下，该键用于设置光源的工作波长。

第二层菜单时：用于选择功率电平的测量单位 dBm 或 W（包括 mW，μW，nW）。当按动该键从 dBm—W—dBm 时，可以清除内存中存储的旧的反射设置值。

第三层菜单时：用于存储测试结果。

• **中间软功能键**（Mod，P/F Range，Mr）

第一层菜单时：在左侧软功能键处于“打开光源”的工作模式下，该软功能键用于光源调制方式的设置。当左侧软功能键处于“关闭光源”的工作模式时，该软功能键无作用。

第二层菜单时：当左侧软功能键选择“dBm”工作模式时，该软功能键为 P/F，用于设置对测试结果综合评价的门限电平（包括通过、失败和缺陷）；当左侧软功能键选择“W”工作模式时，该软功能键为“Range”，用于设置功率电平的测量范围与递增、递减键配合，可用于接收光功率的设定。

第三层菜单时：用于读取内存中的数据。

• **右侧软功能键**（ORL，λalt，Mc）

第一层菜单时：用于打开/关闭光纤回波损耗测量模式。当打开回波损耗测量模式时，显示的是回波损耗值。

第二层菜单时：与递增、递减键配合，用于测量波长的设置。当设置完成后，按住该键持续 1s，该测试波长即被确认并存储中。

第三层菜单时：用于清除内存中的数据。具体方法为：按住该键持续 5s，或听到“嘟”一声，表明内存中的数据已清除。

(3) LP-5025 操作应用

① 开机预热 10min 并调零。

② 仪表内存清零，存储参考值。

③ 将被测光纤连接到光功率计 LP-5025 上。

④ 选择测试参数（根据测试项目，要求选择相对应的参数）。

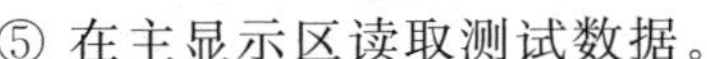

⑤ 在主显示区读取测试数据。

⑥ 存储测试数据。

图 4-25　光源光功率计测试连接示意图

重复 C-F 测试其他光纤或光缆，其测试连接示意图如图 4-25 所示。

4.4　光话机

4.4.1　光话机简介

光电话主要用于单模光纤线路工程施工和维护中的通话联系。其主要通话原理是通过话机内电路转换将话音信号转换为光信号（或相反），将光信号在单模光纤上发送（或接收），以达到通话的目的。实际应用中的光话机如图 4-26 所示。

图 4-26　光话机实物图

(1) 类型

① 415 型　使用光波长为 1310nm。

② 430 型　使用波长为 1310/1550nm。

③ 450 型　使用波长为 1310/1550nm。

(2) 主要技术参数（以 450 型为例）

波长　1310nm/1550nm。

通信方式　双工（波分复用）。

调制方式　调幅。

光纤　单模光纤（SM10/125）。

适配器　FC/PC；也可另选 SC，ST，DIN 等。

动态范围　话音不小于 55dB，蜂音不小于 45dB（主信道 2kHz，耳机 150Hz）。

电源　5 号电池 4 节（或交流电），使用寿命约 15h。

工作温度　0～40℃。

4.4.2 光话机的使用

4.4.2.1 面板及各部分名称

光话机面板示意图如图 4-27 所示。

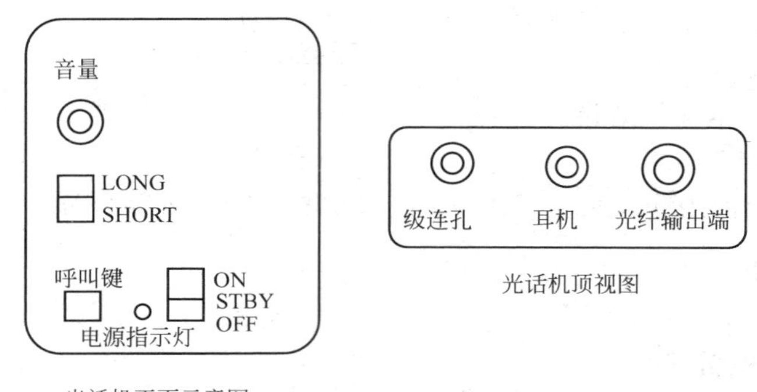

图 4-27　光话机面板示意图

（1）电源开关及等待键

ON——表示接通电源，此时可与对端通话。电源指示灯为红色。

OFF——关闭电源。

STBY——等待状态，此时接通电源，只通接收信号，当对端按 CALL 键，能收到蜂鸣音。此时电源指示灯为绿色，电源消耗为在 ON 时的一半。

（2）电源指示灯　电源指示灯为绿色，表示光电话处于待机状态；电源指示灯为红色，表示光电话处于通话状态；指示灯开始闪烁时，表示光电话机电源不足，应更换电池。

（3）呼叫键（CALL）　呼叫对端时按下该键，对端光电话发出蜂鸣音，通知对方有电话接入。此时呼叫方的电源应处于 ON 位置。

（4）接收转换开关（LONG/SHORT）　有两挡开关，根据所使用的光纤长度选择光电话工作在 LONG 和 SHORT。当所用光电话间光纤线路的衰减大于 10dB 时，使用 LONG 挡；当光电话间光纤线路衰减小于 10dB 时，用 SHORT 挡。

（5）音量调节旋钮　此为耳机的音量调节旋钮，450 型光电话是直接强度调节方式，所以需要配合光纤线路的传输衰减来调节音量。

（6）耳机塞孔　用于外接耳机。注意插拔耳机插头时一定要关闭电源。

（7）光输入输出端子　用于输入输出光信号，打开遮光盖就能见到此端子，可利用光纤跳线或尾纤通过适配器与输入输出端子相连接（电源打开后不要把眼睛对准此处，以免眼睛被灼伤）。注意经常保持此端子清洁，否则易造成异常反射，影响通话质量。

（8）级连插孔　用于光电话之间的三方通话（使用方法见后面内容）。注意插拔时应关闭电源。此外还有电池仓、外接电源插孔和遮光盖。

4.4.2.2　使用前准备

（1）安装电池　将4节5号电池（电池可使用铝电池、碱性电池和镍镉电池，但不能用镍镉充电电池）按电池仓内的极性装好或外接电源连接好。

（2）清洁输入输出端子　输入输出端子为PC研磨端面，减电插入损耗和反射损耗应保持该端面清洁。端面清洁顺序如下：

① 取下光纤适配器；

② 用蘸有无水乙醇的棉棒擦拭PC端面；

③ 用干的新棉棒擦干端面；

④ 用气球吹净PC端面。

（3）更换光纤适配器　光电话可根据所使用的光纤跳线或尾纤类型来选择相对应的光纤适配器，即光电话上的光纤适配器可更换。

4.4.2.3　通话

通话是光电话的主要功能，具体操作如下。

（1）与光纤线路连接　将清洁后的尾纤和光电话上的PC适配器相连接（此时注意在关闭电源状态下操作）。

（2）与耳机的连接　将头戴式耳机插入到耳机插孔（此时注意在关闭电源状态下操作）。

（3）电源开关的操作　打开电源，首先将电源开关拨至等待（STBY）状态，此时电源指示灯为绿灯，表示可接收对方的呼叫，但不能发出信号，耗电小。主要是在等待对端准备就绪前使用此挡。当接收对方呼叫的蜂鸣音后，将电源拨至ON挡位置，指示灯为红色，此时可以与对方进行正常通话。

（4）调节音量旋钮　根据通话质量调节音量旋钮，当音量旋钮调至最大而通话声音仍很小时，应转换开关位置为LONG挡。此时已在LONG挡，则表示光纤线路衰减较大，已达到光电话的极限通话距离。

（5）接收转换开关　根据耳机音量或光纤线路长度（或衰减）设定此开关。当线路衰减在10dB以下时用SHORT挡，当线路在10dB以上时用LONG挡。也可根据音量选择接收转换开关（见调节音量旋钮）。

（6）呼叫键　所有通话准备就绪，按此键告知对方我端已准备就绪。对端光电话的电源开关在ON或STBY位置就可以收到蜂鸣音，接听电话。

4.4.2.4　多方通话

多方通话是通过光电话上的级连插孔来完成的。利用两套以上的光电话系统，通过级连接使多方在同一线路上进行通话。其连接电路如图4-28所示。

其工作原理为声音信号以光信号方式从A传输到B，再以电信号方式通过B传输到C，再以光信号方式从C传输到D。此时通话范围为A、B间和C、D间的线路损耗均不得大于15dB。当光纤线路有反射和泄漏情况时将影响正常通话，应注意在PC跳线处加少许匹配液以减小反射。

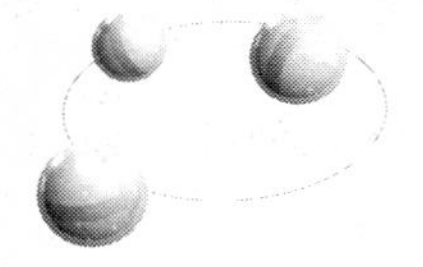

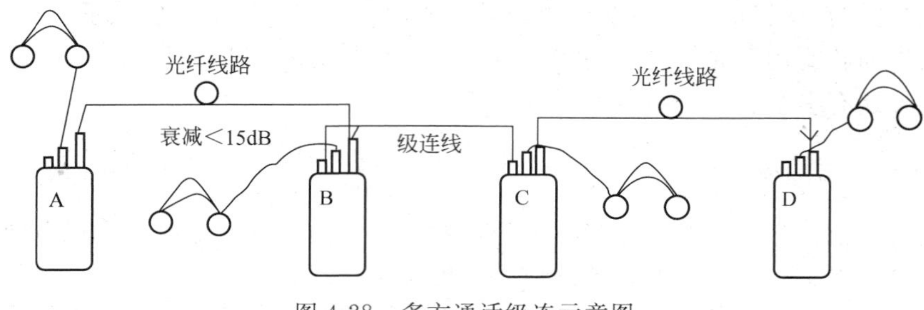

图 4-28　多方通话级连示意图

4.4.2.5　光纤电话实用注意事项

（1）警告　所有收发光部位在接通电源后，都会有不可见的激光发出，此时不要把眼睛对准此部位，以免眼睛被灼伤。

（2）注意事项

① 经常保持收发光部位的清洁，否则仪器性能将会明显降低。

② 安装电池时要保证电池极性正确。

③ 为减小反射，保证通话质量，尽量使用 PC 连接器。若不用 PC 连接器时，应使用匹配液以减小连接点的反射。反射信号返回本端，将使本端音量变大，发出回声，而听不到对端的声音。

④ 不能将裸纤适配器直接与光电话连接，而应通过跳线或适配器转接。

⑤ 其他不同规格的光电话可能有一定的区别，在使用过程中应区别对待。450 型光电话每个单机间均可通话，而 430 型光电话则一定要 A、B 成套购买，任意两单机间不一定能完成通话。

4.5　光时域反射仪

OTDR 的英文全称是 Optical Time Domain Reflectometer，中文意思为光时域反射仪，OTDR 是利用光线在光纤中传输时的瑞利散射和菲涅尔反射所产生的背向散射而制成的精密光电一体化仪表，它被广泛应用于光缆线路的维护、施工之中，可进行光纤长度、光纤的传输衰减、接头衰减和故障定位等的测量。

4.5.1　OTDR 的原理

4.5.1.1　OTDR 的测试功能

（1）长度测试　例如单盘测试长度、光纤链路长度。

（2）定位测试　如光纤链路中的熔接点、活动连接点、光纤裂变点、断点等的位置。

（3）损耗测试　以上所述各种事件点的连接、插入、回波损耗，单盘或链路的损耗和衰减。

（4）特殊测试　例如据已知长度光纤推测折射率等。

除了测试功能外，它还能实现光纤档案存储、打印以及当前、历史档案对比等功能。

4.5.1.2　OTDR 的测试原理

当光波在光纤中传播时，由于光纤在结构上存在着微小的折射率不均匀点，会使光波产生向各个方向的散射，这种现象被称为瑞利散射，在瑞利散射的过程中，将其中沿光纤链路返回到光纤始端的瑞利散射光，称为背向散射光（简称背向散射）。光波在传输过程中通过折射率不同的介质时所产生的反射称为菲涅尔反射。OTDR 的工作原理就是基于光纤的背向散射和菲涅尔反射。

OTDR 的测试原理如图 4-29 所示。

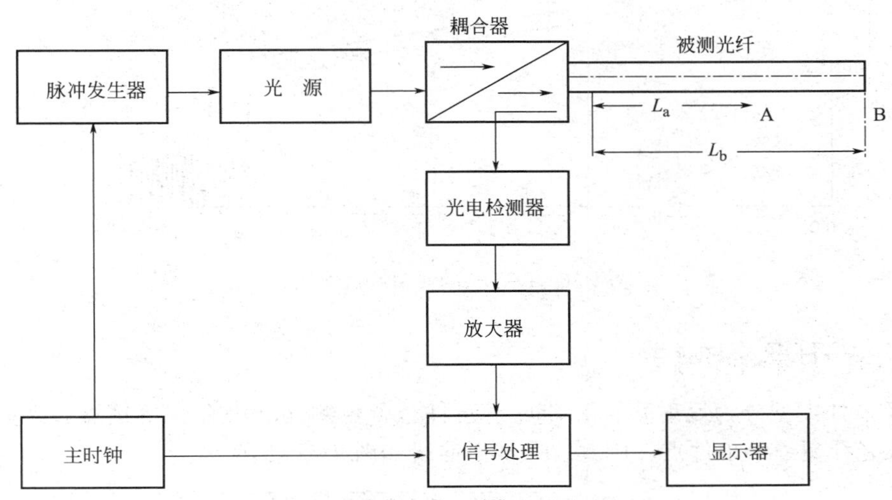

图 4-29 OTDR 的测试原理图

图中，光源在脉冲发生器的驱动下产生光脉冲，此光脉冲经定向耦合器入射到被测光纤中进行传输，在传输过程中产生的背向散射光和菲涅尔反射光传输到光纤的入射端，经定向耦合器后由光电检测器收集，并转换成电信号。最后，通过放大器对该微弱信号进行放大，并通过信号处理部分对光信号进行采样、处理后送到显示屏上，以曲线的形式显示出来。

若光纤始端注入一个光功率为 P_O 的光脉冲，该光脉冲在光纤中传输时，将有一部分光功率经背向散射返回到输入端。距输入端近的光波传输损耗小，故散射回来的信号就强，而距输入端远的光波传输损耗大，散射回来的信号就弱。

若距始端距离为 L_A 的 A 点经背向散射返回始端的光功率为 P_A，而距始端距离为 L_B 的 B 点经背向散射返回始端的光功率为 P_B，则 A、B 两点间的损耗为

$$\alpha_{AB}=\frac{1}{2}\times 10\lg(P_A/P_B)\,\mathrm{dB}$$

若光脉冲由始端传至 A 点，再从 A 点经背向散射返回到始端的时间为 T_a，而从 B 点经背向散射返回到始端的时间为 T_b，且 $T_a<T_b$。由于光在光纤中的传播速度为 $v=c/n$，所以 A、B 两点间的距离 $L_{AB}=\frac{1}{2}\times v\times(T_b-T_a)$。

OTDR 根据上述原理，即可测量光纤损耗、光纤长度、衰减系数等参数，其测试曲线即光纤的背向散射曲线，如图 4-30 所示，其中，横坐标为光纤的长度（单位：km），纵坐标为信号强度（单位：dB）。

图 4-30 中 A、B 两点分别为光纤始端和末端的菲涅尔反射峰，曲线中间为光纤各点返回至始端的背向散射光，水平两点间的差即为两点间的距离；纵向两点间的电平差就是该两点间的光纤损耗。

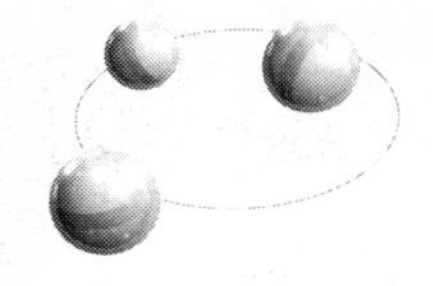

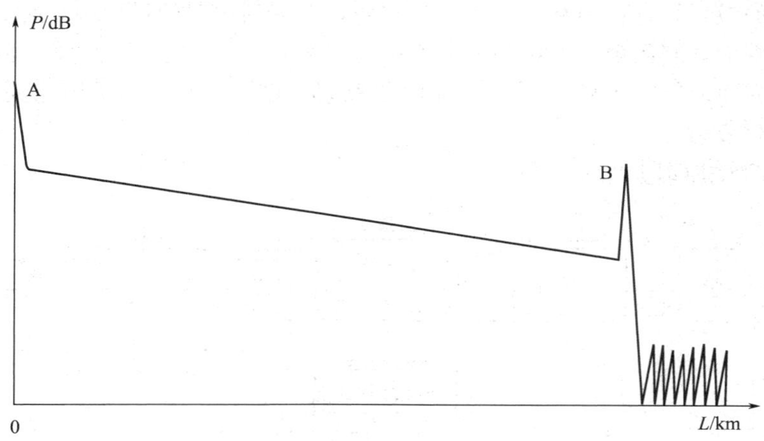

图 4-30　OTDR 的典型测试曲线

4.5.1.3　OTDR 事件类型

OTDR 事件类型分为反射事件和非反射事件。若被测光纤中存在熔接点、光纤的活动连接点以及光纤裂缝等事件点，则其背向散射曲线如图 4-31 所示。

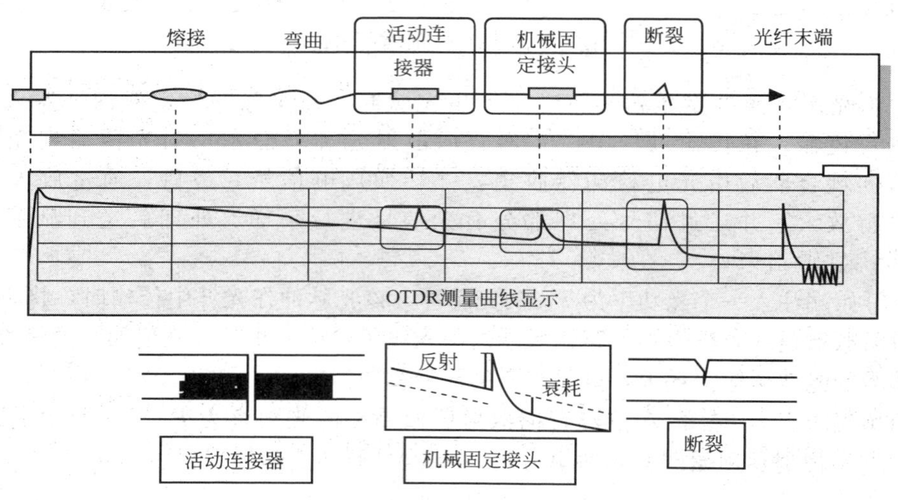

图 4-31　OTDR 测试时间类型及显示

(1) 反射事件　活动连接器和光纤中的断裂点都会引起损耗和反射，把这种反射幅度较大的事件称之为反射事件。反射事件在 OTDR 测试结果曲线上以反射峰的形式表现出来。

(2) 非反射事件　光纤中的熔接点和微弯都会带来损耗，但不会引起反射。由于它们的反射较小，称之为非反射事件。非反射事件在 OTDR 测试结果曲线上以突然下降台阶的形式表现出来。

4.5.2　OTDR 主要性能参数

OTDR 的主要性能参数包括 OTDR 的动态范围、盲区、距离精度等。

4.5.2.1　动态范围

（1）动态范围的定义　初始的背向散射信号电平与噪声的峰值电平的差值（dB）定义为动态范围，如图 4-32 所示。

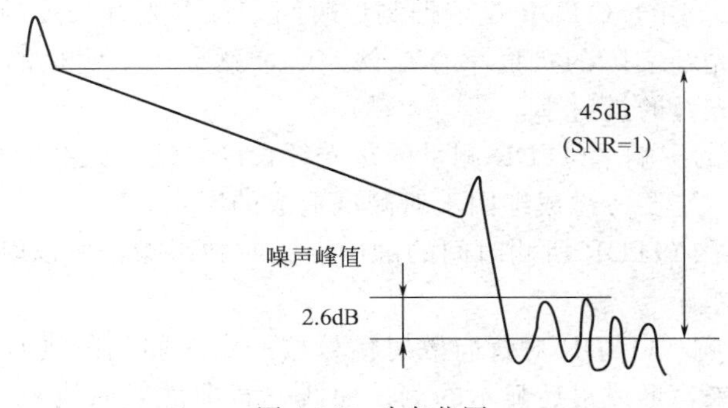

图 4-32　动态范围

（2）影响动态范围的因素　包括脉冲宽度、平均化时间/次数、OTDR 设计、波长、光纤种类。影响最大的是脉冲宽度和平均化时间。

动态范围决定 OTDR 可测量光纤的最大长度。大动态范围可提高远端小信号的分辨率，如果 OTDR 的动态范围不够大，在测量远端背向散射信号时，就会被噪声淹没，将不能观测到接头、弯曲等小的特征点。因此，动态范围决定了 OTDR 能“看”多远的光纤和光纤上的特征点。

动态范围与脉冲的宽度有关。在脉冲幅度相同的条件下，脉冲宽度越宽，脉冲的能量就越大，此时，OTDR 的动态范围也越大。仪表给出的动态范围是在最大脉冲宽度时的指标。

4.5.2.2　盲区

盲区是决定 OTDR 测量精度程度的一个指标。

（1）盲区的定义　由于 OTDR 和光纤活动连接时存在空隙，由此产生的菲涅尔反射远大于背向散射，引起 OTDR 接收电路饱和而掩盖了背向散射信号，致使 OTDR 在一定距离内存在监测不到事件点的区域，该区域为 OTDR 的盲区，如图 4-33 所示。对 OTDR 来说，盲区越小越好。

（2）盲区的影响消除　产生盲区的主要因素是由于菲涅尔反射回的光功率较大时，过大的电流导致信号处理器的三极管等放大元件由线性区进入饱和区，而放大元件在饱和区将不能工作，同时它们从饱和区恢复到线性区也要一段时间，所以在这段时间内 OTDR 将不能进行光功率监测，在示波器上显示为一尖峰，它所对应的长度称为盲区。OTDR 前面板活动连接产生的菲涅尔反射对 OTDR 测量的距离影响最大，为了更好地对光纤始端进行测量，通常接入一段辅助光纤来消除盲区的影响，还可以通过减小脉宽或选择分辨率优化模式来减小盲区。

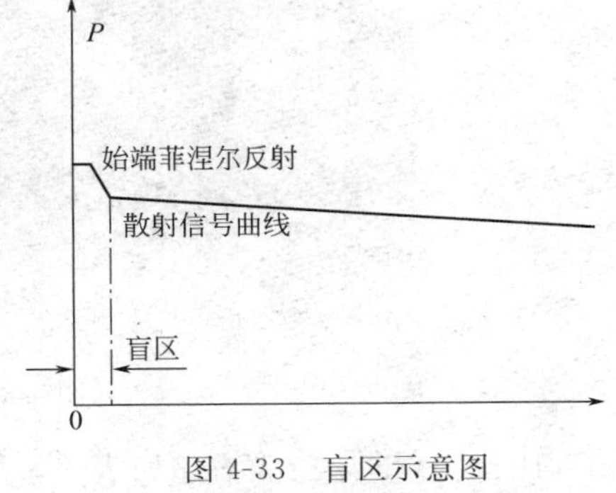

图 4-33　盲区示意图

4.5.2.3 距离精度

（1）距离精度的定义　距离精度是指 OTDR 测试光纤长度时的准确度。

（2）影响距离精度的因素

① 折射率的设置　由于 OTDR 是依据测量时间来计算光纤长度的，因此，仪表测量时设置的光纤折射率和光纤实际的折射率存在偏差时，就会产生明显的误差。所以在 OTDR 测试时必须准确设置光纤的折射率。

② 光缆成缆因素的影响　OTDR 测量的是光纤长度，通常光纤的长度大于光缆的长度。在确定光缆长度时，一定要考虑成缆因素对测试造成的影响。

③ 时钟的影响　因 OTDR 所测时间的准确度受时钟影响，所以时钟的精度会给光纤长度的测试带来一定误差。

④ 采样间隔的影响　OTDR 对背向散射信号按一定时间间隔进行采样，然后再将这些分离的采样点连接起来，形成最后显示的测试曲线（背向散射曲线）。仪表采样点的数量是有限的，故仪表的精度也是有限的。采样间隔越小，仪表的测试精度就越高，由采样点偏差而带来的测量误差就越小。

4.5.3 OTDR 使用

目前，OTDR 的品牌较多，其测试方法大同小异，只要掌握其中的关键步骤，再结合工作实际，举一反三，就能掌握其使用方法。下面以 EXFO FTB-1 为例加以介绍。

4.5.3.1 EXFO FTB-1-720 结构

FTB-1 平台是模块化平台，通过其专用的 FTTH 和以太网测试程序为网络基础设施建设和故障排除而优化的。

FTB-720 是个功能模块，FTB-1-720 实物如图 4-34 所示。FTB-1-720 前面板如图 4-35 所示，顶部如图 4-36 所示，背板如图 4-37 所示。

图 4-34　FTB-1-720 示意图

FTB-1-720 键盘功能描述如表 4-5 所示。

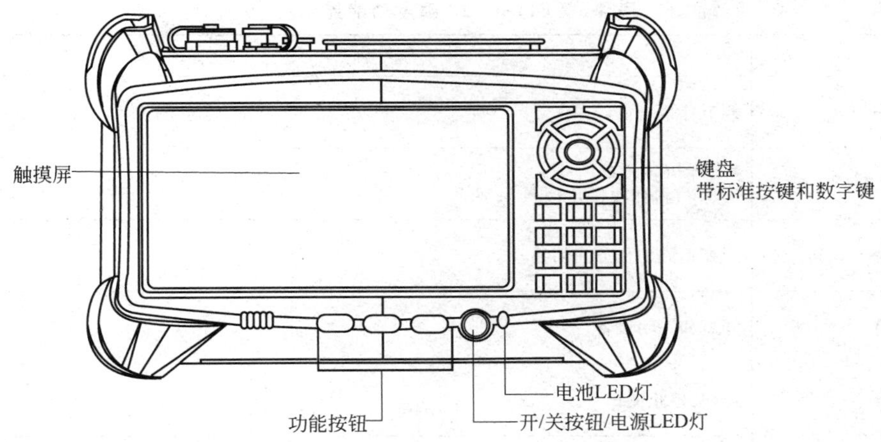

图 4-35　FTB-1-720 前面板示意图

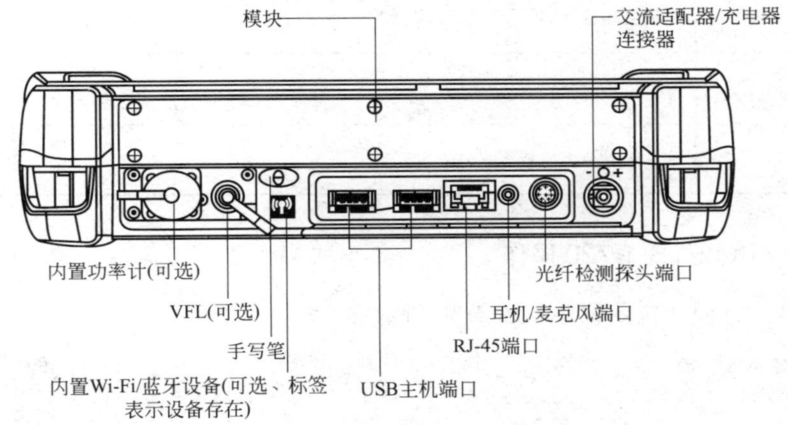

图 4-36　FTB-1-720 顶部示意图

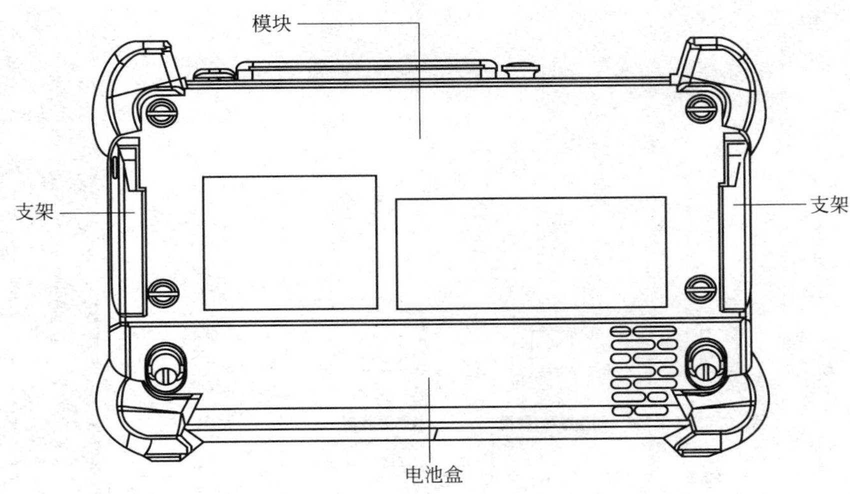

图 4-37　FTB-1-720 背板示意图

表 4-5　FTB-1-720 键盘功能显示

按　钮	含　　义
	调节屏幕亮度(5 级)
	➤显示屏幕键盘 ➤截屏(按住按钮几秒)
	可在不同的任务间切换
	开启和关闭设备
	启动/停止测试
	移动到下一组功能
	确认上次输入,等同于 ENTER 键
	删除项目/字符
	退出或取消上次输入

4.5.3.2　EXFO FTB-1-720 操作

启动 FTB-1-720 模块应用程序如图 4-38 所示。

图 4-38　FTB-1-720 模块

在图 4-38 下部有 5 个应用程序：高级、自动化、模板、故障寻找器和 iOLM。其中高级和自动化是光纤测试常用的两种方法，“高级”模式，即手动测试。

（1）“高级”模式（即手动模式）测试光纤　“高级”模式可提供手动执行完整的 OTDR 测试和测量所需的全部工具，且可以控制所有测试参数。参数设置完成后可以点击“启动”按钮，经过一定时间取样分析后，曲线就会显示。事件将同时显示在事件表中和视图中，如图 4-39 所示。

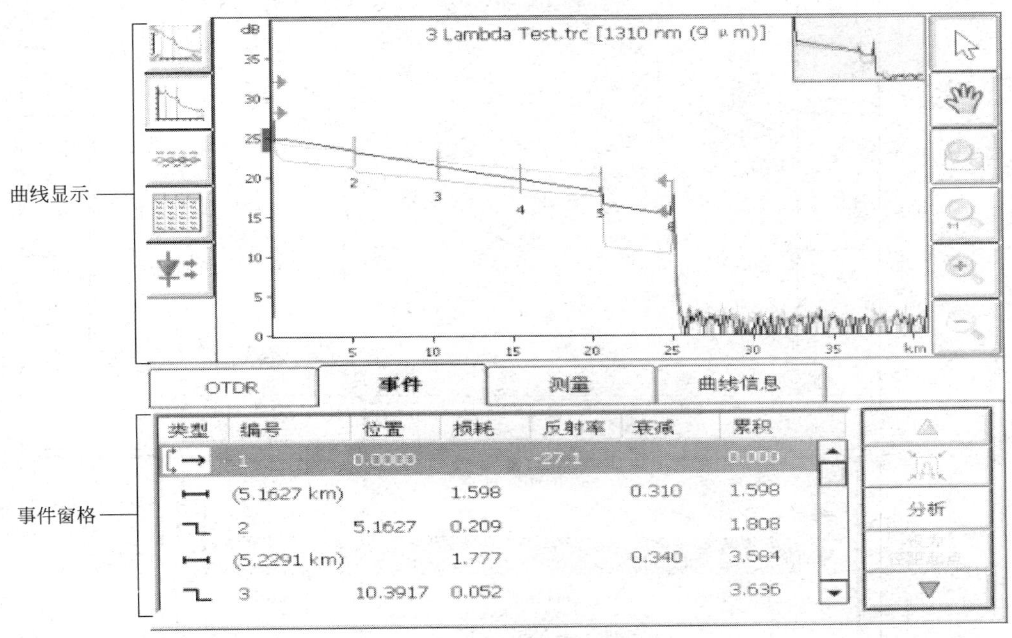

图 4-39　“高级”模式测试曲线图

若要在“OTDR 设置”中的“分析”选项卡中，如图 4-40 所示，关闭“取样后自动分析数据”功能，则不会出现“事件”窗格，这就需要利用“测量”选项卡进行手动分析曲线事件，这有一定的难度。

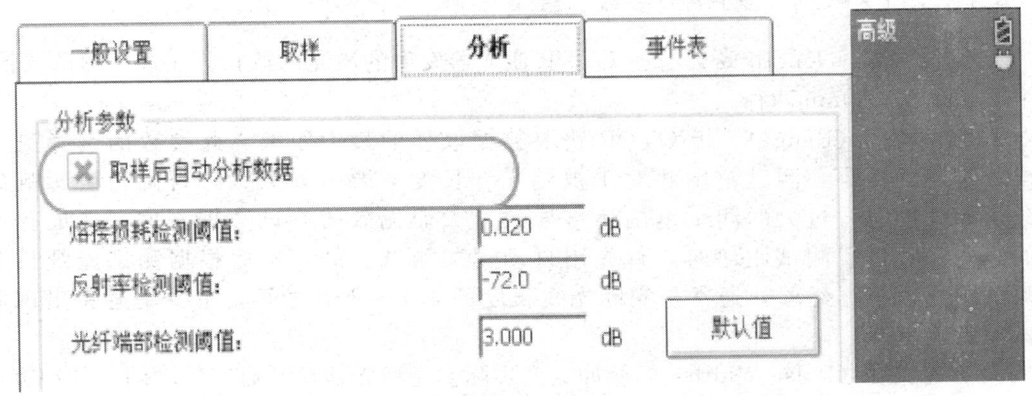

图 4-40　“分析”选项卡示意图

（2）“自动”模式测试光纤　“自动”模式会自动估计光纤长度、设置取样参数、获取曲线并显示事件表和已获取的曲线。

进入“自动”模式之后，直接点击“启动”按钮就可以进行测试，应用程序会根据设备上当前连接的光纤链路自动评估最佳设置（不到 5s），评估完成后，应用程序将开始获取曲线，曲线显示会不断更新，取样完成后，会开始历时 5s 或更长时间的取样进行分析，完成分析后，曲线就会显示，同时“事件窗格”中也将出现“事件”，但是不会出现“测量”选项卡（“高级”模式会出现），即不能进行手动分析曲线信息，如图 4-41 所示。

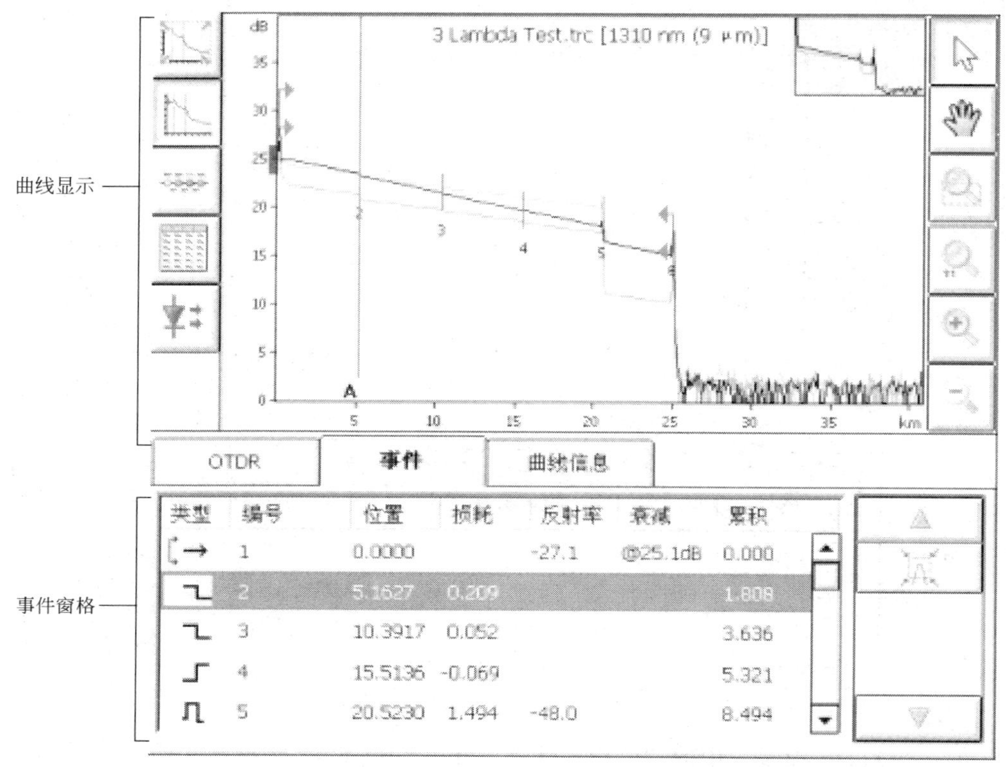

图 4-41 “自动”模式测试曲线图

4.5.3.3 EXFO FTB-1-720 参数设置

① 波长（Wavelength 或 λ） 指 OTDR 激光器发射的激光的波长。在选择测试波长时，有 1310nm 和 1550nm 两种。

② 测试范围（Range） 指 OTDR 获取数据取样的最大距离。此参数的选择决定了取样分辨率的大小，测试范围相对于被测光纤长度不要差异太大，否则将会影响到有效分辨率。同时，过大的测试范围还将导致过大而无效的测试数据文件，造成存储空间的浪费。在设置测试距离时，首先用自动模式测试光纤，然后根据测试光纤长度设定测试距离。根据经验，通常是实际光线长度的 1.5～2 倍之间，主要是避免出现假反射峰，影响判断。

③ 脉冲宽度（Pulse Width） 脉冲宽度实际上是激光器“开启”的时间。脉冲宽度越小，测试距离就越短，但是分辨率就越高（即盲区就越小），测试精度就高；相反，脉冲宽度越大，测试距离越长，但是分辨率低（盲区大），测试精度就相对较小。根据经验，一般 10km 以下光纤选用 100ns 及以下参数，10km 以上选用 100ns 及以上参数；脉宽周期通常以 ns 来表示。

④ 平均化时间/次数（Average） 它是通过将每次输出脉冲后的反射信号采样，并把多次采样做平均化处理以消除一些随机事件，从而在 OTDR 形成良好的显示图样，根据用户需要动态地或非动态地显示光纤状况而设定的参数。一般平均化时间/次数为不超过 3min，一般在 30s 到 3min 内选择。

⑤ 折射率（Resolution） 折射率就是待测光纤实际的折射率，这个数值由待测光纤的生产厂家给出。单模石英光纤的折射率大约在 1.4600～1.4800 之间。

4.5.3.4　EXFO FTB-1-720 测试步骤

① 检查仪表的附件。

② 开启电源，进行自检。

③ 确认待测光纤无光，检查光前对端没接入其他设备、仪器。

④ 清擦待测光纤，正确将待测光纤插入 OTDR 的耦合器内。如果待测光纤没有连接到 ODF 架，还需要重新制备端面，再连接到仪表的耦合器。

⑤ 设置参数（SETUP）

• 选择“自动”模式，然后点击屏幕上的“启动”按钮，即开始光纤测试，经过一段时间后，自动取样分析得出测试结果在屏幕上显示出来。“自动”模式操作简单方便，无需手动设置测试参数，没有操作经验依然可以使用。

• 选择“高级”模式，进入“高级”模式界面，可以根据需要合理选择各种测试参数进行设置，包括波长、距离、脉冲宽度、平均化时间、折射率等。

⑥ 启动测试　测试参数设置完成之后，点击“启动”按钮，经过一段时间后，屏幕上显示出结果曲线，接着切换到“测量”选项卡，进行手动分析事件信息。

⑦ 备份曲线　如需要，按选择存储空间→命名轨迹→存储轨迹步骤即可。

⑧ 提取曲线　如需要，按选择存储空间→找到轨迹→调出轨迹即可。

⑨ 打印曲线　如需要，按显示需要数值→放大打印部位→打印的步骤进行。

4.5.3.5　测试曲线分析

在表 4-6 中列出了不同测试内容曲线的分析方法及注意事项。

表 4-6　OTDR 分析测试方法

分析内容	步骤及方法	注意事项
链路长度	将副标定在末端局部放大，将光标移至反射峰突变起始根部，以屏幕显示两点间衰耗不为负值为准	以显示两点间衰耗不为负值为准
相对距离	两标分别定于起始事件和后一事件突变开始处根部，读出数值	可测试比较事件间距离
链路衰减	单盘或中间无事件点用 LSA 法（dB/km）；有事件点用两点法，两点间衰耗为 dB，两点间衰减为 dB/km	定标应参考以上
非反射衰减	可在事件表中读出作参考，也可以用五点法准确测量。四个辅标的定点以前后两点中间无其他事件点为准	一般指固定连接衰耗
活动连接器衰减	一般用插损分析，手动可用两点法测试	
反射衰减（回损）	可在事件表中读出作参考，也可用三点法 A 标定在上升沿的 3/4（反射起始点与最高点之间距离）处，左边两点一点在根部，一点在平滑远点；另一点在 A 标右边上升沿顶部测量	用于对反射衰减有要求的链路测试
事件表	选择事件表显示即可（图 4-39）	按需要设置门限

续表

分析内容	步骤及方法	注意事项
比较曲线	将当前曲线设为“空白”，再试一条曲线或调出一条曲线即可。	多用于动态管理或现场判断非全阻障碍点
核对纤别	在1550nm波长实时测试，在待判链路中的某点对光纤做直径小于30mm的微弯，曲线有明显的衰耗或反射变化，结束微弯可恢复，如此几次可判别	注意避免光纤损伤和保持联络及时
其他	纵向、横向平移曲线等	可观察起始端和直观打印

OTDR在使用过程和日常保养中需要注意以下问题。

① 注意存放、使用环境要清洁、干燥、无腐蚀。

② 光耦合器连接口要保持清洁。在成批测试光纤时，尽量采用过渡尾纤连接，以减少直接插拔次数，避免损坏连接口。

③ 光源开启前确认对端无设备接入，以免损坏激光器或损坏对端设备。

④ 尽量避免长时间开启光源。

⑤ 长期不用时每月做通电检查。

⑥ 专人存放、保养，做好使用记录。

4.5.4 智能光纤寻障仪

光纤寻障仪，是新一代掌上型智能化光纤通信测量仪器，测量光纤及光缆长度、两点间距离。它是OTDR的一个补充仪表，可以方便快速地找到光纤断点的位置，方便工程人员排除故障，广泛应用于光纤通信系统的工程施工、维护测量及紧急抢修。从5m到60km的测量范围，不同厂家有不同的长度限制。其工作原理是通过光电管发射一个电子光波，再利用它返回的光波的时间差，计算出光纤的长度、断点的位置。实际应用中的光纤寻障仪如图4-42所示。

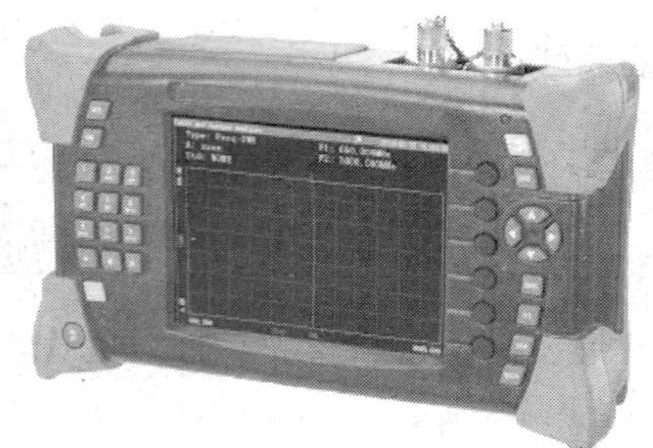

图4-42 光纤寻障仪实物图

4.6 无源光器件

4.6.1 光纤连接器

光纤连接器又称光纤活动连接器，俗称活动接头。它是一种可拆卸的、用于光纤活动连接的无源器件，并且是组成光纤通信系统和测量系统不可缺少的一种重要无源器件。光纤连接器的主要功能是实现光纤与设备（如光端机）之间、光纤与测试仪表（如OTDR）之间、光纤与光纤之间的活动连接，光纤与其他无源器件的连接。根据被连接光纤种类的不同，光纤连接器分为单模连接器和多模连接器；根据一次连接光纤芯数的不同，光纤连接器又分为单芯连接器和多芯连接器。

4.6.1.1 光纤连接器的基本结构

光纤连接器基本上是采用某种机械和光学结构，使两根光纤的纤芯对准，保证 90%以上的光能够通过。目前光纤连接器的结构主要有以下 5 种：套管结构、双锥结构、V 形槽结构、球面定心结构和透镜耦合结构。我国广泛采用的是套管结构，下面以套管结构为例加以说明。

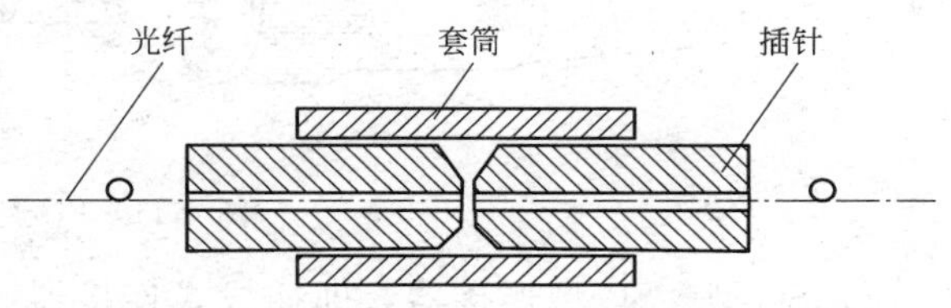

图 4-43 光纤连接器的套管结构

套管结构的连接器由两个插针和一个套筒三部分组成，如图 4-43 所示。插针为一精密套管，用来固定光纤，即将光纤固定在插针里。套筒为一个加工精密的套管，其作用是保证两个插针或光纤在套筒中尽可能地完全对准，以保证绝大部分的光信号能够通过。由于这种结构设计合理，加工技术能够达到要求的精度，因而得到了广泛应用。

4.6.1.2 光纤连接器的主要性能

光纤连接器的主要性能指标有插入损耗、回波损耗、互换性、重复性和稳定性等。

(1) 插入损耗　插入损耗是指光信号通过光纤连接器时，光纤连接器的输入光功率与输出光功率之比的对数值，其表达式为

$$L=10\lg\frac{P_{\mathrm{T}}}{P_{\mathrm{R}}} \tag{4-11}$$

其中，输入光功率为 P_{T}，输出光功率为 P_{R}。

对于光纤连接器，插入损耗越小越好。目前各种不同结构的单模光纤连接器的插入损耗为 0.5dB 左右。

(2) 回波损耗　回波损耗是指光纤连接器的输入光功率 P_{T} 与连接处的后向反射光功率 P_{r} 之比的对数值，其表达式为

$$R_{\mathrm{L}}=10\lg\frac{P_{\mathrm{T}}}{P_{\mathrm{r}}} \tag{4-12}$$

对于光纤连接器，回波损耗越大越好，以减少反射光对光源和系统的影响。回波损耗的典型值应不小于 25dB。

(3) 互换性和重复性　互换性是指光纤连接器各部件互换时连接损耗的变化量，用 dB 表示。重复性是指多次插拔后连接损耗的变化量，用 dB 表示。

(4) 插拔寿命　光纤连接器的插拔寿命是指最大可插拔次数，它一般由元件的机械磨损情况决定。目前，光纤连接器的插拔寿命一般可以达到 1000 次以上。

4.6.1.3 常见光纤连接器

光纤连接器的品种、型号很多，其中在我国用得较多的是 FC 型、SC 型和 ST 型连接器。下面对 FC、SC 和 ST 这三种连接器作简单介绍。

(1) FC 型　FC 型连接器是一种用螺纹连接、外部零件采用金属材料制作的连接器，如图 4-44 所示。

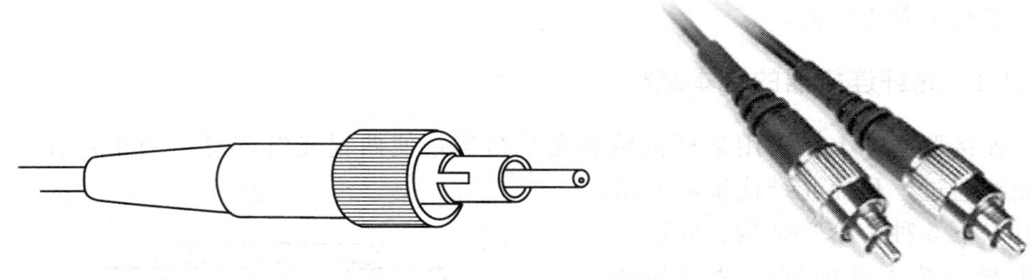

图 4-44 FC 连接器

（2）SC 型　SC 型连接器，即插拔式连接器，其外壳采用工程塑料制作，采用矩形结构，便于密集安装，不用螺纹连接，可直接插拔连接，如图 4-45 所示。

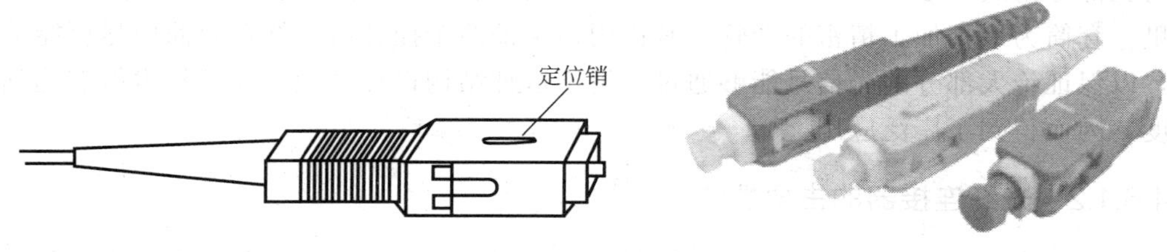

图 4-45 SC 连接器

（3）ST 型　ST 型连接器的结构尺寸与 FC 型相同，但它采用带键的卡口式锁紧机构，确保连接时准确对中，如图 4-46 所示。

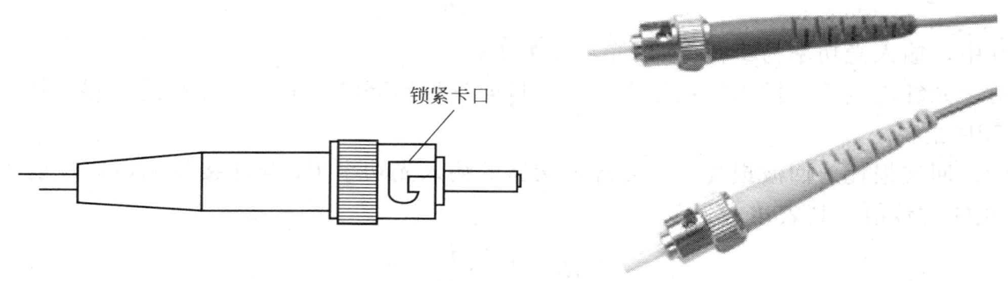

图 4-46 ST 连接器

（4）不同型号插头互相连接的转换　对于上述 FC、SC、ST 三种连接器，不同型号插头之间的连接需要使用转换器，如图 4-47 所示。常见的转换器有：

FC/SC 型转换器　用于 FC 与 SC 型插头互连；

FC/ST 型转换器　用于 FC 与 ST 型插头互连；

SC/ST 型转换器　用于 SC 与 ST 型插头互连。

4.6.2 光衰减器

光衰减器是用来稳定地、准确地减小信号光功率的无源器件。它是光功率调节不可缺少的无源器件，主要用于调整光纤线路衰减，测量光纤通信系统的灵敏度及动态范围等。

光衰减器根据衰减量是否变化，分为固定光衰减器和可变光衰减器。

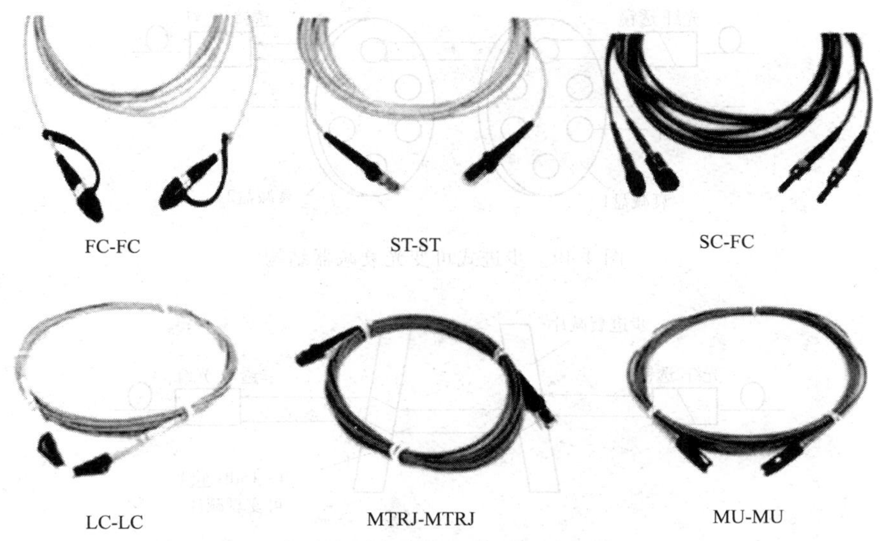

图 4-47　常见的连接器

4.6.2.1　固定光衰减器

固定光衰减器对光功率衰减量固定不变，主要用于调整光纤传输线路的光损耗。图 4-48 是一种固定光衰减器的示意图。固定光衰减器产生衰减的机理是吸收一部分光，从而产生衰减作用。也就是在光纤轴线上设置一种叫衰减膜的介质，它是一种半透明的掺杂化合物，在工作波长范围内有一个吸收带，光在吸收带内被吸收，产生衰减。

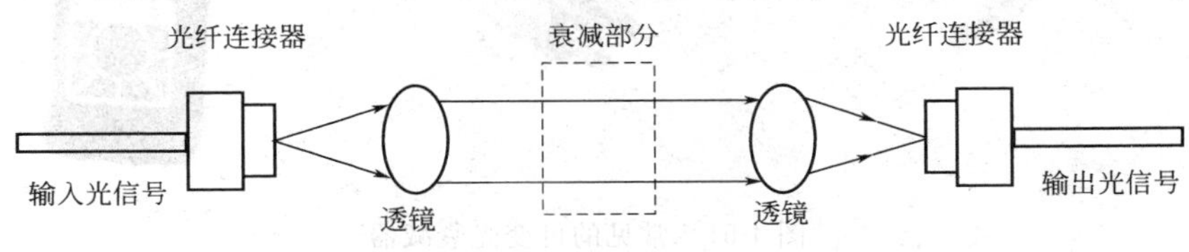

图 4-48　固定光衰减器示意

4.6.2.2　可变光衰减器

可变光衰减器的衰减量可在一定范围内变化，可用于测量光接收机的灵敏度和动态范围。可变光衰减器有步进式可变光衰减器和连续可变光衰减器两种。

步进式可变光衰减器的结构如图 4-49 所示，由准直器和两个衰减圆盘组成。准直器用来产生平行的出射光，衰减圆盘用来产生衰减。两个衰减圆盘插在从准直器射出的平行光路之中，每个衰减圆盘分别装有 6 个衰减片，衰减片的衰减是 0dB、5dB、10dB、15dB、20dB、25dB。将两个衰减圆盘的衰减片进行组合，可以产生 5dB、10dB、15dB、20dB、25dB、30dB、35dB、40dB、45dB、50dB 等十挡衰减。

连续可变光衰减器的结构如图 4-50 所示，由透镜、步进衰减圆盘、连续可调衰减片组成。步进衰减圆盘产生分挡的衰减量，连续可调衰减片采用真空镀膜方法，在圆形光学玻璃片上镀制一种金属吸收膜，由于采用了特殊的制作方法，可以连续均匀地改变膜层厚度，改变其对光的吸收量，也就是其衰减连续可调。

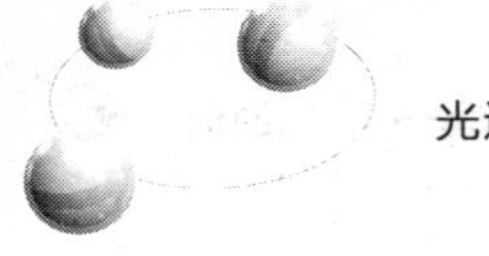

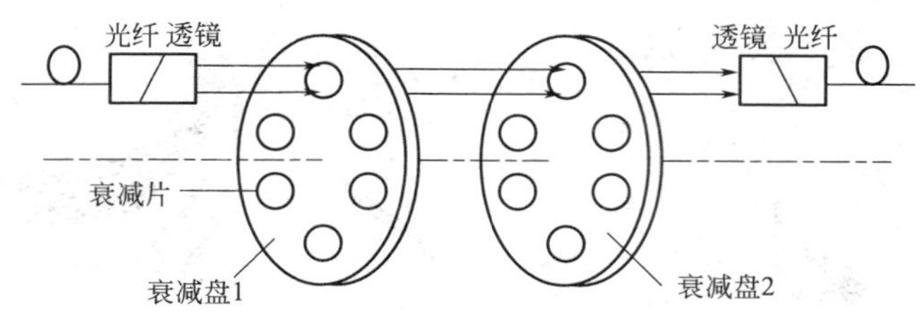

图 4-49 步进式可变光衰减器结构

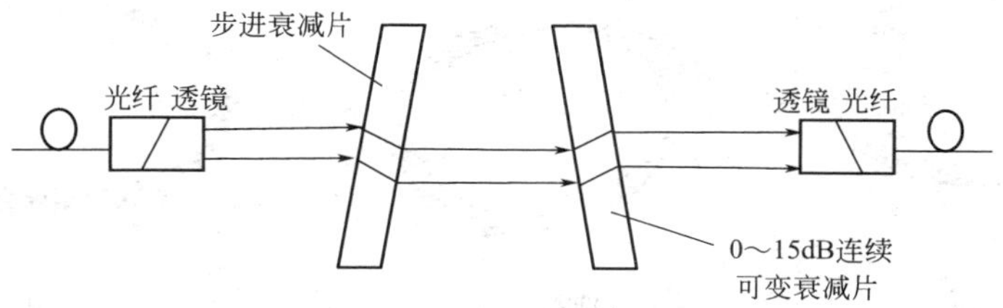

图 4-50 连续可变光衰减器结构

对光衰减器的主要要求是体积小、重量轻、衰减量精度高、稳定可靠和使用方便等。使用光衰减器时，要保持环境清洁干燥，不用时要盖好保护帽，连接器应轻上轻下，严禁碰撞。常见的可变光衰减器见图 4-51。

图 4-51 常见的可变光衰减器

4.6.3 光波分复用器

为了充分利用光纤的带宽资源，近年来光波分复用（WDM，Wavelength Division Multiplexing）技术得到了广泛的应用。波分复用（WDM）是在一根光纤中同时传输多个不同波长光信号的复用技术。

在波分复用（WDM）系统中，发端需要将多个不同波长的光信号合并起来送入同一根光纤中传输，而在接收端需要将接收光信号按不同波长进行分离。波分复用器就是对光波进行合成与分离的无源器件，它分为波分复用器（合波器）和波分解复用器（分波器）。对波分复用器与解复用器的共同要求是：复用信道数量要足够多、插入损耗小、串音衰减大和通道范围宽。

4.6.3.1 光波分复用器简介

（1）光波分复用器的原理与结构

① 光波分复用器的原理　如图 4-52 所示。当器件用作解复用器时，如图 4-52(a) 所

示，注入到输入端（单端口）的各种光波信号（$\lambda_1\lambda_2\cdots\lambda_N$），分别按波长传输到对应的输出端口，对于不同的工作波长其输出端口是不同的。对于给定的工作波长器件，应具有最低的插入损耗，而其他输出端口对该光信号应具有理想的隔离。当器件用作复用器时，其作用同上述情况相反，如图 4-52(b) 所示。

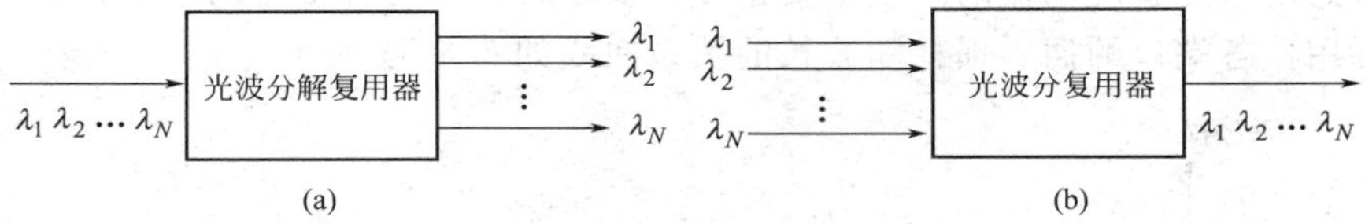

图 4-52　光波分复用器原理图

② 光波分复用器的结构　光波分复用器是光波分复用系统的核心器件，其性能好坏在很大程度上决定了整个系统的性能。光波分复用器的类型很多，常见的有介质膜型、光栅型、波导阵列光栅型、光纤光栅等。下面以介质膜型波分复用器为例加以说明，如图 4-53 所示。

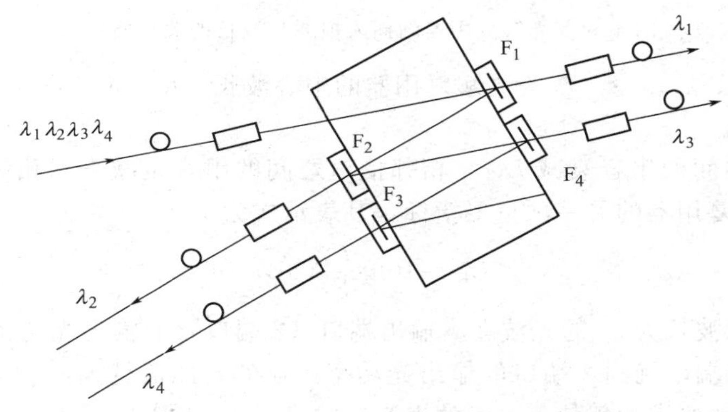

图 4-53　介质膜型波分复用器结构

它由 5 支自聚透镜软线、4 组滤光片和 1 个通光基体组成，构成 4 通道波分复用器。

以光波分解复用为例，其工作过程如下：输入为 $\lambda_1\lambda_2\lambda_3\lambda_4$ 的光信号，解复用后分别由不同端口输出 4 个波长为 λ_1、λ_2、λ_3、λ_4 的信号，形成 4 通道。由于入射光以一定角度射入滤光片，可以使器件的回波损耗达 50dB，达到 STM-16 或 STM-64 的要求。

仿照上述方法可以构成 8 通道的光波分复用器。设在 1530～1560nm 波长区域内使用 8 个波长构成 8 通道，复用波长间隔为 1.6nm（200GHz），损耗最大值为 4dB，结合 EDFA 技术，可以构成 DWDM＋EDFA 系统，如 8×2.5Gb/s＝20Gb/s 系统。

（2）光波分复用器的光学特性

① 中心波长 λ_1、λ_2、…、λ_n　它是由设计、制造者根据相应的国际标准、国家标准或实际应用要求选定的。例如对于密集型波分复用器，ITU-T 规定在 1550nm 区域，1552.52nm 为标准波长，其他波长与标准波长的间隔规定为 0.8nm（100G）或 0.4nm（50G）。

② 中心波长工作范围 $\Delta\lambda_1$、$\Delta\lambda_2$、…、$\Delta\lambda_n$　对于每一工作通道，器件必须给出一个适应于光源谱宽的范围。该参数限定了所选用光源（LED 或 LD）的谱线宽度及中心波长位置。它通常以 1.0nm 表示或者是以平均信道之间间隔的 10％表示。

③ 中心波长对应的最小插入损耗 L_1　插入损耗表示特定波长的光经过光波分复用器后衰减的程度。以光解复用器为例，中心波长对应的最小插入损耗 L_1 的表示式为

$$L_1 = 10\lg\frac{P_{01}}{P_1}(\text{dB}) \tag{4-13}$$

其中，P_1 代表波长为 λ_1 的光波在输出端的光功率；P_{01} 代表波长为 λ_1 的光波在输入端合波信号中的光功率。

该参数是衡量光解复用器的一项重要指标，设计者、制造者及使用者都希望此值越小越好。光解复用器各端口的插入损耗随波长的关系曲线如图 4-54 所示。

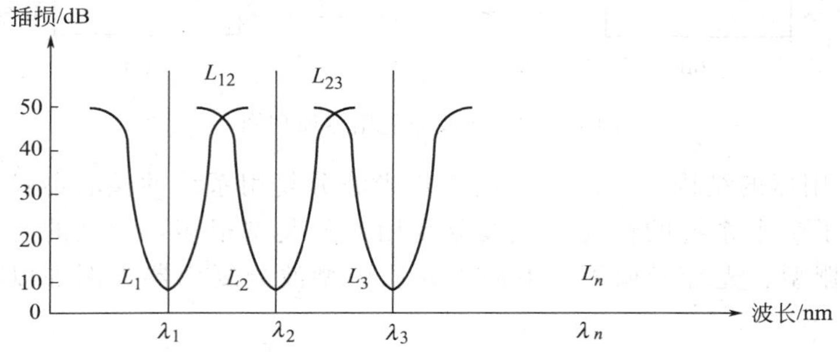

图 4-54　光解复用器的插入损耗与波长的关系曲线

图 4-54 中，λ_1、λ_2、…、λ_n 为光解复用器的中心波长，L_1、L_2、…、L_n 为最小插入损耗，其值越小越好。

④ 相邻信道之间的串音衰减 L_{12}　相邻信道之间的串音衰减表示相邻信道之间的衰减值，它是衡量光解复用器的另一项重要指标，其表示式为

$$L_{12} = 10\lg\frac{P_2}{P_1'}(\text{dB}) \tag{4-14}$$

其中，P_2 表示波长为 λ_2 的光波在本输出端口（2 端口）的输出光功率，P_1' 则表示波长为 λ_1 的光波在输出端串扰到 2 端口的输出光功率。显然，此值越大，表示隔离度越好。在数字通信系统中一般要求相邻信道之间的串音衰减（如 L_{12} 和 L_{23}）大于 30dB。

4.6.3.2　光波分复用器

目前已商用的波分复用器主要有角色散器件、干涉滤波器、熔锥型波分复用器和集成光波导型 4 类。常见的光波分复用器见图 4-55。

图 4-55　常见的光波分复用器

4.7　无源光器件

4.7.1　光耦合器

在光纤通信系统的应用和测试中，有时需要从光纤线路上取出一部分光信号用于监测，

有时需要把两个不同方向送来的光信号合成一路送入一根光纤传输，诸如此类，光纤线路需要分路、合路以及多路之间互相耦合时，就需要使用光耦合器。

光耦合器在光纤通信系统中的使用量仅次于光纤连接器。它的功能是把光信号在光路上由一路输入分配给两路或多路输出，或者把多路光信号（如 N 路）输入组合成一路输出或组合成多路（如 M 路）输出。光耦合器一般与波长无关，与波长相关的耦合器被称为波分复用器/解复用器或合波/分波器。

(1) 光耦合器的类型　光耦合器从端口形式上，可分为 X 形（2×2）耦合器、T 形（1×2）耦合器、星形（$N×M$）耦合器以及树形（$1×N$，$N>2$）耦合器等。

① T 形耦合器　这是一种 1×2 的 3 端口耦合器，如图 4-56(a) 所示，其功能是把一根光纤输入的光信号按一定比例分配给两根光纤，或把两根光纤输入的光信号组合在一起，输入到一根光纤中去。这种耦合器主要用作不同分路比的功率分配器或功率组合器。

② 星形耦合器　这是一种 $N×M$ 耦合器，如图 4-56(b) 所示，其功能是把 N 根光纤输入的光功率组合在一起，均匀地分配给 M 根光纤，M 和 N 的值可以相同，也可不同。这种耦合器通常用作多端功率分配器。

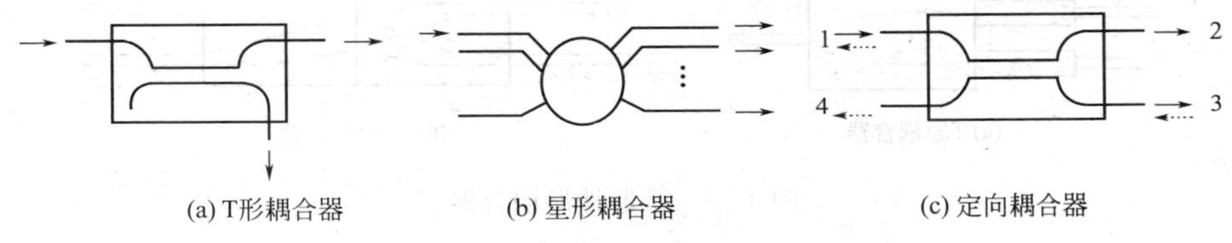

(a) T形耦合器　(b) 星形耦合器　(c) 定向耦合器

图 4-56　常用光耦合器的示意图

③ 定向耦合器　当光耦合器只可用作分路器，不能用作合路器时，称为定向耦合器。定向耦合器是一种 2×2 的 3 端或 4 端耦合器，其功能如图 4-56(c) 所示。当光信号从端口 1 传输到端口 2 时，可由端口 3 耦合输出一部分光信号，而端口 4 无光信号输出（如图中实线所示）；而当光信号从端口 3 传输到端口 4 时，可由端口 1 耦合出一部分光信号，而端口 2 无光信号输出（如图中虚线所示）。

(2) 光耦合器的基本结构　光耦合器按制作方法可分为光纤型、微器件型和波导型。

① 光纤型　就是把两根或多根光纤排列，用熔拉双锥技术制作而成的耦合器。这种方法可以构成 T 形耦合器、定向耦合器和星形耦合器等。图 4-57(a) 和 (b) 分别给出了单模 2×2 定向耦合器和多模 8×8 星形耦合器的结构。单模星形耦合器的端数受到一定限制，通常可以由 2×2 耦合器组成，图 4-57(c) 给出了由 12 个单模 2×2 耦合器组成的 8×8 星形耦合器。由于光纤型耦合器在制作时只需要光纤，不需要其他光学元件，具有与传输光纤容易连接且损耗较低、耦合过程不需要离开光纤、不存在任何反射端面引起的回波损耗等优点，因此更适用于光纤通信。

② 微器件型　利用自聚焦透镜和分光片、滤光片或光栅等微光学器件可以构成 T 形耦合器、定向耦合器等，如图 4-58 所示，用 2×2 耦合器同样可以构成多端口的星形耦合器。

③ 波导型　在一片平板衬底上制作所需形状的光波导，衬底作支撑体，又作波导包层。波导的材料根据器件的功能来选择，一般是 SiO_2，横截面为矩形或半圆形。图 4-59 给出了波导型 T 形耦合器和定向耦合器的基本结构。

常见的光耦合器如图 4-60。

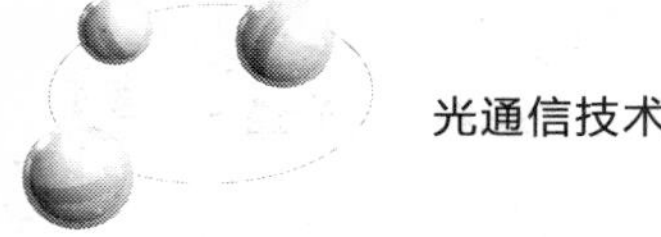

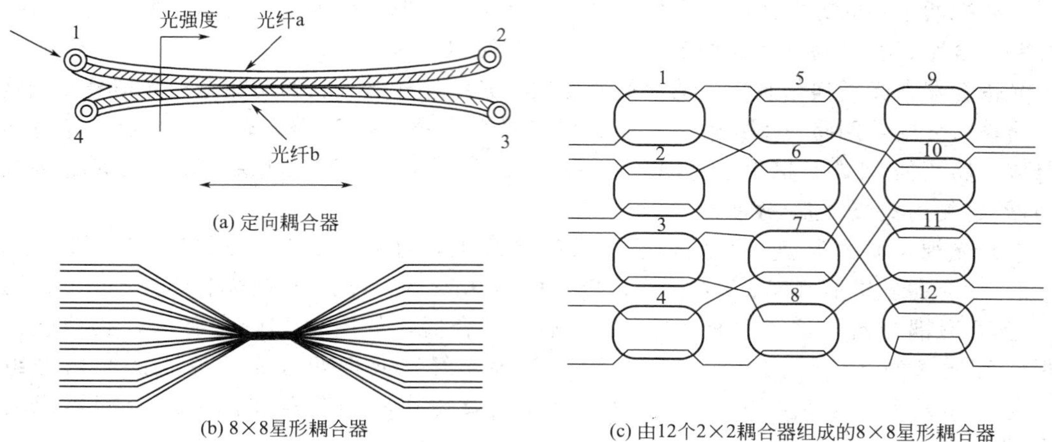

(a) 定向耦合器

(b) 8×8星形耦合器

(c) 由12个2×2耦合器组成的8×8星形耦合器

图 4-57 光纤型耦合器

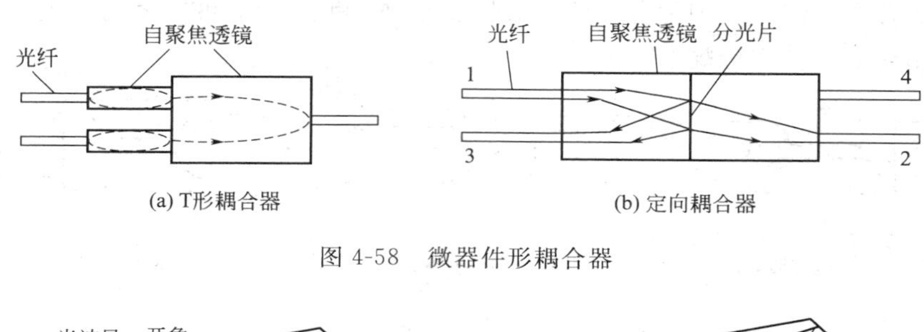

(a) T形耦合器

(b) 定向耦合器

图 4-58 微器件形耦合器

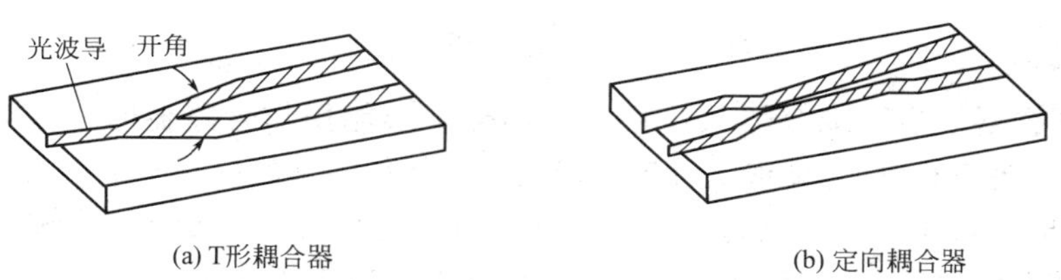

(a) T形耦合器

(b) 定向耦合器

图 4-59 波导型耦合器

(3) 光耦合器的主要性能指标　有隔离度、插入损耗和分光比等。

① 插入损耗 L　插入损耗定义为输入光功率与输出光功率之和之比的对数值。若端口 1 的输入光功率为 P_1，端口 2 和端口 3 输出光功率分别为 P_2 和 P_3，则插入损耗为

$$L=10\lg\frac{P_1}{P_2+P_3}(\mathrm{dB}) \tag{4-15}$$

一般情况下，要求插入损耗 $L\leqslant 0.5\mathrm{dB}$。

② 分光比 T　分光比是光耦合器所特有的技术指标，它定义为两输出端口的光功率之比。若从端口 1 输入光功率，则 2、3 端口的分光比为

$$T=\frac{P_3}{P_2} \tag{4-16}$$

一般情况下．定向耦合器的分光比为 1∶1～10∶1。

③ 隔离度 A　在光耦合器中，各输入端口之间应是互相隔离的。如图 4-56(c) 中，从端口 1 输入光功率 P_1 时，端口 4 应无光功率输出，但实际上端口 4 还是有少量光功率 P_4 输出，其大小就表示了 1、4 两个端口的隔离程度。1、4 端口的隔离度为

图 4-60 常见的光耦合器

$$A_{1\text{-}4}=10\lg\frac{P_1}{P_4}(\text{dB}) \tag{4-17}$$

一般情况下，要求隔离度 $A>20\text{dB}$。

4.7.2 光隔离器

光隔离器是只允许正向光信号通过，阻止反射光返回的器件。在光纤通信系统中，某些光器件，特别是激光器和光放大器，对线路中由于各种原因而产生的反射光非常敏感。因此，通常要在最靠近这些光器件的输出端放置光隔离器，以消除反射光的影响，使系统工作稳定。

光隔离器几乎都是用法拉第磁光效应原理制成的，整个光隔离器主要由起偏器、检偏器和法拉第旋转器三部分组成，如图 4-61 所示。

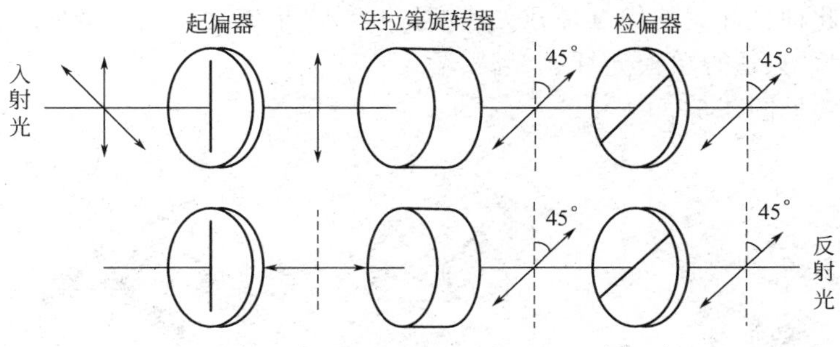

图 4-61 光隔离器原理图

在图 4-61 中，法拉第旋转器的作用是使光的偏振方向变化，起偏器和检偏器的偏振方向彼此呈 45°关系。当正向入射光通过起偏器后，被变成线偏振光，然后经法拉第旋转器，其偏振方向右旋 45°，正好与检偏器的偏振方向一致，于是顺利通过而进入光路中；对于反向光，从检偏器输出的线偏振光经过法拉第旋转器时，偏振方向也右旋 45°，从而使反向光的偏振方向与起偏器的偏振方向正交而不能通过，即反向隔离。

光隔离器的主要性能指标有正向插入损耗和反向隔离度。对正向入射光的插入损耗越小越好，对反向入射光的隔离度越大越好。目前插入损耗的典型值约为 1dB。隔离度的典型值大致范围为 40～50dB。

常见的光隔离器见图 4-62。

图 4-62 常见的光隔离器

4.7.3 光开关

光开关也是光纤通信系统中重要的无源光器件。光开关的作用是对光路进行控制，将光信号接通或断开。图 4-63 所示为 1×2 光开关切换光路的示意图。

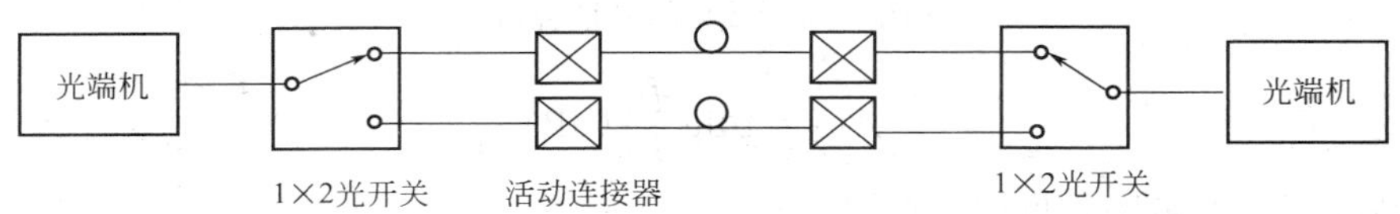

图 4-63 光开关切换光路的示意图

光开关可分为机械式光开关和电子式光开关两大类。

（1）机械式光开关

机械式光开关是利用电磁铁或步进电机驱动光纤、棱镜或反射镜等光学元件实现光路转换。这类光开关的优点是插入损耗小（一般为 0.5～1.2dB），隔离度高（可达 80dB），串扰小，适合各种光纤，技术成熟；缺点是开关速度较慢（约为 15ms），体积较大。

（2）电子式光开关

电子式光开关是利用磁光效应、电光效应或声光效应实现光路切换的器件。与机械式光开关正好相反，此种光开关的优点是开关速度快，易于集成化；缺点是插入损耗大（可达几个分贝），串扰大，只适合单模光纤。

常见的光开关见图 4-64。

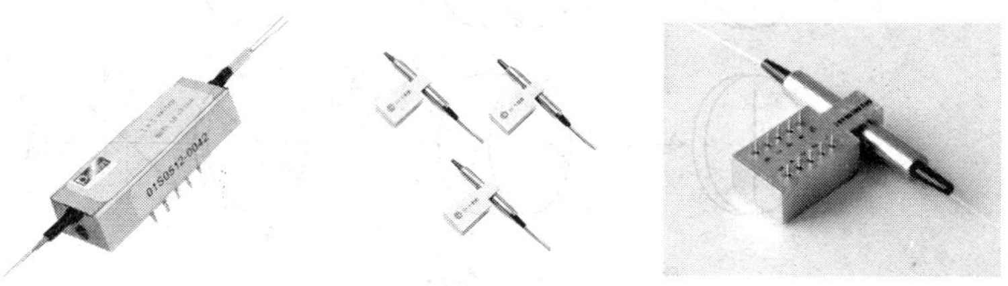

图 4-64 常见的光开关

 知识巩固 ▶▶▶

一、填空

1. OTDR 上显示的后向散射功率曲线，其横坐标表示______，其纵坐标表示________。

2. 光纤线路损耗测量采取的方法一般是光源、光功率计和＿＿＿＿＿＿相结合的测量方法。

3. 用 OTDR 测试时，如果设定的折射率比实际折射率偏大，则测试长度比实际长度＿＿。

4. 尾纤与测试仪表的连接方式是＿＿＿＿＿＿＿。

5. 光与物质作用的三种形式是＿＿＿、＿＿＿＿、＿＿＿。

6. 常用的光电检测器有＿＿＿＿和＿＿＿＿。

二、选择

1. 激光二极管的工作寿命一般以（　　）来定义。

A. 阈值电流的增大　　B. 阈值电流的减小

C. 输出功率的增大　　D. 输出功率的减小

2. 测试尾纤采用（　　）连接方式。

A. 活动　　B. 临时　　C. 固定　　D. 前三种都可以

3. 光功率计选择的关键是（　　）。

A. 传输距离，接头损耗　　B. 接头损耗，中继段总损耗量

C. 传输距离，接头距离　　D. 传输距离，中继段总损耗量

4. 用于光仪表及光纤测试软线的光连接器应为（　　）型。

A. DIN　　B. FC　　C. D4　　D. ST

5. 光纤测试软线，简称测试线。它是由 2 个连接插件的（　　）软光缆构成。

A. 单芯　　B. 双芯　　C. 1 个　　D. 2 个

6. 盲区是指光纤后向散射信号曲线的始端，一般仪表的盲区在（　　）米左右。

A. 10　　B. 500　　C. 30　　D. 100

7. 如下图所示，尾纤连接器型号 FC/PC 是（　　）。

A　　B　　C

三、判断

1. 光时域反射仪只收光，本身不发光。（　　）

2. 盲区决定了 2 个可测特征点的靠近程度，盲区有时也被称为 OTDR 的 2 点分辨率。对 OTDR 来说，盲区越大越好。（　　）

3. 用 OTDR 测试时，如果设定的折射率比实际折射率偏大，则测试长度比实际长度大。（　　）

4. LC 型连接器所采用的插针和套筒的尺寸是普通 SC、FC 等所用尺寸的一半，为 1.5mm。（　　）

5. 光纤活动连接损耗引起的事件称为非反射事件。（　　）

四、简答

1. 说明 OTDR 测试功能，画出典型测试曲线示意图。

2. 若想光时域反射仪测量的距离最远，怎样设置其参数？

3．尾纤接头的包装上常见“FC/PC”，“SC/PC”等，“/”前面部分和后面部分各代表的含义是什么？

4．画出下图所示光纤的后向散射曲线。

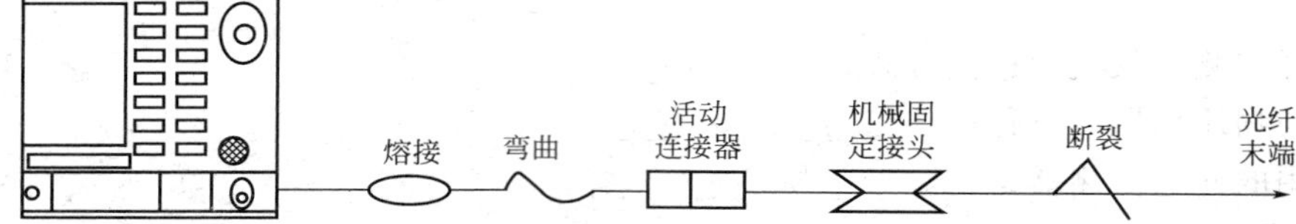

5．已知 PIN 光电二极管的量子效率 $\eta=70\%$，接收光波波长为 $1.55\mu m$，求 PIN 的响应度 $R=$？如果入射光功率为 $100\mu W$，求输出电流是多少？

模块二 光工程

项目五 光纤通信工程设计

学习目标

1. 掌握一个光纤通信工程设计包括哪些内容。
2. 能够完成一个简单光传输系统的设计。

目前，在中国的通信网中，无论是骨干网，还是本地网，光纤通信系统都是首选。因此，有必要对光纤通信系统的工程设计有一定的了解。

5.1 工程设计概述

光纤通信工程设计是指在现有通信网络设备规划、整合、优化的基础上，根据通信网络发展的目标，综合运用工程技术和经济方法，依照技术标准、规范、规程，对工程项目进行勘查和技术、经济分析，编制作为工程建设依据的设计文件和配合工程建设的活动。在整个设计过程中，往往要综合运用多学科知识和丰富的实践经验、现代的科学技术和管理方法，为通信工程项目的规划、选址、可行性研究、融资和招投标咨询、项目管理、施工监理等全过程提供技术与咨询服务。

(1) 光纤通信系统工程分类

① 按光纤通信传输线路的用途划分　可以分为三类：长途光缆工程（本地网之间的传输线路，也可称作长途线路）、中继光缆工程（本地网内交换局间的传输线路）、用户接入光缆线（环）路工程（交换局到用户的传输线路称为用户接入线路）。

② 按地理条件划分　可以分为陆地光缆工程，包括架空光缆、直埋光缆、管道光缆、水下光缆、室内光缆工程等，海底光缆工程，包括深海海底工程、近海海底工程、登陆海缆工程。

(2) 各类光纤通信系统工程的特点　如表 5-1 所示。

(3) 光纤通信系统工程设计的特点

① 体现技术应用及创新水平　在通信网络规划阶段，设计单位既要考虑通信网络的现状，又要考虑网络的未来发展方向。在做初步设计时，要应用通信领域新的知识成果，采用

新技术、新设备、新工艺进行规划设计，为运营商开发新的电信业务品种，提供新的服务奠定技术基础。通信设计的创新不仅表现在新技术、新工艺的应用上，而且表现在设计通信工程项目时打破常规思维，进行思想创新。如将技术实现与环境保护有机结合起来，避免通信设施对环境造成破坏。

表 5-1　光纤通信系统工程特点

分类	优　点	缺　点	用　途
架空光缆工程	费用低、工期短、施工环境限制少	安全性不好	适合于山区、乡村等
直埋光缆工程	光缆不易受损、安全性好	工程量大、费用高	一般适用于长途骨干网
管道光缆工程	安全性好、扩容方便	环境受限、费用高	主要用于城市等空间受限地区
室内光缆工程	解决大型智能小区、商务中心的通信方案	不适用于业务量不大的地方	用于大中城市写字楼、商务中心
海底光缆工程	用于沿海、越洋传输、安全性好	工程量很大、费用高	跨越大洋的国际通信光缆

② 社会及经济效益巨大　高质量的规划设计是高质量通信工程的基础，也是赢得高效益、高效率和高信誉的保证。规划设计人员采用新技术、新设备，对已有通信设施进行改造、升级，使通信质量和通信效率成倍地提高，为国家创造出可观的经济效益和社会效益。

③ 专业协同及资源整合明显　通信工程建设往往涉及通信领域的很多个专业，如何将不同专业的需求都考虑到，并且能够使各个专业协调工作，是规划设计人员要着重考虑的一个问题。对于那些能够通过不同技术手段实现的通信工程，专业协调就显得更为重要。

④ 工程设计是控制工程建设投资的基础

（4）光纤通信系统工程主要内容　包括确定传输系统的制式、线路路由及中继站的选择、再生段距离的计算、线路码型的选择、光纤光缆的选型、光电设备的配置、供电系统、光纤通信工程概算和预算。

（5）工程设计基本原则　光纤通信系统是一个复杂的、要求严格的信息传输系统，在进行工程设计时，要考虑到国家的政策导向、有关技术标准、客户需求、技术条件等多方面的因素，因此光纤通信系统的工程设计要遵循以下基本原则。

① 符合国家或地方的国民经济和社会发展规划　工程设计要在遵守法律、法规的前提下，贯彻执行国家的有关方针、政策、法规、标准和规范。工程设计的目标要符合国家或地方的国民经济和社会发展规划，与国家通信网络的长远规划及中、远期通信容量的发展要求一致。

② 做到工程设计的先进性　在严格执行通信设计标准、规范和规程的基础上，积极采用先进的科学技术和设计方法，保证工程设计的先进性。

③ 做到技术和经济的统一　工程设计要遵从投资少、见效快、避免重复投资的原则，做到技术和经济的统一，技术先进，又经济合理，使工程项目在建设、营运和发展过程中均有较高的投资效益。

④ 处理好各种利益关系　设计工作要站在国家的立场上，充分考虑国家利益，妥善处理局部与整体、近期与远期、技术与经济效益的关系。

⑤ 严格执行有关标准、规范和规程　工程设计事关通信网建设大局，有关的标准、规范和规程是工程设计的有益约束和技术保障，因此在工程设计过程中必须严格执行有关标准、规范和规程。

⑥ 做到科学性、客观性、可靠性、公正性　工程设计方案要体现科学性、客观性、可

靠性、公正性，则应对多种方案进行比较，进行方案优选，明确本工程的配套工程与其他工程的关系。

⑦ 控制投资规模 通过积极采用新技术、新方法和先进的工艺与设备，对现有设备进行挖潜和改造，控制工程成本和投资规模。

⑧ 有环保意识 要实行资源的综合利用，节约能源，节约用水，节约用地，并符合国家颁布的环保标准。

(6) 工程设计过程 光纤通信系统的工程设计大致可分为3个阶段，即准备阶段、设计阶段和验收阶段。

① 准备阶段 完成3个设计文件：项目建议书、可行性研究报告和设计任务书。

② 设计阶段 主要包括初步设计和施工图设计。

初步设计的依据是可行性报告、设计任务书、初步设计勘测资料和有关的设计规范，包括综合部分、光缆线路部分、数字传输系统设备安装部分、电源部分、机房土建部分。初步设计要绘出有关图纸，包括光纤通信网络组织图、机房设备平面布置图、各种通信系统图、远供电源系统图、站内电源系统图、接地系统图、光缆线路路由示意图、进局管道光缆线路路由示意图、水地光缆路由示意图、光缆截面图等。

施工图设计的依据是初步设计的文件，用来指导工程施工。施工图设计需要绘制的图纸，包括各种设备机架面板布置图、进局光缆安装方式图、光载波室走线架结构图、音频配线架，端子分配图、各类设备布线布缆连接表等。

③ 验收阶段 按照工程设计要求进行验收。

5.2 传输系统的制式

在光纤通信工程设计中，传输系统制式的选择直接影响到光缆选型、设备选型等一系列问题，因此要按照工程设计的基本原则，结合当前通信技术、标准及设备的现状和发展趋势，综合考虑传输系统制式的选择来确定。

目前，数字光纤通信系统及复用技术已经很成熟，因此在绝大多数光纤通信工程中，传输系统的制式会考虑选择同步数字系统（SDH）或波分复用系统（WDM）。

(1) SDH传输系统 SDH传输系统充分利用了光纤带宽的特性，将传输速率大大提高，使用标准的光接口，使得不同厂家的产品可以在光接口上实现互联，实现横向兼容，采用同步复用技术，SDH的结构可使网络管理功能大大加强。

SDH网络主要是由一些SDH网络单元和网络节点接口，通过光纤线路连接而成的。基本的SDH网络单元有终端复用器（TM）、分插复用器（ADM）、再生中继器（REG）、同步数字交叉连接器（SDXC）等。

(2) WDM传输系统 WDM传输系统是将不同波长的光波在同一根光纤上传输，其本质是通过在光纤上通过频分复用（频域的分割）来实现多路传输，每个通路占用一段光纤的带宽。该系统由波分复用终端设备、光线路放大设备及光分插复用设备组成。其中，波分复用终端设备包括光合波器、光分波器、光放大器、波长转换器等；光线路放大设备包括光线路放大器；光分插复用设备包括光合波器、光分波器、拉曼放大器、波长转换器等。

5.3 路由及中继站站址的选择

路由选择是指确定通信线路的起止地点和沿途所经主要城市及两个城市之间的路由走向等。一般在设计任务书中确定通信线路的起点，在设计阶段确定起止点之间的路由走向。这里介绍的是路由走向。

(1) 光缆线路路由的选择　光缆线路路由的选择在6.2.1.1中介绍。

(2) 中继站站址的选择　中继站分为有人中继站和无人中继站两种。

光缆线路的路由选择和中继站站址选择是在工程勘察时进行的。对于线路的路由，在工程勘察时，需要确定的有线路与村镇、公（铁）路、河流、桥梁等地形、地物的相对位置；市区占用街道的位置、管道利用和新建的长度及其规模；特殊困难地段光缆的具体位置，并估算、统计、选定路由方案中各段的长度并绘图。对于中继站站址的选择，在工程勘察时，需要确定站址及其总平面布置，光缆的进线方式及走线位置等。

5.4 再生段距离的计算

光纤通信系统的设计是根据用户对传输距离和传输容量及其分布的要求，按照国家相关技术标准及当前设备的技术水平，经过综合考虑和反复计算，选择最佳路由、局站设置、传输制式、传输速率及光缆、光端机等设备的基本参数和性能指标，使系统达到最佳的性价比。其中，再生段距离的计算对工程设计影响很大。

再生段距离的计算，需要依据光纤、光缆、光检测器、信号类型、损耗、色散、制式等参数和性能指标进行估算，从而确定需要几个中继站。

不同系统，由于受各种因素的影响程度不同，再生段距离的计算方式也不同。按照国家有关规定，一般按照制式的不同进行再生段距离计算，即按照SDH传输系统和WDM传输系统进行计算。

(1) SDH传输系统再生段距离计算

① 衰减受限条件下的计算　若系统速率较低（低于STM-16），光纤衰减系数较大，再生段距离主要由光纤的线路损耗限制，故要求发送端S点和接收端R点之间光纤线路总损耗不超过系统的总功率衰减。按照这个要求，再生段距离L需要满足下式

$$L=\frac{P_s-P_r-P_p-\sum A_c}{A_f+A_s+M_c} \tag{5-1}$$

式中　L——衰减受限再生段距离，km；

P_s——S点（MPI-R）光发送功率，dBm，已扣除设备连接器的衰减和光源耦合反射噪声功率代价；

P_r——R点（MPI-R）接收灵敏度，dBm，已扣除设备连接器的衰减；

P_p——设备富余度，dB；

$\sum A_c$——S点和R点间活动连接器损耗之和，dB；

A_f——光纤平均衰减系数，dB/km；

A_s——光纤固定熔接接头平均损耗，dB/km；

M_c——光缆富余度，dB/km。

这里需要说明一些问题：

• 设备富余度是指由于设备的老化和温度对设备性能影响所需的余量，包括注入光功率、光接收灵敏度和连接器性能劣化等，一般不超过3dB；

• 光纤平均衰减系数A_f在1310nm中一般取0.36dB/km，在1550nm中一般取0.22dB/km，或取厂家报出的中间值；

• 光缆富余度M_c在距离小于30km时取0.1dB/km，大于30km时取3dB/km，在一个

中继段内，光缆富余度不宜超过 5dB/km；

• 活动连接器损耗 A_c 一般取 0.5～0.8dB；

• 光纤固定熔接接头平均损耗 A_s 的大小与光纤质量、熔接机性能和操作有关，一般取 0.02～0.04dB/km。

利用上式计算的长度，是考虑到各种因素后再生段的最大距离。按照 SDH 等级的不同，其最大衰减受限时的最大再生段距离如表 5-2 所示。

表 5-2　SDH 最大衰减受限的最大再生段距离

SDH 等级	STM-4		STM-16		STM-64	
波长/nm	1310	1550	1310	1550	1310	1550
最大再生段距离/km	65	98	56	88	45	70

【例】 计算 140Mbit/s 单模光纤系统的再生段距离。

设系统的平均光发送功率为－3dB，接收灵敏度为－43dBm，设备富余度为 2dB，连接器损耗为 0.5dB，光纤平均衰减系数为 0.35dB/km，光缆富余度为 0.3dB/km，光纤固定熔接接头平均损耗为 0.03dB/km。

解

$$L=\frac{P_s-P_r-P_p-\sum A_c}{A_f+A_s+M_c}=\frac{-3\text{dBm}-(-43)\text{dBm}-2\text{dB}-2\times 0.5\text{dB}}{0.35\text{dB/km}+0.03\text{dB/km}+0.3\text{dB/km}}\approx 54\text{km}$$

② 色散受限条件下的计算　色散受限条件下，再生段距离 L 需要满足下式

$$L=\frac{D_{max}}{|D|} \tag{5-2}$$

式中　D_{max}——光传输收发两点（R 点和 S 点）间的允许的最大色散值，ps/nm；

D——光纤色散系数，ps/(nm·km)。

需要注意，D 取值一般为：G.652 光纤中波长为 1310nm 取 3.5ps/(nm·km)；波长为 1550nm 取 18ps/(nm·km)。

在进行光传输再生段距离计算时，必须考虑衰减受限距离及色散受限距离。为保证能满足最坏情况的要求，选择两者之中较小值作为实际再生段距离。

【例】 某 STM-16 光纤传输系统，使用 G.652 光纤，工作波长 1550nm，平均光发送功率为－2dBm，接收灵敏度为－28dBm，允许最大色散值为 1200ps/nm，光纤色散系数为 17ps/(nm·km)，活动连接器平均损耗为 0.3dB，固定熔解接头平均损耗为 0.02dB/km，光纤平均衰减系数为 0.21dB/km，设备富余度为 3dB，光缆富余度为 0.05dB/km，试计算再生段距离。

解　按衰减受限条件，计算再生短距离 L，将已知条件代入式(5-1)，得

$$L=\frac{P_s-P_r-P_p-\sum A_c}{A_f+A_s+M_c}=\frac{-2\text{dBm}-(-28)\text{dBm}-3\text{dB}-2\times 0.3\text{dB}}{0.21\text{dB/km}+0.02\text{dB/km}+0.05\text{dB/km}}\approx 80\text{km}$$

按色散受限条件，计算再生距离 L，将已知参数代入式(5-2)，得

$$L=\frac{D_{max}}{|D|}=\frac{1200}{17}\approx 70\text{km}$$

由以上结果，可确定该系统的再生段距离为 70km。

(2) WDM 传输系统再生段距离的计算

① 损耗受限条件下　WDM 传输系统再生段距离 L 满足

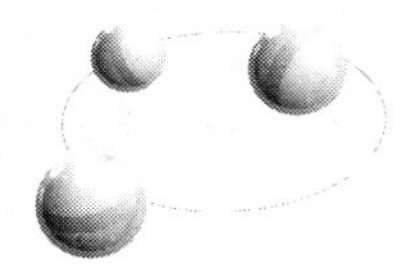

$$L=\sum_{i=1}^{n}\frac{A_{span}-\sum A_c}{A_f+M_c} \tag{5-3}$$

式中　L——保证信噪比条件下再生段距离，km；

n——WDM 系统应用代码所限制的光放段数量；

A_{span}——最大光放段损耗，dB；

$\sum A_c$——S 点和 R 点间活动连接器损耗之和，dB；

A_f——光纤平均衰减系数，dB/km；

M_c——光缆富余度，dB/km。

② 色散受限条件下　WDM 传输系统再生段 L 满足：

$$L=\frac{D_{max}}{|D|} \tag{5-4}$$

为保证能满足最坏情况的要求，选择使用这两个式子中计算结果较小值作为实际再生段距离。

5.5　线路码型的选择

在光纤通信系统中，电端机处理的是 PCM 的双极性码（三电平），而光端机需要的是单极性码（二电平），因此电端机与光端机的接口必须处理码型的变换。即在发送端 PCM 电端机输出的双极性码变换为适合在光纤中传输的单极性码，而在接收端再将码型进行反变换，输出到 PCM 电端机。

通过合理选用线路码型，不仅可以保证光传输质量和通信容量，而且可以做到经济实用、减少工程投资。

按照对光纤传输线路码型选择的要求和国家的有关规范，在 SDH 传输系统中，电接口的码型统一采用 CMI 码，光接口的码型则采用插入码（1B1H）加扰码 NRZ。

1B1H 码是国家推荐使用的码型之一。目前，1B1H 码的光电设备在我国一级干线、省内二级干线及本地光纤网中得到广泛的应用。在实际光纤传输系统中，应根据设备选型的实际情况，选用国家推荐的线路码型。

5.6　光纤光缆的选型

5.6.1　光纤的选型

（1）ITU-T 关于光纤选型的建议（参考 2.1.2 节光纤分类中的第五个分类）

根据所描述光纤类型，表 5-3 列出了各类光纤的应用范围及其参数。

（2）光纤选型的一般原则

① 应根据不同的网络级别、系统制式等合理选型。

② 本着技术和经济的综合考虑，一般 SDH 系统选用 G.652 光纤，而高速、大容量、多信道的 WDM 或 DWDM 干线系统需要选用 G.655 光纤。

③ 选用 G.652 光纤时，局内或短距离通信宜应用于 1310nm 波长区，而远距离通信宜应用于 1550nm 波长区。

④ 选用 G.655 光纤时，应用于 1550nm 波长区。

⑤ 根据我国长途业务发展趋势，不宜选用 G.653 光纤。

⑥ 海底光缆宜选用 G.654 光纤。

⑦ 不同类型的光纤不宜混合成缆。

表 5-3 各类光纤的应用范围

光纤类型	应用范围				示例
	公用网	专用网	本地网	图像等数据网	
G.651	√	√	√	√	四次群以下的系统(如局域网)
	√	√	√	√	
G.652	√	√	√	√	N×2.5Gbit/s DWDM
	√	√	√	√	
G.653	√	√			长途 10Gbit/s 以上系统
	√				
G.654	√				海底光缆系统
G.655	√	√	√	√	高速 DWDM

5.6.2 光缆的选型

因为光缆品种繁多、结构复杂，所以在光缆的选型上，要紧密结合系统的需要考虑，认真分析光缆的技术参数、材料、生产工艺等要素，进行合理选型，这样才能满足系统技术指标的要求，保证工程质量。

(1) 光缆选型的一般原则

① 正确选用光纤的工作波长 以光纤典型的传输特性指标作为设计光传输系统的依据及光缆选型的依据。

② 根据气候条件选用光缆 在光缆工程应用中，根据工程在地区的气候条件，选用具有合适温度特性的光缆。

③ 根据环境条件选用光缆 环境条件是指光缆在架空、管道、直埋和水下应用时，需要考虑的环境条件。根据这些条件，考虑选用光缆的缆芯结构、外护层需要的材料、加强件的抗拉强度等，从而选用合适的性价比的光缆。

④ 根据用户使用要求选用光缆 光缆工程中，用户往往会提出自己的要求，这些要求自然会影响到光缆的选用。

⑤ 根据特殊要求选用光缆 所谓特殊要求是指防雷击、防鼠害、防白蚁、防水、阻燃等。针对这些特殊要求，要进行特殊设计及选择特殊的材料。

(2) 中国长途直埋光缆工程的光缆选型参考方案

表 5-4 列出了部分中国长途直埋光缆工程对于光缆选型的参考方案。

表 5-4 我国长途直埋光缆选型参考

光缆类型	使用范围
阻燃光缆	用于省会及地(市)级局站的进局段
管道光缆	用于直埋管道、架空、进城管道间的桥上敷设
直埋光缆(Ⅰ型)	用于野外一般地段的直埋及中间介入的桥上敷设
直埋光缆(Ⅱ型)	用于坡度大于 30°的较长坡地及地质不稳定地段敷设，抗张强度为 1t
直埋光缆(Ⅲ型)	用于有冲刷、河床及岸滩稳定性较差的一般河流，抗张强度为 2t

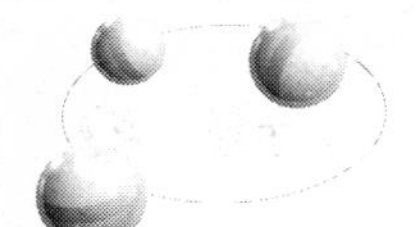

续表

光缆类型	使用范围
直埋光缆(Ⅳ型)	用于充刷严重，河床及岸滩稳定性很差的较大河流，抗张强度为4t
防蚁直埋光缆(Ⅰ型)	用于白蚁危害严重且段落较长的一般地段
防蚁直埋光缆(Ⅱ型)	用于白蚁危害严重且坡度较大的较长地段，抗张强度为1t
光纤复合架空地线(OPGW)和全介质自承式光缆(ADSS)	用于与电力高压输电线路同建的通信线路

光缆选型的详细内容如表5-5所示。

表5-5 光缆选型一览表

名称	型号	结构特点	敷设方式
中心管式光缆	GYXTY	室外通信用、金属加强件、中心管、全填充、夹带加强件聚乙烯护套	架空、农话
	GYXTS	室外通信用、金属加强件、中心管、全填充、钢乙烯黏结护套	架空、农话
	GYXTW	室外通信用、金属加强件、中心管、全填充、夹带平行钢丝的钢-聚乙烯黏结护套	架空、管道、农话
层绞式光缆	GYTA	室外通信用、金属加强件、松套层绞、全填充、铝-聚乙烯黏结护套	架空、管道
	GYTS	室外通信用、金属加强件、松套层绞、全填充、钢-乙烯黏结护套	架空、管道、直埋
	GYTA53	室外通信用、金属加强件、松套层绞、全填充、铝-乙烯黏结护套	直埋
	GYTY53	室外通信用、金属加强件、松套层绞、全填充、聚乙烯护套、皱纹钢带铠装-聚乙烯外护套	直埋
	GYTA33	室外通信用、金属加强件、松套层绞、全填充、铝-聚乙烯黏结护套、细钢丝铠装-聚乙烯外护层	爬坡直埋
	GYTY53+33	室外通信用、金属加强件、松套层绞、全填充、聚乙烯护套、皱纹钢带铠装-聚乙烯护套+双细钢丝铠装-聚乙烯外护层	直埋、水底
光纤带光缆	GYDXTW	室外通信用、金属加强件、光纤带中心管、全填充、夹带平行钢丝的钢-聚乙烯黏结护层	架空、管道、接入网
	GYDIY	室外通信用、金属加强件、光纤带、松套层绞、全填充、聚乙烯护层	架空、管道、接入网
	GYDIY53	室外通信用、金属加强件、光纤带、松套层绞、全填充、聚乙烯护套、皱纹钢带铠装-聚乙烯外护层	直埋、接入网
	GYDGIZY	室外通信用、非金属加强件、光纤带、骨架当充、钢-阻燃聚烯烃黏结护层	架空、管道、接入网
非金属光缆	GYFTY	室外通信用、非金属加强件、光纤带、全填充、聚乙烯护层	架空、高压电感应区域
	GYFTY05	室外通信用、非金属加强件、松套层绞、全填充、聚乙烯护套、无铠装、聚乙烯保护层	架空、槽道、高压电感应区域
	GYFTY03	室外通信用、非金属加强件、松套层绞、全填充、无铠装、聚乙烯套	架空、槽道、高压电感应区域
	GYFTCY	室外通信用、非金属加强件、松套层绞、全填充、自承式聚乙烯护层	自承悬挂于干塔上
电力光缆	GYTC8Y	室外通信用、金属加强件、松套层绞、全填充、聚乙烯套8字形自承式光缆	自承悬挂于干塔上
阻燃光缆	GYTZX	室外通信用、金属加强件、松套层绞、全填充、钢-阻燃聚烯烃黏结护层	架空、管道、无卤阻燃场合
防蚁光缆	GYTA04	室外通信用、金属加强件、松套层绞、全填充、聚乙烯护套、无铠装-聚乙烯护套加尼龙外护层	管道、防蚁场合
	GYTA54	室外通信用、金属加强件、松套层绞、全填充、聚乙烯护套、皱纹钢带销装、聚乙烯护套加尼龙外护层	直埋、防蚁场合

续表

名称	型号	结构特点	敷设方式
室内光缆	GJFJV	室内通信用、非金属加强件、紧套光纤、聚乙烯护层	室内尾纤或跳线
	GJFJZY	室内通信用、非金属加强件、紧套光纤、阻燃聚烯烃护层	室内尾纤或跳线
	GJFDBZY	室内通信用、非金属加强件、光纤带、扁平型、阻燃聚烯烃护层	室内尾纤或跳线

(3) 光纤芯数的确定原则　光缆内光纤芯数分别有 12 芯、24 芯、36 芯、48 芯、60 芯、72 芯、84 芯、96 芯、108 芯、144 芯等。在工程应用中，遵循以下基本原则，确定光缆内光纤芯数：

① 考虑远期（10～15 年）业务需求；

② 网络冗余要求；

③ 新业务发展的需要并留有余量。

光缆的芯数、技术指标的选择，要按中期和远期通信容量来确定，可适当考虑一些备用光缆的芯数。

5.7 光电设备的配置与选择

(1) 光电设备的配置　光电设备的配置与路由、数字段的多少、各站初期容量的安排有密切的关系。首先要明确各站的通信容量，容量的大小应根据当地的经济发达情况、话务需求量来统计，预测出初期、中期和远期的需求量。同时还要根据各站交换机的制式、容量来确定要用多少条中继线等有关内容。在这些情况搞清之后，就可大致地估算出光电设备的数量。

【例】 某省内二级干线光电设备配置情况。

工程设计　全程 116km，跨接 3 个县市连接 3 个城镇，如图 5-1 所示，除了 A 市到 B 镇、C 县、D 镇、E 镇、F 县需要配置直达的干线中继线容量外，3 个县市所辖的行政区范围内还需要配置一部分本地网所需的通信容量。设计时，确定全程是一个数字段，在 A、F 两地设终端站，中间 B、C、D、E 各站均设中继站，采用 1B1H 码型组网。这一组网方式比较经济合理。

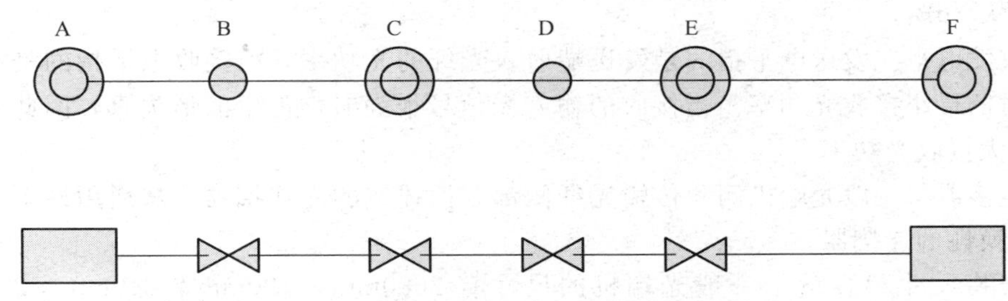

图 5-1　某省内二级干线光电设备配置图

该工程的基本光电设备配置如表 5-6 所示。

表 5-6　基本光电设备配置

	站名	A	B	C	D	E	F	小计
1B1H 码型组网方式	光电合架终端机	1	—	—	—	—	1	2
	光电合架中继器	—	1	1	1	1	—	4

另外，除上述基本光电设备外，还需要配置一些辅助设备，如数字配线架、光分配架、光缆终端盒等。一般地，主干线路由上均采用一主一备或多主一备的方式，主备用方式所配置的设备要比单系统多得多。另外，应尽可能地配置监控系统等设备，以便及早发现故障的征兆，及时地判断出故障点，这对检修排障有很大作用。

(2) 光电设备的选择　光电设备的选择直接影响系统性能指标的实现，因此要综合考虑各种因素进行选型。这里只介绍光端机的选型，影响光端机选择的主要因素是光源器件及光检测器，具体情况如表 5-7 所示。

表 5-7　对光端机选择的影响因素

名　称	影响因素	内　容
光源器件	类型选择	LD、LED
	发光波长	发光最大波长、谱宽
	调制光特性	可调频率
	辅助功能	冷却元件等
	形状	光连接器、端子、长方形等
	其他因素	环境条件、可靠性等
光检测器	类型选择	APD、PIN 等
	灵敏度	量子效率、噪声、波长特性
	形状	光连接器、端子
	其他因素	环境条件、可靠性等

综合表 5-7 的各种因素，在光端机选择时，具体考虑以下内容。

① 方向性　按照信号传输的方向，光端机可分为双向传输和单向传输两种。实际应用中，一般选择双向传输的光端机。

② 速率　传输速率与占空比有关，一般低速系统使用全占空比脉冲（对应 NRZ 码），高速系统使用半占空比脉冲（对应 RZ 码）。选用 NRZ 码时，光源的平均光功率比选用 RZ 码时一般大 3dB。

③ 收发电平　发送电平指的是发送端射入光纤的光功率，而接收电平指的是误码率小于 10^{-9} 时的最小接收光功率。当接收的输入光信号很强时，再生波形失真，因此要注意光端机的最大接收光功率。

④ 连接器　一般光端机侧和传输光纤侧都有插拔式的光连接器，从通用性上考虑，宜选用有互换性的连接器。

⑤ 安装尺寸和容量　一般光端机的尺寸有 2600mm×120mm×240mm、2750mm×120mm×225mm、1036mm×520mm×320mm 等几种，其容量与多路的集成度有关，宜选用大规模或超大规模集成度的光端机。

另外，还要考虑电源电压、功耗、价格等。

5.8　供电系统

光纤通信中的绝大多数设备都是光、电设备，需要为其提供电源才能工作。在光纤通信系统中一般包括转接站、分路站、终端站和中继站，其中，前三者与通信局（站）合设，以采取和该局（站）一样的供电方式为宜，而中继站可就地解决电源供给或采用远供电源系统。

（1）对供电系统的一般要求

① 保证供电的可靠性　供电系统安全可靠地运行是确保通信设备正常工作的首要条件，为此需要采取有效措施保证供电系统的可靠性。目前，先进的通信电源设备的平均无故障时间为 20 年。

② 保证供电的质量　对于交流电源，其电压和频率是标志其质量的两个重要技术指标。对于直流电源，其电压和杂音是标志其质量的两个重要技术指标。

③ 保证供电经济性　通信电源的经济性是指电源系统在满足供电可靠性和电能质量要求的前提下，基建投资尽可能地少，年运行费用尽可能地低。

④ 保证供电灵活性　为了适应通信系统不断扩容的需要，供电系统应具有发展和扩容的灵活性。

（2）供电系统的供电方式　供电方式主要有 4 种，即集中供电、分散供电、混合供电和一体化供电方式。

① 集中供电方式　由交流供电系统、直流供电系统、接地系统和集中监控系统组成。一般包括一个交流供电系统和一个直流供电系统。

② 分散供电方式　用于所需的供电电流过大，集中供电方式难以满足通信设备要求的场所（如超大容量的通信枢纽楼）。采用分散供电方式时，交流供电系统仍采用集中供电方式，交流供电系统的组成与集中供电方式相同；直流供电系统可分楼层设置，也可按各通信系统设置多个直流供电系统。

③ 混合供电方式　用于光缆无人中继（光放）站，一般采用由交流市电电缆与太阳能电源（或风力发电机）组成的混合供电方式。采用混合供电方式的电源系统由太阳能电源、风力发电机、低压市电、蓄电池组、整流配电设备及移动电站等部分组成。

④ 一体化供电方式　将通信设备和电源设备装在同一机架内，由外部交流电源直接供电的一种供电方式。光接入单元采用这种供电方式。

（3）供电系统的构成

① 交流供电系统的构成　交流供电系统包括变电站（高压市电供电时）、油机发电机、低压交流配电屏、通信逆变器、UPS 等部分。各部分的功能如下。

- **变电站**　通过高压柜、降压变压器把高压电源（一般为 10kV）变为低压电源（三相 380V），送到低压交流配电屏。
- **油机发电机**　当市电中断后，油机发电机自动启动，供给整流设备和照明设备交流用电。
- **低压交流配电屏**　可完成市电和油机发电机的人工或自动转换；可将低压交流电分别送到整流器、照明设备和空调装置等用电设施；可监测交流电压和电流的变化，当市电中断或电压发生较大变化时，能够自动发出告警信号。
- **UPS**　无间断供电。在市电中断时，可保证通信系统的交流供电电源不断。

② 直流供电系统　由整流器、蓄电池、直流变换器（DC/DC）、直流配电屏等部分组成。各自功能如下。

- **整流器**　将交流电源变换为直流，通过直流配电屏与蓄电池向负载提供直流电源。
- **蓄电池**　接收整流器供给的充电电流，以补充因局部自放电而消耗的电量。通常，蓄

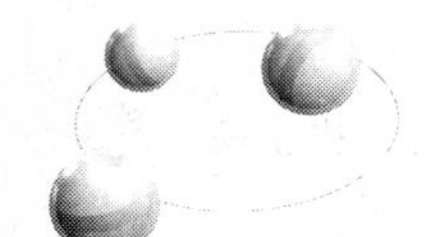

电池处于并联浮充充电和充足电的状态。一旦市电中断，蓄电池应该马上启动供电。当蓄电池的电压下降到－43V以下时，应具备自动关断输出的功能。

• **直流变换器** 可将基础电源的电压变换成各种设备所需的电压，从而向通信设备提供多种不同数值的电源。

• **直流配电屏** 可保证与其相连的两组蓄电池中的一组不能正常工作时，另一组能正常供电；可分别监测总电流、电池浮充充电电流和负载回路电流；可发出过电压、欠电压告警信号和熔断告警功能。

③ 接地系统的构成 接地系统有交流接地、直流接地、避雷接地等方式。

交流接地可避免因三相负载不平衡而使各项电压差别过大的现象发生。直流接地可保证通信系统的电压为负值，还可满足测量装置的要求。避雷接地可防止因雷电过电压而损坏电源设备。

另外还有一种接地叫联合接地。联合接地由接地体、接地引入线、接地汇集线和接地线部分组成，它是将各类通信设备的交流工作接地、直流工作接地、避雷接地等共用一组接地体。这种接地方式具有良好的防雷和抗干扰作用。

5.9 光纤通信工程概、预算

工程的概、预算是工程设计的重要内容，其编制文件是设计文件的重要组成部分。工程的概、预算是根据各个不同的设计阶段的深度和项目的内容，按照国家主管部门颁发的工程的概预算定额、设备价格、编制方法、费用定额、费用标准等有关规定，对建设项目或单项工程按实物工程量法，预先计算和确定的全部费用文件。工程的概、预算为工程建设的投资、决算、分配、管理、核算和监督提供了依据，同时也是办理工程价款的拨款、结算的依据。

初步设计阶段编制工程概算，施工图设计阶段编制工程预算。在编制概算时，应严格按照批准的可行性研究报告和其他有关文件进行。在编制工程预算时，应在批准的初步设计概算范围内进行编制。

工程概、预算编制及费用定额费用构成如下。

① 工程费用包括建筑安装工程费用（包括直接费用、间接费用、计划利润、税金等）、设备及工具、仪器购置费等。

② 工程建设其他费用，主要是用来建设用地等补偿费和安置补助费；研究、试验费；勘察设计费；工程定额编制管理费；办公和生活用品购置费；供电补贴费；工程质量监督管理费等费用。

③ 预备费用主要是设计变更增加费、一般性自然灾害损失和预防费、政策性价格调整的差价费等。

知识巩固 ▶▶▶

一、填空

1. ______码是国家推荐使用的传输线路码型之一。
2. 选用G.655光纤时，应用于______波长区。
3. ______设计阶段编制工程概算，______设计阶段编制工程预算。
4. 接地系统有______接地、______接地、避雷接地等方式。

5. 准备阶段完成三个设计文件，______、______和______。

6. 光纤通信工程的设计阶段主要包括______和______。

二、选择

1. 下列哪一项不属于光纤通信传输线路（　　）？

A. 长途光缆工程

B. 中继光缆工程

C. 用户接入光缆线路

D. 骨干网线路

2. 一般 SDH 系统选用（　　）光纤。

A. G. 651　　B. G. 652　　C. G. 653　　D. G. 655

3. 海底光缆宜选用（　　）光纤。

A. G. 654　　B. G. 652　　C. G. 653　　D. G. 655

4. 下列哪一项不属于海底光缆工程（　　）？

A. 深海海底工程　　B. 近海海底工程

C. 水下工程　　D. 登陆海缆工程。

5.（　　）供电方式用于光缆无人中继（光放）站。

A. 集中供电　　B. 分散供电

C. 混合供电　　D. 一体化供电方式

三、判断

1. 光纤通信系统的工程设计大致可分为两个阶段，即准备阶段和设计阶段。（　　）

2. 项目建议书是在设计阶段完成的。（　　）

3. 光接入单元采用一体化供电方式。（　　）

4. 在绝大多数光纤通信工程中，传输系统的制式会考虑选择同步数字系统（SDH）或波分复用系统（WDM）。（　　）

四、简答

1. 什么是光纤通信工程设计？

2. 各类光纤通信系统工程的特点是什么？

3. 光纤通信系统的工程设计要遵循那些基本原则。

项目六　光缆线路施工与维护

学习目标 ▶▶▶

1. 能够进行光缆线路图纸的识读。
2. 掌握光缆线路光特性和电特性的测试。
3. 熟练进行光缆配盘。
4. 掌握架空光缆施工的步骤和方法。
5. 掌握管道光缆施工的步骤和方法。
6. 掌握直埋光缆施工的步骤和方法。
7. 了解水底光缆施工的步骤和方法。
8. 掌握光缆入局步骤和方法。
9. 熟练掌握光缆的接续与成端。
10. 掌握光缆线路日常维护工作。
11. 具备光缆线路故障处理的工作能力。

相关知识

6.1　通信光缆工程的建设程序

通信光缆工程主要包括光缆线路工程和设备安装工程两部分，它们多数属于基本建设项目。公用电信网的通信光缆工程，可以分为光缆一级干线工程、光缆二级干线工程等。市内通信光缆工程，多数属于某一个建设项目中的一个单项或单位工程。通信建设工程按建设项目、单项工程划分为一类工程、二类工程、三类工程、四类工程。

一般大中型通信光缆工程的建设程序可以划分为规划、设计、准备、施工和竣工投产5个阶段，如图6-1所示。

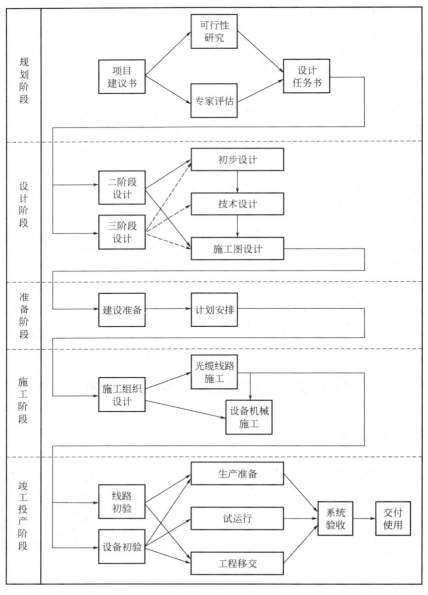

图6-1　通信光缆工程建设程序

6.1.1 规划阶段

规划阶段是通信光缆工程建设的第一阶段，它包括项目建议书的提出、可行性研究、专家评估及设计任务书的编写。

6.1.1.1 项目建议书的提出

项目建议书是工程建设程序中最初阶段的工作，是投资决策前拟定的工程项目的轮廓设想。它包括如下主要内容：

① 项目提出的背景、建设的必要性和主要依据，介绍国内外主要产品的对比情况和引进理由，以及几个国家同类产品的技术、经济分析；

② 建设规模、地点等初步设想；

③ 工程投资估算和资金来源；

④ 工程进度和经济效益、社会效益估计。

项目建议书提出后，可根据项目的规模、性质报送相关计划主管部门审批。批准后即可进行可行性研究工作。

6.1.1.2 可行性研究

可行性研究是对建设项目在技术上、经济上是否可行的分析论证，也是工程规划阶段的重要组成部分。它的主要内容如下：

① 项目提出的背景，投资的必要性和意义；

② 可行性研究的依据和范围；

③ 系统容量和线路数量的预测，提出拟建规模和发展规划；

④ 实施方案论证，包括通路组织方案、光缆、设备选型方案以及配套设施；

⑤ 实施条件，对于试点性质工程尤其应阐述其理由；

⑥ 实施进度建议；

⑦ 投资估计及资金筹措；

⑧ 经济及社会效果评价。

有时也可以将提出项目建议书同可行性研究合并进行，但对于大中型项目还是应分两个阶段进行。

6.1.1.3 专家评估

专家评估是由项目主要负责部门组织有理论、有实践经验的专家，对可行性研究的内容做技术、经济等方面的评价，并提出具体的意见和建议。专家评估报告是主管领导决策的依据之一。

6.1.1.4 设计任务书的编写

设计任务书是确定建设方案的基本文件，是编制设计文件的主要依据。编写设计任务书时应根据可行性研究推荐的最佳方案进行。它包括以下主要内容：

① 建设目的、依据和建设规模；

② 预期增加的通信能力，包括线路和设备的传输容量；

③ 光缆线路的走向，设备安装局、站地点及其配套情况；

④ 经济效益预测、投资回收年限估计以及引进项目的汇额、财政部门对资金来源的审查意见等。

6.1.2 设计阶段

设计阶段的主要任务就是编制设计文件并对其进行审定。

通信光缆工程设计文件的编制同其他通信工程一样是分阶段进行的。设计阶段的划分是根据项目的规模、性质等不同情况而定的。一般大中型工程采用两阶段设计，即初步设计和施工图设计；而对大型、特殊工程项目或技术上比较复杂而缺乏设计经验的项目，实行三阶段设计，即初步设计、技术设计和施工图设计。

各个阶段的设计文件编制完成后，将根据项目的规模和重要性，组织主管部门、设计单位、施工建设单位、物资、银行等单位的人员进行会审，然后上报批准。初步设计一经批准，执行中不得任意修改变更。施工图设计是承担工程实施部门（即具有施工执照的线路、机械设备施工公司）完成项目建设的主要依据。

6.1.3 准备阶段

准备阶段的主要任务是做好工程开工前的准备工作，它包括建设准备和计划安排。

建设准备主要指完成开工前的主要准备工作，如水文、地质、气象、环境等资料的收集；路由障碍物迁移、交接手续；主材、设备的预订以及工程施工的招投标。

计划安排是要根据已经批准的初步设计和总概算编制年度计划。对资金、材料设备进行合理安排，要求工程建设保持连续性、可行性，以保证工程项目的顺利完成。

6.1.4 施工阶段

通信光缆工程的施工包括光缆线路的施工和设备安装施工两大部分。为了充分保证光缆工程施工的顺利进行，开工前还必须积极做好施工组织设计工作。建设单位在与施工单位签订施工合同后，施工单位应及时编制施工组织设计并做好相应的准备工作。施工组织设计的主要内容如下：

① 工程规模及主要施工项目；

② 施工现场管理机构；

③ 施工管理，包括工程技术管理、器材、机具、仪表、车辆管理；

④ 主要技术措施；

⑤ 质量保证和安全措施；

⑥ 经济技术承包责任制；

⑦ 计划工期和施工进度。

光缆施工是按施工图设计规定内容、合同书要求和施工组织设计，由施工总承包单位组织与工程量相适应的一个或几个光缆线路施工单位和设备安装施工单位组织施工。

光缆线路的施工是光缆通信工程建设的主要内容。

光缆设备安装即机械设备安装，是指光设备及配套的电设备的安装和调测，主要包括铁件预制、安装，局内光缆布放，光、电端机的安装、调测，局内本地联测以及端机对测、全系统调测等。

光缆施工部分是后续介绍的重要内容。

6.1.5 竣工投产阶段

为了充分保证通信光缆工程的施工质量，工程结束后，必须经过验收才能投产使用。这个阶段的主要内容包括工程初验、生产准备、工程移交和试运行、竣工验收等几个方面。

通信光缆工程项目按批准的设计文件内容全部建成后，应由主管部门组织设计单位、档案、建设银行以及设计、施工等单位进行初验，并向上级有关部门递交初验报告。初验后的光缆线路和设备一般由维护单位代维。大、中型工程的初验，一般分光缆线路和设备两部分分别进行，小工程则可以一起进行。

初验合格后的工程项目即可进行工程移交，开始试运行。

生产准备是指工程交付使用前必须进行的生产、技术、生活等方面的必要准备。生产准备工作包括以下内容：

① 培训生产人员，一般在施工前配齐人员，并可直接参加施工、验收等工作，使他们熟悉工艺过程、方法，为今后独立维护打下坚实的基础；

② 按设计文件配置好工具、器材及备用维护材料；

③ 配备好管理机构，制定规章制度，以及配备好办公、生活等设施。

试运行是指工程初验后到正式验收、移交之间的设备运行。一般试运行期为 3 个月，大型或引进的重点工程项目，试运行期可适当延长。试运行期间，由维护部门代维，但施工部门负有协助处理故障，确保正常运行的职责，同时应将工程技术资料、借用器具以及工程余料等及时移交给维护部门。

试运行期内，应按维护规程要求检查证明系统已达到设计文件规定的生产能力指标。试运行期满后应写出系统使用情况报告，提交给工程竣工验收会议。

竣工验收是通信光缆工程的最后一项任务。当系统试运行结束并具备了验收交付使用的条件后，由相关部门组织对工程进行系统验收，即竣工验收。竣工验收是对整个通信光缆系统进行全面检查和指标抽测。对于中小型工程项目，可视情况适当地简化验收程序，将工程初验同竣工验收合并进行。

6.2 光缆线路工程的查勘

查勘，就是到工程建设现场进行查看和勘测，根据设计规范和现场的实际条件决定路由、敷设方式及保护措施等内容的过程。无论现场或天气条件如何，该丈量的一定要丈量，该下井查看的一定要下井查看，只有掌握准确的第一手设计资料，才能做出高质量的设计。

6.2.1 查勘的基本要求

查勘人员对传输线路的性能、已公布的各种设计规范要详细地了解和研读，并结合实际经验在查勘过程中认真实施，在草图上准确地标出正式设计时所需的各种参数。

6.2.1.1 光缆线路路由的选择

① 光缆线路路由的选择，应以工程设计任务书和干线通信网规划为依据，遵循“路由稳定可靠、走向合理、便于施工维护及抢修”的原则，进行多方案技术、经济比较。

② 选择路由时，尽量兼顾国家、军队、地方的利益，多勘察、多调查，综合考虑，尽可能使其投资少、见效快。

③ 选择光缆路由，应以现有的地形、地物、建筑设施和既定的建设规划为主要依据，并考虑有关部门的发展要求。应选择线路路由最短、弯曲较少的路由。

④ 光缆线路路由应尽量远离干线铁路、机场、车站、码头等重要设施和相关的重大军事目标。

⑤ 光缆线路路由在符合路由走向的前提下，可以沿公路或乡村大道敷设，但应避开路旁的地上或地下设施和道路计划扩建地段，距公路的垂直距离不宜小于 50m。

⑥ 光缆线路路由应选择在地质稳固、地势平坦的地段，避开湖泊、沼泽、排涝蓄洪地带，尽可能少穿越水塘、沟渠。穿越山区时，应选择在地势起伏小、土石方工作量较少的地方，避开陡峭、沟壑、滑坡、泥石流以及冲刷严重的地方。

⑦ 光缆线路穿越河流，应选择在河床稳定、冲刷深度较浅的地方，并兼顾大的路由走向，不宜偏离太远，必要时可采用光缆飞线架设方式。对特大河流可选择在桥上架设。

⑧ 光缆线路路由应远离水库并在其上游通过。当必须在水库的下游通过时，应考虑水库发生事故、危及光缆安全时的保护措施。光缆不应在坝上或坝基上敷设。

⑨ 光缆线路不宜穿过大的工业基地、矿区、城镇、开发区、村庄。当不能避开时，应采用修建管道等措施加以保护。

⑩ 光缆路由不应通过森林、果园等经济林带。当必须穿越时，应当考虑经济作物根系对光缆的破坏性。

⑪ 光缆线路应尽量远离高压线，避开高压线杆塔及变电站和杆塔的接地装置。穿越时尽可能与高压线垂直，当条件限制时最小交越角不得小于 45°。

⑫ 光缆线路尽量少与其他管线交越，必须交越时应在管线下方 0.5m 以下加钢管保护。当敷设管线埋深大于 2m 时，光缆也可以从其上方适当位置通过，交越处应加钢管保护。

⑬ 光缆线路不宜选择存在鼠害、腐蚀和雷击的地段，不能避开时应考虑采取保护措施。

6.2.1.2 光缆线路敷设方式及要求

长途通信光缆干线的敷设方式以管道敷设和直埋敷设为主，个别地段根据现场情况可采用架空方式。不同的敷设方式应满足不同要求。

6.2.2 光缆工程方案查勘

6.2.2.1 光缆工程方案查勘的任务

① 拟定光缆通信系统及光缆的规格型号等。

② 拟定工程大路由、走向及重点地段的路由方案。

③ 拟定终端站、转接站、中继站及无人站的设站方案、规模及配套工程等。

④ 提出光缆工程的技术、经济指标和工程投资方案，并提出工程实施可行性意见。

6.2.2.2 光缆工程方案查勘的内容

工程方案查勘主要有 3 个方面的内容，即向光缆工程沿线相关部门收集资料、路由及站址的查勘和工程方案查勘的资料整理。

(1) 收集资料　向工程沿线相关部门收集资料，如表 6-1 所示。

表 6-1　工程沿线相关部门收集内容

相关部门名称	收集资料内容
电信部门	现有长途干线，包括电缆、光缆系统的组成、规模、容量，线路路由，长途业务量，设施发展概况以及发展可能性
	市区相关市话管道分布、管孔占用及可以利用等情况
	沿线主要相关电信部门对工程的要求和建议
	现有通信维护组织系统、分布情况
水电部门	农业水利建设和发展规划，光缆路由上新挖河道、新修水库工程计划
	水底光缆过河地段的拦河坝、水闸、护堤、水下设施的现状和规划 重要地段河流的平、断面及河床土质状况、河堤加宽加高的规划等
	主要河流的洪水流量、洪流出现规律、水位及其对河床断面的影响
	电力高压线路现状，包括地下电力电缆的位置、发展规划、路由与光缆路由平行段的长度、间距及交越等相互位置
	沿路由的高压线路的电压等级、电缆护层的屏蔽系数、工作电流、短路电流等
铁道部门	光缆路由附近的现有、规划铁路线的状况、电气化铁道的位置以及平行、交越的相互位置等
	电气化铁道对通信线路防护设施情况
气象部门	路由沿途地区室外（包括地下 1.5m 深度处）的温度资料
	近十年雷电日数及雷击情况
	沟河水流结冰、市区水流结冰以及野外土壤冻土层厚度、持续时间及封冻、解冻时间
	雨季时间及雨量等
农村、地质部门	路由沿途土壤分布情况，土壤翻浆、冻裂情况
	地下水位高低、水质情况
	山区岩石分布、石质类型
	沿线附近地下矿藏及开采地段的地下资料
	农作物、果树园林及经济作物情况、损物赔偿标准
石油化工部门	油田、气田的分布及开采情况
	输油、输气管道的路由、内压、防蚀措施以及管道与光缆路由间距、交越等相互位置
公路及航运部门	与线路路由有关的现有及规划公路的分布；与公路交越等相互位置和对光缆沿线路肩敷设、穿越公路的要求及赔偿标准
	现有公路的改道、升级和大型桥梁、隧道、涵洞建设整修计划
	光缆穿越通航河流的船只种类、吨位、抛锚及航道疏浚、码头扩建、新建等
	光缆线路禁止抛锚地段、禁锚标志设置及信号灯光要求
	临时租用船只应办理的手续及租用费用标准
城市部门及城建部门	城市现有及规划的街道分布，地下隐蔽工程、地下设施、管线分布；城建部门对市区光缆的要求
	城区、郊区光缆路由附近影响光缆安全的工程、建筑设施
	城市街道建筑红线的规划位置，道路横断面，地下管线的位置，指定敷设光缆的平断面位置及相关图纸

（2）路由及站址的查勘　光缆路由的查勘要根据已收集的资料到现场核对拟定光缆的线路路由，若发现情况变化，应修改光缆路由，选取最佳路由方案。同时还要确定特殊地段光缆线路路由的位置，拟定光缆防雷、防机械损伤、防白蚁的地段及措施。

站址的查勘就是要拟定终端站、转接站、有人中继站位置、机房内平面布置及进局（站）光缆的路由；拟定无人中继站的位置、建筑方式、防护措施、光缆进站方位等。

（3）工程方案查勘的资料整理　现场查勘结束后，应按下列要求进行资料整理，并形成查勘报告。

① 经查勘确定的光缆线路路由、站址应标绘在1∶50000的地形图上。

② 调查到的矿区范围、水利设施、电力线路、铁道、输气、输油管线等，均应标注在1∶50000的地形图上。

③ 将光缆路由总长度、站间距离及周围重要建筑设施以及路由的不同土质、不同地形、铁道、公路、电力线、防雷、防白蚁、防机械损伤等地段的相关长度，标注在1∶50000的地形图上。

④ 列出光缆线路路由、终端站、转换站、有人及无人中继站的不同方案比较资料。

⑤ 统计不同敷设方式的不同结构光缆的长度、接头材料及配件数量。

⑥ 将查勘报告向建设单位交底，听取建设单位的意见，对重大方案及原则性问题，应呈报上级主管部门，审批后方可进行初步设计阶段的工作。

6.2.3　施工图的测绘

6.2.3.1　施工图测量的任务

① 准确地测量光缆敷设位置和光缆路由地面长度，测定光缆拐弯位置、穿越铁道、公路、河流、电力、建筑及其障碍物的具体位置，并用标桩标定。

② 准确测定各无人中继站的位置，并用标桩标定。

③ 具体确定光缆线路的防雷、防白蚁、防机械损伤地点和位置。

④ 绘制出反映以上情况，符合施工要求的光缆线路施工图。

6.2.3.2　测量方法

施工图的测量方法很多，有现场测绘法、图测法和航测法，根据现场条件和资料状况选择合适的测量方法。

（1）现场测绘法　现场测绘法即组织专业测量小分队在现场测定光缆线路的位置，包括无人中继站地点、防雷、防白蚁、防机械损伤地段，丈量光缆路由地面的长度，然后根据测量结果绘制出包括上述内容和地形、地物、重要目标在内的施工图。这是目前大多数工程测量所采用的方法。现场测量常用的方法有标杆法和仪器测量法，这里重点介绍标杆法。

① 标杆法测量时需要的工具

• 地链，用来丈量距离，分50m、100m两种。

• 测尺，布卷尺，分30m、50m两种。

• 标杆，长3m或2m的小圆木杆，杆身要直，每30cm轮流涂成红、白两色，下端有铁脚，以便插入地中，标明测点用。

• 大标旗，宽 80cm、高 60cm，用红、白两色布对角拼接而成，系于 6～8m 长的大标杆上，杆身和标杆一样红、白相间，杆底有铁脚，杆腰装有三方拉绳，以便于固定。大标旗用来引导测量方向。

• 标椿（标桩），用长方木条制成，顶部 3.5cm 见方，长 60cm，顶端涂以红油漆，并在露出地面部分顺序编号，露出地面长为 15cm。

• 小平板仪，绘制草图用。

其他还有望远镜、指南针、手旗等辅助物品，以供瞭望远处目标、测定线路行进方向和充作联系信号之用。

② 直线的测量方法

直线段测量法

• 插立大标旗于起点的前方，也可用长标杆，用来引导行进方向。大标旗应插在初步查勘时所选定路由的转角处或终端处，中途不得再有拐弯。长标杆用在直线距离较长的情况下，通常是在 1km 左右。如直线过长或有其他障碍物妨碍视线时，可以在中间适当增插大标旗或长标杆，以指示直线的行进方向。在开始测量前，应沿线路路由插好 2～4 处这样的大标旗或长标杆，待一段测量完毕后，才可撤去该段的大标旗，继续往前插立，使测量工作一段一段地进行下去。

• 起点处看前标人立第一标杆，两人执地链丈量第一段杆距，由看后标人在前链到达的地点立第二标杆。

• 看前标人从第一标杆后面对准前方大标旗，指挥看后标人将第二标杆左右移动，直到第一标杆、第二标杆及大标旗三者成一直线时将第二标杆插定，如图 6-2 所示。注意看标员应先矫正杆的根部，再矫正标杆的稍部，使之竖立正直。在平地上标杆应垂直地面；在斜坡地点，标杆应垂直于通过铁角的假想水平线。

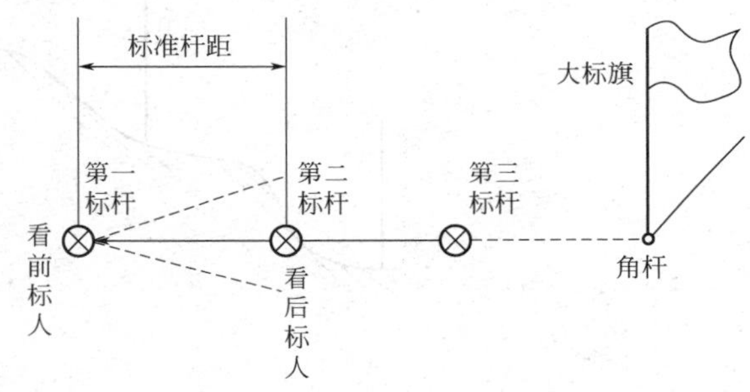

图 6-2 用标杆法测量直线段

• 量杆距人继续向前量第二杆距。

• 看前标人仍在第一标杆后，对准大标旗指挥看后标人将第三标杆插在一直线上，看后标人则自第三杆向第二、第一杆看齐，即后视检查三标杆是否成一线，以相互校对。

• 按照上述步骤定好第四标杆杆位后，看前标人可以进至第三标杆后指挥继续往前插标，这样一直往前进行下去。

• 打标桩插定第五、第六标杆后，即可拔出第一标杆，并钉入第一标桩。普通位置一标一桩，每逢测量长度达 500m 或所有转弯和重要处都要打一重复标桩。

斜坡上量水平距离 斜坡的水平距离在没有仪器的情况下，最简便的方法是将测尺拉成水平，逐段丈量，由上往下测量，每量一段的终点，可用垂球投影于坡上，即得下一段的起点，逐段相加，就是全程的水平距离。如图 6-3 所示，要注意拉紧地链，防止产生垂曲差。

直线线路遇障碍物时的测量 在直线段测量时，如遇障碍物，则无法看见后面各杆位的标杆，此时可采用“插引标法”进行测量，如图 6-4 和图 6-5 所示。对于图 6-4 是 C 处只能看见 B 杆，看不见 A 杆，则此时看后标人无法决定 C、B、A 是否在同一直线上，于是在 B、C 间先插引标 E 杆，让 A、B、E 成一直线，后由看后标人将 B、E、C 校正成同一直线，于是 A、B、C 必然在同一直线上。

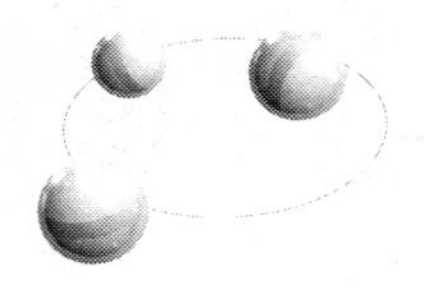

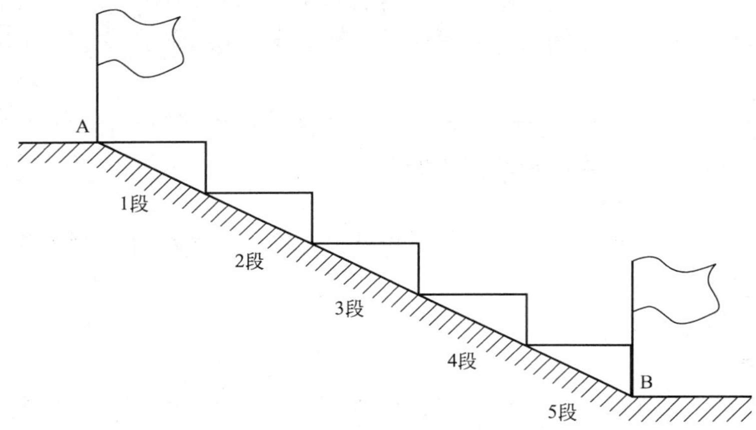

图 6-3　斜坡上用地链量水平距离示意图

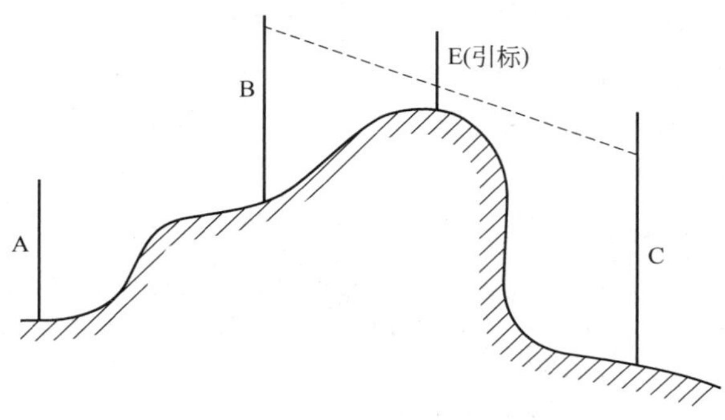

图 6-4　引标法之一

对于图 6-5 的情形，此时 C 处根本看不见 A、B 两杆，此时需插两根引标 E、F，先将 A、B、E、F 校正为一直线，后校正 E、F、C 为一直线，于是 A、B、C 必为一直线。

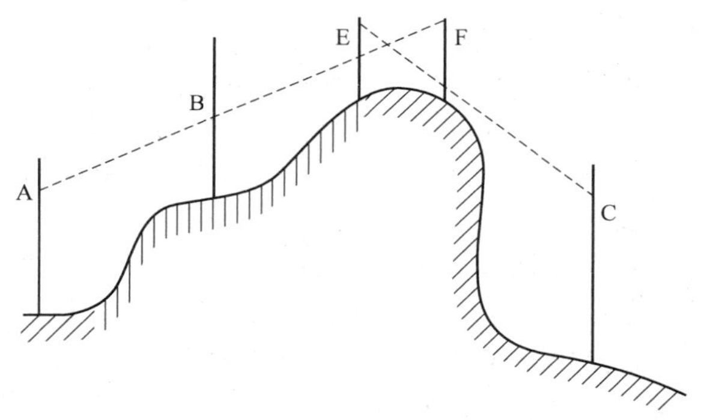

图 6-5　引标法之二

相向测量时的结合点上的测量　相向测量时的结合点上的测量使用的是对标法。线路分两个不同方向测量，到最后交汇处会出现如图 6-6 的情况。

A、B 两杆相距较远，但均已定位，D、E 为待插标，D、E 必须位于 A、B 直线上，显然 D 动 E 也动，E 动 D 也动，反复试探，最后达到 D 看标人往前看，D、E、B 是一条直线，E 看标人往后看，A、D、E 为一直线，则 D、E 两杆就已确定。

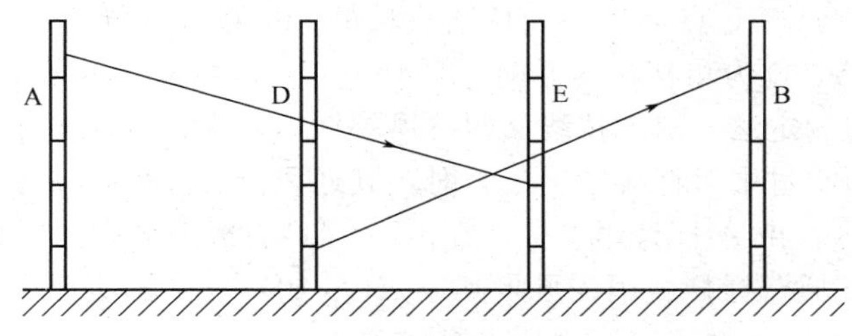

图 6-6　插对标法定杆位

平行线测量法　如图 6-7 所示，原线路为 AA′，现欲求与之相距一定隔距的平行线 CC′的位置。在 A 点，量取 AN＝AM＝5m，得 M、N 两点，将地链的（0）和（20）标记处分别放在 M、N 处，（10）处拉成顶点 B，再由三点一线定标法定出 C；同理定出 C′，则 C-C′为所求的与 A-A′线路平行且有设定隔距的路由。

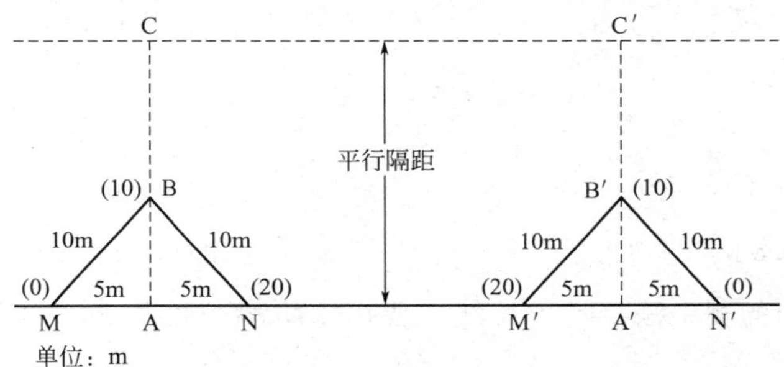

图 6-7　平行线测量法

直角的做法　直角是通信线路标杆测量法中用得最多的。具体做法是，将地链的 0m 和 12m 点放在一起，拉直 4m 和 9m 点，则 0～4 段和 9～12 段必然垂直，如图 6-8 所示。

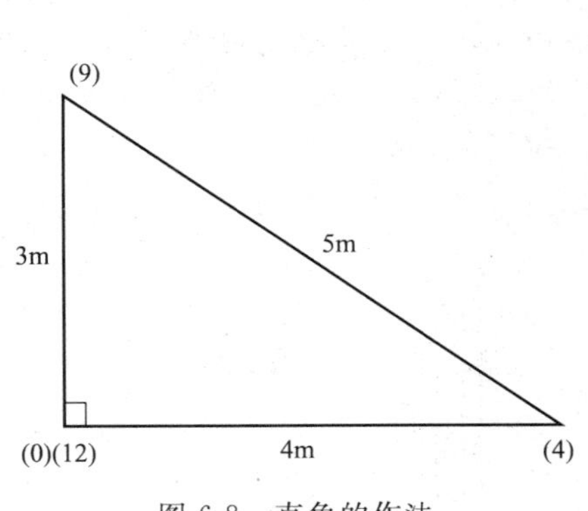

图 6-8　直角的作法

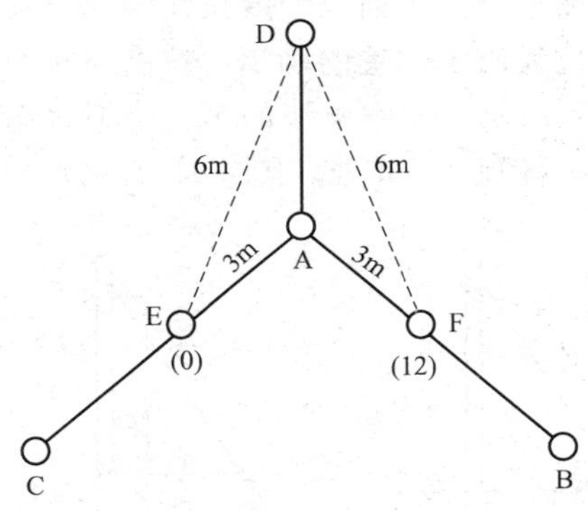

图 6-9　拉线方向测定

③ 拉线测量　线路在转角处的电杆由于承受不平衡张力，角杆必须用拉线（或撑杆）加固，以便使电杆受力平衡；此外，在直线杆路上，杆线还受到风的侧压或冰凌等负载，因而需每隔若干根电杆用双方、三方或四方拉线予以加固，以防电杆向两侧或顺线倾倒。拉线方位测量包括拉线方向、拉线出土位置及拉线洞位置 3 个方面。

拉线方向的测定

• 单方拉线方向（角杆拉线）测定法　如图 6-9 所示，在角杆 A 处，用看标法在 AC、AB 直线上分别测量 E、F 点，并使 AE＝AF＝3m，E、F 点各插一标杆。把皮尺的（0）、

(12) m处分别固定于E、F点，另一人拉紧皮尺的6m处向转角外侧绷紧而得到D点，并在D点插标杆，则A、D为角杆拉线方向。

• 双方拉线方向测定法　双方拉线又叫抗风拉线，它在正常气候下并不发挥作用，只有当大风从线路的侧面吹过来对杆线产生压力时，其迎风侧的一条拉线才发挥抗风的作用。测量方法如图6-10所示，由A杆处用看标法在AB、AC直线上分别测得E、F点，且使AE=AF=3m，E、F点各插一标杆。用皮尺将其(0)、(10)分别固定于E、F处，另一人拉紧皮尺的5m处分别得D、G两点，即得所求方向为AD、AG。

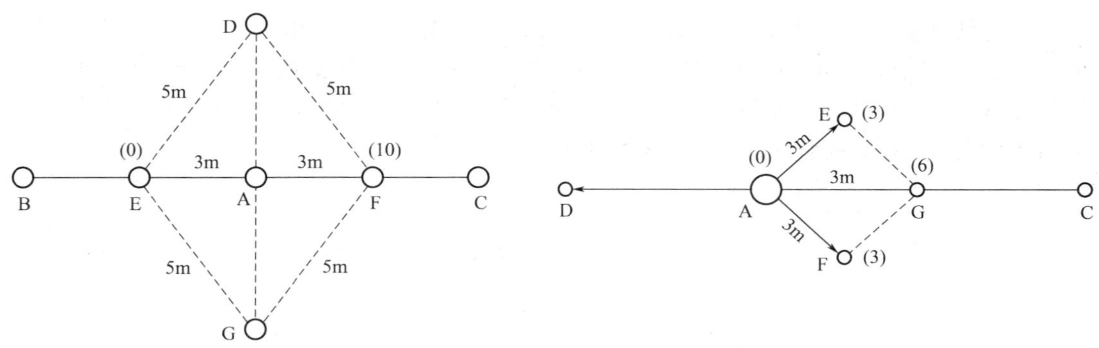

图6-10　双方拉线方向测定　　图6-11　三方拉线方向的测量

• 三方拉线方向的测定法　三方拉线主要用于防凌。测量方法如图6-11所示，在AC直线上立G标杆，使AG=3m，将皮尺的(0)、(6) m分别固定于A、G两点，另一人拉紧皮尺的3m处向线路左右两侧绷紧，分别插上E、F标杆；再在AC直线上测量D杆，AE、AF、AD为三方拉线的方向，显然，AE、AF在跨越侧，AD则在跨越的反侧。

• 四方拉线测定法　四方拉线又称防凌拉线，由双方拉线和两条顺线拉线组成。双方拉线的测量方法同前，顺线拉线因在直线线路上，可用看标法测出来。

拉线出土位置的确定　拉高与拉距之比称为拉线距高比，要求拉线距高比为1，如图6-12(a)所示；架空电缆的第一个抱箍离杆顶距离为50cm，拉高从此开始算起，即拉高为地面至离杆顶50cm处。图6-12所示标出了各种情况下拉高的计算方法。

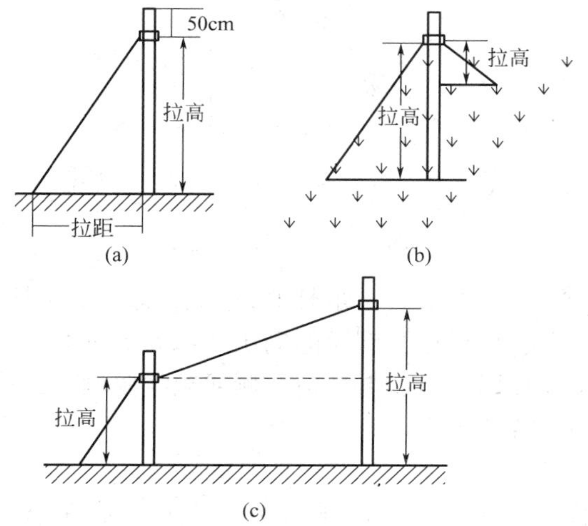

图6-12　拉线拉高的计量示意图

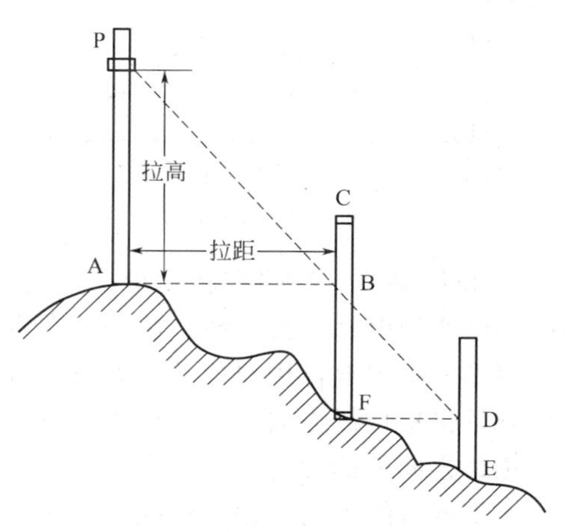

图6-13　起伏不平地区求拉线出土点示意图

• 平坦地区　依距高比等于 1 的原则在地面直接量取（沿拉线方向）。

• 起伏不平地区　分阶段测量，如图 6-13 所示。A 点是角杆，距高比为 1，从 A 点起用皮尺按水平方向量出拉距并与 C 标杆交于 B 点，此时 AB 等于拉高，但因 B 点离地面很高，则 C 点不能作为拉线地锚的出土点，必须再从 C 起，用皮尺按水平方向继续丈量一段距离交 E 杆于 D 点，使 DF＝BF，一直到 DE 的高度小于 10cm 时即可认为 E 点为拉线出土点。

• 上坡地段　如图 6-14 所示，先计算 PA，用皮尺量出 PA 的尺寸。设 PA＝7.0m，把皮尺 7m 处按于电杆根部，沿 AP 标杆向上拉皮尺，并使之成 90°。转折过来然后上下移动 ED 水平线（一定要保持 ED 的水平位置和总长 AED＝7m），直至 ED＝PE，且 DE⊥AP 时的点 D 即为所求。拉高＝PA－EA，拉距＝ED（距高比仍然为 1）。

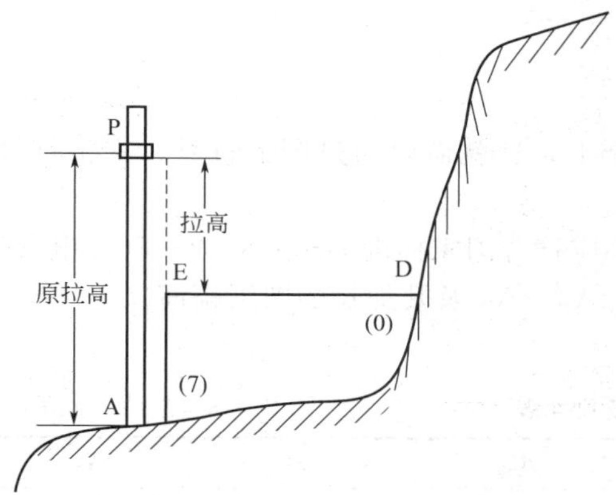

图 6-14　上坡地段拉线出土点的确定

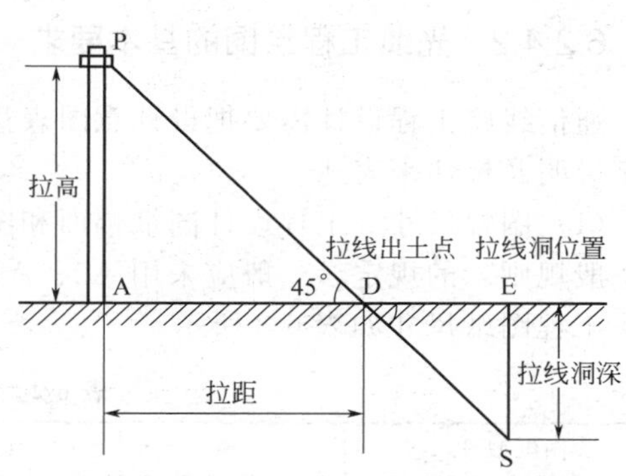

图 6-15　拉线洞位置的确定

拉线洞位置的确定　拉线洞位置是从拉线出土点再向外移一个拉线洞深即可。如图 6-15 所示，AP 是拉高，AD 为拉距，由于距高比等于 1，则∠PDA＝∠EDS＝45°，显然 SE⊥DE，所以△DES 为等腰直角三角形，即 DE＝ES（拉线洞深）。

④ 河谷宽度与高度的测量　在线路跨越河流或山谷，又不能直接用尺来度量时，或对于必须跨越的房屋、树木、电力杆线等较高的障碍物，并要与其保持一定垂直距离却不能直接丈量时，也可用普通标杆法进行测量。具体的测量方法在这里不再介绍。

(2) 图测法　即在现成的地形图上标定光缆线路、无人中继站等的位置、具体长度，然后到现场核对位置并确定防雷、防白蚁、防机械损伤等地段，补充有关平面图、断面图及地下设施和地下管线的相关位置图，做出符合实际、符合要求的施工图。

(3) 航测法　即在具备航测法条件时，可以先摄取工程沿途现场照片，然后在照片上绘出光缆路由及相关设施位置，并到现场进行核对与补绘相关图纸，形成符合要求的施工图。

6.2.4　光缆工程的图纸绘制与实例分析

通信光缆工程的各种图纸均已实现电子化。通信光缆工程各式各样的图纸与机械或建筑作图还有些不同，它是一种示意性图纸，并没有严格的比例值，没有像零件、地图那样精确，所以绘制这种图纸是比较容易的。

6.2.4.1　绘图软件介绍

通信光缆常用的绘图软件主要有两种：AutoCAD 系列和 Visio 系列。

AutoCAD是Autodesk公司的代表性产品，也是全球普及面最广、应用类型和用户数量最多的CAD系统软件。也有一些公司利用AutoCAD平台，开发出线路工程设计、概预算一体化软件。所谓一体化就是把通信线路工程设计和通信工程概预算编制真正有机地结合起来，实现设计人员以前只能想象的设计、概预算联动，使从事设计工作和竣工资料生产人员可以在实际应用过程中，边设计、边检验、边分析，动态地把握设计过程，预测设计结果。

Visio是由ShapeWare公司开发的。Visio软件采用拖放式的方式进行绘图，这也是与大多数其他绘图软件的最大不同之处。大部分图形的生成无需用户自己绘制，只要从Visio提供的各种丰富的图形模板中选中，后按住鼠标左键将图形拖入绘图区即可。目前，有部分电信企业的设计单位采用Visio系列软件绘制工程图纸，但使用AutoCAD或其二次开发产品的还是占多数。

6.2.4.2 光缆工程绘图的基本要求

通信线路工程设计需要把设计意图表达在图纸上，这就需要通过图形符号、文字符号、文字说明及标注来表达。

(1) 图幅尺寸　工程设计图纸幅面和图框大小应符合国家标准GB 6988.2—86《电气制图一般规则》的规定，一般应采用A0、A1、A2、A3、A4及其加长的图纸幅面。

工程图纸尺寸如表6-2所示。

表6-2　工程图纸尺寸表　　mm

图纸型号	A0	A1	A2	A3	A4
图纸尺寸(长×宽)	1189×841	841×594	594×420	420×297	297×210
图框尺寸(长×宽)	1154×821	806×574	559×400	390×287	287×180

(2) 图线型式及其应用　线型分类及其用途应符合表6-3所示的规定。

表6-3　线型分类及其用途表

图线名称	图线型式	一般用途
实线	————————	基本线条：图纸主要内容用线
虚线	----------------	辅助线条：屏蔽线，不可见导线
点画线	—·—·—·—·—·—	图框线：分界线，功能图框线
双点画线	—··—··—··—	辅助图框线：从某一图框中区分不属于它的功能部件

(3) 比例

① 建筑平面图、平面布置图、管道线路图、设备加固图及零部件加工图等图纸，一般应有比例要求；系统框图、电路图、方案示意图等类图纸则无比例要求。

② 对平面布置图中，线路图和区域规划性质的图纸推荐比例为：1∶10，1∶20，1∶50，1∶100，1∶200，1∶500，1∶1000，1∶2000，1∶5000，1∶10000，1∶50000等。

③ 对于设备加固图及零部件加工图等图纸，推荐的比例为1∶2，1∶4等。

④ 应根据图纸表达的内容深度和选用的图幅，选择合适的比例。

对于通信线路及管道类的图纸，为了更方便地表达周围环境情况，可采用沿线路方向按一种比例，而周围环境的横向距离采用另外的比例或基本按示意性绘制。

（4）尺寸标注　图中的尺寸单位，除标高和管线长度以米（m）为单位外，其他尺寸均以毫米（mm）为单位。按此原则标注的尺寸可不加注单位的文字符号。若采用其他单位时，应在尺寸数值后加注计量单位的文字符号。

（5）图衔　工程勘察设计制图常用的图衔种类有通信工程勘察设计各专业常用图衔、机械零件设计图衔和机械装配设计图衔。

通信工程勘察设计各专业常用图衔的规格要求如表 6-4 所示。

表 6-4　通信工程勘察设计图衔的规格要求表

30	处/室主管		审核		（设计院名称）
	设计负责人		制图		
	单项负责人		单位、比例		（图名）
	设计		日期		图号
	20	30	20	20	90

（6）图纸编号

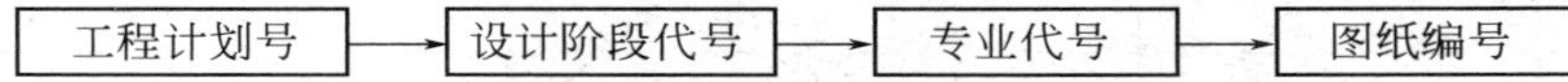

① 工程计划号　可使用上级下达或签约编排的计划号。

② 设计阶段　应符合表 6-5 的规定。

表 6-5　设计阶段代号表

设计阶段	可行性研究	规划设计	勘察报告	引进工程询价书
代号	Y	G	K	YX
设计阶段	初步设计	方案设计		初设阶段的技术规范书
代号	C	F		CJ
设计阶段	施工图设计	技术设计	设计投标书	修改设计
代号	S	J	T	在原代号后加 X

③ 常用专业代号　应符合表 6-6 的规定。

表 6-6　常用专业代号表

名　　称	代　号	名　　称	代　号
长途光缆线路	CXG	终端机	ZD
市话光缆线路	SXG	电缆载波	LZ
移动通信	YD	数字终端	SZ
无线接收设备	WS	光缆数字设备	GS
人工长话交换	CHR	自动控制	ZK
程控长市合一	CCS	遥控线	YX
长途台	CT	小卫星地球站	XWD
传真通信	CZ	电源	DY
长途明线线路	CXM	同步网	TBW
市话电缆线路	SXD	数字数据网	SSW

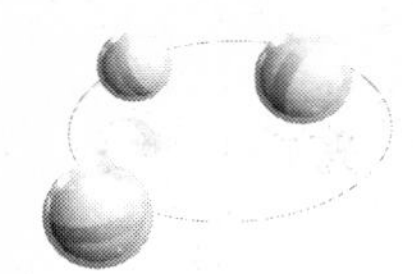

续表

名　　称	代　号	名　　称	代　号
报房	BF	载波电话	ZH
数字用户环路载波	SHZ	明线载波	MZ
智能大楼	ZNL	脉码设备	MM
监控	JK	用户光纤网	YGQ
电气装置	FD	微波铁塔	WT
暖气	FN	卫星地球站	WD
配电	PD	一点多址通信	DZ
海底光缆	HGL	计算机软件	RJ
数字载波	WBS	信令网	XLW
无线发射设备	WF	油机	YJ
短波天线	TX	会议电话	HD
自动长话交换	CHZ	中继线无人增音站	ZW
程控市话交换	CSJ	计算机网络	JWL
数据传输通信	SC	弱电系统	RD
自动转报	ZB	空调通风	FK
长途电缆线路	CXD	管道	GD
长途电缆无人站	CLW		

（7）图形符号　图形符号包括有线通信局站、有线传输、光通信、机房设施、载波与数字通信、通信线路和杆路、通信管道与人孔、线路设施与分线设备和地图常用符号等几个部分。本节只对光通信及相关部分的图形符号进行描述。通信管道与人孔、手孔等在本章后续管道光缆敷设部分介绍。

① 光通信　相关图形符号如表 6-7 所示。

表 6-7　光通信图形符号表

名　　称	图形
多模突变型光纤	
多模渐变型光纤	
光纤各层直径的补充数据，从内到外表示。其中：a 为纤芯直径，b 为包层直径，c 为一次涂覆层直径，d 为外护层直径	a b c d
单模突变型光纤	
示例：具有 12 根多模突变型光纤的光缆，其纤芯直径为 50μm，包层直径为 125μm	12 50/125

续表

名　　称	图形
示例：由铜线和光线组成综合光缆。Cu0.9 表示铜导线直径为 0.9mm	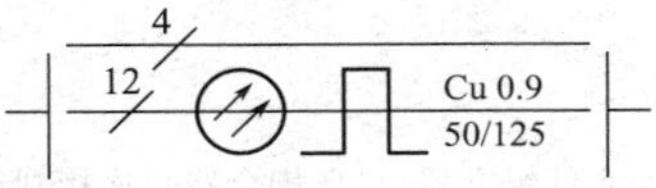 4 12 Cu 0.9 50/125
永久接头	
可拆卸固定接头	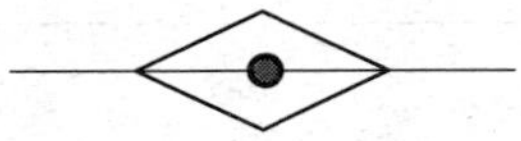
连接器(插头—插座)	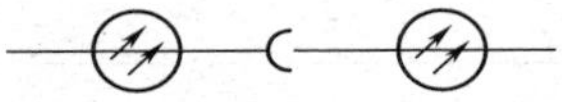
固定光衰减器	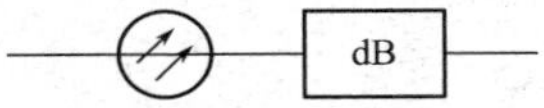 dB
可变光衰减器	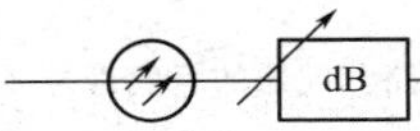 dB
光隔离器	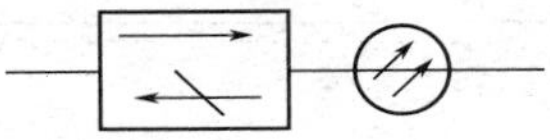
光滤波器	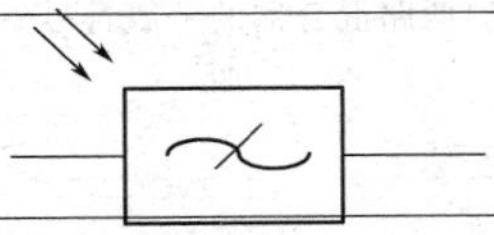
光波分复用器	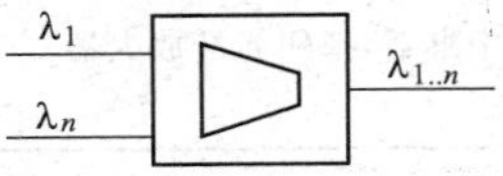 λ_1 λ_n $\lambda_{1..n}$
光波分去复用器	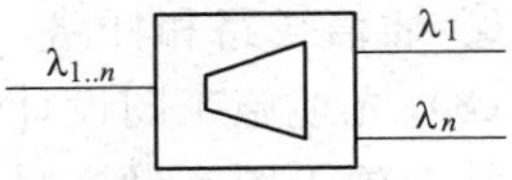 $\lambda_{1..n}$ λ_1 λ_n
光调制器、光解调器	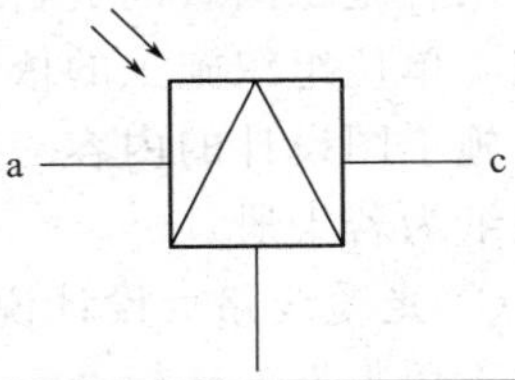 a c
光纤汇接，多根光纤的光从左到右汇集到单根光纤，汇接比可用%或 dB 表示	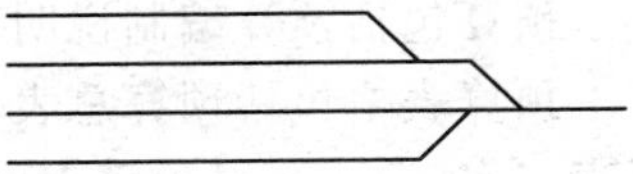
光纤分配，单根光纤的光从左到右分配成多根光纤输出，汇接比可用%或 dB 表示	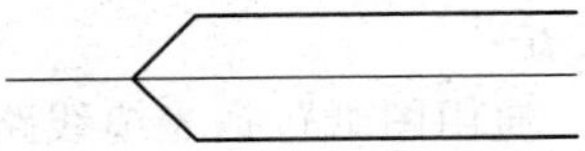

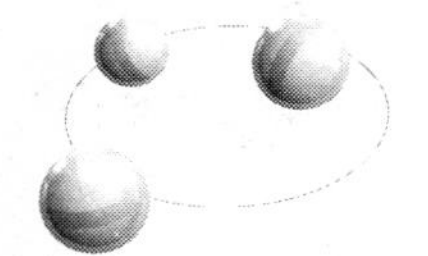

续表

名　　称	图形
光纤组合器（星形耦合器），连接到组合器的每根光纤都能耦合到其他的光纤	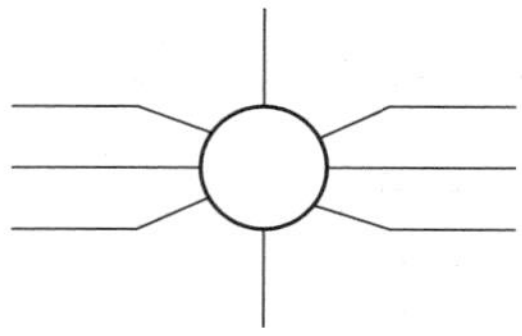
光电转换器	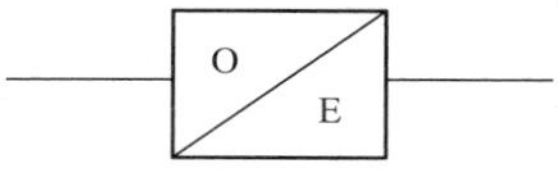 O E
电光转换器	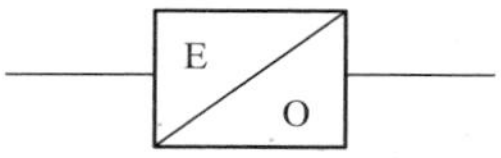 E O
（光）两路分配器的一般符号	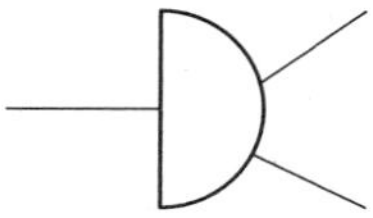
（光）两路混合器的一般符号	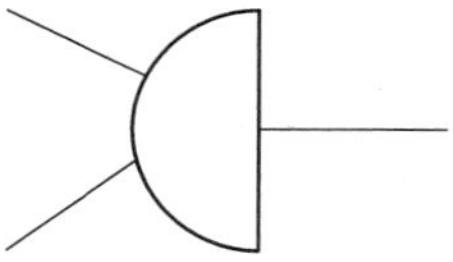
光中继器，掺铒光纤放大器	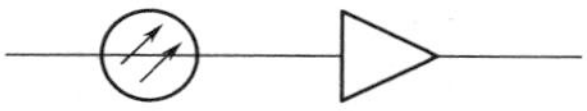

② 通信线路和杆路　相关图形符号如表 6-8 所示。

(8) 光缆施工图设计　施工图设计文件是由设计单位根据批准的初步设计和设计任务书，结合施工图查勘资料、主材订货等情况进行编制的。施工图设计文件经会审批准后，成为施工单位组织施工的依据。

施工图设计的内容一般可分几个分册；设计说明、预算、通用图纸为一册，各中继段施工图纸为若干册。

① 光缆线路（设计说明、预算、通用图纸）册　设计说明涵盖工程概述、光缆路由说明、工程敷设安装标准、技术措施和施工要求说明、需要说明的其他问题。

预算包括预算编制说明和预算表格。

预算表格包括预算总表（表一）、建筑安装工程费用预算表（表二）、建筑安装工程量预算表（表三）、器材预算表（表四，分光缆及材料预算表、维护光缆及材料预算表、主材预算表、仪表器具预算表、辅材预算表、小型建筑器材预算表）、工程建设其他费用预算表（表五）。

通用图纸包括光缆线路路由示意图、光缆通信干线工程传输系统配置图。通用图纸应在 1∶50000 的地形图上标明光缆线路路由示意图。

表 6-8　通信线路和杆路图表

名称	符号	名称	符号
线路的一般符号		直埋线路	
水下线路，海底线路		架空线路	
管道线路、管孔数量、应用的管孔位置、截面尺寸或其他特征可标注在管道线路的上方		直埋线路接头连接点	
线路中的充气或注油堵头		具有旁路的充气或注油堵头的线路	
沿建筑物明敷设通信线路		沿建筑物暗敷设通信线路	
电杆的一般符号，可以用文字符号$\frac{A-B}{C}$标注，其中，A 为杆材或所属部门，B 为杆长，C 为杆号		单接杆	
品接杆			

② 光缆线路中继段图纸册　以一个中继段为一个独立分册。内容包括：中继段工程量表、机房内光缆路由及安装方式图、进局管道光缆施工图、光缆线路施工图、大地电阻率及排线设置图等。

管道、埋式光缆施工图应采用 1∶2000 地形图绘制。

6.2.4.3　施工图实例分析

(1) 管道光缆施工图分析　图 6-16 所示为某接入网点管道光缆施工图，它分为以下几个部分。

主体部分

① 人、手孔位置、类型、编号及间距　图中在周石公路与往恒丰工业城去的分支处、鹤州邮电所旁及周石公路往鹤州村委新机楼去的三岔路口均设有三通型人孔，分别为 4＃、12＃及 16＃；鹤州村委新机楼旁设有局前人孔新 1＃，其余的均为普通的直通型人孔，编号为 3＃，5＃，6＃，7＃，8＃，9＃，10＃，11＃。为降低成本，在光缆交接箱、电缆交接箱 J033 等处设有两页手孔，分别是恒 2＃，恒 1＃，13＃，14＃及 12＃-1 等，并在交接箱 J031 处设有三页手孔 15＃。人手孔间的数字表示它们之间的隔距（单位为 m）。这些数值及类型都是依据原有管道条件、建设地段的地理环境，通过到现场仔细查勘来确定的。

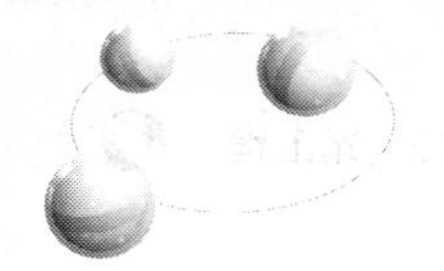

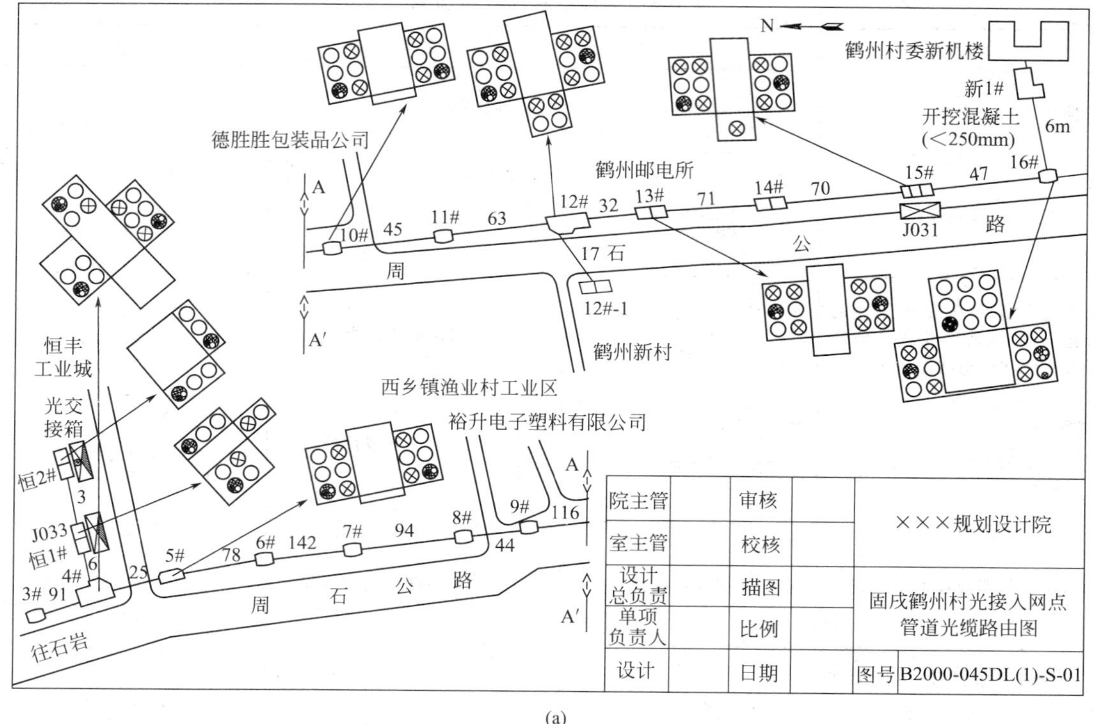

(a)

主要工程量表

施工测量	100米	8.17
开挖水泥路面	100立方米	0.12
开挖土石方	100立方米	0.30
回填土方	100立方米	0.24
人孔壁开窗口	处	1
新建小号三通人孔	个	1
新设弯管	根	9
新装引上钢管(墙壁)	根	4
人孔坑抽水(积水)	个	10
墙壁穿孔	个	1
楼层穿孔	个	1
敷设PVC管道(9孔管)	100米	0.06
敷设塑料子管(5孔管)	100米	0.14

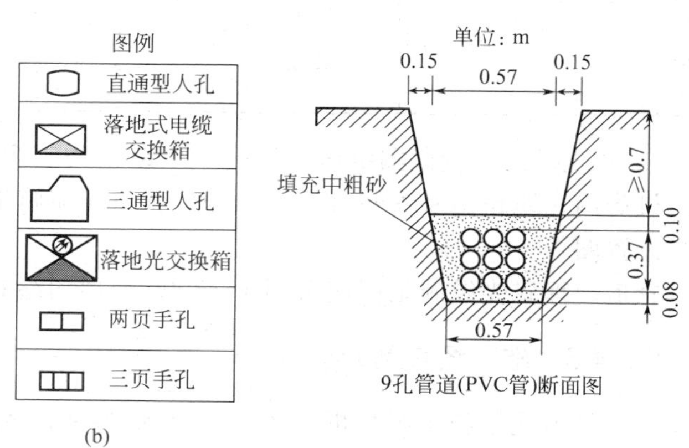

(b)

图 6-16　管道光缆施工图示例

② 光缆交接箱位置　恒 2 #，在去恒丰工业城的支线旁。新敷光缆在此光交接箱内成端，便于纤芯的进一步分配。

③ 新铺光缆在各人、手孔中的具体穿放位置及原有管孔占用情况　图中新铺光缆占用管孔用黑色实心圆圈表示，已占用管孔用圆圈中加“X”表示。粗线条表示新铺光缆路由及新建建筑。16 # 人孔至新 1 # 人孔间新铺 PVC 管（9 孔），用于此次敷放光缆及今后其他缆线的布放。

④ 落地式电缆交接箱位置　恒 1 # 二页手孔旁的 J033 及三页手孔 15 # 旁的 J031。

⑤ 主要参照物　道路名称、路旁的主要工厂、公司等，它们的作用是方便施工人员进

行准确的施工。

辅助部分

① 新建 9 孔管道 PVC 断面图　说明 PVC 管的具体施工、埋设方法及技术要求，这是因为这段 6m 长的管道是新建部分，在路由图上无法表示清楚它的具体技术要求，故在旁边另外画图说明。

② 图例及标题栏　便于施工人员看图，了解工程项目及图纸名称。标题栏的设计各个设计公司均有较严格的要求，因为它是一个设计单位的标牌或门户，直接关系到设计单位的形象。

③ 主要工程量表　为编制施工图预算提供依据。要做到这一点，就要求施工图中的技术说明（或标注）一定要详细全面，因为预算是工程付款的依据。主要工程量的计算方法参考有关通信工程概预算编制办法。

（2）架空杆路施工图分析　图 6-17 所示为一张很简单的架空杆路施工图，图中包括以下内容。

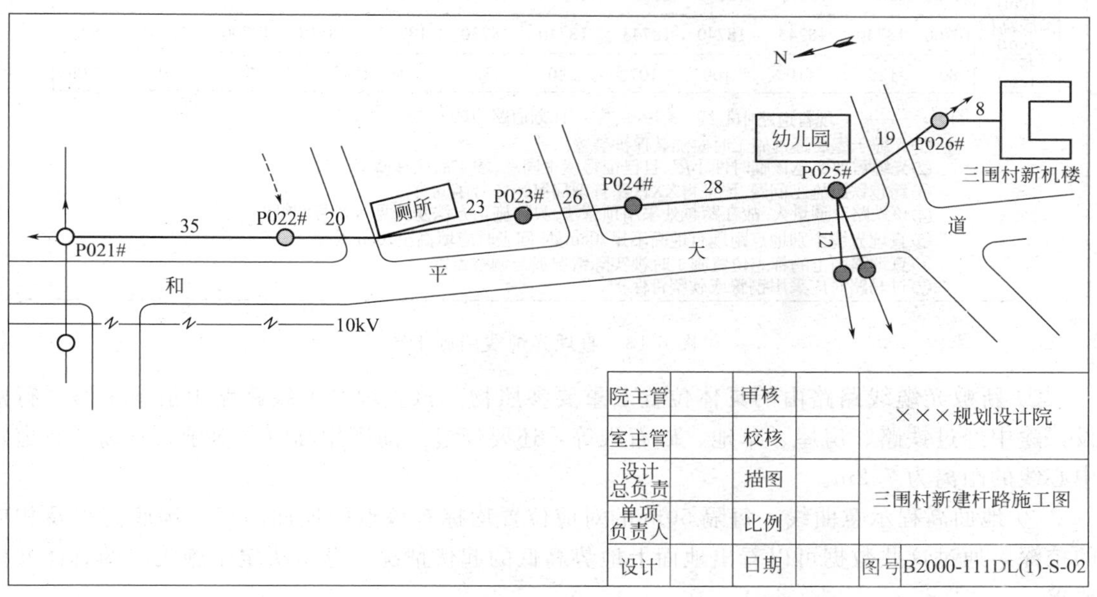

图 6-17　架空杆路施工图

① 新建架空杆路和架挂的架空吊线　P022＃，P023＃，P024＃，P025＃，P026＃及入局的小段，共计 159m。在 P022＃至 P023＃间利用厕所作支撑，省去了一根电杆。三次跨越马路，要注意选择合适的杆高，以保证光缆线路的净空高度。在角杆 P025＃处新设了两根高桩拉线，它们跨越马路的宽度是 12m，高桩的高度应视净空要求并结合 P025＃的高度来共同决定，一般不应与 P025＃一样高，因为必须保证角杆 P025＃的拉线有适当的距高比。之所以设立了两根高桩拉线，是由角杆 P025＃的角深来决定的。高桩拉线的运用场合是落地拉线施工遇到了障碍，此处的障碍显然是和平大道这条马路。此外，在 P026＃电杆处，设立了 V 形终端拉线。

② 原有杆路部分　P021＃电杆为原有电杆，原设有一根顺线拉线，因为新杆路的增加，必须新做一根拉线，以稳固该电杆。

③ 新建机楼　三围村新机楼。

④ 重要参照物　和平大道及原有电力线（电压为 10kV）。

（3）直埋光缆施工图分析　图 6-18 为直埋光缆线路施工图。图中包括以下内容。

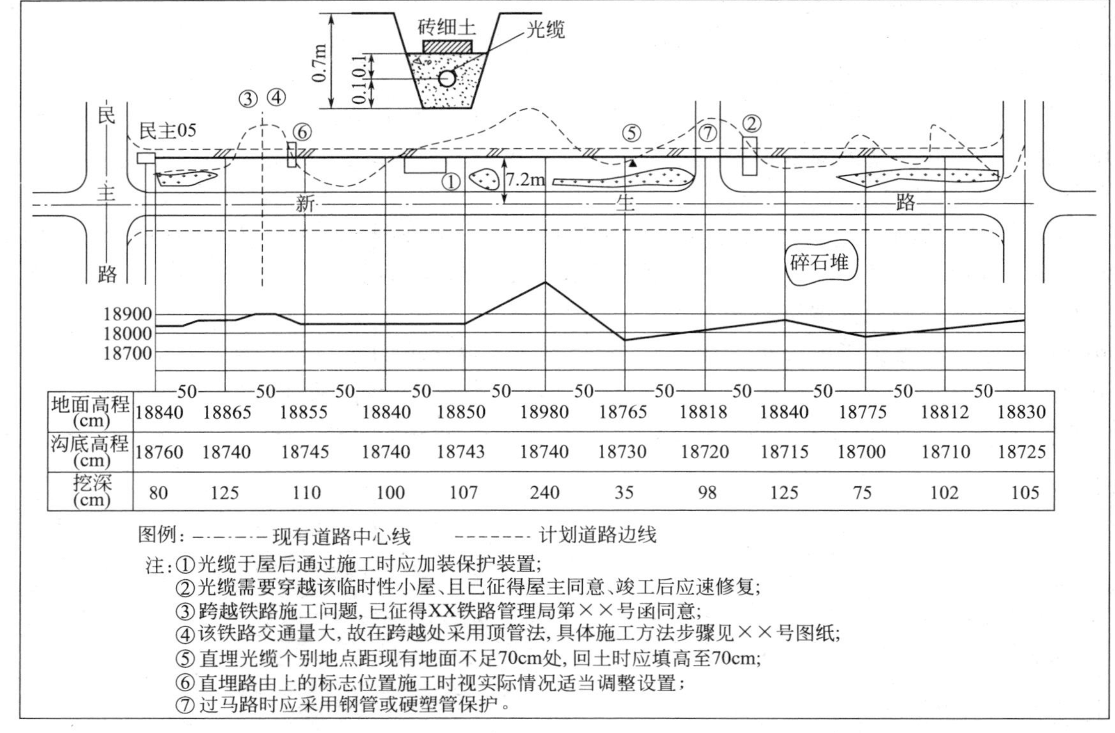

地面高程(cm)	18840	18865	18855	18840	18850	18980	18765	18818	18840	18775	18812	18830
沟底高程(cm)	18760	18740	18745	18740	18743	18740	18730	18720	18715	18700	18710	18725
挖深(cm)	80	125	110	100	107	240	35	98	125	75	102	105

图 6-18　直埋光缆线路施工图

① 新敷光缆线路路由的具体位置及重要参照物　该直埋光缆线路路由沿新生路平行敷设，途中经过铁路、房屋、草地、碎石堆等，还要经过一间民用临时性房子。它离现有道路中心线的距离为 7.2m。

② 地面高程示意曲线　每隔 50m 的对应位置均标有该点的地面高程、沟底高程及相应的挖深，通过这些数据可以看出地面上地势高低的起伏情况，这就决定了施工时的具体开挖要求。

③ 光缆埋设时的技术处理要求　光缆入沟前先填 10cm 细土，放入光缆后，再填入 10cm 细土，然后铺砖保护，最后才是回土石并夯实至路平。

④ 相关部分的技术处理方法　图中用①②③④⑤⑥⑦标注了 7 处重点部位的技术处理措施，如穿越铁路、临时性房屋的方法及已经取得的批准函函号，经过屋后如何处理、标石的设置、过马路的保护以及回填土的具体要求等。

该图还存在不详尽之处，可以继续完成。

6.3 光缆线路的施工

在光缆通信工程设计文件被批准之后，光缆线路施工将是建立高质量光纤通信系统的重要环节。为了提高光纤通信系统的可靠性，提供传输性能优良且工作长期稳定的传输信道，除了要有高质量的光纤光缆以外，还必须具备高水平的光缆线路施工技术。

6.3.1　光缆线路施工概述

光缆通信工程的施工包括光缆线路的施工和传输设备安装施工两大部分。光缆线路施工是光缆通信工程建设的重要内容，从投资比例、工程量、工期和对传输质量等方面都会产生非常重要的影响。传输设备安装施工主要完成传输设备及其配套设施的安装调试。本章主要介绍光缆线路的施工。

6.3.1.1　光缆线路施工范围

对于光缆线路的施工和传输设备安装施工的划分，是以光纤分配架（ODF）或光纤分配盘（ODP）为界，光连接器内侧为传输设备，外侧为光缆线路部分，如图 6-19 所示。光缆线路部分是指由本局光纤分配架或光纤分配盘连接器（或中继器上连接器）到对方局光纤分配架或光纤分配盘连接器（或中继器上连接器）之间的部分，是由不同型号的光缆、光缆连接件以及连接器等构成的。

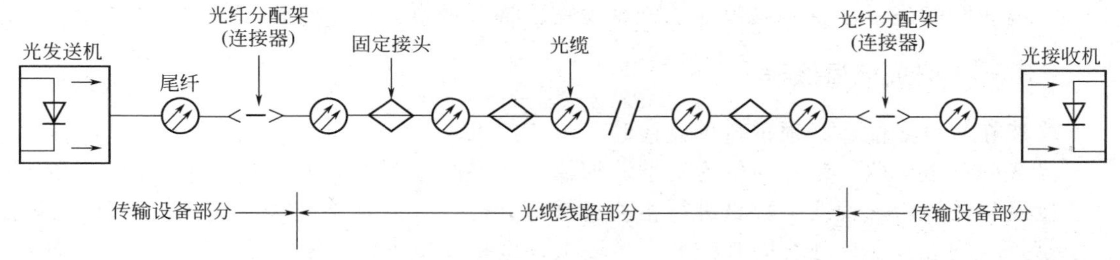

图 6-19　光缆通信工程范围示意图

光缆线路的施工主要包括外线部分的施工、无人站部分的施工和局内部分的施工三大部分。

（1）外线部分的施工　主要是指光缆敷设、光缆接续及光缆防护。光缆敷设包括敷设前的全部准备和不同程式光缆不同敷设方式的布放。光缆接续，包括光纤连接、补强和铜导线、加强件、铝箔层、钢带的连接以及光缆接头护套的安装。光缆防护指光缆敷设后的各种保护措施的实施。

（2）无人站部分的施工　是指无人中继器机箱的安装和光缆的引入、光缆成端、光缆内全部光纤与中继器上连接器尾纤的接续以及铜导线和加强芯的连接。

（3）局内部分的施工　是指局内光缆的布放，光缆全部光纤与终端机房、有人中继站机房内光纤分配架或光纤分配盘或中继器上连接器尾纤的接续、铜导线、加强芯、保护地等终端连接。

另外，在光缆施工中，还需要进行中继段光电指标的测试。

6.3.1.2　光缆线路施工主要技术

在光缆线路的施工的过程中，主要涉及光缆敷设技术、光纤光缆的连接技术、光纤光缆的现场测量技术以及光缆线路的维护技术 4 个方面。了解和掌握这些施工技术是保证光缆线路工程质量的前提。这里主要介绍光缆敷设技术，光纤接续在项目二的 2.4 中介绍，光缆接续在项目六的 6.4.2.2 中介绍，光纤光缆的现场测量技术在项目六的 6.3.2.1 中介绍，光缆线路维护技术在项目六的 6.6 中介绍，分别加以介绍。

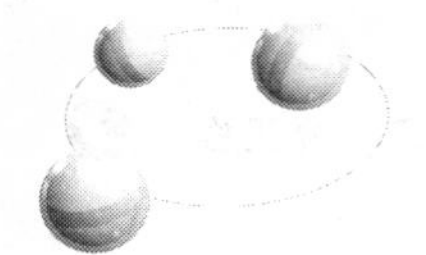

6.3.1.3 光缆线路施工程序

光缆线路的施工包括了5个阶段8个步骤，如图6-20所示，分别为准备阶段、敷设阶段、接续阶段、测试阶段、验收阶段5个阶段；其中准备阶段包括单盘检验、路由复测、光缆配盘、路由准备4个步骤。

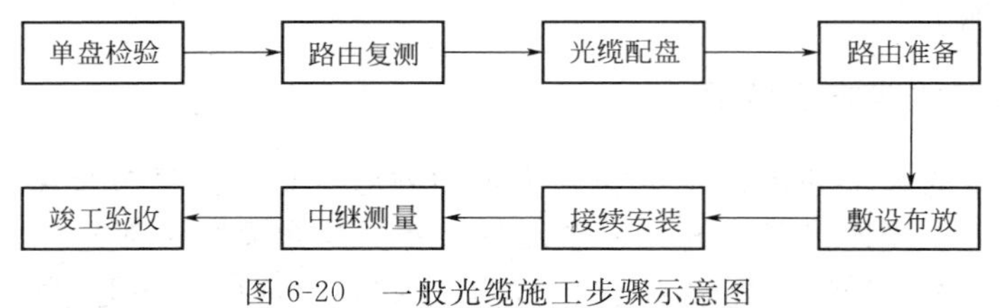

图6-20 一般光缆施工步骤示意图

6.3.2 光缆线路施工准备

光缆线路的施工准备阶段包括了单盘检验、路由复测、光缆配盘和路由准备4个步骤。

6.3.2.1 光缆单盘检验

光缆在敷设之前，必须进行单盘检验。

光缆的单盘检验，是一项较为复杂、细致、技术性较强的工作。通过单盘检测来对光缆及连接器材的规格、程式、数量进行相关的核对、清点、外观检查和光电主要特性的测量，确定是否达到设计文件或合同规定的有关要求，也是检验出厂光缆是否合格和在运输途中是否遭受损坏最直接的办法。

（1）单盘检验的要求　单盘检验应在光缆运达现场分屯点后进行；若在某地进行集中检验，则运到现场后还应进行外观检查和光纤后向散射信号曲线的观察，以确认经长途运输后光缆完好无损。因此，通常建议单盘检验在现场进行，检验后不宜长途运输。

单盘检验前准备工作

① 熟悉施工图、技术文件、订货合同，了解光缆规格等技术指标、中继段光功率分配等。

② 收集、核对各盘光缆的出厂产品合格证书、产品出厂测试记录等。

③ 光纤、铜导线的测量仪表及需要的配套材料等。

④ 必要的测量场地及设施等环境条件。

⑤ 测试所需填写的表格、使用的文具等。

⑥ 对参加测量人员进行交底或短期培训，以统一认识、统一方法。

单盘检验完成以后的工作

① 完成检验以后相关数据结果的记录。

② 检验合格后单盘光缆应及时恢复包装，包括光缆端头的密封处理、固定光缆端头、缆盘重新钉好，并将缆盘置于妥善位置，注意光缆安全。

③ 对经检验发现不符合设计要求的光缆、器材应登记上报，不得随意在工程中使用。对损耗超出指标的个别光缆、光纤进行重点测量，如确超标，但超出不多并满足中继段光纤平均损耗指标的可以继续使用。对于光纤后向散射曲线有缺陷的应做好记录，凡出现尖峰、严重台阶的应按不合格处理。对于一般缺陷的器件，修复后可以使用。

（2）单盘检验的内容及方法　单盘检验一般包括光缆长度复测、测量光缆的纤长、测量单盘光缆损耗、光纤后向散射信号曲线观察、光缆护层的绝缘检查、其他器材的检查等几个方面。

① 光缆长度的复测　为了按正确长度配盘，以确保既能满足光缆的敷设长度，又不浪费光缆，在单盘检验中对光缆长度的复测显得十分必要。光缆长度复测主要是采用OTDR来完成的。

进行光缆长度复测时要遵循以下要求：

• 抽样率为100％；

• 按厂家标明的光纤折射率系数用OTDR进行测量，对于不清楚光纤折射率的光缆可自行试推算出较为接近的折射率数值；

• 按厂家标明的光纤与光缆的长度换算系数计算出单盘光缆长度，对于不清楚换算系数的可自行推算出较为接近的换算系数；

• 要求厂家出厂的光缆长度只允许正偏差，若有负的偏差，则要重点测量，得出光缆的实际长度。

② 测量光缆的纤长　测定光缆内光纤的长度，是光缆长度复测的前提，一般采用OTDR测量。光纤长度复测，对每盘光缆只要求测准其中1～2根光纤，其余光纤一般只进行粗测，看末端反射峰是否在同一点上即可。由于每条光纤的折射率有一些微小的偏差，所以有时同一光缆中的光纤长度有一点差别。但应注意，发现偏差大时，应判断该光纤是否在末端附近有断点，其方法是从末端进行一次测量。

③ 测量单盘光缆损耗　光缆单盘检测项目中，损耗测量是十分重要的、也是工作量最大的、技术要求最高的一部分。

在现场进行损耗测量时，所有测量设备必须仪表化且经过校准，当多台仪表同时测量时，需要进行通调。测试过程中所用光源具有单一波长性质。建议采用后向法或者插入法。测量精度偏差要求不超过相关规定，如表6-9所示。所有参与测试的人员必须具有相当的现场工作经验，并经过专业的培训。

表6-9　测量精度要求

光　纤		单位长度损耗偏差/mm		备　注
		精确要求	一般要求	
多模光纤	0.85μm	0.1	0.2	
	1.31μm	0.1	0.2	
单模光纤	1.31μm	0.03	0.05	1.55μm测量偏差是否还应小一些，有待研究
	1.55μm	0.03	0.05	

损耗的现场测量方法及选择单盘检验主要是测出光纤损耗常数，测量方法有切断测量法、后向测量法和插入测量法3种。

• **切断测量法**　切断测量法是ITU-T建议的基准测量方法。但这种方法是以多次测量结果为基础的一种破坏性的测量方法。图6-21是单盘光缆切断测量法的示意图。在沿光纤长度方向上把光纤剪断$N-1$次，将得到的N次测量的结果进行处理，来表示输出光功率和输入光功率与距离之间的关系。图中的光源是可以选择的，多模光纤采用单一波长的LED光源，单模光纤选用高稳定度的LD光源。

切断测量法的测量原理是依据损耗的定义，测量精度高，对仪表要求不苛刻；但是整个

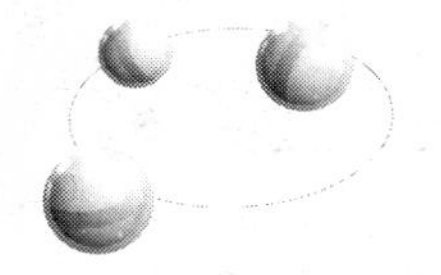

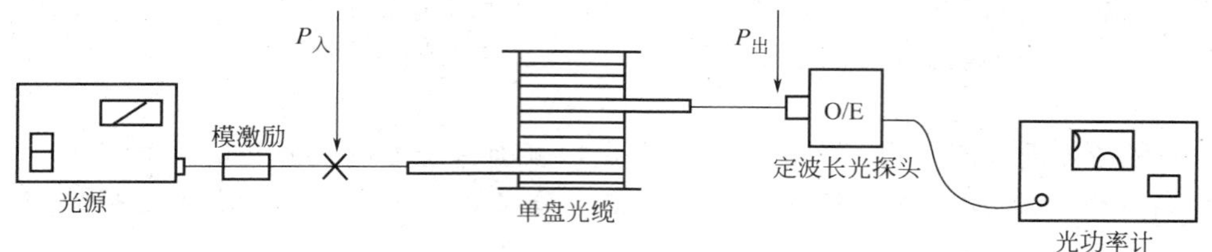

图 6-21　单盘光缆切断测量法示意图

测量过程中具有破坏性，对光注入条件、环境以及测量人员操作技能要求较高；测试较复杂，费时、工效低。

• **后向测量法**　后向测量法是一种采用后向散射技术测量光纤损耗的方法，是一种非破坏性且具有单端（单方向）测量特点的方法。在测量中，使用光时域反射仪（OTDR），所以又称为 OTDR 法。后向测量法的测量精度及可靠性与仪表的质量、光纤的耦合方式有关。由于 OTDR 测量损耗存在盲区现象，测量值往往偏大很多，因此在被测光纤前选择增加1～2km 的标准光纤作为辅助光纤，将被测光纤与辅助光纤相连，如图 6-22 所示。

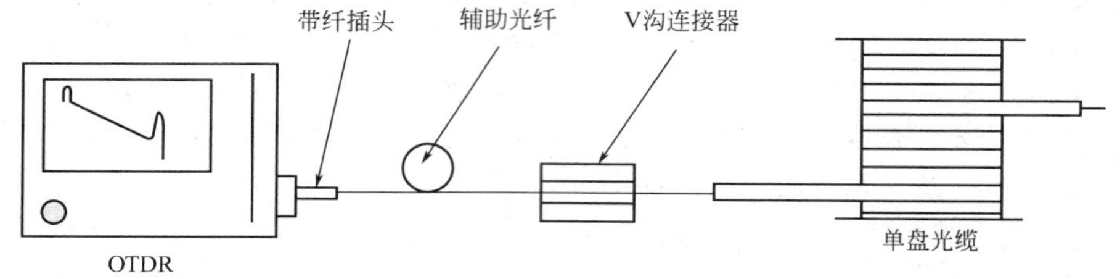

图 6-22　单盘光缆后向测量法示意图

用辅助光纤测量损耗系数时，光标线定位在合适位置非常重要。第一光标应打在“连接台阶”的后边，而不能置于辅助光纤长度的末端。第二光标应置于末端前几米处，如图6-23所示，这样可避免因光纤“连接台阶”和末端反射峰影响测量值的正确性。对盘长 2km 以上的光缆测量损耗系数时，可以不用辅助光纤。如果要求被测光纤的损耗，应加上第一光标前边以及第二光标后的长度损耗。OTDR 显示的后向散射信号曲线如图 6-24 所示。

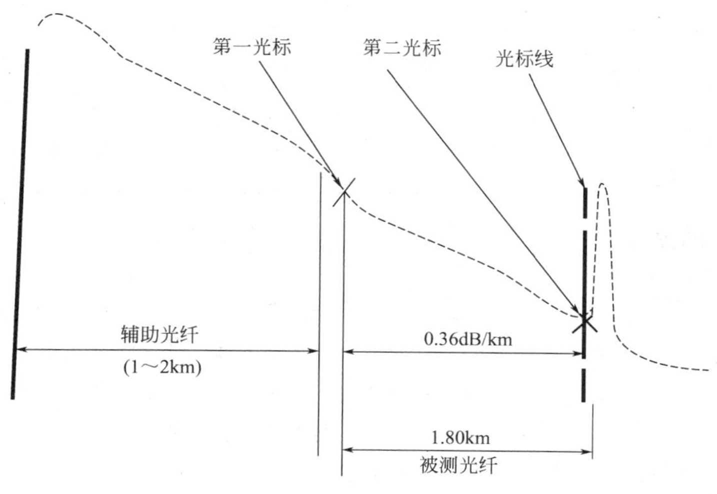

图 6-23　后向法测量实例

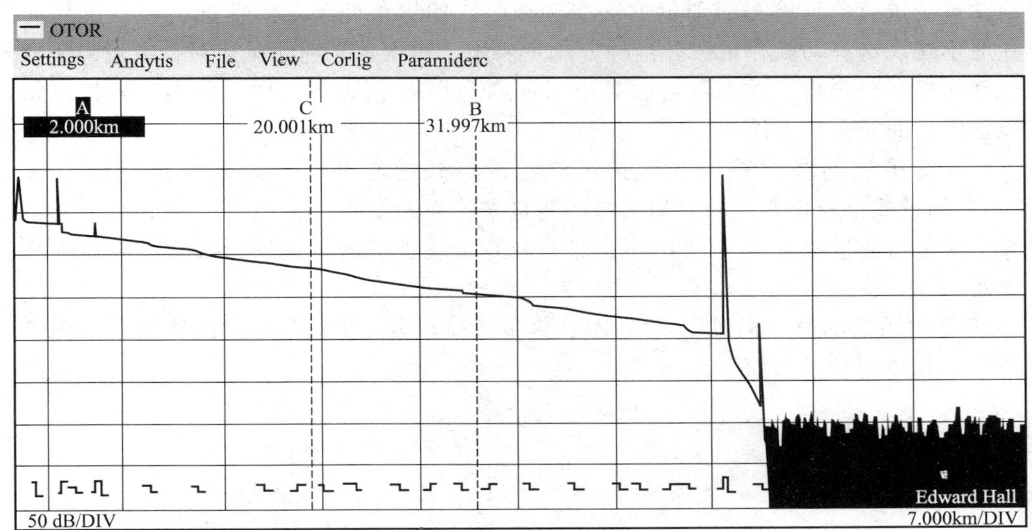

图 6-24　OTDR 显示的后向散射信号曲线

后向法测量光纤损耗有一个显著的特点是有方向性，即从光缆 A、B 两个方向测量，结果不一定相同。因此，严格地说，OTDR 测量光纤的损耗应进行双向测量，取其平均值。在单盘光缆检验测量中，由于受时间、条件等影响，如果采用双向测量法，则工作量加倍，显然有困难。鉴于单盘检验对损耗常数评价方法的特点，除少量光纤需进行双向测量外，一般进行一端测量就可以了。

后向测量法具有非破坏性，可单端测量，可与长度复测、后向信号曲线观察同时进行，具有速度快、工效高等特点，测量方便、易于操作。但整个测量过程中对仪表性能、精度要求高；测量精度受仪表本身影响较大。

• **插入测量法**　插入测量法又称介入损耗法，这也是一种非破坏性的测量方法。采用图 6-25 所示的方法，可以得到偏差小于 0.1dB 的效果。V 沟槽连接器最好选用具有微调机构的或精度较高的弹性毛细管耦合器，带插头的尾纤（测试线）均用多模测试线，以确保功率计的耦合效果。测量方法是先用一段 2～5m 的光纤代替被测光纤，调节两个连接器，使功率计指示最大，记下功率 P_1。再用被测光纤代替短光纤，记下功率 P_2。光缆的损耗系数 α 为

$$\alpha=\frac{10\lg\dfrac{P_1}{P_2}}{L}\ (\mathrm{dB/km}) \tag{6-1}$$

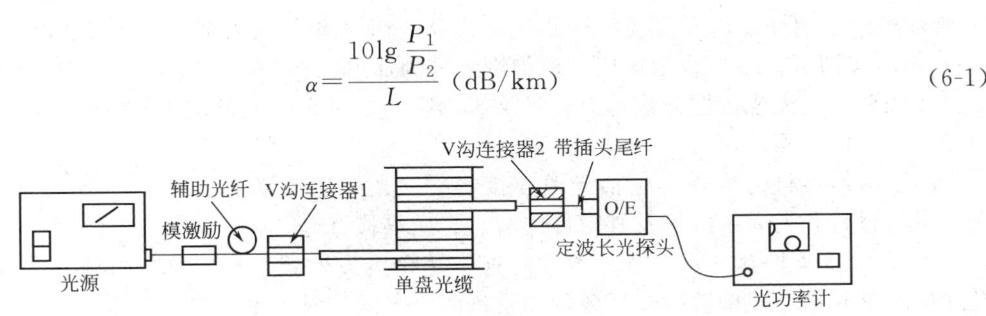

图 6-25　单盘光缆插入测量法示意图

插入测量法具有非破坏性，对测量使用的仪表本身要求不苛刻。但是这种测量方法对 V 沟连接器要求较高。这种方法用于单盘测量，还不成熟，只能限于一般性测量。

通常现场进行单盘检测的测量方法在选择时，如果条件满足的情况下，首选后向测量法，一般不建议选择切断测量法，这种方法主要用于对少数光缆测量比对，或者对不合格的光缆做确认检测时选用。插入测量法对小工程或 OTDR 仪表不足时，可做一般性测量，作为光缆敷设后的安全检查使用。

（3）光缆护层绝缘检查　光缆护层的绝缘，是指通过对光缆金属护层如铝纵包层（LAP）和钢带或钢丝铠装层的对地绝缘的测量来检查光缆外护层（PE）是否完好。护层对地绝缘测量包括测量铝包层（LAP）、钢带（丝）金属护层的对地绝缘电阻和对地绝缘强度两个方面。

① 绝缘电阻的测量　铝包层（LAP）、钢带（丝）金属护层的对地绝缘电阻的测量如图 6-26 所示，具体测量步骤如下。

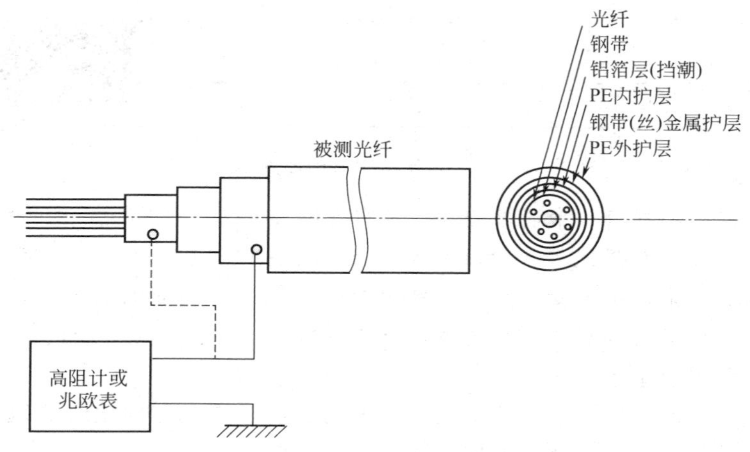

图 6-26　金属护层对地绝缘电阻测试示意图

• 首先光缆浸于水中 4h 以上。

• 再用高阻计或兆欧表接于光缆被测金属护层和地（水），测试电压为 250V 或 500V，1min 后进行读数。若用兆欧表测量时，应注意手摇速度要均匀。

• 分别测量、读出 LAP 及钢带（丝）的对地绝缘电阻值。

一般护层对地绝缘电阻≥1000MΩ • km。

② 绝缘强度的测量　铝包层（LAP）、钢带（丝）金属护层对地绝缘强度的测量与图 6-26 所示相同，用介质击穿仪或耐压测试器代替高阻计或兆欧表即可。通常规定，加高压后 2min 不击穿即可。现在暂定护层对地绝缘强度为加电压 3800V，2min 不击穿。

实践证明，光缆护层绝缘可只测量绝缘电阻，通过它已能检测 PE 护层是否良好，绝缘强度一般可以不测。

（4）其他器材的检查　包括光缆连接器材、光纤连接器（带尾纤）、管道用塑料套管、光缆保护材料和无人中继箱及其附件的清点、质量检查等。

① 光缆接头护套（盒）及其附件检查　光缆接头护套（盒）及其附件零（部）件是光缆连接的重要部件，检验时包括数量和质量两个方面。对于不合格产品以及质量不理想的材料，都应提出处理意见或申报追加备品。

数量检查　光缆接头护套（盒）应有一定的备品，一般一个中继站应有一个备用，以便接头增加，或某一接头附件不够时可及时供给。每个光缆接头护套（盒）的附件都应做详细清点，这些附件包括主套管、光纤热缩保护管、密封材料等。对于大型工程来不及详细清点时，应有一定的数量做抽样清点检查，接续人员在领用时应做详细清点。

质量检查

• 接头护套必须是经过正规鉴定的产品，要有出厂合格证。

• 施工单位未使用过的产品应做重点检查和试验性连接。

• 对埋式接头护套，应严格检查其密封方式、工艺及其材料质量，对可疑方式应做密封试验。

• 光纤热可缩保护套管，应检查材料表面工艺、金属棒是否笔直，必要时做抽样试验。

• 绝缘检查，主要是对接头护套，包括地线引线、密封胶条进行绝缘电阻的抽测，指标与光缆绝缘检查的要求一样。

② 管道塑料子管及其他保护管检查

• 塑料子管的检查　本地网管道用的子管，其内径为光缆外径的 1.5 倍，子管的 1 个管孔预放 3 根子管时，总直径应不大于管内径的 85%。塑料子管管壁厚度应均匀，抽查部分子管，其内壁应无“结疤”、“流痕”以及压扁等变形现象。

• 埋式光缆保护管的检查　埋式光缆的保护管应符合规定的数量、质量要求。架空光缆杆下预留保护管、管道人孔内保护管，应检查其直径和易曲特性。

③ 无人站安装器材的检查　无人中继器箱的型号、规格、数量，应符合设计要求；机箱气闭性能良好；零部件齐全、完好；内部布线良好，外观应无损伤等；机箱固定尺寸与无人站机墩、固定预留孔位一致。

尾巴光缆的规格、数量和型号应符合设计规定；做光纤通光检查和铜导线（如果有的话）的直流测试，其结果应符合设计要求；带连接器的尾巴光缆，还应对其连接器进行检查。

④ 光纤连接器及终端架（盘）的检查

光纤连接器的检查

• 光纤连接器的型号、规格和数量应符合设计要求，并且要考虑少量备品。

• 光纤连接器一般分单模连接器、多模连接器、单模对多模连接器，检查时要将其分清并做明确标注。通常单模对多模连接器是用于单模系统的接收通道。

• 光纤连接器一般带有尾纤，其长度应满足光纤分配架（盘）或光纤终端盒至光设备架（盘）的长度要求，一般为 3～5m。

• 光纤连接器的传输性能应符合设计规定，连接器的插入损耗目前分 0.5dB 和 1dB，并且具有良好的互换性、重复性。

终端架（盘）的检查　由设备安装人员安装好机架，主要是检查其终端架（盘）上的上纤方式、结构是否符合设计要求，终端架（盘）与光端机架的距离同连接器尾纤的长度是否适应，终端架（盘）安装方式、操作与终端、维护是否方便、合理。

连接器配合的检查　光纤连接器形式与测量仪表插件检验时，必须检查连接器和终端架插件形式与施工、维护用仪表是否一致，若不一致，必须配备转接测试线，并检查配备的转接线是否符合要求。

6.3.2.2 光缆线路路由复测

光缆线路的路由复测，是光缆线路工程正式开工后的首要任务。光缆路由复测是以施工图设计为依据，对沿线路由进行必不可少的测量、复核，以确定光缆敷设的具体路由位置，

丈量地面的正确距离，为光缆配盘、敷设和保护地段等提供必要的数据，是保质保量完成工程的必备环节。

（1）路由复测的原则和主要任务

① 路由复测的基本原则　光缆线路路由复测，是以经审批的施工图设计为依据。复测是核定并最后确定路由的具体位置。

② 路由变更原则　在测量时，一般不得随意改变施工图设计文件所规定的路由走向、中继站站址等。但是，如果现场条件发生了变化或其他原因，必须变更施工图设计原选定的路由方案或需要进行较大范围变动时，应及时向工程主管部门反映，并由设计部门核实后，编发设计变更通知书。如果局部方案变动不大，不增加光缆长度和投资费用，也不涉及与其他部门的原则协议等情况下，可以适当变动，以使光缆路由位置更合理，并使之利于施工或利于维护。

③ 路由复测的主要任务

• 根据设计要求对光缆路由走向、敷设方式、环境条件以及中继站站址的设计进行核定。

• 丈量、核定中继段间的地面距离、管道路由并测出各人孔间距离。

• 核定穿越铁道、公路、河流、水渠以及其他障碍物的技术措施及地段，并核定设计中各具体措施实施的可能性。

• 核定防机械损失、防雷、防白蚁、防强电地段的长度、措施及实施可能性。

• 核定、修改施工图设计。

• 核定关于青苗、园林等赔补地段、范围以及对困难地段“绕行”的可能性。

• 注意观察地形地貌，初步确定接头位置的环境条件。

• 为光缆配盘、光缆分屯及敷设提供必要的数据资料。

④ 光缆与其他设施，树木、建筑等最小间距的要求　为了保证光缆及其他设施的安全，要求光缆布放位置与地下管道等设施、树木以及建筑等应有一定的间隔，其间隔距离应符合表 6-10 至表 6-12 中的规定。

表 6-10　埋式光缆与其他建筑设施间的净距

建筑设施名称		最小净距离/m	
		平行时	交叉时
本地网管道边线(不包括人孔)		0.75	0.25
非同沟埋式通信光(电)缆		0.5	0.5
埋式电力电缆	35kV 以下	0.5	0.5
	35kV 以上	2.0	0.5
给水管	ϕ小于 30cm	0.5	0.5
	ϕ为 30～50cm	1.0	0.5
	ϕ大于 50cm	1.5	0.5
高压石油、天然气管		1.0	0.5
热力管、下水管		1.0	0.5
排水沟		0.8	0.5
燃气管	压力小于 300kPa	1.0	0.5
	压力为 300～800kPa	2.0	0.5

续表

建筑设施名称		最小净距离/m	
		平行时	交叉时
房屋建筑红线(或基础)		1.0	
树木	市内、村镇大树、果树、路旁行树	0.75	
	市外大树	2.0	
水井、坟墓		3.0	
粪坑、积肥池、沼气池、氨水池		3.0	

注：1. 采用钢管保护时，与水管，燃气管、石油管交叉跨越时净距可降为0.15m。
2. 大树指直径0.3m及以上的树木。对于孤立大树，还应考虑防雷要求。
3. 穿越埋深与光缆相近的各种地下管线时，光缆宜在管线下方通过。

表6-11 架空光缆与其他设施、树木间最小水平净距

名 称	最小净距离/m	备 注
消火栓	1.0	
铁道	1.33H	H指地面杆高
人行道边石	0.5	
市区树木	1.25	
郊区、农村树木	2.0	

表6-12 架空光缆与其他建筑、树木间最小垂直净距

名 称	平行时/m		交越时/m	
	净距	备注	净距	备注
街道	4.5	最低缆线到地面	5.5	最低缆线到地面
胡同	4.0	最低缆线到地面	5.0	最低缆线到地面
铁路	3.0	最低缆线到地面	7.5	最低缆线到地面
公路	3.0	最低缆线到地面	5.5	最低缆线到地面
土路	3.0	最低缆线到地面	4.5	最低缆线到地面
房屋建筑			距脊0.6 距顶1.5	最低缆线距屋脊或平顶
河流			1.6	最低缆线距最高水位时最高桅杆顶
市区树木			1.5	最低缆线到树枝顶
郊区树木			1.5	最低缆线到树枝顶
通信线路			0.6	一方最低缆线与另一方最高缆线

(2) 路由复测的方法

① 路由复测小组 路由复测工作应在光缆配盘前进行。路由复测小组是由施工单位组织的，小组成员应包括施工、维护、建设和设计单位的人员。复测小组的劳动力组合和所需的机具、材料如表6-13、表6-14所示。

② 路由复测的一般步骤 路由复测与光缆线路工程查勘部分的施工图的测绘部分相似，可以参考6.2.3中光缆线路施工图的测绘。在这里做简单描述。

• 定线 根据工程施工图设计，在起始点、三角定标桩或拐角桩位置插大标旗，表示出光缆路由的走向。

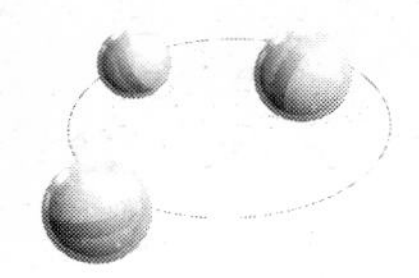

表 6-13　复测小组劳动力组合

工作内容	技术工人/人	普通工人/人	工作内容	技术工人/人	普通工人/人
插大旗	1～2		画线	1	
看标	1	1～2	对外联系	1	
传送标杆		2～3	生活管理	1	2～3
拉地链	1	1～2	司机	1	
打标桩	1	1～2	组长	1	
绘图	1～2	1	合计	10～12	6～10

表 6-14　复测小组所需机具、材料

机具、材料名称	单位	数量	备　注
大标杆 6～8m	根	3	
标杆 2m、3m	根	各 3～4	
地链 100m	条	2	
钢卷尺(30m)	盘	1	
皮尺(30m)	盘	1～2	
望远镜	架	1	
袖珍经纬仪	架	1	
绘图板	块	1	
多用绘图尺	把	1～2	视需要
测远仪	架	1	视需要
对讲机	部	2～3	
接地电阻测试仪	套	1	
口哨	支	2～3	
斧子	把	1	
手锤	把	1	
手锯	把	1	
铁铲	把	1	
红漆	瓶	若干	
白石灰	kg	若干	
木(竹)桩	片	15	
汽车	辆	1	
自行车	辆	1～2	
劳保用品	若干	适量	每 km 用量

• 测距　测距是路由复测中的关键性内容，只有掌握基本方法，才能正确地测出地面的实际距离，确保光缆配盘的正确性和敷设工作的顺利进行。

• 打标桩　光缆路由确定并测量后，应在测量路由上打标桩，以便画线、挖沟和敷设光缆。

• 画线　当路由复测确定后即可画线。

• 绘图　绘图可以遵循下列原则进行：

• 核定复测的路由等与施工图设计有无变动，变动不大的可以直接在施工图上做修改；路由因路面变化等原因变动较大时，则应重新绘图；对于水底光缆，应标明光缆位置、长度、埋深、两岸登陆点、“S”弯预留点、岸滩固定、保护方法、水线标志牌等。同时还应标明河水流向、河床断面和土质。

• 登记记录　路由复测时，登记人员应现场应做好记录工作，以备配盘、施工和整理竣工资料时使用。

6.3.2.3　光缆配盘

(1) 光缆配盘的目的　光缆配盘是根据路由复测计算出的光缆敷设总长度以及光纤全程传输质量的要求，科学选择配置单盘光缆。光缆配盘是为了合理使用光缆，减少光缆接头，降低接头损耗，达到节省光缆和提高光缆通信工程质量的目的。

(2) 光缆配盘的要求　光缆配盘，要求配盘细致准确。这项工作与光缆敷设、节省材料和传输质量都有着密切联系。对施工来说，配盘工作非常重要，负责配盘的工程技术人员，在单盘检验后即可开始配盘，在分屯、布放过程中，还应不断检查和检验配盘是否合理，必要时可做小范围调整。因此，配盘工作待光缆全部敷设完毕才算完成。

光缆配盘的基本要求如下。

① 全局选配　根据路由复测资料计算光缆敷设总长度，按照光纤全程传输质量要求选配单盘光纤。

② 考虑敷设方式和环境温度的影响　根据不同的敷设方式及不同的环境温度，按设计规定选配单盘光纤。

③ 特性的一致性　同一光缆线路（或中继段）应尽量配置同一类型、同一厂商的光缆产品，并选择光纤几何数值、孔径等参数偏差小、一致性好的光缆。

④ 端别顺序的一致性　为了便于光缆的连接、维护，应该按光缆端别顺序配置单盘光缆。其中，长途光缆线路应按局（站）所处的地理位置规定为：北（东）为A端，南（西）为B端；市话局间光缆线路，在采用汇接中继方式的城市，以汇接局为A端，分局为B端；两个汇接局间以局号小的局为A端，以局号大的局为B端；没有汇接局的城市，以容量较大的中心局为A端，分局为B端。

⑤ 考虑特殊性　靠设备侧的第1、2段光缆的长度应尽量大于1km；如在中继段内有水线防护要求的特殊类型光缆，应先确定其位置。

⑥ 恰当的预留长度　应按规定的预留长度，避免浪费。

⑦ 尽量减少接头　光缆应尽量做到整盘敷设，减少中间接头，少截断光缆。

⑧ 恰当的接头位置　光缆接头位置，应避免安排在河中、过公路、铁路的穿越处和建筑物以及地形复杂不易接续操作的地方。对于直埋光缆，其接头应安排在地势平坦和地质稳固的地点，应避开水塘、河流、沟渠及道路等。对于管道光缆，其接头位置应避开交通要道口。对于架空光缆，其接头应落在杆上或杆旁1～2m。直埋式光缆与管道交接处的接头，应安装在人孔内。

(3) 光缆配盘的方法

① 配盘的基本步骤　光缆配盘需要经过列出光缆路由长度总表、列出光缆资料总表、列出光缆分配表、完成各中继段的配盘4个步骤，具体如表6-15所示。

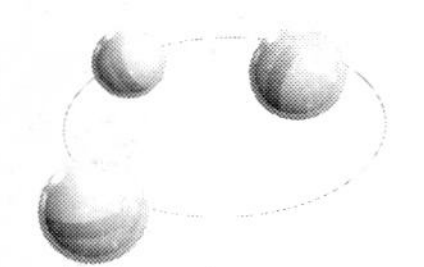

表 6-15 光缆配盘步骤

步 骤	具 体 方 法
第一步：列出光缆路由长度总表	①根据路由复测资料，列出各中继段内各种敷设方式的地面长度； ②内容包括埋式、管道、架空、水底或丘陵山区爬坡等布放的总长度以及局(站)内的长度[局前人孔至机房光纤分架(盘)的地面长度]； ③具体格式如表 6-16 所示
第二步：列出光缆资料总表	①将单盘检验合格的不同光缆列成总表； ②内容包括盘号、规格，型号及盘长等； ③具体格式如表 6-17 所示
第三步：初配，是指编制，列出光缆分配表	①根据表 6-16 中不同敷设方式路由的地面长度，加余量(10%)算出各个中继段的光缆总用量； ②根据算出的各中继段光缆用量，由表 6-17 中主要长度，选择不同规格、型号的光缆，使光缆累计长度满足中继段总长度的要求； ③列出初配结果(即中继段光缆分配表)，具体格式如表 6-18 所示； ④对于先分屯后单盘检验工程的初配，应根据设计长度，按上述同样方法进行初配，然后分屯，待检验、路由复测后进行中继段正式配盘。但按设计长度初配时应留有一部分机动盘作为正式配盘时调整选用。机动盘一般先放到中心分屯点
第四步：各中继段的配盘	①根据表 6-18 的初配结果，按配盘一般规定正式配置，具体配盘方法见中继段光缆配盘； ②配盘完毕后，应对照实物清点光缆，核对长度、端别、分配段落并在缆盘上标明清楚； ③填好配盘图表交施工单位或作业组实施布放

表 6-16 光缆路由长度总表

中继段名称					
设计总长度/km					
复测地面长度/km	埋式				
	管道				
	架空				
	水线				
	爬坡				
	局(站)内				
	合计				

表 6-17 光缆总表

序号	盘号	规格、型号	盘长/km	备注
1				
2				
…	…	…	…	…

表 6-18 各中继段光缆分配表

中继段名称	光缆	数量/km		出厂盘号	备注
	类别规格、型号	计划量	实配量		

② 中继段光缆配盘的方法步骤 光缆正式配盘，是以一个中继段为配置单元的，它要

求排出各盘光缆的布放位置。具体方法步骤如图 6-27 所示。

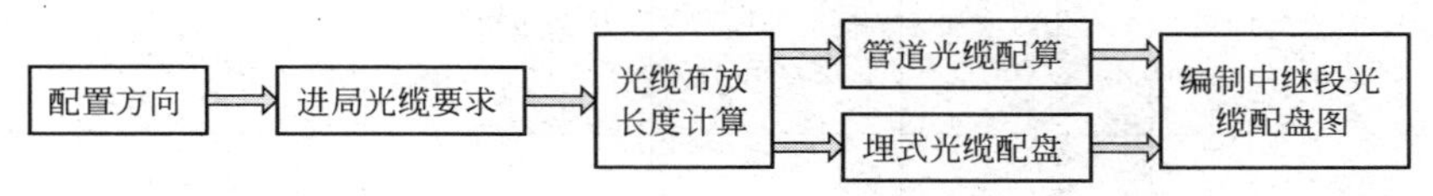

图 6-27 中继段光缆配盘步骤

步骤一 配置方向。

一般工程均由 A 端局（站）向 B 端局（站）方向配置。

步骤二 进局光缆的要求。

局内光缆按设计要求确定，目前有两种要求的方式。

• 局内采用具有阻燃性的光缆，即由进线室（多数为地下）开始至机房端机。这种方式要增加一个光缆接头或分支接头，在计算总损耗时应考虑进去。

• 局内采用普通光缆，即外线光缆直接进局。一般是靠局（站）用埋式光缆、管道光缆或架空光缆等直接进局。

步骤三 光缆布放长度的计算。

• 直埋光缆布放长度

$$L_{埋}=L_{埋(丈)}+L_{埋(预)} \tag{6-2}$$

其中，$L_{埋(丈)}$为直埋路由的地面丈量长度；$L_{埋(预)}$为直埋布放的余留长度和各种预留长度；

• 管道光缆布放长度

$$L_{管}=L_{管(丈)}+L_{管(预)} \tag{6-3}$$

其中，$L_{管(丈)}$为管道路由的地面丈量长度；$L_{管(预)}$为管道布放的余留长度和各种预留长度；

• 架空光缆布放长度

$$L_{架}=L_{架(丈)}+L_{架(预)} \tag{6-4}$$

其中，$L_{架(丈)}$为架空路由的地面丈量长度；$L_{架(预)}$为架空布放的余留长度和各种预留长度；

• 水底光缆布放方式

$$L_{水}=L_{水(丈)}+L_{水(预)} \tag{6-5}$$

其中，$L_{水(丈)}$为水底路由的河床丈量长度；$L_{水(预)}$为水底布放的各种余留长度和各种预留长度。

• 光缆布放长度

$$L=L_{埋}+L_{管}+L_{架}+L_{水}(\mathrm{km}) \tag{6-6}$$

其中，L 为中继段光缆敷设总长度；$L_{埋}$ 为直埋光缆敷设长度；$L_{管}$ 为管道光缆敷设长度；$L_{架}$ 为架空光缆敷设长度；$L_{水}$ 为水底光缆的敷设长度。

按表 6-18 分配给中继段的光缆，根据式(6-6) 计算出光缆的布放长度。

陆地光缆布放的预留长度如表 6-19 所示。

水底光缆，对于一般河流，由于河宽在 200m 以内的占多数，为减少中继段接头数，水底光缆配置往往按整盘或半盘考虑，一般不少于 500m。对于水线上岸后的陆地部分敷设长度的计算，预留长度按 10‰计算即可。

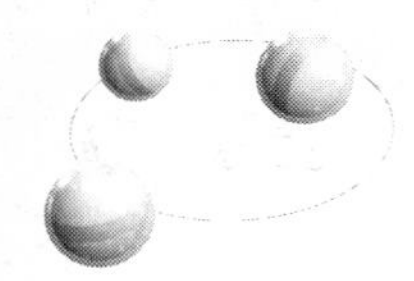

表 6-19 陆地光缆布放预留参考长度

<table>
<tr><th>敷设方式</th><th>自然弯曲增加长度/(m/km)</th><th>人孔内增加长度/(m/孔)</th><th>杆上伸缩弯长度/(m/杆)</th><th>接头预留长度/(m/侧)</th><th>局内预留/m</th><th>备 注</th></tr>
<tr><td>直埋</td><td>7</td><td></td><td></td><td rowspan="4">一般为 8～10</td><td rowspan="4">一般为 15～25</td><td rowspan="4">接头的安装长度为 6～8m，局内余留长度为 10～20m</td></tr>
<tr><td>爬坡(埋)</td><td>10</td><td></td><td></td></tr>
<tr><td>管道</td><td>5</td><td>0.5～1</td><td></td></tr>
<tr><td>架空</td><td>5</td><td></td><td>0.2</td></tr>
</table>

注：光缆预留长度应考虑日后维修的需要。

步骤四 不同敷设方式的光缆配算方法。

管道敷设是光缆布放方式最基本的一种，几乎每个工程都有。但是管道两个人孔间位置已固定，且各人孔间距各不相等，从几十米直到一百米，甚至更长。因此，管道路由的配盘计算较为复杂。要做到既节省光缆，又确保敷设安全和满足长度要求。

管道光缆配盘可以采用试凑法和调整盘来实现。

• 采取试凑法 抽取 A 盘光缆，由路由起点开始按配盘规定和式(6-3) 和表 6-19 计算，至接近 A 盘长度时，使接头点落在人孔内，最短余留一般除接头重叠预留外，有 5m 就可以保证路由长度偏差。

当 A 盘不合适，即光缆配至 B 端终点时不在人孔处，退后一个人孔又太浪费，此时应计算较 A 盘增减长度选 B 盘或 C 盘试配，至合适为止。

按类似方法配第二盘、第三盘，直至配完。

• 配好“调整盘” 对于较长管道路由配盘，如大于 5km 时，所配光缆不可能正好或接近单盘长度，很可能有一盘只用一部分，将这一盘作为“调整盘”。当配盘光缆中某一盘因地面距离偏差或其他原因延长或缩短布放距离时，此“调整盘”应考虑该盘布放长度一般不应少于 500m，以便用 OTDR 仪测量方便和避免单盘过短。

当“调整盘”使用长度超过 1km 时，可以安排在靠局（站）的一段；安排在中间什么地段，要看布放的需要或因地形等条件限制，不宜盘长过长的地段。

配盘时对“调整盘”必须注明，要求布放时放在最后敷设。

“调整盘”位置的另一个考虑因素是，如光缆敷设是从两头向中间同时敷设时，该“调整盘”应作为中间“合拢盘”。

埋式光缆配盘方法要领 长途光缆线路中直埋敷设方式较多，一个中继段内仅直埋敷设就不下于 30km，而无人中继段内直埋敷设大概有 50～70km。在长途光缆线路中直埋光缆一般会形成几个自然段，配盘时应以一个自然段为配盘连续段。

配盘时应按下列步骤进行。

• 对于一般的中继段，各盘可按配盘顺序排放。这种方式，施工队作业组在具体布放时看接头位置是否合适，布放端别是否受环境地形限制，如有问题可以自行选择后边的单盘，调整后在配盘资料上做修改即可。例如一个 25km 的埋式自然段，可配 12 盘光缆，其总长度符合表 6-19 和式（6-2）的要求，各盘排列顺序，可按盘号序号顺序排放。

• 对于光缆计划用量紧张的中继段，必须采取“定缆、定位”配置。按上述方法排出配盘顺序后，再逐条光缆核实接头位置是否合适，否则应更换单盘光缆，并将每盘光缆布放长度的具体位置确定好，标好起始、终点的桩号，这种方法称“定桩配盘法”。这种方法要多用一些时间，工作复杂一些，但较为科学，放缆时不会因不合适而重新选缆。同时这种方法使施工作业组布放时心中有数，并可以减少浪费、节省光缆。

• 直埋敷设光缆，在配盘时应根据光缆敷设情况配好"调整盘"。有些工程上得快、工期紧，通常由一个方向向对端敷设的方法跟不上，需要有两至3个布放作业组同时进行布放。对这种工程必须安排好"调整盘"，施工作业组只能由两侧向"调整盘"方向布缆。"调整盘"以一个自然段安排一盘为宜，"调整盘"选择非整盘敷设的一个盘，如2km盘长只需敷设1.6km这一盘作为"调整盘"。"调整盘"安排的位置一般放在自然布放段的中间或两侧与其他敷设方式的光缆接头位置。

步骤五　编制中继段光缆配盘图（表）。

按照上述方法、步骤计算配置结束后，按图6-28所示格式及要求，编制每一个中继段光缆盘图。

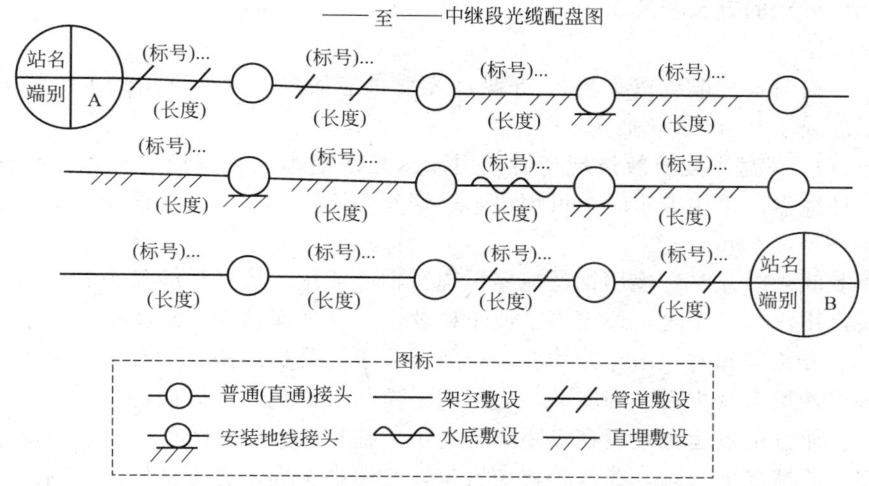

注：1. 按图例符号在接头圆圈上标上接头类型符号和接头序号；
2. 按图例符号在横线上标明光缆类别；
3. 在横线上方标明标桩或标石号；配盘时为标桩号，竣工资料为标石号；
4. 在横线下方标明长度；配盘时为配盘长度，竣工资料为实际敷设光缆程度。

图6-28　编制中继段光缆配盘图

6.3.2.4　光缆的分屯运输

光缆经单盘检验合格后，由大分屯点（集中检验现场）按布放计划及时安全地运至放缆作业队或直接运至布放现场，以及由分屯点在布放时运至施工现场，叫分屯运输，完成光缆敷设的第一个阶段的工作。

（1）分屯运输的准备工作

① 制作分屯运输计划

• 由大分屯点运至施工作业队分屯点时，应根据中继段光缆分配表或中继段配盘图编制分屯运输计划，要求包括光缆类型、数据、盘号以及运输时间、路线、责任人和安全措施。

• 由作业分屯点运至当日布放现场的工作，由施工队负责，一般为1～2盘，应尽量运至光缆路由和放缆点。运输计划较简单，一般结合配盘图、布放作业计划考虑。

• 分屯运输应由专人负责，并应了解光缆安全知识，熟悉运输路线，对参加运输及相关人员进行安全教育，检查和制订安全措施，确保分屯运输中的人身、光缆、车辆、机具的安全。

② 准备运输车辆、装卸机具

• 批量运输，长途工程大分屯点总有十几盘光缆要运至施工作业分屯点，通常一个中继段两个作业分屯点的情况较多。对埋式光缆，载重 4t 的卡车可运 2～3 盘，长距离运输用 8t 载重卡车或由载重卡车再挂一电缆拖车，可提高运输效率。

• 由作业分屯点运至布放现场，最好的方法是用光缆拖车。若无光缆拖车，可用卡车装运。对较重的埋式光缆，可以用电缆车，也可用轻型液压升降光缆拖车。

• 装卸车辆，从光缆安全考虑，对于水底光缆、铠装埋式光缆应采用专用吊车，一般光缆用汽车吊车就可以了。对于重量较轻的光缆，可以不用吊车，也不用叉式装卸车，而采用三角或人工抬运，但应该准备好跳板、绳索等。

（2）分屯运输的方法和要求

① 一般方法

• 批量运输时，一般载重车装 2～3 盘，光缆盘应横放，盘下应用垫木等垫上以避免滚动，并用钢丝或 4.0mm 铁丝捆牢。

• 少量（1～2 盘）运至敷设现场时，用液压光缆拖车时，应锁住升降控制开关，避免锁定脱开砸坏缆盘。采用卡车时，可用垫木、钢丝等固定，也可用“千斤”支架光缆，但盘离车厢底板不超过 5cm。

• 吊车装卸光缆盘时，应用钢丝绳穿过缆盘轴心或用钢棒穿过缆盘轴心，然后套上钢丝绳进行吊装。用汽车吊车时，地面不平或土松软，应在地面与支撑腿间垫上垫木。

• 用人工方法装卸时，吊、卸均应用粗绳子拴牢，跳板两侧宽度必须宽于缆盘。在没有跳板时，可用沙堆来减少高差和震动。应用绳子拉住，避免卸下后撞击。

• 除由作业分屯点运至敷设现场距离较近可用拖车直接拉光缆外，对长距离运输一般都应在包装完好的情况下运输，缆盘护板应钉牢，光缆端头固定必须良好，否则光缆容易松或磨损。

② 分屯运输的要求　主要是安全和准确。

安全性是指光缆和参加工作人员的安全。例如装卸时，缆盘下不要站人，以免发生人身事故。光缆从车上卸下时，不准从车上直接推到地下，避免砸坏。在作业分屯点，光缆屯放位置应有专人看管。运至敷设现场的光缆，应当日敷设完，万一完不成也应运回或由专人看管。

在光缆滚动时，应符合图 6-29 所示的滚动方向，并且滚动距离不宜太长，避免光缆松脱受损。

分屯运输的准确性主要是指作业分屯点确定后，应按配盘规定盘号、数量，按时运至分屯点。运至施工现场的，盘号必须正确，并根据光缆外端端别确定的布放方向运至预定敷设点（缆盘位置）。如马上敷设的光缆，其光缆放置位置应使出线方向与布放方向一致。

6.3.3 光缆线路的敷设

6.3.3.1 光缆敷设的规定和准备工作

光缆具有纤芯细、重量轻、易受损伤等特点，在敷设过程中，需要使用相关的专业工

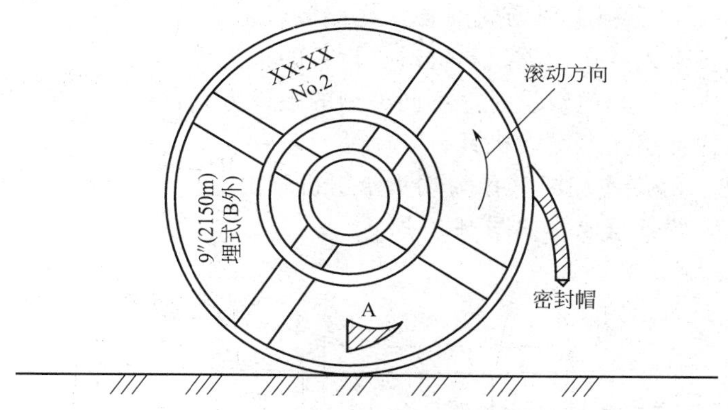

图 6-29　光缆盘正确的滚动方向

具，并且光缆牵引张力应该主要加在光缆加强件上，所以还要制作光缆牵引端头。

(1) 光缆敷设的规定　为了保证光缆敷设的安全和成功，光缆敷设时，应遵守下列规定。

敷设路由的要求　根据中继段光缆配盘图或按配盘图制定的敷设作业计划表是光缆敷设的主要依据，不得任意变动，避免盲目进行。敷设路由必须按路由复测划线进行。

光缆敷设施工的一般规定如下。

① 光缆的弯曲半径理论上应不小于光缆外径的 15 倍，在施工过程中应不小于光缆外径的 20 倍。

② 布放光缆的牵引力应该作用在光缆的加强芯上，牵引力不应超过光缆最大允许张力的 80%，瞬间最大牵引力不得超过光缆的最大允许张力。

③ 在光缆牵引端头与牵引索之间应加入转环，防止在牵引过程中扭转损伤光缆。

④ 光缆布放采用机械牵引时，需要根据地形、布放长度等因素选择牵引方式。

⑤ 机械牵引敷设时，牵引张力可以调节，牵引机速度以不超过 20m/min 为宜，且当牵引力超过规定值时，能自动告警并且能够停止牵引。

⑥ 人工牵引敷设时，可采取地滑轮人工牵引方式或人工抬放方式，牵引速度以不超过 10m/min 为宜。

⑦ 光缆布放时，要按照端别要求的方向进行布放。

⑧ 光缆布放时，光缆必须由缆盘上方放出并保持松弛的弧形。

⑨ 光缆布放过程中不能出现扭转现象，不能打背扣，不能出现浪涌等现象。

⑩ 在光缆布放、安装、回填的过程中均应注意光缆的安全，严禁损伤光缆。发现护层损伤应及时进行修复。

⑪ 如光缆布放完毕而发现可疑时，应及时进行测量，进一步确认光纤是否良好。光缆端头必须做严格的密封防潮处理，不得进水。

⑫ 当光缆没有布放完成，在无人值守情况下，不得在野外放置。直埋式光缆布放完成后应及时进行回填土（不少于 30cm）。

⑬ 在光缆布放时，建议采用新的施工工艺和施工方法，减轻敷设时的工作量，并且新工艺和新方法可以对光缆起到更为有效的保护作用。

⑭ 施工过程中，必须严密组织，并有专人指挥。布放过程中应有良好的通信联络手段，禁止未经训练的人员上岗，禁止在无联络设施的条件下作业。

⑮ 现场施工完毕后，及时清理现场废弃物，保持施工现场的环境卫生。

⑯ 施工过程中，注意施工现场周围各种线路的性质，考虑各种道路的通行状况，采取相应的措施，避免发生人身伤亡事故和材料、设备的损失等。

（2）光缆敷设机具　光缆敷设时，不同类型的敷设方式都需要借助一些光缆敷设机具来完成，下面介绍几种常用光缆敷设机具。

① 终端牵引机　终端牵引机又称为端头牵引机，由电机、主传动带、绞盘、张力系统、轴承、牵引钢丝绳等部分组成，如图 6-30 所示。

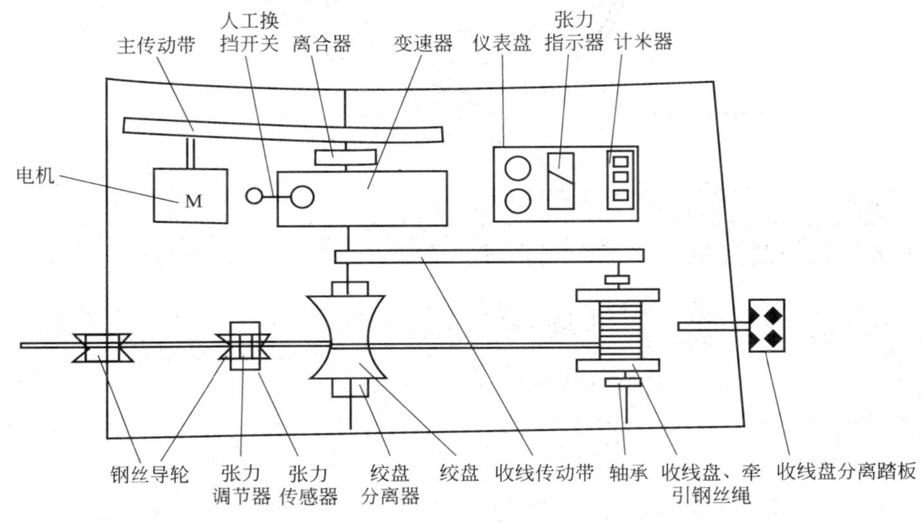

图 6-30　终端牵引机构成

终端牵引机安装在允许牵引长度的路由终点上，通过牵引钢丝绳将终端的光缆按规定速度牵引至预定位置。

② 辅助牵引机　辅助牵引机属于光缆牵引设备，在光缆的管道敷设、直埋敷设或架空敷设中置于中间部位，起辅助牵引作用。由光缆固定部分、同步传动部分、电机等组成，如图 6-31 所示。

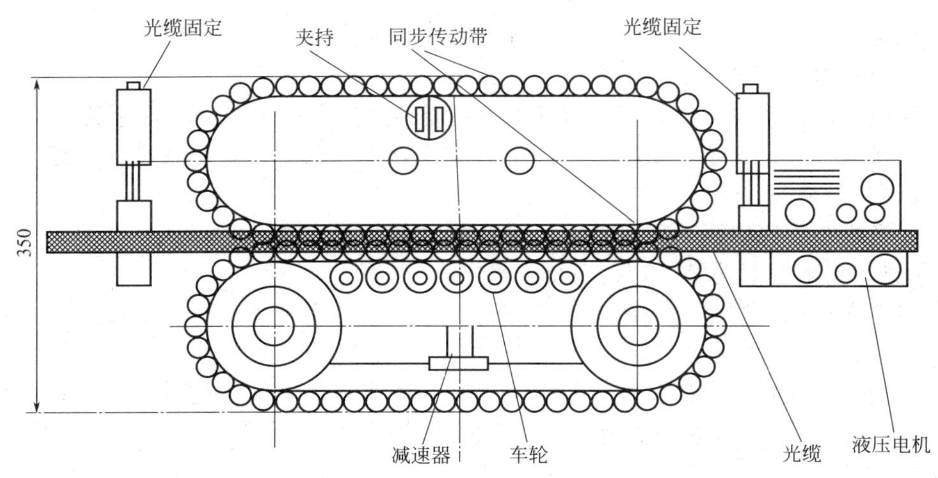

图 6-31　光缆辅助牵引机示意图

光缆夹持在两组同步传输带中间，终端牵引机牵引光缆时，辅助牵引机以同样的速度带动传动带，光缆由传动带夹持，利用摩擦力对光缆起牵引作用。

③ 导引装置　管道光缆敷设时，要通过人孔井口进行光缆的引入、引出，路由上会出现拐弯、曲线以及管道人孔的高差等情况。光缆要安全、顺利地通过这些部位，必须在有关位置安装相应的导引装置，以减少光缆的摩擦力，降低牵引张力。

根据引导用途不同，光缆导引装置可设计成不同结构的导引器、导引管和导引滑轮。

• 导引器　导引器是专门为光缆的管道敷设而设计的。导引器多数是由带轴承的组合滑轮构成。通过 1 个或 2 个导引器组成光缆拐弯导引；用 2 个导引器组成高低人孔的高差导引或光缆引出人孔导引，如图 6-32 所示。尽管导引器可能使用在不同的地方，但其作用都是一样的，那就是减少光缆所受的侧压力以及降低引力，对安全敷设起保证作用。

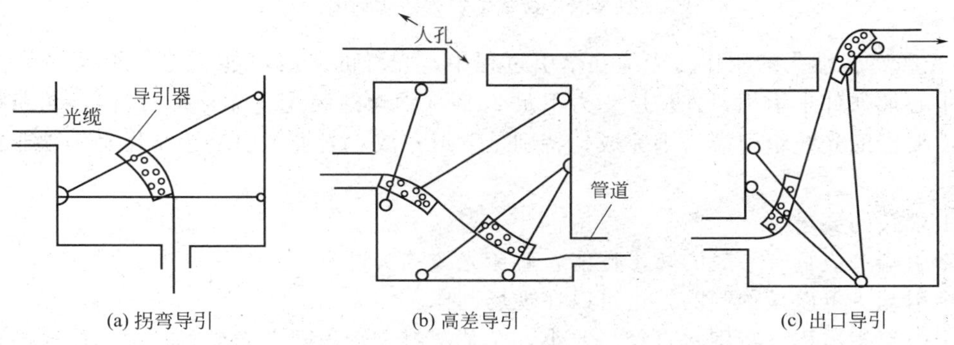

图 6-32　不同场合使用的牵引器示意图

• 导引管　导引管是用于光缆始端入口处的导引设备。一般光缆盘处都有专人值守，把光缆慢慢放入人孔，确保光缆在人孔内有少量余量，使光缆保持松动状态，这样入口处可以不用导引软管等设施，但是在人孔入口处应加一软垫，以避免擦伤光缆，并注意光缆盘上退下的速度要与布放速度同步，以避免打小圈或出现“浪涌”现象。

• 导引滑轮　当直埋光缆敷设采用人工牵引时，为了减小光缆与地面之间的摩擦力，可以在光缆与地面之间安装导引装置，即导引滑轮，也称为导向轮，如图 6-33 所示。

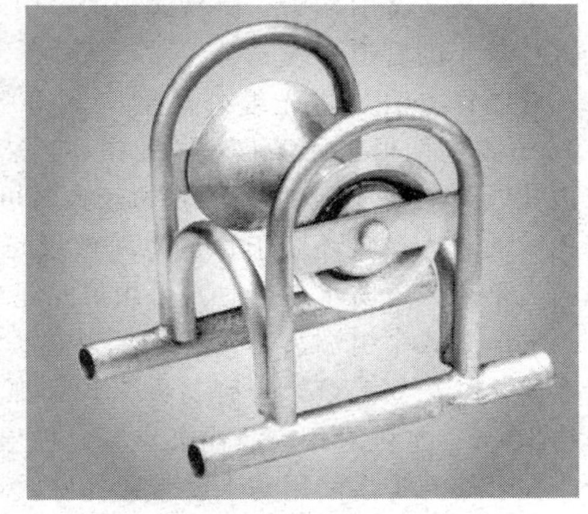

图 6-33　导引滑轮

• 穿管器　穿管器也叫穿孔器或者穿线器，在清洗通信管道或布放光缆时使用。穿管器由扁铁或圆管制成的小车架固定，穿管器规律地盘在架子中，如图 6-34 所示。现在工程中大多使用的是玻璃钢穿管器。玻璃钢穿管器由铜芯、玻璃纤维加强层、高压低密度聚乙烯防护层 3 部分构成。玻璃钢穿管器可用于电信管道清洗及光缆、电缆和塑料子管的布放。

玻璃钢穿管器使用时，首先将玻璃钢覆杆由引轮引出，然后与相应的金属头连接，穿入管路内；用于清理时，导头带动清理工具，可以清理管道；用于布放光缆时，可先将钢丝或铁线带入，然后用钢丝或铁线牵引光缆入管。

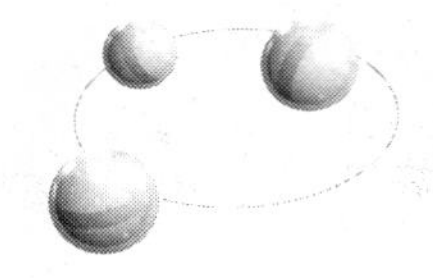

图 6-34　玻璃钢穿管器实物图

④ 光缆牵引端头的制作　光缆在牵引过程中，光纤的芯线不能受力，所以 75%左右的张力由中心加强件来承担，外护层受力不足 25%（钢丝铠装光缆除外）。这样，光缆在敷设过程中需要借助光缆牵引端头来完成。特别是管道布放，光缆牵引端头制作是一项非常重要的工序。

牵引端头的要求

- 牵引端头应具有一般的防水性能，避免光缆端头进水。
- 牵引端头可以是预制的，也可以在现场制作。
- 牵引端头体积（特别是直径）要小，尤其塑料子管内敷设光缆时必须考虑这一点。

牵引端头的种类和制作方法　光缆牵引端头的种类较多，图 6-35 中列出较有代表性的 4 种不同结构的牵引端头。

- 简易式牵引端头　简易式光缆牵引端头如图 6-35(a) 所示，这是较常用的一种，适用于直径较小的管道光缆。

其制作方法是将光缆外护套开剥 30～40cm，留下加强芯做一扣环，并用 1.6mm 或 2.0mm 铁丝两根与加强芯一样做扣环，然后用铁丝在光缆上捆扎 3 道，加强芯扣环在护层前边扎线，一般 3～5 道，若张力较大时可多扎几道，最后在护层切口处用防水胶带包扎以避免水的进入。转环对于管道光缆敷设是不可少的。当采用机械牵引时，牵引索采用钢丝绳；当采用人工防水牵引时，可用尼龙绳或铁丝作牵引索。

- 夹具式牵引端头　夹具式牵引端头如图 6-35(b) 所示，这种方式较方便。一般有压接套筒式［图 6-35(b)］、弹簧夹头式和抓式夹具。使用时，先将光缆剖开，去除护层和芯线约 10cm，加强芯用夹具内夹夹紧，护层由套筒收紧。夹具本身带转环，为了提高防水性能，在套筒与护层间用防水胶带包扎好。

- 预制型牵引端头　预制型牵引端头如图 6-35(c) 所示，这是由工厂或施工队在施工前预先制作的一种方式，是一次性牵引端头。

若出厂时已制作好牵引端头的，在单盘检验时应尽量保留一端。这种方式的端头是可预先制作好，施工现场不必制作，方便省时，同时具有防水性能良好的特点。

- 网套式牵引端头　网套式牵引端头如图 6-35(d) 所示，由于 40～50cm 长的网套具有收紧性能，受力分布均匀且面积大，所以适用于具有钢丝铠装的光缆。当把网套式牵引端点用于非钢丝铠装的光缆时，需要把加强芯引出做一扣环，将其与网套扣环一同连至转环。在有水区域敷设时，在套上网套时，光缆端头应预先用树脂或防水胶带等材料做防水浸入处理。

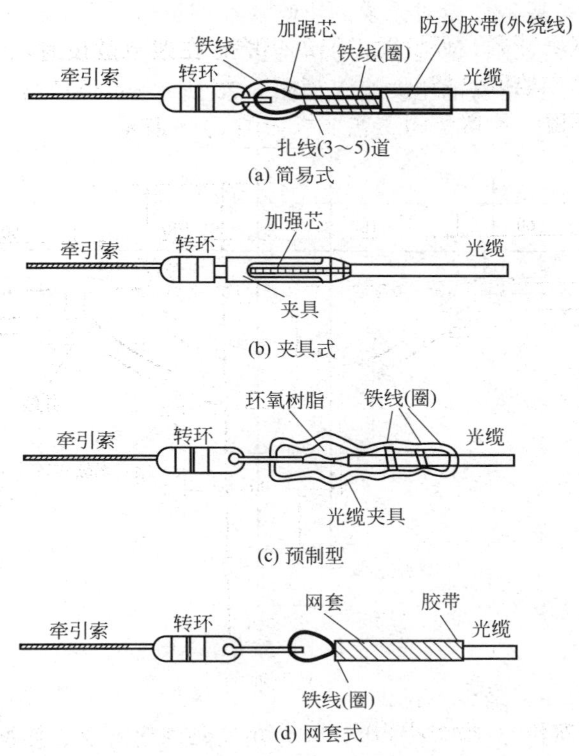

图 6-35　光缆牵引端头制作示意图

6.3.3.2　架空光缆的敷设

架空光缆敷设是将光缆架设在电杆上的一种敷设方式。这种敷设方式在长途二级干线、农话线路上用得较多，而在市话中继线路上所占的比例较小。

架空光缆主要有钢绞线支承式和自承式两种，目前主要采用钢绞线支承式。钢绞线支承式光缆的架设又分为吊挂式和缠绕式两种方式，其中缠绕式具有施工效率高、抗风压能力强等优点，但由于其施工条件限制较多，一般不推荐采用。

（1）架空光缆线路的一般要求

① 架空光缆及杆路的应用场合

• 架空光缆应具备防震、防风、雪、低温变化负荷产生的张力的力学性能，并具有防潮、防水的性能。

• 在超重负荷区，气温低于－30℃的地区，大跨度数量多的地区，不宜采用架空敷设。

• 在沙暴严重和经常遭受台风袭击的地区不宜采用架空敷设。

• 架空光缆的立杆要满足杆的规格、杆间距、埋深等技术要求。一般的杆距：市区为35～40m，郊区为40～50m，在其他地区，则根据其不同的气候条件，间距范围为25～67m。

② 架空光缆安装的一般要求

• 架空光缆垂度的取定，要满足光缆架设过程中和架设后承受最大负载时产生的伸长率小于0.2%。

• 架空光缆可适当地在杆上做伸缩预留，如图6-36所示。为了防止因季节气候的变化，尤其是冬季低温、冰凌等恶劣环境对光缆的影响，在架空敷设时，一般要求设置“Ω”形伸缩预留弯。原则上北方地区每杆留一个，中部地区每2～4根杆留一个，南方地区可以间隔一定距离留一个或不留。预留弯的工艺要求如图6-36所示。

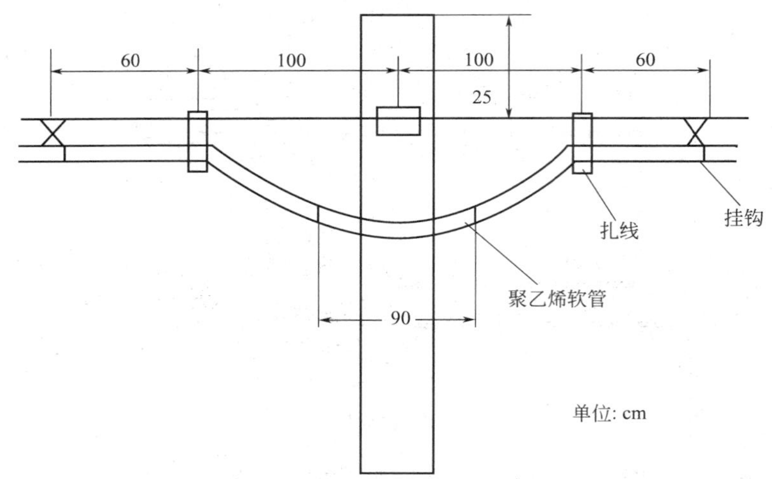

图6-36 杆上伸缩弯示意图

• 杆上余留长度为2m，最少不得少于1.5m。在靠近杆中心部位，应采用聚乙烯波纹管进行保护。余留两侧及绑扎部位不能扎死，因为在气温变化时要能伸缩。

• 光缆经十字吊线或丁字吊线处应安装保护管，如图6-37所示。

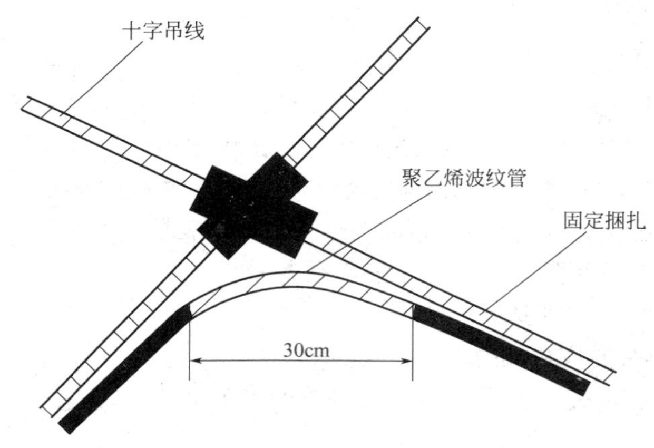

图6-37 光缆在十字吊线上保护示意图

• 光缆线路跨越小河或其他障碍物时，可采取长杆挡设计，一般用7/3.0钢绞线，如图6-38所示。

• 架空光缆引上安装要求杆下使用镀锌钢管保护，防止人为损伤。上吊部位应留有伸缩弯并注意其弯曲半径，以确保光缆在气温剧烈变化时的安全性，并对镀锌钢管管口进行堵塞，如图6-39所示。

• 架空光缆应按照设计规定措施做防强电、防雷保护。在光缆与高压线交越时，要做绝缘处理。光缆与建筑物接触部位，要采用聚乙烯波纹管进行保护。

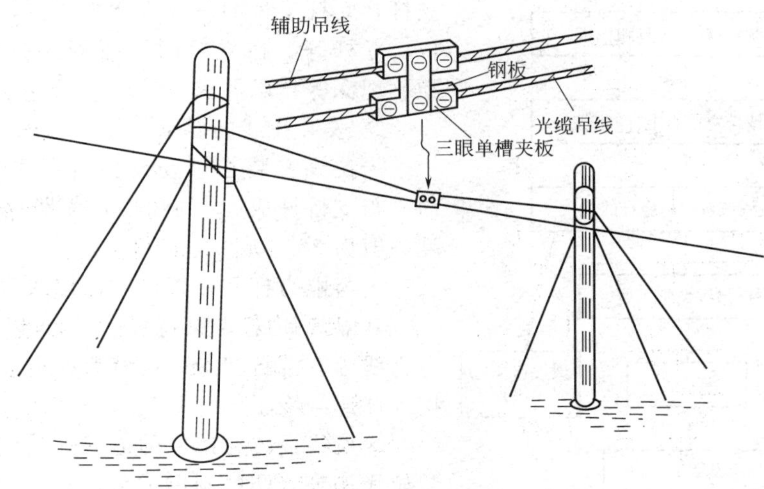

图 6-38　长杆挡架空光缆敷设简图

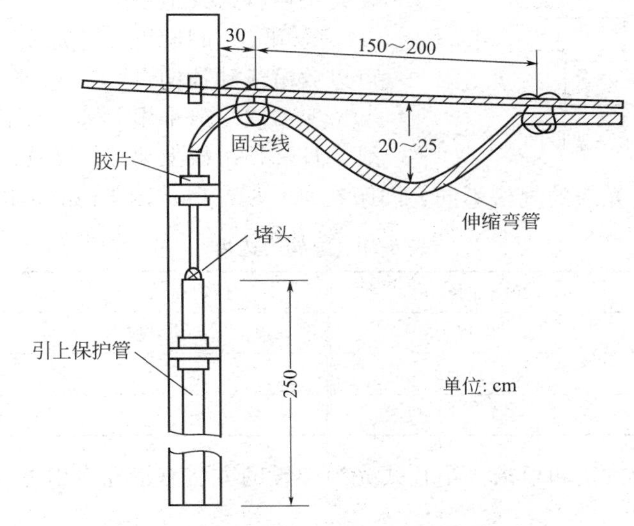

图 6-39　引上光缆的安装及保护

• 在平地敷设光缆时，使用挂钩吊挂；在山地或陡坡敷设光缆，使用绑扎方式。光缆接头应选择位于容易维护的直线杆位置处，预留光缆要用预留支架固定在杆上。

• 架空光缆跨越道路、河流、桥梁等特殊地段时应悬挂光缆警示标志牌。

• 架空吊线与电力线交叉处需要增加三叉保护管保护，每端伸长不得小于 1m。

• 靠近公路边的电杆拉线上应套包发光棒，长度为 2m。

• 为防止吊线的感应电流伤人，每处电杆拉线要求与吊线做电气连接。各拉线应安装拉线式地线，要求吊线直接用衬环接续，在终端直接接地。

• 光缆牵引张力和弯曲半径要符合相关规定。

③ 架空光缆线路架设的工作流程　如图 6-40 所示。

(2) 吊挂式架空光缆架设

杆路准备　杆路准备中有 3 个步骤，即立杆、拉线、吊线。

① 立杆　架空敷设所使用的电杆，可利用现有的线路杆路，若无此条件，则需要自行

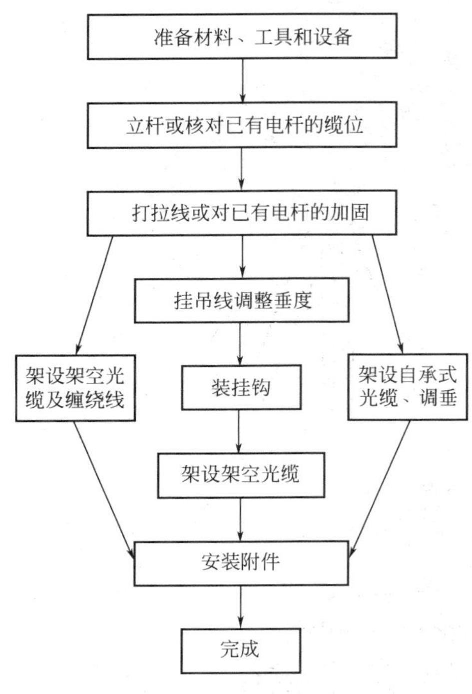

图 6-40　架空光缆线路架设的工作流程

立杆。立杆工程的一般步骤是测位、挖坑、底盘就位、立杆等。在立杆时，要满足杆的规格、杆间距、埋深等技术要求。

② 安装拉线的要求

• 拉线安装在承受支持杆负荷方向的相反方向，与支持杆成 45°的角度，而跨路拉杆拉线的角度一般为 30°。

• 与电力杆共杆架设时，拉线应接入球形绝缘子，其隔离距离要保持在 7.5cm 以上。若拉线与电力线等有混合接触，或有泄漏电危险时，也需要接入球形绝缘子。

• 拉线设置在市区的道旁易受到损伤时，应安装拉线护套（塑料制保护套）。

• 上部拉线的安装采用自由抱箍，下部拉线的安装采用打入式地锚。

③ 吊线和挂钩　当完成立杆和拉线施工后，可以放吊线和挂钩。

• 吊线一般采用 7/2.2～7/3.0mm 的镀锌钢绞线，且一根吊线上架挂一条光缆。

• 挂钩间距根据光缆的规格不同，间距在 400～600mm。挂钩的选用如表 6-20 所示。

表 6-20　挂钩的选用

挂钩程式	光缆外径/mm	挂钩程式	光缆外径/mm
65	32 以上	35	13～18
55	25～32	25	12 以下
45	19～24		

吊挂式光缆架设方法和要求　吊挂式光缆架设的方法有滑轮牵引方式、杆下牵引方式和预挂钩牵引方式 3 种。

① 滑轮牵引方式

• 为顺利布放光缆以及不损伤护层，采用导向滑轮。在光缆盘一侧（始端）和牵引侧（终点）安装如图 6-41 所示的导向索和两个滑轮，并在电杆部位安装一个大号滑轮。

• 每隔 20～30m 安装一个导引滑轮，一边将牵引绳通过每一滑轮，一边按顺序安装，直到光缆缆盘处与牵引端头连好。

• 光缆端头的牵引可以采用端头牵引机或人工牵引方式。

• 一盘光缆分几次牵引时，需要采用“∞”方式分段牵引。

• 每盘光缆牵引完毕，由一端开始用光缆挂钩分别将光缆托挂于吊线上，取代引导滑轮，并按要求在杆上做伸缩弯、整理挂钩间隔等。

• 光缆接头预留长度为 8～10m，应盘成圆圈后用扎线绑扎在杆上。

② 杆下牵引方式　在道路宽敞或郊外条件允许的地区，可采用杆下牵引法，一边布放光缆，一边挂挂钩，所以也叫做边放边挂法（边安装光缆挂钩，边将光缆挂在吊线上）。在挂设光缆的同时，将杆上预留、挂钩间距等工作一次完成，并完成接头预留长度和做好端头

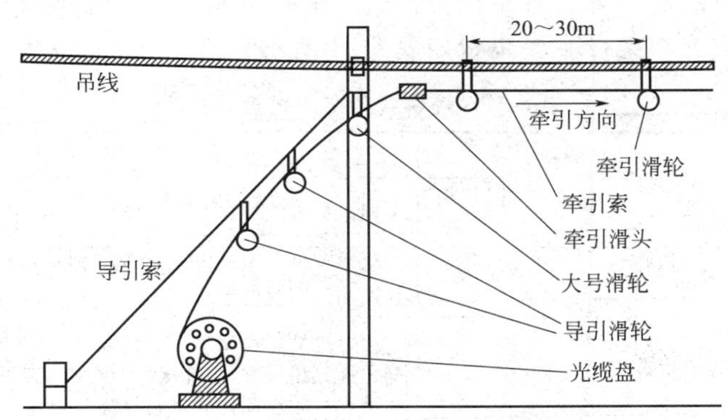

图 6-41　光缆滑轮牵引架设方法示意图

的处理。安装人员一般是坐在滑车上在吊线上完成上述操作，如图 6-42 所示，需要注意的是当吊线规格低于 7/2.0 时是不允许坐滑车完成相关作业的。

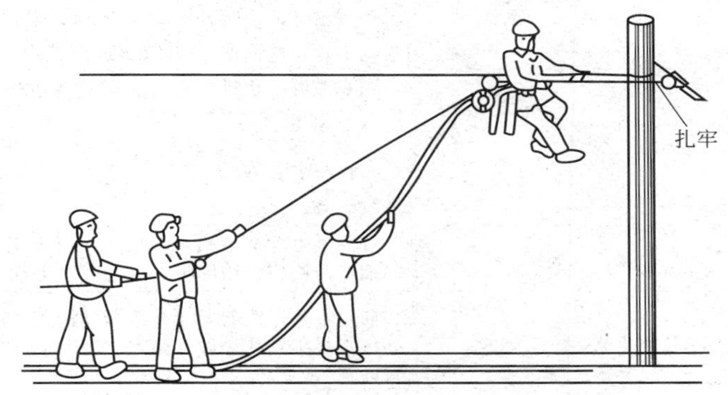

图 6-42　杆下牵引法示意图

③ 预挂钩牵引方式　这种方式是在杆路准备时已经完成部分挂钩在吊线上的安装。每隔（50±2)cm 安装一个挂光缆的挂钩，并穿好引线，引线一般采用 2.5～3.0mm 铁线或尼龙绳、钢丝绳等。在光缆盘及牵引点处安装导向索引及滑轮，引线通过挂钩至光缆盘的光缆端头，通过网套式牵引端头连接光缆。牵引光缆完毕后，再整理一次光缆挂钩，调整间距，并在杆上做伸缩弯和放好接头预留长度。布放法与滑轮牵引法相似，如图 6-43 所示。

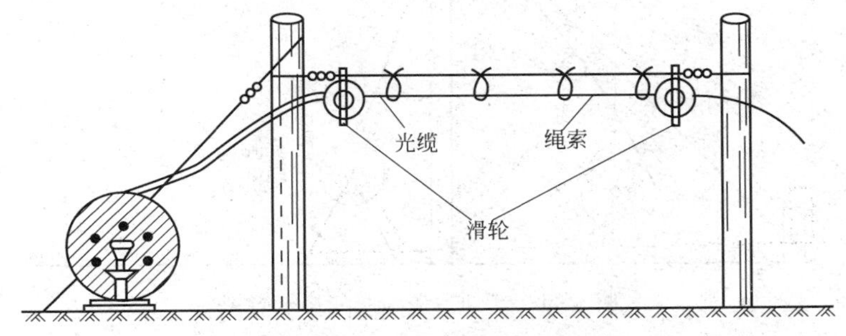

图 6-43　预挂钩牵引法示意图

(3）缠绕式架空光缆架设　缠绕式架空光缆架设是采用不锈钢扎线把光缆和吊线捆扎在

一起。这种方式具有省时省力、不易损伤护层、平时可避免风的冲击以及维护简便等优点。

一般缠绕式架空光缆架设主要步骤如表 6-21 所示。

表 6-21 缠绕式架空光缆敷设步骤

工作步骤	工作内容	备 注
第一步:杆路准备	准备好合格的杆路,放好吊线	同吊挂方式杆路准备一样
第二步:准备器材	①捆扎线	采用直径为 1.2mm 的不锈钢线,要求扎线具有足够好的机械强度和防腐蚀性
	②缠绕机	缠绕机的工作原理是当缠绕机沿吊线向前牵引时,摩擦滚轮与静止部分相接触,因此滚动部分与前进方向相垂直地转动,光缆和吊线一起被捆扎线螺旋地绕在一起
	③移动式滑轮	安装在吊线上,随转轴转动,可以减少摩擦,使光缆牵引更方便,同时降低张力
第三步:缠绕式架设光缆	①光缆临时架设	可以采用活动滑轮和固定滑轮架设两种方法,这里介绍活动滑轮临时架设 在光缆盘及终端牵引点处安装导引索和引导滑轮,并在杆上安装导引器。每隔 4m 左右距离安装一个移动滑轮,构成移动滑轮组。牵引光缆由活动滑轮完成临时架设,光缆和安装在吊线上的活动滑轮一起向前牵引,完成临时架设,如图 6-44 所示
	②缠绕扎线	用光缆缠绕机进行自动缠绕扎线,用人工牵引自动缠绕机,如图 6-45 所示。当缠绕机向前牵引时,随着缠绕机滚动部分与前进方向垂直转动,完成光缆和吊线呈螺旋形地捆扎在一起。缠绕机过杆时需要专人上杆搬移,由杆的一侧转到另一侧,安装好后继续缠绕
	③杆上余留及固定	按照杆上伸缩弯的余留要求做好伸缩弯,扎线一般直拉过杆。伸缩弯两侧应采用固定卡将光缆固定,如图 6-46 所示
	④扎线终结	捆扎不锈钢线的起端和终端,即扎线的头、尾,在吊线上做终结处理。接头点扎线做终结,光缆用固定卡固定,光缆端头做好密封处理

在缠绕式架空光缆架设时,也可以采用卡车进行缠绕光缆架设,这样可以免去一般架设过程中的临时架设光缆步骤。这种架设方式是将光缆布放、缠绕同时进行,一次完成。

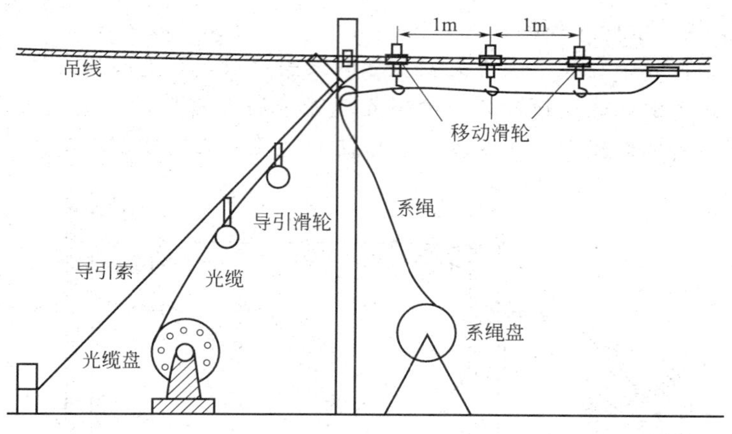

图 6-44 活动滑轮临时架设示意图

(4) 架空光缆的接地保护 其目的是为了保护架空线路设备和维护人员免受强电或雷击危害和干扰影响,一般在终端杆、角杆、H 杆处及市外每隔 10～15 根电杆上使架空光缆的

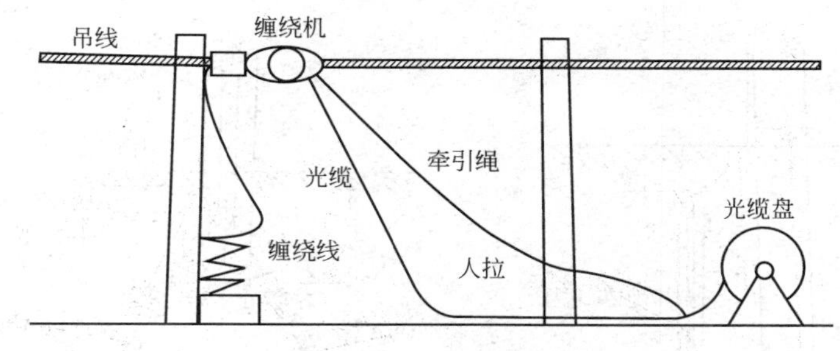

图 6-45　人工牵引缠绕布放

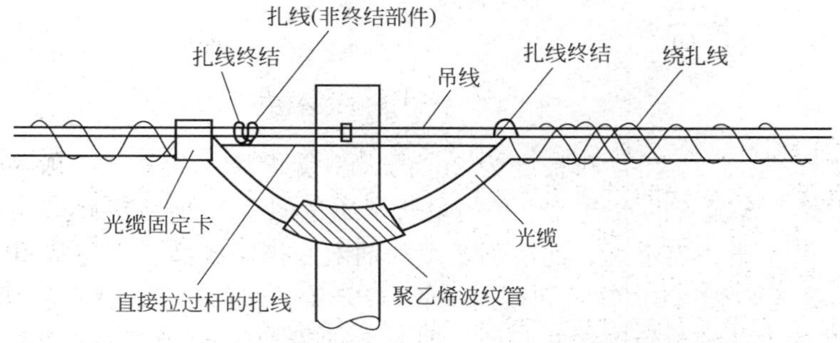

图 6-46　架空缠绕光缆的杆上安装示意图

金属护层及架空吊线接地。

接地装置有线型和管型两种。线型接地的引线和接地体均用直径为 4～5mm 的镀锌钢线，接地体一般水平敷设，埋设深度 0.7～1m。表 6-22 为架空光缆杆路的接地电阻。管型接地如图 6-47 所示。管型接地施工方便，占地面积小，容易获得较小的接地阻。其中图 6-47(a) 所示为单管接地，要求管打入地下的深度较深；图 6-47(b) 所示为双管接地，适用于土质坚硬的地区。

表 6-22　架空杆路的接地电阻值

土壤电阻/Ω	≤100	100～300	301～500	≥501
土壤性质 / 接地电阻/Ω	黑土、泥炭、黄土、砂质黏土	夹砂土	砂土	石质土壤
一般电杆的避雷接地	≤80	≤100	≤150	≤200
终端杆、H 杆		≤100		
与高压电力线交越处两侧电杆		≤25		

6.3.3.3　管道光缆的敷设

管道敷设是在已铺好的管道中布放光缆的敷设方式。管道光缆敷设在市内光缆工程中所占比例是较大的，所以，管道光缆敷设技术是十分重要的。

(1) 通信管道建筑

① 通信管材的分类及选用　用于管道敷设的管材有水泥管、塑料管、混凝土管、钢管、塑料管等，其中塑料管是现在管道选择的主流材料。

通信管材的分类

• 水泥管　早期的通信管道主要为水泥管。用水泥浇铸而成，每节长度为 60cm，现有

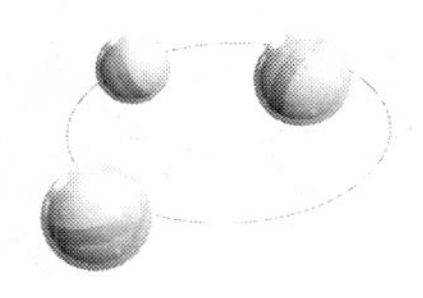

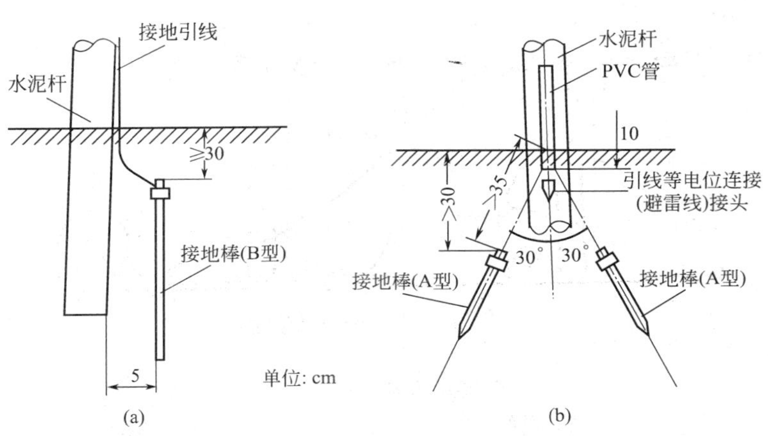

图 6-47　管型接地装置图

多管孔组合（如 12 孔、24 孔）和长度为 2m 的大型管筒块。此外，一般常用单节管筒、2 孔、4 孔和 6 孔等。水泥管的重量大小是衡量管子质量的一个重要指标。

• 塑料管　由树脂、稳定剂、润滑剂及填加剂配制挤塑成型。目前常用的有硬聚氯乙烯管（PVC 管）、聚乙烯管（PE 管）和聚丙烯管（PP 管）。通信管道中常采用 PVC 管。

• 钢管　管道敷设所用的钢管有两种，即无缝钢管和焊接钢管，其中焊接钢管最常用，而无缝钢管被用于特殊场合，如要求较多的桥上管道。

管材的选用　通信管道对管材的要求如表 6-23 所示。

表 6-23　通信管材性能需求

性　　能	要　　求
机械强度	足够的机械强度
管孔内壁	管控内壁足够光滑，以减少对光(电)缆外护套的损害
腐蚀性	无腐蚀性，不能与光(电)缆外护套起化学反应，对护套造成腐蚀
密封性	良好的密封性，不透气、不进水，便于气吹方式敷设光缆
耐久性	使用的耐久性，管道一般至少要用 30 年以上
易于施工	易于接续、弯曲、不错位等
经济性	制造管材的材料要充裕、制造简单、造价低廉，能够大量使用

各种管材的对比与选用如表 6-24 所示。

表 6-24　各种管材的优缺点和使用

管材的名称	优点	缺点	使用场合	不宜使用地段
混凝土管	①价格低廉 ②制造简单，可就地取材 ③料源较充裕	①要求有良好的基础才能保证管道质量； ②密闭性差，防水性低，有渗漏现象； ③管子较重，长度较短，接头多，运输和施工不便，增加施工时间和造价； ④管材有碱性，对光(电)缆护层有腐蚀作用； ⑤管孔内壁不光滑对抽放光(电)缆不利	中国以前的本地网线路中使用较多，现在使用较少	①地基不均匀下沉或跨距较大的地段； ②管道附近有腐蚀物质； ③深在地下水位下或位于有渗漏的排水系统附近时

续表

管材的名称	优点	缺点	使用场合	不宜使用地段
石棉水泥管	①重量轻、强度高； ②密闭性较好； ③抗腐蚀； ④内壁光滑； ⑤热导率较低且有一定的绝缘性和耐冻性	①性脆、易碎； ②不耐冲击、振动； ③造价较高； ④接续较麻烦	①需要防腐蚀的地段； ②高温地段； ③地基有不均匀下沉的地段； ④分支管道	①经常受外界机械冲击的地段； ②埋深过浅的地段
钢管	①机械强度高； ②抗弯能力强； ③密闭性好、不渗漏； ④管道不需要有基础	①埋在土壤中易腐蚀； ②管材较重； ③造价较高	①不宜开挖的地段； ②有较大跨距的地段； ③穿越铁路、公路的地段； ④埋深很浅的地段； ⑤需要屏蔽的地段	对钢材材料有腐蚀的地段
塑料管（硬聚氯乙烯管）	①管子重量轻，接头数量少； ②对基础的要求比混凝土管低； ③密闭性、防水性好； ④管腔内壁光滑，无碱性； ⑤化学性能稳定、耐腐蚀	①有老化问题，埋在地下则能延长使用年限； ②耐热性差； ③耐冲击强度较低； ④热膨胀系统较大	已广泛使用于各种场合	①高温地段； ②经常受冲击的地段； ③埋深过浅的地段

② 管群的组合形式、埋深及管道的坡度

• 水泥管管群的组合形式　一般为正方形或矩形，矩形的高应不大于宽度的 2 倍，其具体组合如图 6-48 所示。

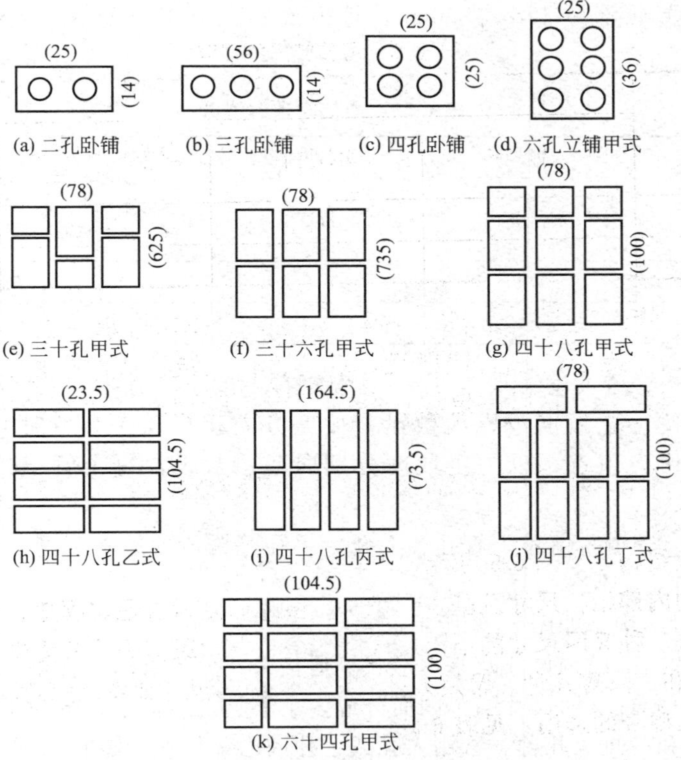

图 6-48　水泥管管群组合形式

管道基础一般分为无碎石底基和有碎石底基两种。前者即为混凝土基础，其厚度一般为8cm。当管群组合断面高度不低于62.5cm时，基础厚度应为10cm，当管群组合断面不低于100cm时，基础厚度应为12cm。有碎石底基者，通称碎石混凝土基础，除混凝土基础外，于沟底加铺一层厚度为10cm的碎石。特殊地段，应采用钢筋混凝土基础。基础宽度，在管群两侧各多出5cm，如图6-49所示。

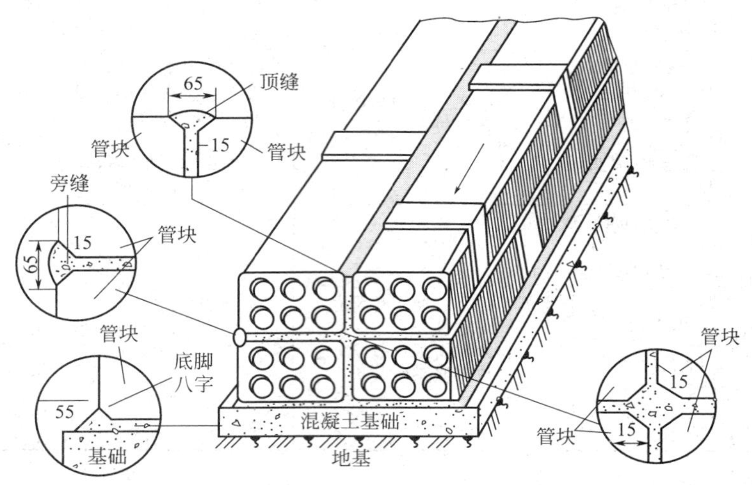

图6-49 水泥管管群组合结构示意图

• 管道的埋深　管道埋深一般为0.8m左右。此外，还应考虑管道进入人孔的位置，管群顶部距人孔上覆底部应不小于30cm，管道底距人孔基础面应不小于30cm。具体见表6-25。

表6-25　通信管道的埋深

管材种类	路面至管顶的最小埋深/m			
	人行道下	车行道下	与电车轨道交越（从轨底算起）	与铁道交越（从轨底算起）
水泥管	0.5	0.7	1.0	1.5
塑料管	0.5	0.7	1.0	1.5

• 管道坡度　管道坡度一般为3‰～4‰左右，最小不宜小于2.5‰。一字坡时，相邻两人孔间管道按一定坡度成直线敷设，坡度方向相反。人字坡时，以相邻两人孔间的管道适当地点作为顶点，以一定坡度分别向两边敷设，每个管子接口处张口宽度应不大于0.5cm。

③ 管道结构　管道是由若干管孔、人孔、手孔等构成的地下管网，其作用是收容各种通信光缆，并对其进行保护。

• 人孔的一般结构　如图6-50所示。

• 各型人孔的内部结构尺寸及基本形状　通信人孔分为直通、拐弯、分支、扇形、特殊和局前等几种，每一种又因尺寸的不同而分成多个小类。通信手孔分为半页（多用于小区布线）、单页、双页和三页等几种。常用人孔或手孔的内部尺寸如图6-51所示。

• 人（手）孔型号的选用　见表6-26。

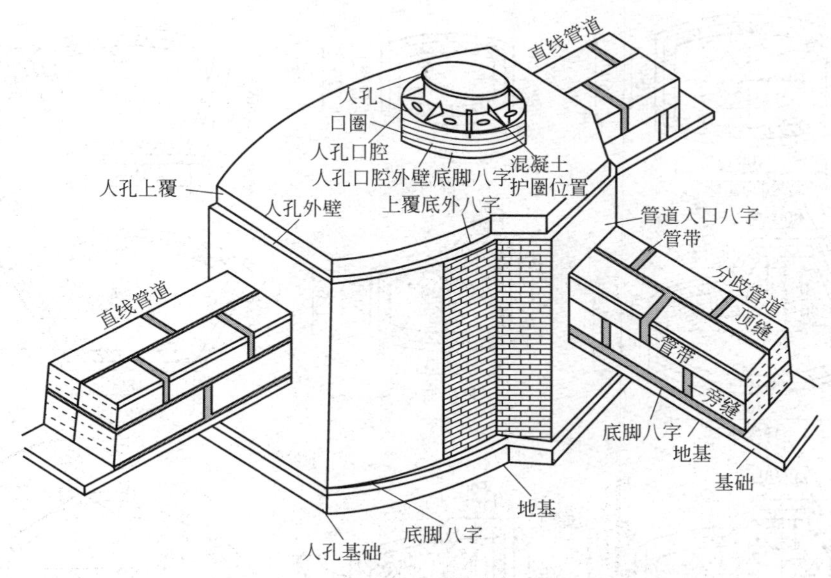

图 6-50　人孔的一般结构

④ 通信管道建筑的施工工序　通信管道建筑的施工一般分为挖沟、铺基础、放管道、回填土等几个阶段，在《通信管道工程施工及验收技术规范》中对此做了详细的规定，如表 6-27 所示。

(2) 管道光缆敷设的准备工作　管道路由比较复杂，光缆所受张力、侧压力因地段各不相同，所以在管道光缆敷设前，要做好核实管道资料、清洗管道、预放塑料子管或铺设梅花管道、计算牵引张力等各项准备工作。

① 管孔资料核实　按照前期设计规定的管道路由和占用管孔，检查是否空闲以及进、出口的状态。按光缆配盘图核对接头位置所处地貌和接头安装位置，并仔细观察和检查接头位置设置是否合理，是否具备开展施工的可能。

② 清洗管道　管孔清洗应洗刷干净，清刷工具应包括铁砣、钢丝刷、棕刷、抹布等，铁砣的大小要与管孔适应。对于新管道以及淤泥较多的陈旧管道，传统的管孔清洗方法如图 6-52 所示。

另外，需要注意的是在管道清洁工具制作时，各相关物件应连接牢固，避免中途脱落或折断，给清洗管道工作带来麻烦。

③ 铺设管道　随着通信网络的发展，城市电信管道日趋紧张，为充分发挥管道的作用，利用光缆直径小的特点，对现有管孔进行分割使用，在一个管孔内采用不同的分隔形式布放塑料子管，也可以采用铺设梅花管的方式。

塑料子管一般为聚乙烯半软管，质量符合设计要求。对于直埋铠装光缆进管道时，应选用合适的大直径子管。波纹管内壁光滑平整，外壁呈梯形波纹状，内外壁间有夹壁中空层，是传统水泥管道的替代产品。

以在一个 ϕ90mm 的水泥管道管孔中预放 3 根塑料子管为例，其分隔方法如图 6-53 所示。

梅花管是一种梅花状的 PVC 材料制成的通信管材，又称蜂窝管，实物如图 6-54 所示，这种管材内壁光滑，直接可穿光缆。

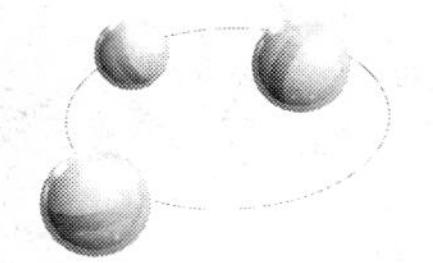

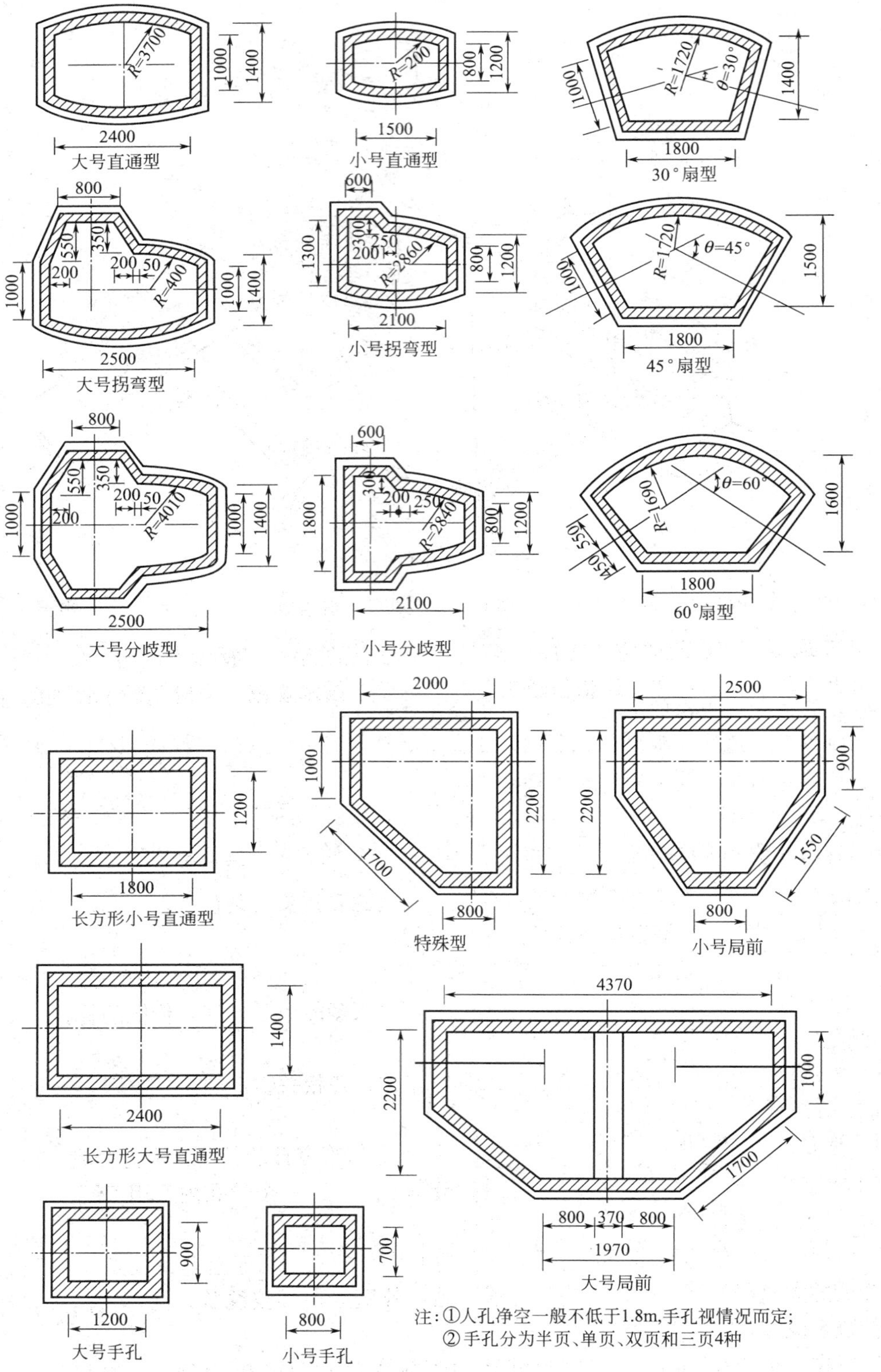

大号直通型　小号直通型　30°扇型

大号拐弯型　小号拐弯型　45°扇型

大号分歧型　小号分歧型　60°扇型

长方形小号直通型　特殊型　小号局前

长方形大号直通型　大号局前

大号手孔　小号手孔

注：①人孔净空一般不低于1.8m，手孔视情况而定；
②手孔分为半页、单页、双页和三页4种

图 6-51　常用人孔或手孔的内部尺寸

表 6-26　人（手）孔的选用

类别	管群容量/孔	人孔形式
手孔	1～4	手孔
人孔	5～12	小号人孔
	13～24	大号人孔
局前人孔	24 及以下	小号局前
	24～48	大号局前

表 6-27　通信管道建筑的施工工序

施工工序	施　工　内　容
第一阶段：挖掘管道沟（坑）	①在土层坚实，地下水位低于沟底时，可采用放坡法挖沟
	②坑的侧壁与人（手）孔外壁外侧的间距，在不支撑护土板时不小于 0.4m
	③施工时应支撑护土板的地段有：横穿车行道时；土壤是松软的回填土、瓦砾、砂土等；土质松软低于地下水位时；与其他管线平行较长而距离又小时
第二阶段：铺设管道基础	① 采用混凝土基础，基础宽度应比管道组群宽度加 10cm，即每侧各 5cm，厚度为 8cm
	②通信管道基础的混凝土应振捣密实，表面平整，无断裂，无波浪，无明显接茬、欠茬现象，混凝土表面不起皮、不粉化
第三阶段：敷设管道	①水泥管块的顺向连接间隙不得大于 5mm，上、下两层管块间及管块与基础间为 15mm，偏差≤5mm
	②相邻两层管的接续缝应错开 1/2 管段长
	③铺设时，应在每个管块的对角管孔用两根拉棒试通管孔。拉棒长度一般在直线管道为 1.2～1.5m，弯管道为 0.9～1.2m，拉棒直径应小于管孔标称孔径 3～5mm
	④管道接缝处应先刷纯水泥浆，再刷 1：2.5 的水泥砂浆进行处理
	⑤塑料管的接续最好采用承插法或双插法
	⑥通信管道与其他各种管线平行或交越的最小净距符合相关标准
第四阶段：回土夯实	①管道顶部 30cm 以内，包括靠近管道两侧的回填土内，不应含有直径大于 5cm 的砾石、碎砖等坚硬物体
	②管道两侧应同时进行回填土，每回填 15cm 厚的土，就用木夯排夯两遍
	③管道顶部 30cm 以上，每回填土 30cm，应用木夯排夯 3 遍或用蛤蟆夯排夯两遍，直至回填、夯实与原地表平齐
	④挖明沟穿越道路的回填土，应满足下列要求：本地网内主干道路的回土夯实，应与路面平齐；本地网内一般道路的回土夯实，应高出路面 5～10cm；在郊区大地上回填土，可高出地表 15～20cm
	⑤人（手）孔回填土应符合下列要求：靠近人孔壁四周的回填土内，不应有直径大于 10cm 的砾石、碎砖等坚硬物；人（手）孔坑每回土 30cm，应用蛤蟆夯排夯两遍或木夯排夯 3 遍；人（手）孔坑的回填土，严禁高出人（手）孔口圈的高程

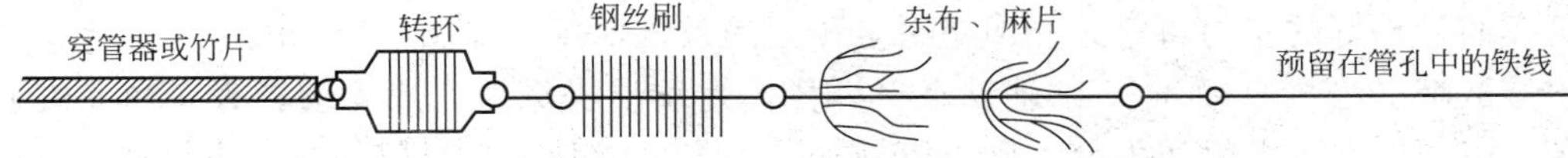

图 6-52　管孔清洗工具示意图

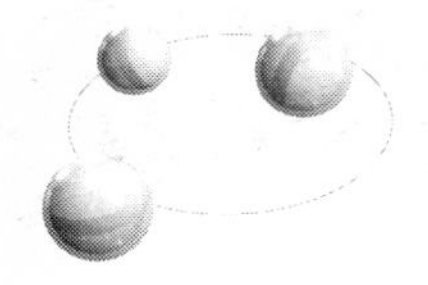

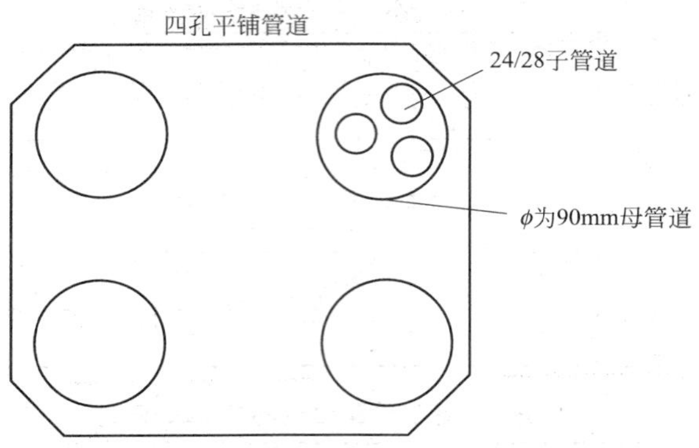

图 6-53 子母管道示意图

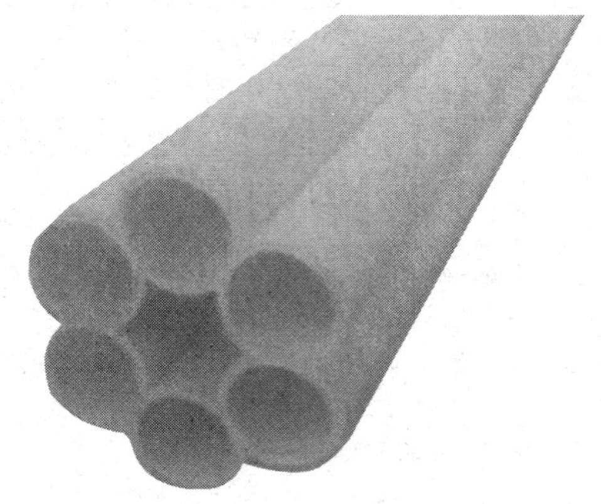

图 6-54 梅花管实物图

一根梅花管的长度一般为 6m，在铺放过程中需要连接。梅花管连接时一般采用承插式粘接法。

④ 牵引张力的计算方法 敷设光缆前，必须计算牵引张力。根据工程用光缆的标称张力，通过对敷设路由牵引张力的估算，确定一次牵引的最大敷设长度，以及确定光缆敷设形式；然后，根据路由的情况、光缆重量和标称张力，计算出正确的牵引张力。光缆敷设前牵引张力的估算非常重要，对安全敷设光缆，特别是对于管道敷设起到决定性的作用。敷设张力的大小与路由、光缆结构有关，所以在牵引张力的计算中，需要考虑不同路由情况。

(3) 管道光缆敷设方法 主要有机械牵引法、人工牵引法和机械与人工相结合的敷设方法 3 种。

① 机械牵引法 根据牵引过程中牵引力所加注的位置不同，机械牵引法又分为集中牵引、分散牵引和中间辅助牵引 3 种。

• 集中牵引法 也称为端头牵引法，牵引钢丝是通过牵引端头与光缆端头连好，用终端牵引机按照计算好的张力将整条光缆牵引至预定的敷设地点，如图 6-55 所示。

• 分散牵引法 通过 2～3 部辅助牵引机替代终端牵引机来完成光缆敷设。由光缆外护套承受牵引力，在光缆侧压力允许条件下施加牵引力，因此用多台辅助牵引机可使分散的牵引力协同完成，如图 6-56 所示。

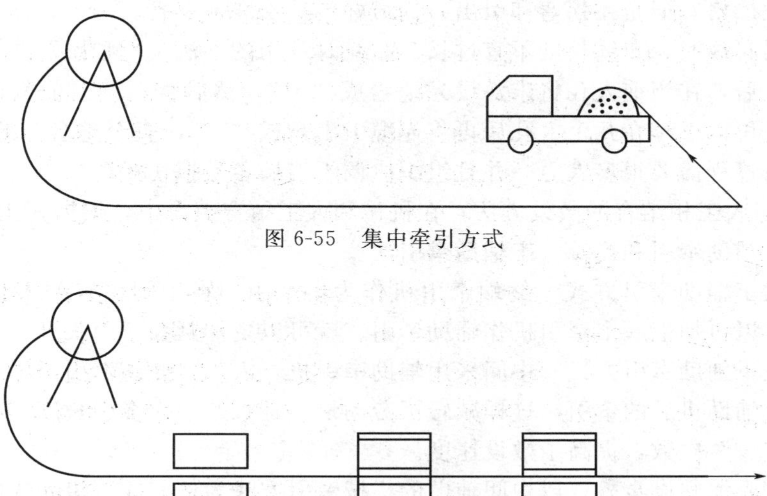

图 6-55　集中牵引方式

图 6-56　分散牵引方式

• 中间辅助牵引法　这是目前使用比较多的一种敷设方法，在这个方法中，既采用终端牵引机，又使用辅助牵引机。其中终端牵引机通过光缆牵引端头牵引光缆，而辅助牵引机在中间进行辅助，使一次牵引长度得到增加，如图 6-57 所示。这种方法综合了集中牵引和分散牵引的优点，又克服了各自的缺点。

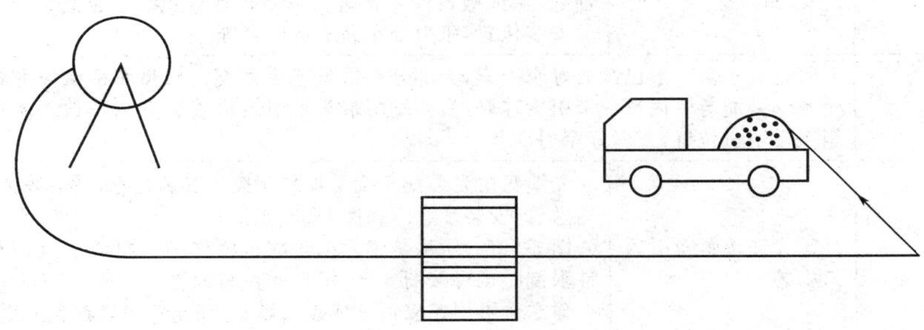

图 6-57　中间辅助牵引方式

图 6-58 所示是在管道光缆敷设中机械牵引的具体实例。

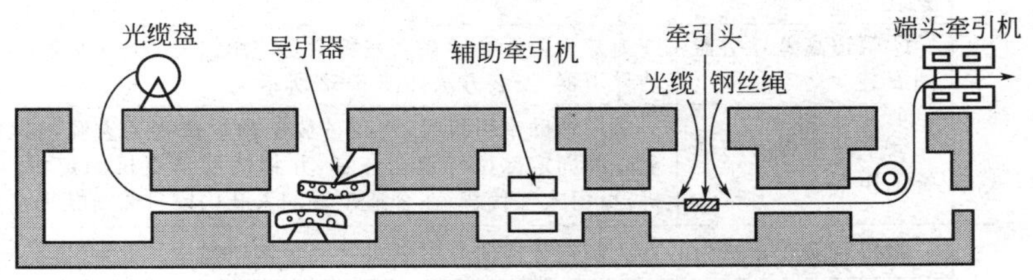

图 6-58　管道光缆敷设中机械牵引实例

② 人工牵引法　在没有牵引机情况下，通常是采用人工牵引方法来完成光缆的敷设。人工牵引的实施需要在统一指挥下同步协作完成，首先一部分人在前边负责拉牵引索（穿管器或铁线），并且每个人孔中需要有 1～2 人帮助拉，另外在前边集中拉的人员还应考虑牵引力的允许值，特别在光缆引出口处，应考虑光缆牵引力和侧压力。虽然人工牵引不像机械牵

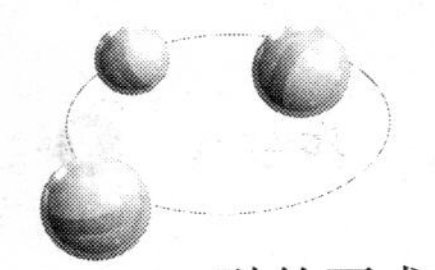

引的要求那么严格，但是在拐弯和引出口处最好还是安装导引管。

人工牵引布放时，布缆长度不宜过长。布缆时常用的办法是“蛙跳”式敷设法，一般牵引出几个人孔后，在当前人孔将未敷设光缆盘成“∞”，然后再继续向前敷设，如果后续距离还比较长，可以继续在几个人孔后再将光缆引出盘成“∞”，直至整盘光缆布放完毕。

这种牵引过程需要很多人力，并且组织协调不当还容易损伤光缆。

③ 机械与人工相结合的敷设方法　在机械和人工结合敷设中，根据人工辅助位置不同，分为中间人工辅助牵引和终端人工辅助牵引法。

• 中间人工辅助牵引方式　终端牵引机作为主牵引，在中间位置的人孔内人工辅助牵引。当然还可以再加上一个牵引机作辅助牵引，就可以更加延长牵引长度。

• 终端人工辅助牵引方式　中间采用辅助牵引机，人工将光缆牵引至辅助牵引机，然后再由人工完成辅助机后的牵引，这样减轻了劳动量，延长了一次牵引长度，减少了人工牵引方法时的倒“∞”次数，提高了敷设速度。

(4) 管道光缆敷设步骤　以中间辅助的机械牵引方式为例完成管道光缆的敷设，具体敷设步骤如表 6-28 所示。

表 6-28　中间辅助机械牵引法的管道敷设步骤

步骤顺序	敷设内容	敷设注意事项
步骤一：估算牵引张力，制定敷设计划	①路由摸底调查	按照施工图设计的路由进行摸底，查看具体的路由状况，统计拐弯、管孔高差的数量和具体位置等
	②制定光缆敷设计划	根据路由调查结果，结合施工队敷设工具的条件，制定切实可行的敷设计划，保证敷设的正常进行。敷设计划主要包括光缆盘、牵引机以及导轮的安装位置，张力分布和人员配合等
步骤二：拉入钢丝绳	管道或子管一般已预放好牵引索，大部分是铁丝或尼龙绳。机械牵引敷设时，在缆盘处将牵引钢丝绳一端与管内预放牵引索连好，另一端由端头牵引机牵引管孔内预放的牵引索，将钢丝绳牵引至牵引机位置，并做好牵引准备	
步骤三：光缆及牵引设备的安装	①光缆放置及引入口安装	光缆盘由光缆拖车或千斤顶支撑于管道人孔一侧，在光缆入口孔处采用输送管，安装示意图如图 6-59 所示 图 6-59(a)所示是将光缆盘放在使光缆入口处于近似直线的位置，受条件限制时也可按图 6-59(b)所示位置放置 输送管可用蛇皮钢管或聚乙烯管，使用它可以避免光缆打小圈（背扣）和防止光缆外护层损伤
	②光缆引出口的安装	利用端头牵引机将牵引钢丝和光缆引出人孔，具体方式如图 6-60 所示
	③拐弯处减力装置安装	光缆拐弯，牵引张力较大，故应安装导引器或减力轮，如图 6-61 所示
	④管道高差导引器的安装	为减少因管孔存在高差所引起的摩擦力侧压力，通常在高低管孔之间安装导引器，安装方法如图 6-62 所示
	⑤中间牵引时的准备工作	采用辅助牵引机时，将设备放于预定位置的人孔内，放置时要使牵引机上光缆固定部位与管孔齐平，并将辅助牵引机固定好。若不用辅助牵引机，可由人工代替，在合适位置的人孔内安排人员帮助牵引即可
步骤四：光缆牵引	①按照前面介绍到的方法制作合格的牵引端头并接至钢丝绳	
	②按牵引张力、速度要求开启终端牵引机	
	③光缆引进辅助牵引机位置后，将光缆按规定安装好，并使辅助机保持与终端机同样的速度运转	
	④光缆牵引至牵引人孔时，应留足够的长度供接续及测试使用	
步骤五：人孔内光缆的安装	①直通人孔内光缆的固定和保护	光缆牵引完毕后，将每个人孔中的余缆沿人孔壁放至规定的托架上，尽量置于上层。为了光缆今后的安全，采用蛇皮软管或 PE 软管保护，并用扎线绑扎将其固定。其固定和保护方法如图 6-63 所示

续表

步骤顺序	敷设内容	敷设注意事项
步骤五：人孔内光缆的安装	②接续用余留光缆在人孔中的固定	①光缆端头做好密封处理。为防止光缆端头进水，应采用热可缩帽做热缩处理
		②余缆盘留固定。余留光缆应按弯曲半径的要求，盘圈后挂在人孔壁上，注意端头不要浸泡于水中
		③注意事项：人孔内供接续用光缆余留长度一般不少于 8m，由于接续工作往往要过几天或更长的时间，因此余留光缆应妥善地盘留于人孔内

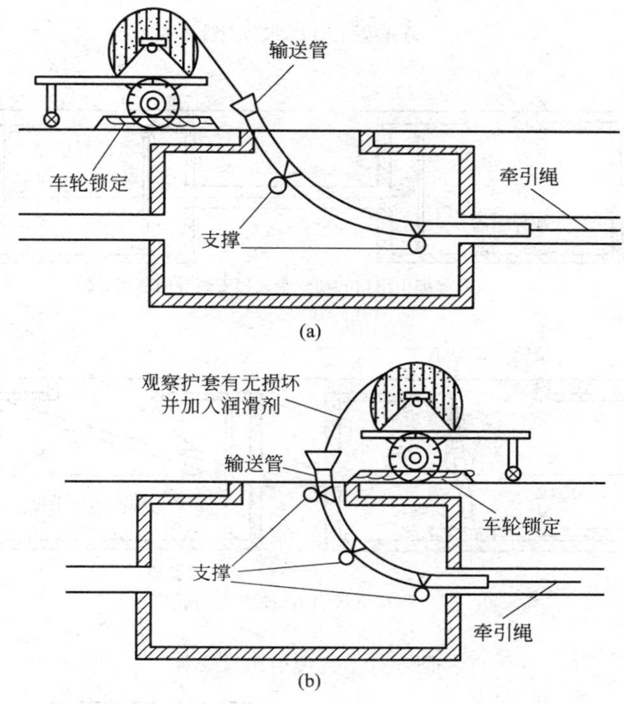

图 6-59　光缆人孔处的安装图

(5) 管道光缆敷设时需要注意的事项

① 敷设中的人员组织，以队长或作业组长为首，负责全面指挥。

② 在光缆盘、牵引机处应各设一人负责联络，并视路由复杂情况安排 1～2 名机动人员一边负责联络，一边作为机动队员协助牵引。

③ 采用机械牵引时，牵引头应加转环。

④ 布放时中间人孔应有人值守，并进行辅助牵引。

⑤ 光缆布放后，应有专人统一指挥，逐个在人孔内把光缆放在相应的托板上。

⑥ 做好光缆在人孔内弯度和余留，并应按设计要求做好光缆标志和保护措施。

6.3.3.4　直埋光缆的敷设

在长途干线光缆工程经常采用直埋敷设。直埋光缆敷设是将光缆直接布放在已经挖好的沟内。

(1) 直埋光缆敷设的准备工作　敷设直埋光缆必须首先进行挖沟，以保证光缆不受外来

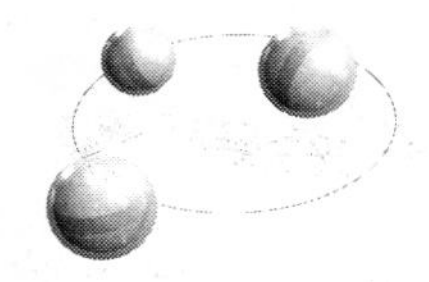

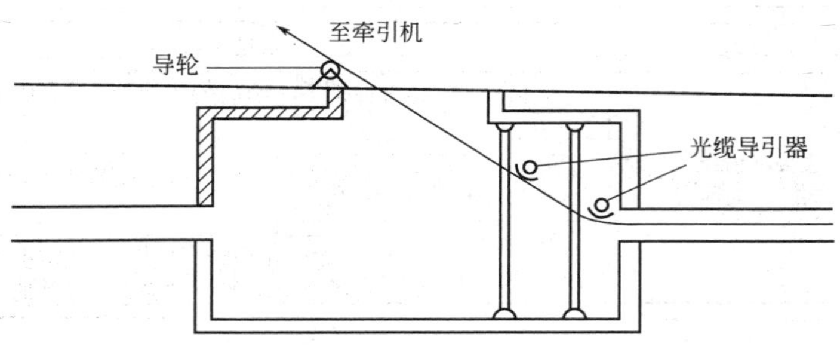

(a) 光缆引出口安装导引器和导轮

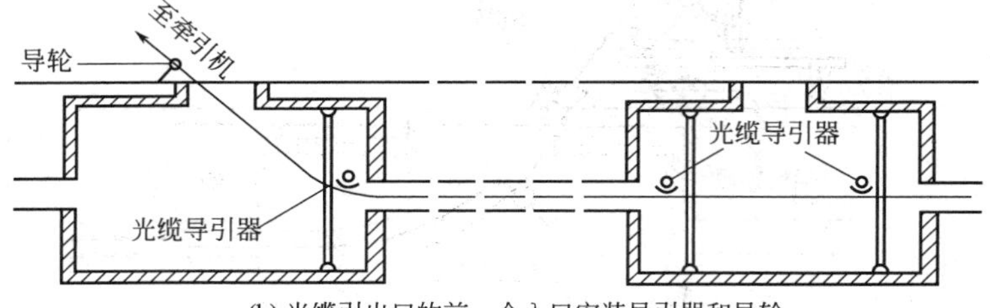

(b) 光缆引出口的前一个入口安装导引器和导轮

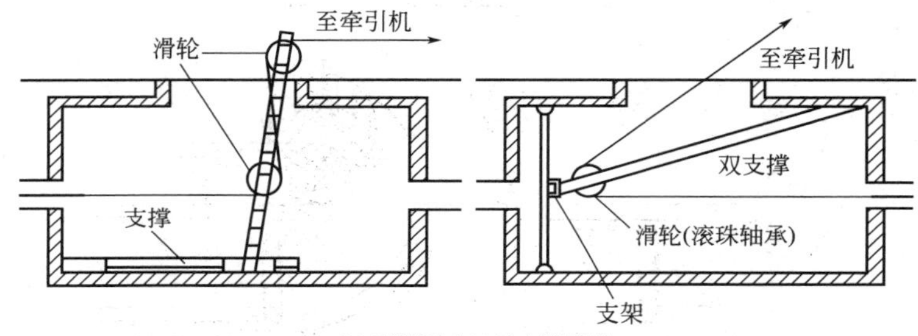

(c) 光缆引出口处安装滑轮

图 6-60 光缆引出口安装

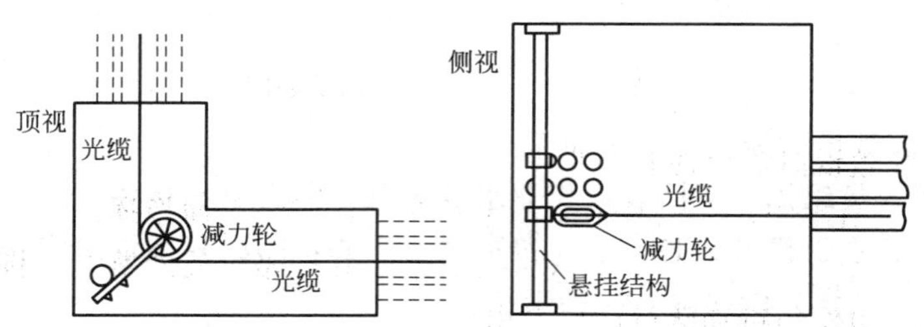

图 6-61 拐弯处减力装置的安装

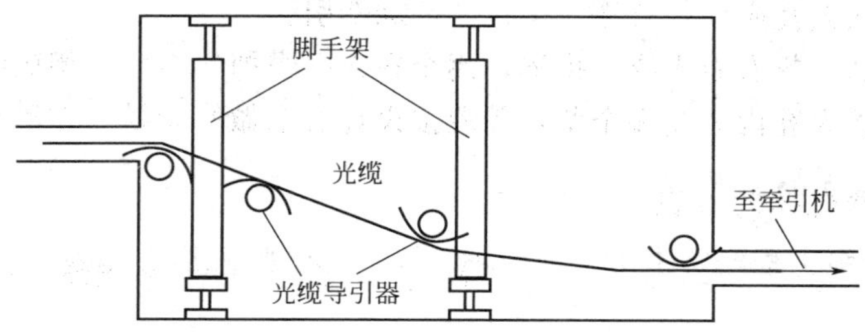

图 6-62 管孔高差导引器的安装

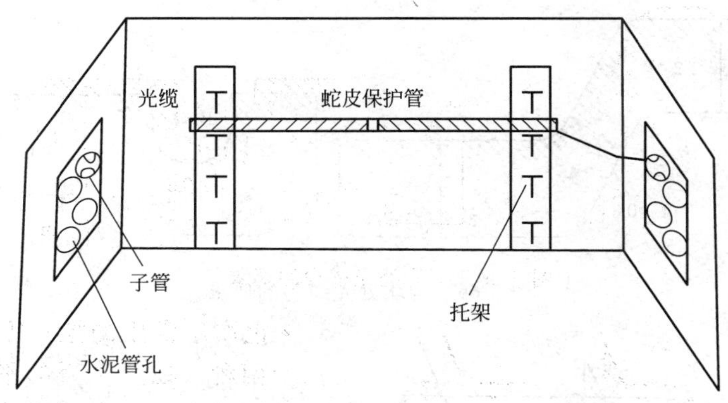

图 6-63　人孔内光缆的固定和保护

的机械损伤，提高光缆的安全性，并提前做好在埋式光缆路由上遇到障碍物的准备工作。

① 挖沟　敷设直埋光缆必须首先进行挖沟，只有达到足够的深度才能防止各种外来的机械损伤，减少温度变化对光纤传输特性的影响，从而提高光缆的安全性和通信传输质量。

• 挖沟标准　应符合表 6-29 所示的要求。

表 6-29　直埋光缆沟标准

路由走向	挖沟是按路由复测后的画线进行。光缆沟应尽量保持直线路由，沟底要平坦，避免蛇行走向。必须弯曲时，转弯段的弯曲半径不应小于 20m
沟深要求	不同土质环境，对光缆埋深有不同的要求
沟的宽度要求	光缆沟的底部宽度一般为 30cm，沟深为 1.2m 时，上宽尺寸为 60cm，标准的光缆沟如图 6-64 所示。当同沟敷设多条光缆时，每增加一条光缆，沟底宽度增加 10cm。沟的上宽尺寸为 80cm
光缆同其他地下设施的隔距	长途直埋光缆埋在地下，常常会同其他管线等设施平行或交越，相互应保持一定距离，其要求参考设计文件的具体规定
“S”形光缆沟	当路由上出现坡度大于 20°、坡长大于 30m 的斜坡；无人中继站进局；穿越铁路、公路；穿越较宽河流的河堤等情况，则需要路由有“S”形弯。“S”形光缆沟如图 6-65 所示
沟坎处光缆沟的要求	光缆经常遇到梯田、陡坡等起伏地形，要使沟底呈缓坡，如图 6-66 所示，这样光缆不会腾空并符合弯曲度的要求
穿越沟、渠挖沟	对于沟、渠的光缆沟深度要从沟、渠最低点算起
挖沟施工现场保护	当光缆遇到现有地下建筑物，必须小心挖掘，进行保护。图 6-67 所示是对原有地下管道、光缆等施工现场保护的例子

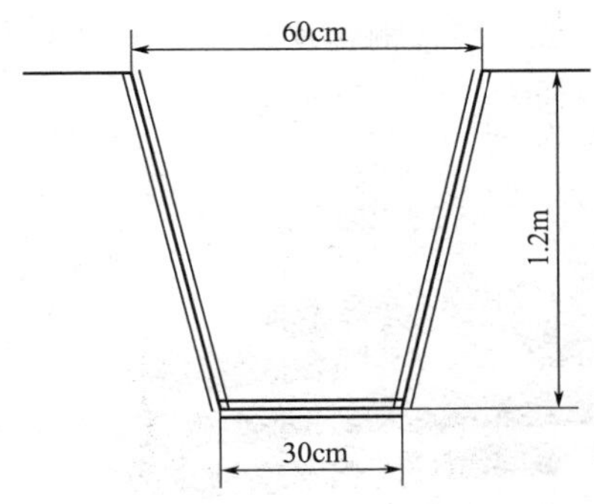

图 6-64　光缆沟示意图

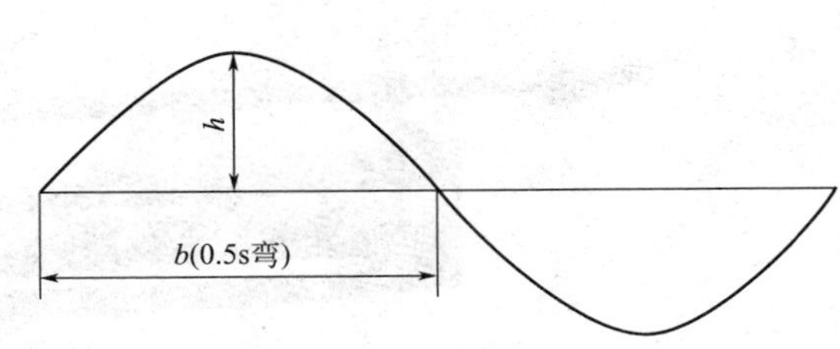

图 6-65　“S”形光缆沟示意图

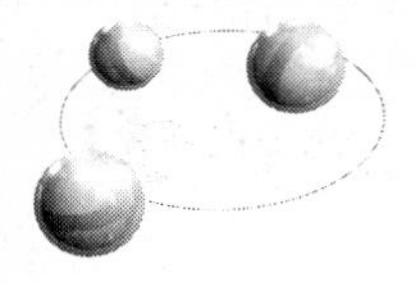

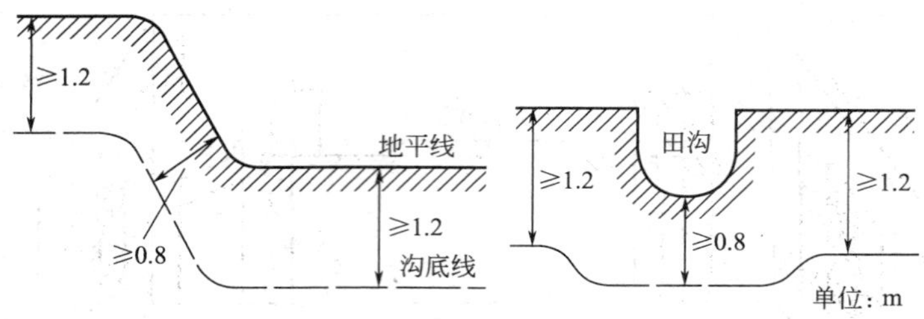

图 6-66　沟坎处光缆沟的要求

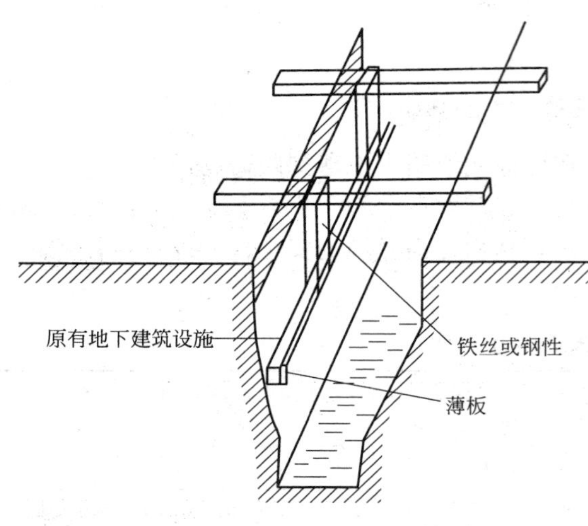

图 6-67　原有地下建筑设施的现场保护

• 挖沟　常用的挖沟方式有机械和人工挖沟两种。在无障碍的平地，可以采用机械挖沟的方式，当遇到地理条件及地下管线等障碍物时，采用人工挖沟的方式；石质地段，可以通过爆破方法将岩石爆破，然后清除、整理出符合规定要求的光缆沟。一般长途工程中可采用机械、人工相结合的方式。沟底还需要进行处理，通常都是给沟底填细土或沙，夯实后其厚度约 10cm。

• 验沟　光缆敷设前，必须由验收小组按挖沟质量标准逐段检查，称为验沟。检查不合格的沟，应组织整修或重挖。验沟工作一般是在敷设前一天进行正式检查。

② 穿越障碍物路由的准备工作　长途光缆的敷设过程中，可能会遇到铁路、公路、河流、沟渠等障碍物，这时应采取预埋管、顶管、铺设过河管道以及架设过桥通道等方法来实现。所有这些工作都是在光缆敷设前要完成的。

• 预埋管　光缆路由穿越公路、机耕路、街道，一般采取破路预埋管方式，通常采用埋设钢管或硬塑料管等为光缆穿越做好准备。光缆穿越公路和街道，一般采用无缝钢管。

用钢撬等工具开挖路面，挖出符合深度要求的光缆沟。开挖路面必须注意安全，并尽量不阻断交通，分两次开挖，即将马路一半先开挖、放下管道，回填后再挖另一半。

• 顶管　光缆路穿越铁路、重要的公路、交通繁忙的要道口以及造价高昂、不易搬迁拆除的地面障碍物时，不能破土挖沟，可选用顶管方式，由一端将钢管顶过去，多用顶管机来完成，实物如图 6-68 所示。

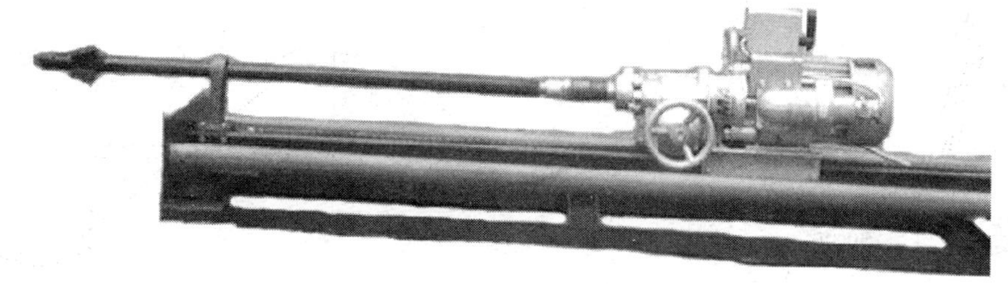

图 6-68　顶管机实物图

• 铺设过河管道　直埋光缆路由会遇到河流，对于较大较长的河流，常规办法是采用钢丝铠装水底光缆敷设过河，而对于较小较短的河流或沟渠，一般采用过河光缆管道化的方法，也就是在光缆敷设前在河底预埋聚乙烯塑料管，采用陆地埋式光缆从管道中穿放过河的办法。

塑料管应是高密度聚乙烯塑料管，内径应为光缆外径 1.5 倍，内壁光滑，同心度好，抗张强度、抗侧压力强度、抗冲击强度等指标均应符合设计要求。

铺设塑料管道的方法及步骤如下：

步骤一　在河两岸垂直于河道的方向上分别挖出长大于 10m、深 1.5m 的光缆沟，入水坡度不大 20°；

步骤二　塑料管自光缆沟的一端放至河流对岸的光缆沟内，并将一端固定，另一端为塑料管下沉时的自由端；

步骤三　据河水的深度选择河道内光缆沟槽的开挖方式，通常在河水较浅可选用分段截流方式，河水较深的地方采用冲槽方式；

步骤四　在已埋塑料管的两侧水陆交接处及河道中央的沟槽中，用水泥盖板加以保护，其余部分由泥沙掩盖沟槽；

步骤五　两岸塑料管口应封住，以防杂物泥沙进入；

步骤六　两岸光缆沟回填土，并在塑料管道端头部位各埋一标石，以便于敷设光缆时查找塑料管位置。

• 架设过桥通道　光缆埋设路由上有时遇到桥梁，通常是在桥梁两侧布放光缆的，像长江大桥这样的桥梁一般都有通信线路槽道，在桥两侧预留做“S”形弯即可。对于一般河流，应在光缆敷设前按设计提出的方式架设过桥通道。通常可以采用钢管、塑料管架设或者吊线架挂方法。

(2) 直埋光缆的布放方法　主要有机械牵引和人工布放两种方式。

① 机械牵引方式　机械牵引方式是采取光缆端头牵引及辅助牵引机联合牵引的方式，通常是在光缆沟旁牵引，然后由人工将光缆放入光缆沟中。这种牵引方法基本上与管道光缆辅助牵引方式相同。为了不损伤光缆护层和延长敷设的一次牵引长度，在路面上适当距离处安装一个地滑轮，在沟坎位置也可安装导向器或地滑轮。如图 6-69 所示。

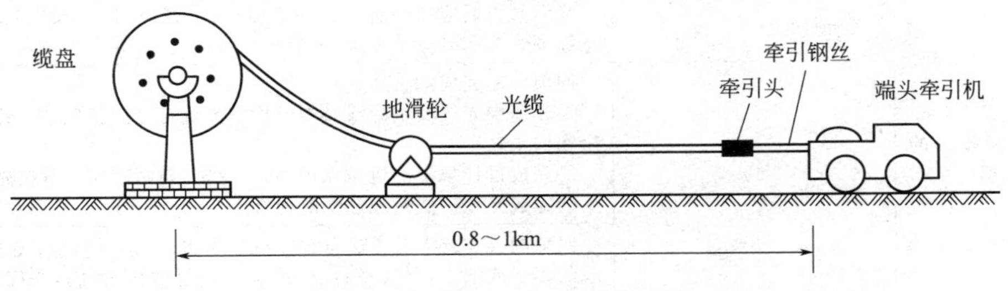

图 6-69　光缆敷设的机械牵引

直埋敷设的路由沿公路时，才能采用机械化施工。先由起重机或升降叉车将光缆盘装入车上绕架（或千斤顶），拆除光缆盘上的小割板或金属盘罩，检查准备工作就绪后，就开始布放。机动车应缓慢行驶，同时由工作人员将光缆从缆盘上拖出，轻放在沟边，约每放 20m 后再由人工放入沟内，如果条件允许，在不造成光缆扭折的情况下，也可直接放入沟中，机动车将光缆抛出。

② 人工方式　人工布放有两种方式，一种是直线肩扛方式，人员隔距小，由指挥人员

统一行动；另一种是人工抬放方式，先将光缆盘成“∞”字形，每 2km 光缆堆成 10 个“∞”字形，每组用皮线捆 6 组，每组由 4 人抬缆，组间各配一人协调，每一组前边由 2 人引导，布放时在统一指挥下各组抬起沿沟向前移动，逐个解开“∞”字布放。在抬放过程中应避免在水泥、尖石地面拖拽。

（3）直埋光缆的敷设步骤　如表 6-30 所示。

表 6-30　直埋光缆敷设步骤

步骤顺序	敷设内容	敷设注意事项
第一步：按照标准挖沟	根据标准要求，组织人员进行挖沟。检验合格以后进行下一步操作	
第二步：做好穿越障碍物准备工作	参照前面穿越障碍物路由准备工作中的相关方式完成	
第三步：光缆布放	根据地形以及具备的条件选择合适的光缆布放方式	
第四步：特殊路段的保护	①穿越铁路或不能开挖的公路	采取顶管方式。顶管在敷设光缆前要临时堵塞，敷设后再用油麻封堵。保护钢管应长出路沟 0.5～1m。在允许破土的位置采取直埋方式，并加直埋保护，如图 6-70 所示
	②线路穿过机耕路、农村大道以及市区或易动土地段时	采取铺硬塑、红砖、水泥盖板等保措施，如图 6-71 所示
	③穿越需疏浚的沟渠和要挖泥取肥、植藕湖地段	除保证埋深要求外，应在光缆上方覆盖水泥板或水泥沙袋保护
	④穿越落差为 1m 以上的沟坎、梯田	采用石砌护坡，并用水泥砂浆勾缝。落差在 0.8～1m 时可用三七土护坡。落差小于 0.8m，可以不做护坡，但需多层夯实，如图 6-72 所示
	⑤穿越山洪冲刷严重的沙河	采用加铠装或者砌漫水坡等保护措施，如图 6-73 所示
	⑥易受洪水冲刷的山坡	缆沟两头应做石砌堵塞
	⑦经过白蚁地区	选用外护层为尼龙材料的防蚁光缆，并进行毒土处理
第五步：直埋光缆防雷设施的安装	由于光缆中加强件、防潮层和铠装层以及有远供或业务通信用的铜导线，这些金属件可能会受到雷电冲击，从而破坏光缆，严重时使通信中断。因此，直埋光缆要根据当地天气情况、土壤电阻率以及光缆内是否有铜导线等因素，采取如敷设排流线、采用无金属光缆、接地等防雷措施	
第六步：光缆沟的预回土和回填	①预回土	光缆敷设后应立即进行预回土，以避免裸露野外，发生损伤。预回土深度为 30cm，应是细土，不能将砖头、石块或砾石等填入
	②回填	回填前应完成的工作： ①光缆中光纤及铜导线必须经检查确认符合质量验收标准后，方可全沟回土； ②完成设计规定的机械保护、防雷保护、防啃咬保护等措施； ③完成光缆护层对地绝缘的检查
		回填的具体要求及方法：回填应由专人负责集中回填；先回填 15cm 厚的碎土或细土，严禁将石块、砖头、冻土等推入沟内，并应分层踏平或夯实，回填土应高出地面 10cm
第七步：设置光缆路由标石	为标定直埋光缆的走向和光缆接头等的具体位置，以便于线路的维护，在直埋光缆线路上应设置线路标石 光缆接头、光缆拐弯点、排流线起止点、同沟敷设光缆的起止点、光缆特殊预留点、与其他缆线交越点、穿越障碍物地点以及直线段市区每隔 200m，郊区和长途每隔 250m 处，均应设置普通标石。需要监测光缆内金属护层对地绝缘、电位的接头点，应设置监测标石	

（4）直埋光缆的路由标石　应符合表 6-31 的要求。

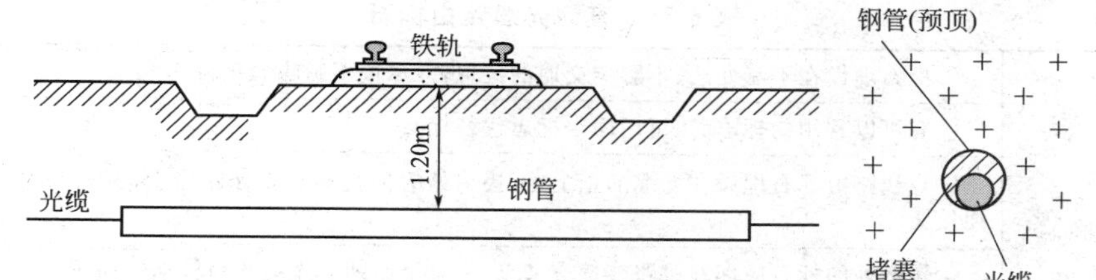

图 6-70 光缆穿越铁道时的顶管保护

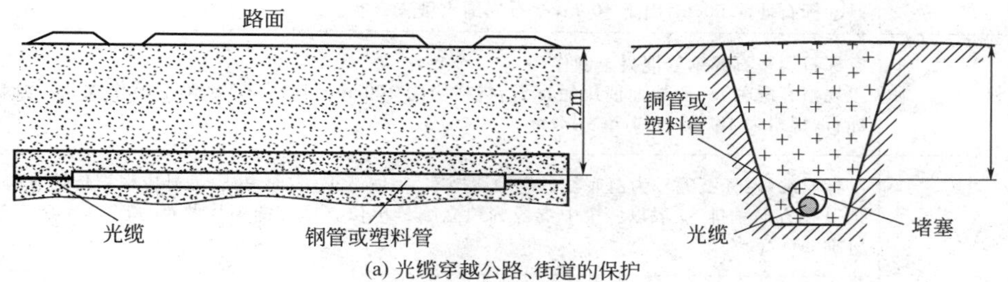

(a) 光缆穿越公路、街道的保护

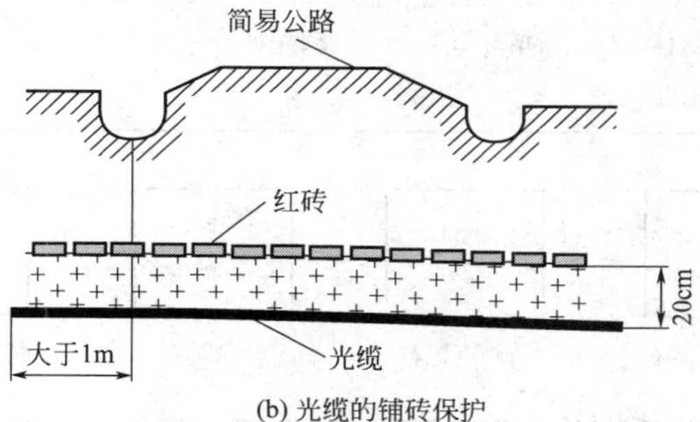

(b) 光缆的铺砖保护

图 6-71 光缆穿越公路、街道的保护

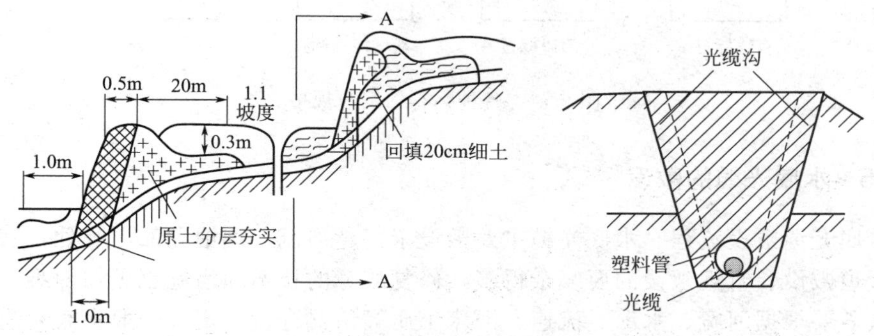

图 6-72 石砌沟坎保护措施

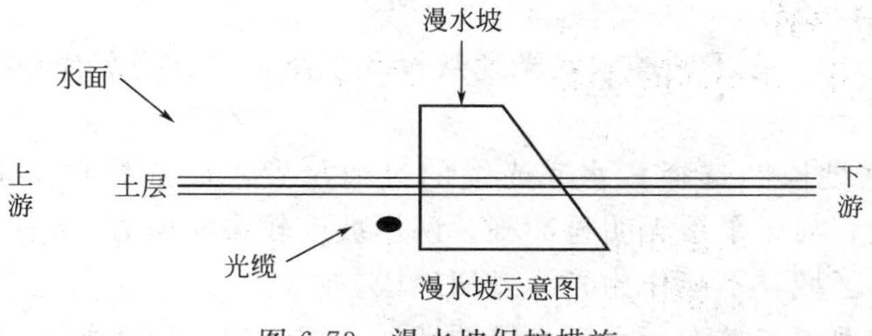

图 6-73 漫水坡保护措施

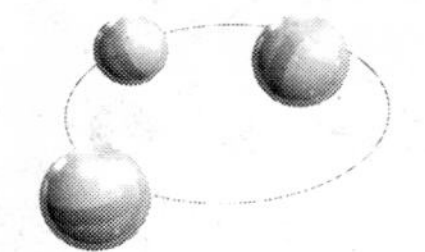

表 6-31　直埋光缆路由标石

设置标石的要求	①标石埋设在不易变迁、不影响交通的位置，并尽量不影响农田耕作
	②有可以利用的标志时，可用固定标志代替标石
	③直线路由标石埋设在光缆的正上方，接头处的标石应埋设在路由上，标石写字的一面朝向光缆接头
	④转弯处的标石应埋在线路转弯交叉点上，有字面朝向光缆弯角较小的一面
	⑤光缆沿公路敷设间距不大于 100m 时，标石面朝公路
	⑥标石埋深 60cm，出土 40cm，标石周围土壤应夯实
标石的规格	标石用坚石或钢筋混凝土制作 规格有两种：一般地面使用短标石，规格应为 100cm×14cm×14cm；土质松软及斜坡地区用长标石，规格为 150cm×14cm×14cm
标石的识读	标石编号：标石编号为白底红（或黑）漆楷字，字体端正，表面整洁；编号应根据传输方向，自 A 端至 B 端方向编排，一般以一个中继段为独立编号单位。标石的编号及符号应一致并符合图 6-74 所示的标准
	②识读：在图 6-74 中，横线以上部分表示标石的类型或同类标石的序号，横线以下部分为中继段内总标石编号。新增标石用“+1”表示，如$\frac{07+1}{23+1}$表示顺序号不变，本标石表明第 7 号接头后所增接头位置

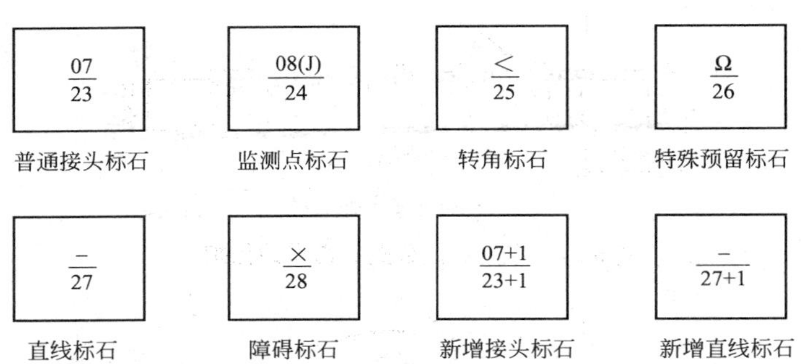

图 6-74　各种标石的编写规格

6.3.3.5　水底光缆的敷设

（1）水底光缆敷设流程　水底光缆主要敷设于穿越河流、湖泊和滩岸等处，它的敷设环境相比于管道敷设、直埋敷设的要复杂得多，修复故障的技术和措施也更加困难。水底光缆敷设的方法需要根据河宽、水深、流速、河床土质等情况进行选定。一般水底光缆敷设流程如图 6-75 所示。

（2）水底光缆敷设条件

① 水底光缆的选用　在不同的水底光缆敷设环境下，要注意光缆的选型。表 6-32 中给出了光缆的选用标准。

② 水底光缆过河地段的选择　水底光缆的过河位置，应选择在河道顺直、流速不大、河面较窄、土质稳定、河床平缓无明显冲刷、两岸坡度较小的地方。在一些险滩、沙洲、水流不稳定、有危险等区域，不能作为光缆过河地段。

（3）水底光缆的埋深与挖沟　水底光缆的埋深，需要根据河流的水深、通航状况、河床

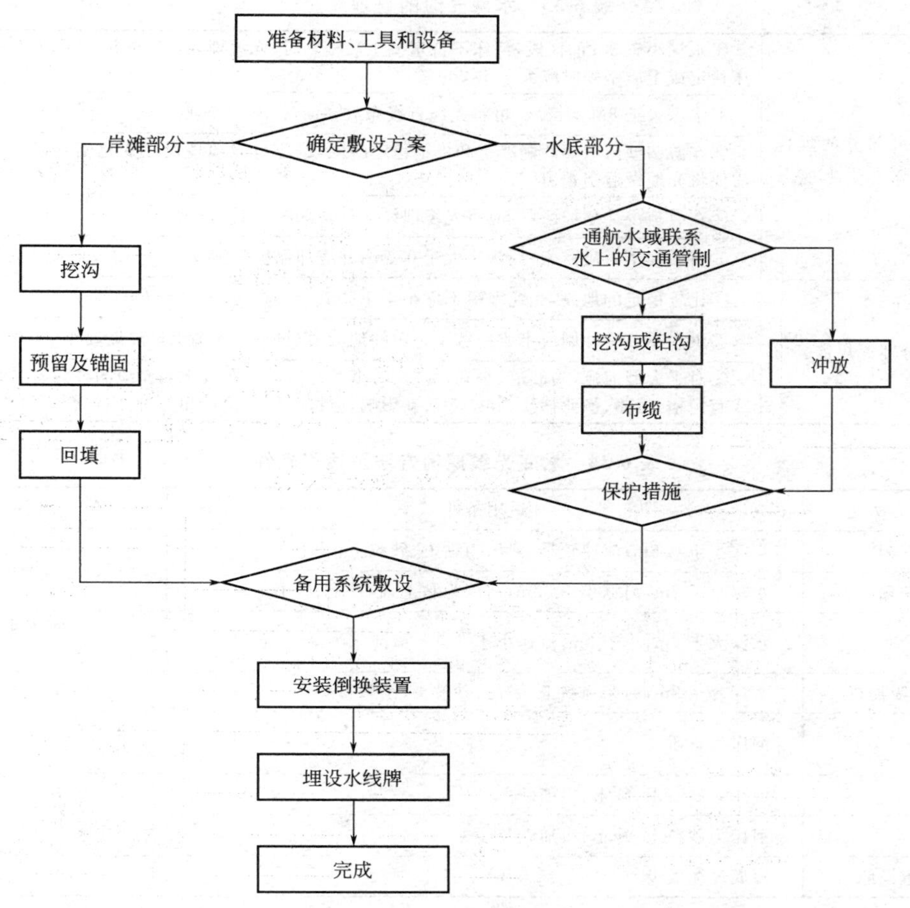

图 6-75 水底光缆敷设流程

表 6-32 水底光缆选用

敷设环境	光缆选型
河床稳定、流速较小、河面不宽的河道	直埋光缆过河
河床及岸滩稳定、流速不大但河面宽度大于 150m 的一般河流或季节性河流	短期抗张强度为 20000N 及以上的钢丝铠装光缆
河床及岸滩不太稳定、流速大于 3m/s 或主要通航河道	短期抗张强度为 40000N 及以上的钢丝铠装光缆
河床及岸滩不稳定、冲刷严重，以及河宽超过 500m 的特大河流	特殊设计的加强型钢丝铠装光缆
河床土质及水面宽度情况能满足定向钻孔施工设备的要求，也可选择定向钻孔施工方式	在钻孔中穿放直埋光缆或管道光缆
穿越水库、湖泊等静水区域	根据通航情况、水上作业和水文地质状况综合考虑确定

土质等具体情况来分段确定。在土质适宜的情况下，可以采用截流挖沟、水泵冲槽、机械挖掘等方式达到适宜的埋深。如果埋深要求在 2～3m 以上时，需要使用专用设备进行施工。

① 水底光缆的埋深　主要是河床有水部分的埋深和岸滩部分的埋深两个方面，具体的埋深应符合相关规定，如表 6-33 所示。

② 水底光缆的挖沟　常见的水底光缆沟的挖掘方法及适用条件如表 6-34 所示。

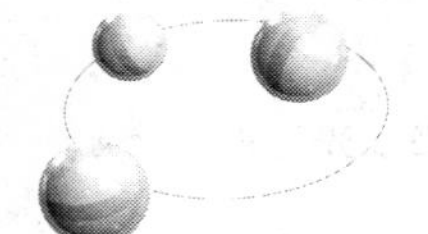

表 6-33 水底光缆的直埋规定

河床有水部分的埋深规定	①水深小于 8m 的区段，河床不稳定或土质松软时，光缆埋入河底的深度不应大于 1.5m，河床稳定或土质坚硬时应大于 1.2m
	②水深大于 8m 的区域，可将光缆直接布放在河底，不加掩埋
	③在游荡型河道等冲刷严重和极不稳定的区段，应将光缆埋设在变化幅度以下，并应根据需要将光缆做适当预留
	④在有疏浚计划的区段，应将光缆埋设在计划深度以下 1m
	⑤石质和半石质河床，埋深应大于 0.5m，并应加保护措施
岸滩部分埋深规定	①比较稳定的地段，光缆埋深不应小于 1.2m
	②洪水季节受冲刷或土质松散不稳定的地段适当加深，光缆上岸坡度要小于 30°
	③对于大型河流，当航道、水利、堤防、海事等部门对拟布放水底光缆的埋深有特殊要求时，或有抛锚、运输、渔业捕捞、养殖等活动影响，应进行综合论证和分析，确定合适的埋深要求

表 6-34 水底光缆挖沟方法及适用条件

挖掘方法	适用条件	备注
人工直接挖掘	水深小于 0.5m，流速较小，河床为黏土、砂粒土、砂土	一般河流、湖泊采用
人工截流挖掘	水深小于 2m，河宽小于 30m，河床为黏土、砂粒土、砂土	
水泵冲槽	水深大于 2m，小于 8m，流速小于 0.8m/s，河床为黏土、淤泥砂土	潜水员使用手持式高压水枪冲槽
挖泥船、 吸泥机	水深 8～12m，河床为黏土、淤泥、砂粒土、小砾石	
爆破	河床为石质	河床有岩石、大卵石时采用
冲放器	河床为砂粒土、砂土、粗细砂	在水面较宽、流速较大且河床不是十分坚硬时采用
挖冲机	河床为砂粒土、砂土、粗细砂及硬土	
大型开沟敷设船	海底光缆敷设	

(4) 水底光缆的敷设

① 水底光缆敷设长度　当穿越河流时，水底光缆需要一定的预留长度，通常可以参考表 6-35 进行光缆长度的估算。

表 6-35 水底光缆长度估算

河流情况	为两端点间丈量长度的倍数
河宽小于 200m，水深、岸陡、流急，河床变化大	1.15
河宽小于 200m，水较浅、流缓，河床平坦变化小	1.12
河宽 200～500m，流急，河床变化大	1.12
河宽大于 500m，流急，河床变化大	1.10
河宽大于 500m，缓流，河床变化小	1.06～1.08

水底光缆在配盘时，往往按照整盘或半盘考虑，一般不少于 500m，主要是为了减少中继段接头。

② 水底光缆的布放要求

• 应控制布放速度，光缆不得在河床上腾空，不得打小圈。

• 应以测量的基线为基准，向上游方向按弧形布放和敷设。

• 当布放两条及以上的水底光缆，或同一区域有其他光缆或管线时，相互间应保持足够的安全距离。

• 敷设过程中应确保光缆弯曲半径，在盘放“∞”、搬动、抬放时，均应避免光缆扭曲、死弯等，确保光缆的安全。

• 水底光缆接头处金属护套和铠装钢丝的接头方式，应能保证光缆的电气性能、密闭性能和机械强度要求。

• 靠近河岸部分的水底光缆，如有可能受到冲刷、塌方、抛石护坡和船只靠岸等危害时，要采取加深埋设、覆盖水泥板、砌石质光缆沟等防止光缆磨损的保护措施。

③ 水底光缆的常用布放方法　人工抬放法、浮桶法、冲放器法、拖轮引放法、冰上布放法等是水底光缆常用的布放方法。具体布放方法应根据河流宽度、水深、流速、河床土质、施工技术水平和设备条件等确定，每一种方法有其特点和使用的场合，如表6-36所示。

表6-36　水底光缆的布放方法

人工抬放法	主要适用于河流水深小于1m，河水流速较小，河床较平坦，河道较窄区域。 人工抬放的施工主要是用人力将光缆抬到沟槽边，然后依次将光缆放至沟内。这种方式使用的劳动力较多
浮桶法	主要适用于河宽小于200m，河流流速小于0.3m/s，不通航的河流或近岸浅滩处，水深小于2.5m的环境 浮桶法是将光缆绑扎在严密封闭的木桶或铁桶上，在对岸用绞车将光缆牵引过河，到对岸后，逐步将光缆由岸上移到水中的沟槽内。相比较人工抬放，节省了劳动力，所以在缺乏劳动力时可采用这种方法进行光缆布放
冲放器法	主要适用于水深大于3m，流速小于2m/s，除岩石等石质河床外，其他土质的河床均可采用，冲槽深度与河床土质有关，深度一般可达2～5m左右，河道宽度大于500m的环境 这种施工方法比较简单经济，主要是利用高压水枪，通过冲放器把河床冲刷出一条沟槽，同时船上的光缆由冲放器的光缆管槽放出，沉入沟槽内，施工的进度非常快，埋深符合要求，节省施工费用。但是它不适用于原有光(电)缆附近增设光缆的情况
拖轮引放法	主要适用于河道较宽，一般大于200m，水流速度小于2～3m/s，河流水深大于6m的环境 利用拖轮的动力牵引盘绕光缆的水驳船，把光缆逐渐放入水中，如不挖槽时，适宜采用快速拖轮，这样要求拖轮的功率大些。这种方法不适用于浅滩或流水旋涡的河道。使用机动拖轮会使施工速度加快
冰上布放法	主要适用于河面上有较厚的冰层且可上人时，河流水较深而河床较窄的段落 施工时在光缆路由上挖一冰沟，但不连续并不挖到冰下，将光缆放在冰层上，施工人员同时将冰挖通，将光缆放入冰沟中。这种方法不适用于南方各省，仅在严寒地区施工，施工条件受到限制

(5) 水下敷设光缆的保护

① 在上岸处的保护　在上岸处，可能会受到水流的冲刷、船只（或木筏）上的竹篙等工具的撞击或冰凌流动的影响，因此需要根据地形和堤岸等不同情况，采取不同的保护措施。

• 光缆深埋法　根据岸坡的高度和塌岸的可能性，将光缆深埋起来，一般深埋与河底持平。这种方法适用于有冲刷崩塌可能的岸滩。

• 砌块及块石保护法　利用铺砌的单层（或双层）的石坡、堆筑的石块，加上敷设的混凝土板来保护光缆的方法。这种方法适用于岸坡有可能受冲刷或河岸无防水装置的水上或水下斜坡的地段。

• 覆盖法　在光缆上覆盖预制混凝土板或盛装水泥的麻袋，并在光缆的上下放置装沙的草袋，来保护光缆。这种方法适用于河床为石质、开沟冲槽的深度不够、光缆无法埋到规定深度的地段。

• 穿管保护法　将光缆穿进钢管中，并覆盖石板或钢筋混凝土板来保护光缆。这种方法适用于岸滩有冲刷的可能性，且采取深埋法有可能的地段。

② 穿越堤岸时的保护　由于防水的需要，在光缆登陆后，无法从已筑成的堤基中穿过，因此光缆穿越堤岸时，必须做到保证堤岸的防水性能和坚固性，在任何情况下不应有漏水或沿光缆渗水的现象。

对于不同形式的堤岸，光缆穿越时，要采取不同的方法。如穿越公路堤时，光缆采取爬坡穿堤的形式，且使用钢管或其他保护管保护光缆。

穿堤时的具体要求如下：

• 穿堤地点应选择在堤身坚固的地段，尽量避开险工地段；

• 穿堤位置应在历年最高洪水位以上；

• 一般不宜穿越石砌或混凝土堤，如必须穿越时，应采用钢管保护；

• 穿堤地点、位置、措施、保护方法，以及防水堤的复原加固等，均须与堤防单位协商决定；

• 设置水下光缆标志牌（既有利于光缆的保护，又有利于巡查或维护）；

• 设置水下光缆的巡房，监控水下光缆。

6.3.3.6　局内光缆的敷设

光缆的进局方式可以采用直接进局和成端进局两种方式，局内光缆一般采用人工布放的方式。

(1) 光缆的进局方式　局外光缆无论采用何种敷设方式，一般通过局前人孔进入局内地下进线室，进局方式可以采用直接进局和成端进局两种方式。

① 直接进局　光缆直接进局敷设到机房 ODF 的进局方式称为直接进局，即直接采用室外光缆引入机房，也叫普通光缆直接进局。这种进局方式的优点是不做成端接续，少了接头数量；进局简单，障碍率低；采用普通光缆，成本低。直接进局适用于中、小型局站。由于外线光缆直接进局，所以要做好严格的防火措施，如涂防火材料或用不燃烧材料缠绕。

② 成端进局　外线光缆首先经过局前人孔进入局内地下进线室，与机房过来的阻燃型光缆做成端接续，完成进局的方式叫成端进局，也叫阻燃型光缆进局。局内阻燃型光缆一般为无铠装层、无铜导线光缆。成端进局的优点是外线光缆在进线室内的成端，将光缆的金属构件上的雷击电流阻隔在机房以外，提高了机房防雷的安全性；阻燃光缆在机房发生燃烧事故的情况下，可以避免助燃，减少损失。成端进局适用于大型局站光缆等。

(2) 进局光缆的敷设安装

① 进局光缆的预留　进局光缆的预留长度必须考虑到测试、接续、成端及规定的余留等所需要的长度。进局光缆的预留长度目前规定为 15～20m，对于特殊情况，应按设计长度预留。

普通光缆直接进局时，光缆的预留长度为 15～20m。在进线室安排 5～10m，机房预留 8～10m，主要用于成端和余留。

采用阻燃型光缆成端进局时，外线光缆在进线室预留 5～10m，阻燃型光缆在进线室内预留 3m 用于接续，机房内预留 10～15m 用于成端和余留。

② 施工要求

• 光缆进入室内到传输设备的走线要符合设计要求。

• 光缆进线管孔或槽孔要进行严密堵塞，防止出现渗漏，并做好阻燃防火处理。

• 室外光缆的金属护层做接地处理；无金属护套的光缆若穿钢管埋地引入，钢管的两端做好接地处理。

• 光缆弯曲部位的曲率半径要满足施工规范的要求，余缆盘放合理。

• 光缆标志明确醒目，每条光缆的来去方向、端别要清楚、准确。

③ 进局光缆的布放 进局光缆是指由进局人孔按设计要求穿越至地下进线室的光缆。进局光缆的布放都应由局前孔向进线室、机房布放。当局前人孔与进线室或机房的距离较近时，直接采用人工牵引方式；当距离较远时，可采用玻璃钢穿管器进行牵引布放，同线路光缆相应的牵引方式一样。

④ 进局光缆余留的安装和固定

• 直接进局的普通光缆 直接进局的普通光缆余留光缆的安置有两种方式。普通光缆在进线室可按照图 6-76 所示方法进行余留光缆的安装固定。其中图 6-76(a) 图是将余留光缆利用光缆架下方的位置做较大的环形余留，具有整齐、易于改动等优点；图 6-76(b) 图是将余留光缆盘成符合曲率半径规定的缆圈，这种方式适用于地下进线室窄小或直径较小的无铠装层光缆。

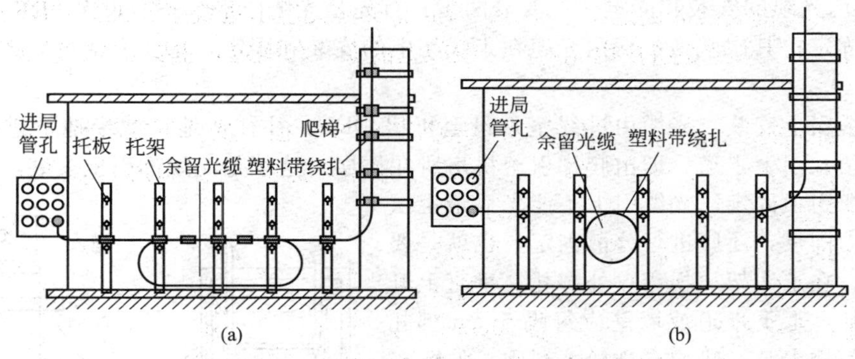

图 6-76 普通光缆进线室安装固定方式

• 成端进局的阻燃型光缆 阻燃型进局光缆可按图 6-77 所示的方法进行余留光缆的安装固定。采用阻燃光缆，在进线室内增设一个光缆接头，在敷设安装期，室外光缆按图 6-77 所示做盘留固定，并留出 3m 接续用光缆。局内阻燃光缆留 3m 作接续用，置于接头位置，其余按图示方式固定后由爬梯上楼。

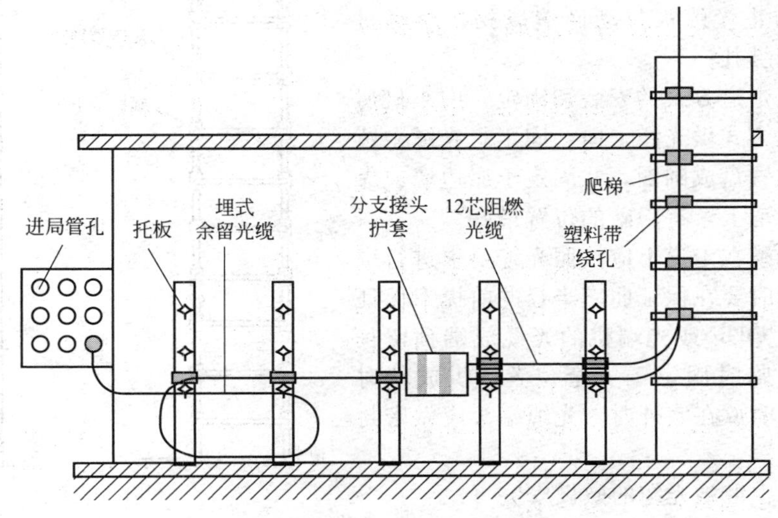

图 6-77 阻燃型光缆进线室安装固定方式

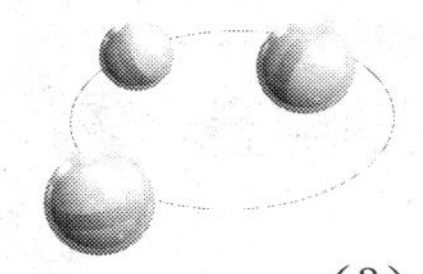

（3）局内光缆的敷设安装

① 局内光缆的布放　局内光缆的布放是指光缆从地下进线室通过爬梯沿机房的光（电）缆走道，直到ODF或终端盒处，由终端盒或ODF至光端机再改用室内单芯或带状多芯软光缆。

局内光缆布放的路由复杂，一般只能采用人工抬放方式，布放方法如下。

首先，将光缆由局前人孔引至进线室，然后向机房内布放，在布放时一定要确定路由的正确和安装方式；在布放过程中，如果在上下楼层间布放光缆，可采用绳索由上一层沿楼梯放下，与光缆连好，然后牵引上楼。布放时上下爬梯及每个拐弯处应设专人看守，防止出现死弯，并确保光缆的弯曲半径符合要求，按统一指挥进行牵引。如果在同一层布放，由多人接力牵引。特别要注意局内光缆牵引过程中保持光缆呈松弛状，防止在毛刺或尖锐硬物上拉拖，避免光缆护层受损，敷设布放过程严禁出现打小圈和死弯。完成布放工作以后，按要求做好预留，在ODF端子板上注明各端子的局向和序号等工作。

② 局内光缆的安装和固定　主要分两步：首先是光缆由进线室敷设至ODF架的光缆引上安装和固定；其次就是机房内光缆在走线架上的安装和固定，主要有槽道方式和走道方式两种。

• 光缆引上安装　光缆由进线室敷设至机房ODF，往往从地下或半地下进线室由楼层间光缆预留孔引上走道，即由爬梯引至机房所在楼层，这就是光缆的引上安装。

• 光缆引上固定　光缆引上不能光靠最上层拐弯处受力固定，还应进行分散固定，也就是要爬梯引上。在走线架、拐弯点处绑扎，垂直上升段分段绑扎，上下走道或墙壁应每隔50cm绑扎固定。通信楼内，一般均有爬梯可利用，如图6-78所示。每条光缆上要有明确醒目标志，写明每条光缆的来去方向、端别等内容。

• 走线架槽道方式的安装和固定　局内光缆进入机房后，大型机房一般在槽道内铺设，保持整齐地靠边松弛平放，避免重叠交叉。在槽道的拐弯处，为防止光缆被拉动而造成拐弯半径过小，可做适当绑扎。

• 走线架走道方式的安装和固定　中小机房多数采取走道方式供光缆走向、固定。光缆余留一般在适当位置盘成圆圈，并固定于靠边墙或靠边机架侧的走道上，有隐蔽的位置最好。

机房内光缆在走道上应按照光缆要求进行绑扎固定。拐弯时要在保证曲率半径的前提下保证其美观性。至ODF或光端机的光缆成端预留长度应盘好，并临时固定于安全位置，供成端时用。当光缆暂时放在室外时，光缆端头应做密封处理，避免受潮。

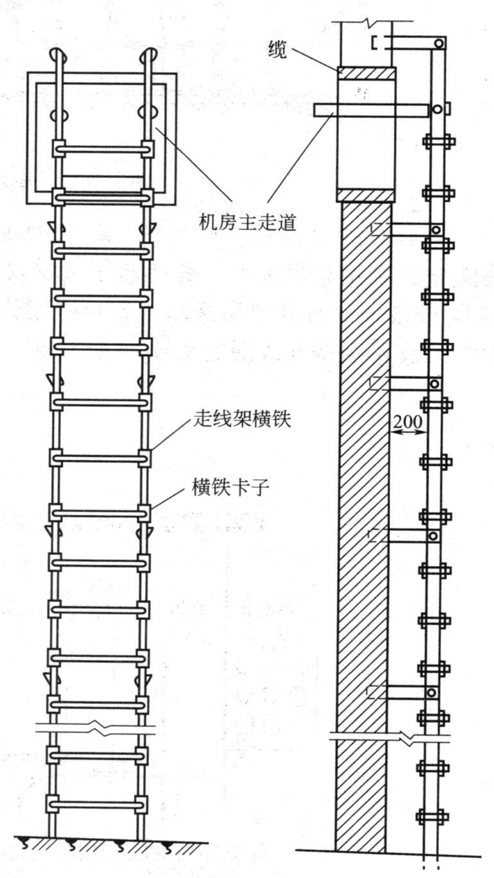

图6-78　光缆引上爬梯的加工、安装示意图

（4）无人中继站光缆的敷设安装

① 无人中继站的安装　主要包括有中继器

机箱的安装固定、光缆进站的防水堵塞、光缆的站内安装和成端、光缆成端的质量评价、保护地线的安装、业务联络设备的安装、光缆及机箱的标志、无人机箱的充气密封。

② 无人中继站站内光缆的成端方式　有直接成端和尾巴光缆成端两种。

• 直接成端方式　外线光缆在中继站内余留后，直接进入无人机箱内按要求成端。成端内容包括加强芯、金属层连接，即箱内接地；光缆中的光纤与带连接器的尾纤做熔接连接，并将接头和余纤盘放至收纤盘内；对有远供或业务铜线的光缆，按要求进行成端。

• 尾巴光缆成端方式　外线光缆在中继站内余留后，在机箱外与尾巴光缆采用光缆接头护套连接方法做终端接头。尾巴光缆的另一端进入中继机箱内，在安装时，将机箱内尾巴光缆同连接器尾纤做熔接连接和收容放置。加强芯、金属层一般在终端接头盒的线路光缆侧引出接地。

③ 无人中继站光缆安装的一般要求

• 站内建筑　站内建筑应符合无人中继器安装要求；站内应保持干燥，无渗水、漏水现象；站内光缆进线管孔、接地装置、进站穿线管孔的位置、要求应符合设计要求；站内预制水泥台尺寸及固定机箱预留孔位应符合设计要求，水泥台面要求平整；站内光缆放置的水泥台或预制铁架、尺寸及要求应符合设计规定。

• 光缆安装要求　光缆进站前做“S”弯余留埋设，有标识显示进站路由；光缆进线孔堵塞严密、不渗水；光缆进站后按规定做余留和放置；光缆进站方向、端别做明显标志。

• 机箱安装要求　机箱应按设计要求安装于水泥台上。当采取双体机箱时，两个机箱应在同一平面上，机箱间连接组件合拢自然；机箱箱体与水泥台间固定应牢固；机箱箱体应接工作保护地线；机箱应注意清洁，箱盖密封圈应完整、干净，密封凹槽内应干净无异物；安装完成后应检查气闭性能，确保密封良好；采用两个机箱时，应标明系统或纤序。

• 光缆成端要求　中继机箱光缆引入口安装，应按产品规定的方法操作，气闭性应良好；机箱外终端接头的连接、安装应符合规定要求，并对两个接头盒标明来去方向；终端接头及机箱内与尾纤的连接，光纤连接损耗应控制在较小范围，避免过大的连接损耗出现；有铜导线的光缆应按设计要求连接。

• 金属层的引接要求　光缆直接进机箱方式时，铠装层引出接机壳。尾巴光缆成端方式时，线路光缆的金属层一般在终端接头处引出接地，机箱内不存在金属层连接问题。

(5) 进站光缆的安装

① 准备工作　光缆进站安装一般早于机箱安装和成端。当光缆敷设至中继站时，进站准备工作已经就绪，可以直接进站并进行安装。

光缆安装前的准备工作包括：光缆布放至站前；光缆在站前有预留长度；准备好进线管口的堵塞材料和小工具等。

② 光缆进线管的堵塞　光缆穿入进线管（孔）前挖好工作坑，先穿上 2～3m 的塑料半硬管。光缆进线管（孔）的堵塞方法有两种，分别是热可缩管封堵方式和油麻封堵方式。

• 热可缩管封堵方式　建中继站时，在两个进缆方向各预埋两根钢管，其中一根作为备用。进行封堵时，首先将站外钢管清洗干净，四周锈迹擦净，将热可缩管及光缆接头套管套入光缆；然后光缆穿过进线管后，用砂纸打磨热缩部位的光缆外护层，用自粘胶带包缠光缆外部；最后用喷灯加热热缩管，使其收缩良好。

• 油麻封堵方式　对于进线管的光缆封堵，首先，光缆穿入进线管前，先套入一段

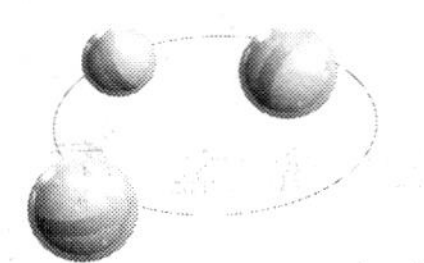

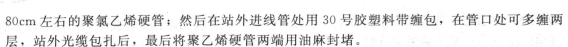

80cm左右的聚氯乙烯硬管；然后在站外进线管处用30号胶塑料带缠包，在管口处可多缠两层，站外光缆包扎后，最后将聚乙烯硬管两端用油麻封堵。

对于进线孔的光缆封堵，首先，光缆进站前先穿入一段1.0m左右的聚氯乙烯硬管；然后光缆穿越进线孔后，在进线孔内用油麻堵塞，在站内、外进线管处，用30号胶塑料带缠包封口；最后将1.0m长的塑料硬管移至进线孔位置，对于易动土或地面下沉的位置上边加盖2～3块水泥盖板，以加强对光缆的保护。

(6) 站内光缆的安装　主要有直接进箱方式和尾巴光缆方式。直接进箱方式是箱内与尾纤相连接。尾巴光缆方式是在机箱外的终端接头内线路与尾巴光缆相连接。

站内光缆主要安装步骤包括前期的准备工作和光缆的成端。准备工作包括把无人中继机箱按要求安装于水泥机墩上，并用地脚螺钉固定机箱；余留光缆的固定；成端器材的准备。光缆成端主要是光缆进入中继机箱的安装、光纤同尾纤的连接、铜导线以及金属层终端。

6.4 光缆的接续与安装

6.4.1 光缆接续设备

6.4.1.1 光缆交接箱

光缆交接箱，通常又称为街边柜，一般放置在主干光缆上，是一种为主干层光缆、配线层光缆提供光缆成端、跳接的交接设备。光缆引入光缆交接箱后，经固定、端接、配纤以后，使用跳纤将主干层光缆和配线层光缆连通。

光缆交接箱属于无源设备，与电缆线路中的铜缆交接箱功能类似，将大对数的光缆通过光缆交接箱后，分为不同方向的几个小对数光缆，同时光缆交接箱还可以实现光缆的跳接，也可以用于光缆线路的测试和维护。

光缆交接箱是安装在户外的连接设备，对它最根本的要求就是能够抵受剧变的气候和恶劣的工作环境。它要具有防水气凝结、防水、防尘、防虫害和鼠害、抗冲击损坏能力强的特点。

目前国内使用的光缆交接箱箱体主要是原装德国KRONE箱体，国内参照KRONE箱体的仿制品是以铁质为主的金属箱体，实物如图6-79所示。

6.4.1.2 光缆接续盒

光缆接续盒又称为光缆接头盒、光缆接续包、光缆接头包和炮筒，主要是对光缆接头的保护，适用于各种结构光缆的架空、管道、直埋等敷设方式的直通和分支连接。

光缆接续盒按外形结构可分为帽式光缆接头盒和卧式光缆接头盒两种，根据光缆敷设方式有架空、管道（隧道）和直埋等类型，按光缆连接方式分为直通接续和分歧接续两种，按密封方式有热收缩密封型和机械密封型。图6-80为光缆接续盒的实物图。

6.4.1.3 光缆终端盒

光缆终端盒主要用于光缆终端的固定、光缆与尾纤的熔接及余纤的收容和保护。光缆终端盒是光缆端头接入的地方，然后通过光跳线接入光交换机。因此，光缆终端盒通常是安装在19″机架上的，可以容纳光缆端头的数量比较多。光缆终端盒就是将光缆跟尾纤连接起来起保护作用的。实际工作中光缆终端盒可以作室内光缆接头盒用，但是很少将光缆接头盒当光缆终端盒用。

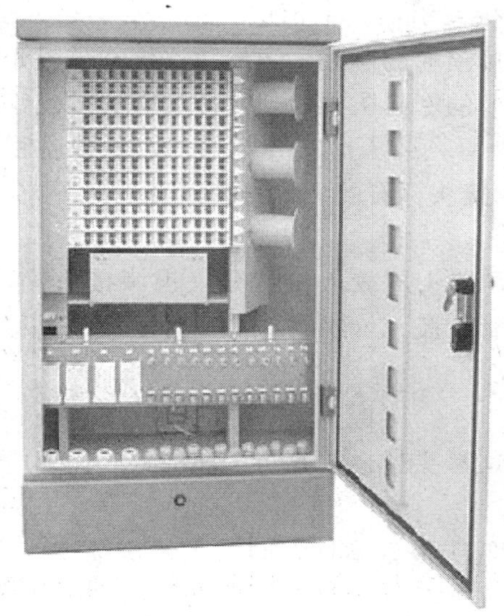

图 6-79　光缆交接箱实物图

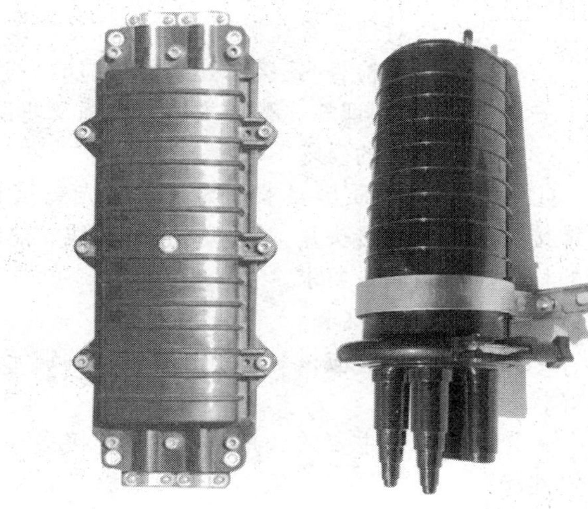

图 6-80　光缆接续盒实物图

光缆终端盒广泛应用于市话、农话网络系统，数据、图像传输系统，CATV 有线电视系列，用于室内光缆的直通和分支接续，起到尾纤盘储和保护接头的作用。光缆终端盒多采用冷轧钢板静电喷塑制成。图 6-81 为光缆终端盒的实物图。

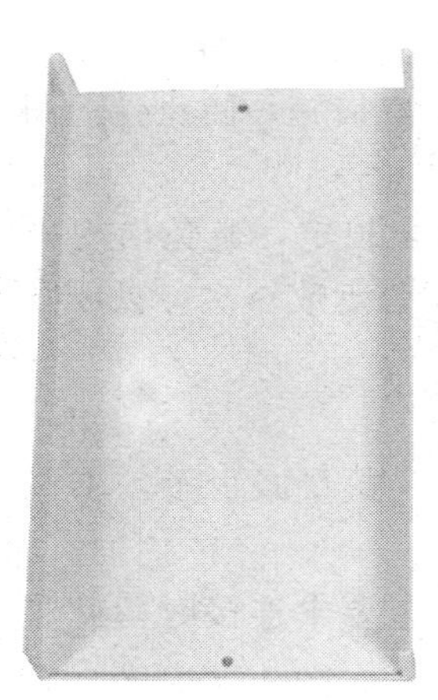

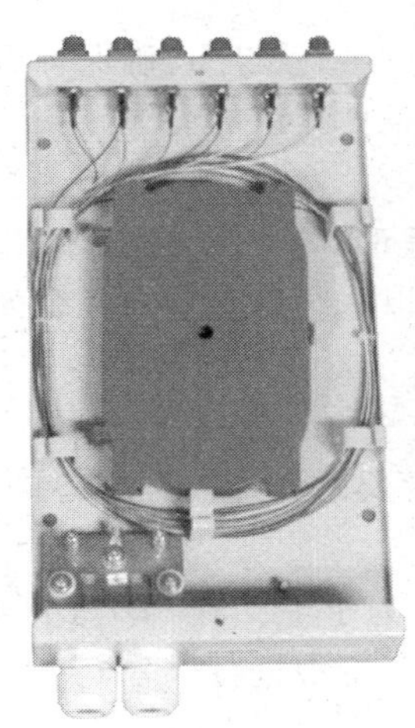

图 6-81　光缆终端盒实物图

6.4.2　光缆接续步骤及方法

光缆接续是光缆施工中工程量大、技术要求复杂的一道重要工序，其质量好坏直接影响到光缆线路的传输质量和寿命，接续速度也对整个工程的进度造成直接影响。

光缆接续包括缆内光纤、铜导线等的连接以及光缆外护套的连接，其中直埋光缆还应包括监测线的连接。

6.4.2.1　光缆接续的基本要求

（1）光缆接续主要内容　光缆接续，一般是指机房成端以外的光缆接续，包括的内容有：光缆接续准备，护套内部组件安装，加强件连接或引出，铝箔层、铠装层连接或引出，远供或业务通信用铜导线的接续，光纤的连接及连接损耗的监控、测量、评价和余留光纤的收容，接头盒内对地绝缘监测线的安装，光缆接头处的密封防水处理，接头盒的封装（包括封装前各项性能的检查），接头处余留光缆的妥善盘留，接头盒安装及保护，各种监测线的引上安装（直埋），埋式光缆接头坑的挖掘及埋设，接头标石的埋设安装（直埋）等。

(2) 光缆接续的要求

① 接续材料的质量要求　为了保护光缆接头，接头应放入接续盒（也叫接头盒）中，光缆接续除了使用接头盒，还包括各种引线、热缩管、胶、绝缘材料等，对于接续过程中使用的材料应满足质量要求。

② 光缆接续的要求

• 光缆接续前，应核对光缆的程式、端别无误，接头处余长要与设计一致，光缆应保持良好状态。

• 光缆接续最主要的是光纤接头的连接损耗应低于设计指标，同时光纤接续点应牢靠，稳定性能好。

• 接头盒内光纤（及铜导线）的序号应做出永久性标记。

• 光缆接续的方法和工序标准，应符合施工规程和不同接头盒的工艺要求。

• 光缆接续应有良好的工作环境，一般应在车辆或接头帐篷内作业，以防止灰尘影响。

• 光缆接头余留和接头盒内的余留应留足。

• 接头盒内光缆及加强件的固定要牢固。

• 接头盒应按要求进行认真的封装，做好密封工序，确保日后不进水、进潮气。

• 光缆接续注意连续作业，对于当日无条件结束的光缆接头应采取措施，防止受潮和确保安全。

• 余留的光纤要盘放在光纤收容盘（图 6-87）上，盘放半径符合规定，避免出现光纤扭转产生的微弯引发接续点损耗增大。一般以一个松套管内光纤为单位盘放一次，盘放收容应整齐、美观。

(3) 光缆接续的特点

① 全程接头数量少　由于光缆中继段盘长的增加，全程总的接头数量减少了，不仅节省了工程费用，而且提高了系统的可靠性。

② 接续技术要求高　连接损耗行业标准为小于 0.08dB，操作工艺要求连接时精度非常高，专业的接续工具使用必须在非常清晰的环境中进行。

③ 接头盒内必须有余留长度。

④ 接续装置机械可拆卸再连接。

光缆接头盒通常采用机械连接方式，便于施工中或维护中的处理故障。

6.4.2.2 光缆接续的步骤及方法

(1) 光缆连接部分的组成　光缆连接部分，即光缆接头，是由光缆接续护套将两根被连接的光缆连为一体，并满足传输特性和力学性能的要求。光缆接头盒的型号和种类较多，但构造原理基本相同，分为保护罩部分、固定组件、接头盒密封组件以及余纤收容盘 4 部分。图 6-82 是两种常见光缆接头盒的构造图。

① 外护套和密封部分

• 接头盒外罩（保护罩）　它是光缆接头盒的保护部分，起着保护接头盒“内脏”的作

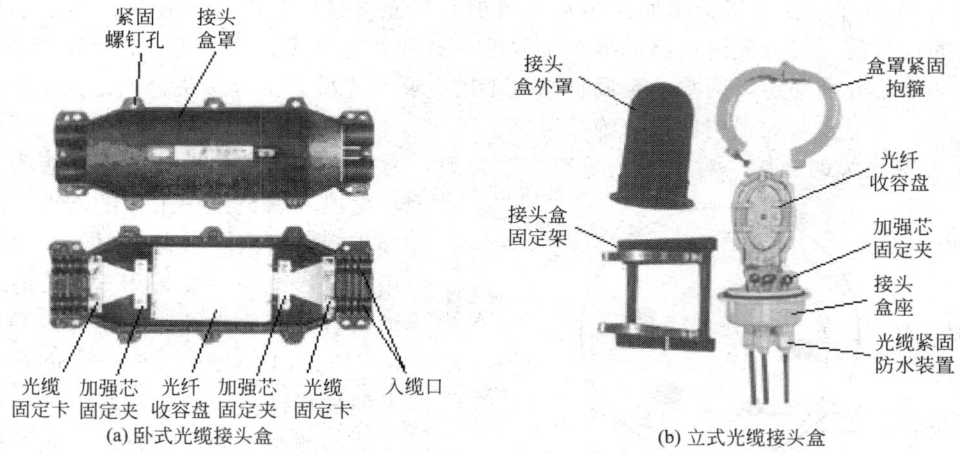

图 6-82　光缆接头盒的构造

用，其材质一般为高强度工程塑料，具有抗冲击、耐张力、耐压力、耐腐蚀、抗老化等特点。

• 密封组件　接头盒密封主要有橡胶垫（条、圈）密封、密封胶密封、热缩管密封等形式，目的是防止水、潮气、有害气体等进入接头盒内部。

② 固定组件　固定组件又分为光缆外护套固定、加强芯固定和接头盒固定部分。光缆外护套固定和加强芯固定部分的主要作用是固定待接光缆。接头盒固定部分（直埋光缆接头盒不需要这一部分）的作用主要是固定光缆接头盒。

③ 余纤收容盘　余纤收容盘又叫容纤盘、光纤接续盘，作用是收容余纤并固定光纤接头，是整个接头盒的核心。

（2）光缆加强芯及金属护套的接续　为了增强光缆的力学性能，在光缆内部都有加强构件。加强构件有金属、非金属两种，大部分光缆具有金属防潮层。因此，在光缆接续时应根据使用环境不同、所用的材料不同分别进行处理。

① 电气连接　在光缆接头处分别把两端的金属加强芯和金属护套连接，使其电气连通。

金属加强芯的接续种类很多，有用螺钉固定后通过接头盒里的金属条来实现电气连接，有用金属连接器来实现电气连接，应根据具体的接头盒而定。

金属护套的电气连接一般采用接头过桥线的形式。不同的光缆金属护套结构采取的连接方式不同，这里仅介绍 PAP（铝塑粘接）护套的接续方法。护套一般采取铝接头压接的方式，用光缆纵剖刀在光缆护套端口处制作一个 2.5cm 长的切口并拨开，把铝接头（上面有锯齿）插入切口处压接，达到铝接头的锯齿与铝护套紧密相连，用 PVC 胶带在连接处缠绕两圈，使接头牢固，如图 6-83 所示。

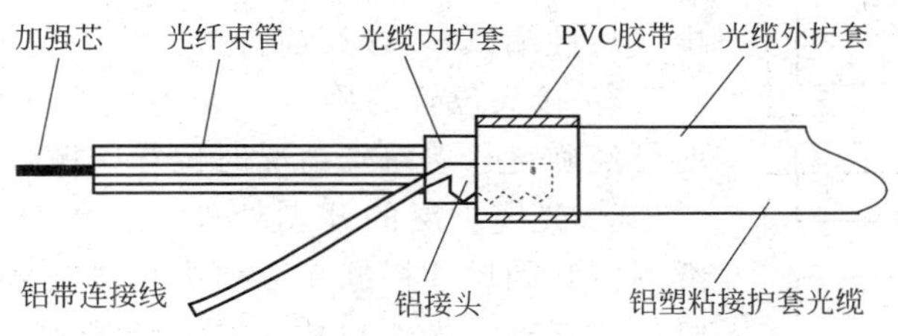

图 6-83　光缆金属护套连接

② 电气断开　就是指金属加强芯及金属护套在光缆接头处电气不连接。为了达到防强电的目的，目前大部分光缆线路的接头采取的是这种处理方式。电气断开的操作方法是把两端金属加强芯分别固定，两端的金属护套也不用金属线连接。部分接头盒内部固定组件已电气连通的，应对金属加强构件采取绝缘措施。

③ 监测尾缆的连接　对直埋光缆和管道光缆，为了掌握光缆外护套损伤、接头盒密封状况以及满足维护工作的需要，从光缆接头盒内引出一根监测尾缆。目前所采用的监测尾缆一般采用5m长的6芯电缆，有专门的光缆监测尾缆成品，也可用HYAT10×2×0.5全塑填充型市话电缆替代。

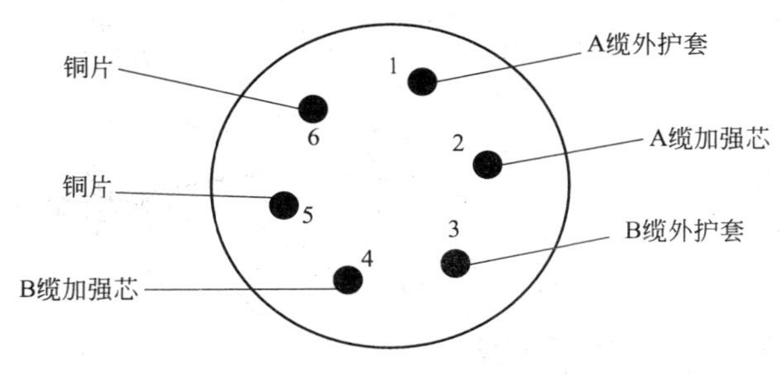

图 6-84　接头盒监测尾缆连接

监测尾缆的连接方法：光缆接续完毕后在封盒之前，把监测尾缆未成端的一端开剥60cm左右，再把铜芯线的绝缘层去掉3～5cm，然后把铜芯线分别与接头盒两侧光缆的加强芯、金属外护套以及监测铜片连接，其连接方式如图6-84所示。

监测尾缆的铜芯线与加强芯的连接：把铜芯线固定在加强芯固定柱上，或者把加强芯与铜芯线固定在一起。光缆金属外护套与监测尾缆的铜芯线连接与电气连接操作方式相同。

监测尾缆从接头盒内引出时同样要做好密封处理。把成端后监测尾缆一端装入监测标石。

(3) 光缆接续的流程　虽然目前光缆接头盒和光缆的程式比较多，不同接头盒所需的连接材料、工具及接续的方法和步骤是不完全相同的，但其主要的程序以及操作的基本要求是一致的。

光缆接续的程序如图6-85所示。

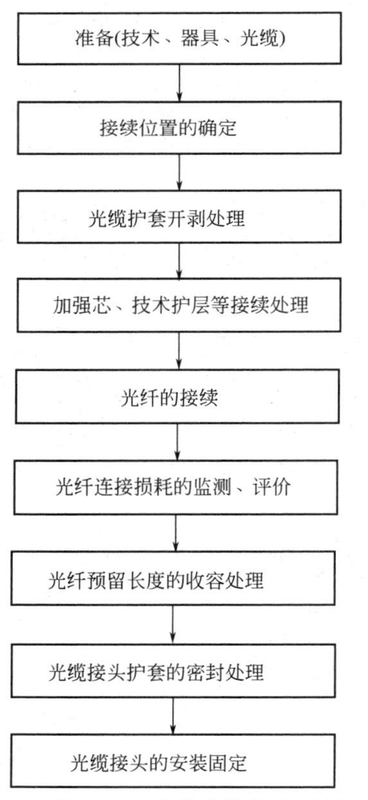

图 6-85　光缆的接续流程图

① 光缆接续前的准备

• 技术准备　在光缆接续工作开始前，必须熟悉所使用的接头盒的性能、操作方法和质量，尤其是以前从未使用过的接头盒，一定要仔细研究其使用方法。

• 器具准备　主要包括接头用器材（接头盒）准备、仪表机具（熔接机、OTDR、开剥光缆工具、封装接头盒工具等）准备、车辆准备和防护器具（遮阳伞、帐篷等）的准备。

• 光缆准备　是指待接光缆在接续前的测试（包括光、电气特性测试），接续前待接光缆出现问题应及时处理。

② 接头位置的确定　光缆接头的位置一般在光缆施工时已经确定，遇特殊情况时位置应做必要调整。

③ 光缆护层的开剥处理　光缆外护套、金属护套、光纤预留开剥尺寸根据光缆结构和接头盒规格而定。用专用工具逐层开剥，光缆口应平齐、无毛刺。光缆的护套剥除后，光缆内的油膏应用清洗剂擦干净。光缆开剥尺寸如图6-86

所示。

在开剥的过程中应注意：

• 开剥光缆外护套对操作人员的技术要求比较高，避免在开剥过程中使光纤受伤；
• 清洗缆内的油膏时，严禁使用汽油等挥发性溶剂，避免加速护套和束管老化。

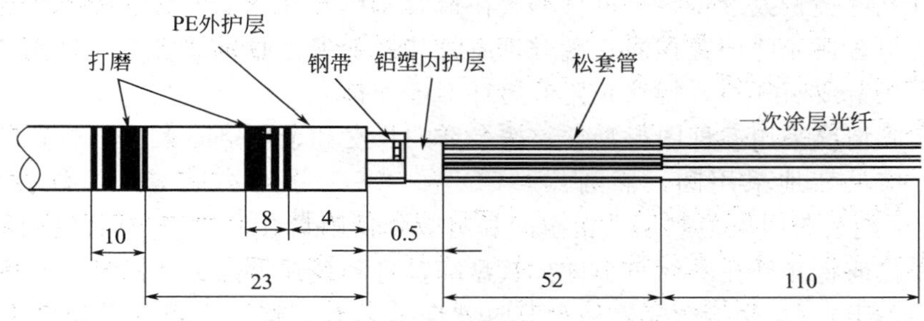

图 6-86 光缆开剥尺寸（单位：cm）

④ 加强芯、金属护层等接续处理

• 加强芯的固定、连接 光缆的加强芯是承受光缆拉力的主要构件，加强芯应安装牢固，必要时对加强芯做适度回弯，以避免光缆从接头盒中拉脱。回弯的长度不应过长，当加强芯或外护套安装不牢，光缆发生转动时，过长的回弯会勾住束管，使束管内的光纤受力，造成损耗增大，甚至会发生断纤。

• 外护套的固定、连接 外护套同加强芯一样也要固定牢固，在固定前要将外护套在接头盒固定的部分和缠密封胶带的地方用砂纸打磨，以增大光缆与接头盒的摩擦力，并使光缆与密封胶带结合得很严密。

⑤ 光纤的接续 光纤的接续在前面 2.4 节光纤熔接中已经介绍过。

⑥ 光纤连接损耗的现场监测、评价 光纤接续的同时监测接续质量。光纤连接损耗的现场监测包括熔接机监测、OTDR 监测及采用光源、光功率计测量，具体现场监测和评价方法见 6.4.2.3 节的部分内容。

⑦ 光纤余留长度的收容处理 光纤接续完毕并测试合格后，收容光纤余长。目前接头盒常用平板式盘绕法，就是将裸光纤盘绕在接头盒内的光纤收容盘中（俗称盘纤），如图 6-87 所示。

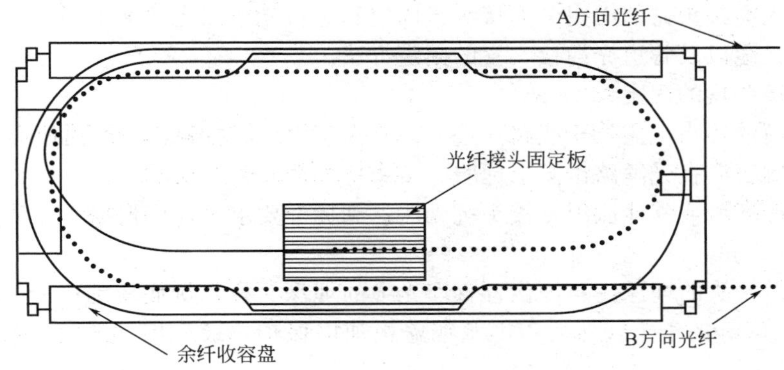

图 6-87 裸光纤平板式盘绕法

盘纤方法分如下几种。

• 先中间后两边，即先将热缩后的保护管逐个放置于固定槽中，然后再处理两侧余纤。

这种盘线方法有利于保护光纤接点，避免盘纤可能造成的损害。在光纤预留盘空间小、光纤不易盘绕和固定时，常用此种方法。

• 从一端开始盘纤，固定热缩管，然后再处理另一侧余纤。这种方法可根据一侧余纤长度灵活选择热熔保护管安放位置，方便、快捷，避免出现曲率半径过小的情况。

• 当个别光纤过长或过短时，可将其放在最后，单独盘绕。带有特殊光器件时，可将其另盘处理。若与普通光纤放置在同一盘时，应将其轻置于普通光纤之上，两者之间加缓冲衬垫，以防止挤压造成断纤，且特殊光器件尾纤不可太长。

• 根据实际情况采用多种图形盘纤。按余纤的长度和余留空间大小，顺势自然盘绕，切勿生拉硬拽，应灵活地采用圆、椭圆、“CC”、“～”多种方式盘纤（注意盘绕半径≥3.75cm），尽可能最大限度地利用余留空间和有效降低因盘纤带来的附加损耗。

• 在接续之前将光纤在容纤盘中进行试盘纤，将多余部分掐断（掐断长度不超过容纤盘最大圈周长的一半），这样接续完以后盘纤时就会又省力又整齐，而且光纤也不会出现微弯现象。

• 有些接头盒内固定热熔管的卡槽比较紧，在固定热熔管时一定要使钢棒在上方，光纤在下方，按照如图 6-88 所示的方法往下用力，可避免指甲将热熔管内的光纤掐断，也可避免卡槽将光纤夹伤。

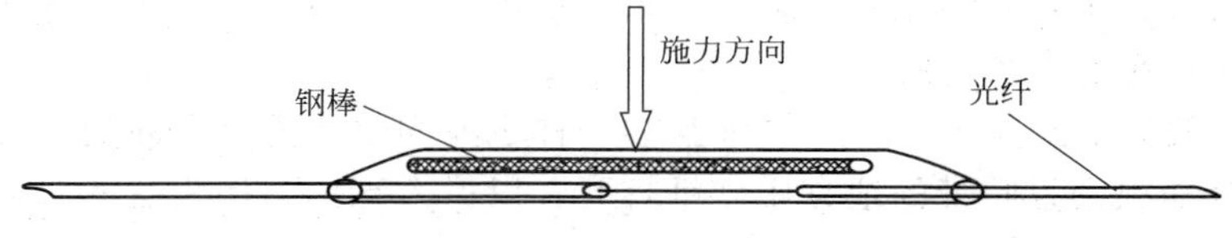

图 6-88 热熔保护管放入固定槽的方法

⑧ 光缆接头盒的密封处理　不同结构的连接护套，其密封方式也不同。具体操作中，应按照接头护套的规定方法，严格按操作步骤和要领进行。对于光缆密封部位均应做清洁和打磨，以提高光缆与防水密封胶带间可靠的密封性能。注意打磨砂纸不能太粗，打磨方向应沿光缆垂直方向旋转打磨，不宜采用与光缆平行方向打磨。

光缆接头护套封装完成后，应做气闭检查和光电特性复测，以确认光缆连接良好，至此，接续已完成。

⑨ 光缆接头的安装固定　接头盒的安装固定是光缆接续、光缆割接、故障抢修中的最后一道工序。光缆接头盒的固定分为接头盒固定和余留光缆固定两道工序。下面分别讲述直埋光缆、架空光缆以及管道光缆接头盒的固定方法。

直埋光缆接头盒的固定

• 直埋光缆的接头坑应位于线路前进方向（A 至 B）的右侧，个别因地形限制，位于线路前进方向左侧时应在光缆路由图上标明。接头坑如图 6-89 所示。

• 由于地形环境或其他原因，接头坑无法达到标准要求时，可根据实际情况，余留光缆盘的直径大于 1.5m。

• 直埋光缆接头的埋深应与该位置直埋光缆的埋深一样，坑底应铺 10cm 的细土，接头盒上方要埋上 30cm 的细土，然后盖上水泥盖板加以保护，最后用普通土将接头坑回填平，如图 6-90 所示。

架空光缆接头盒的固定

架空光缆接头盒一般分为立式和卧式。

• 立式接头盒一般固定在电杆上，光缆余留盘绕在电杆两侧的余留架上，如图 6-91 所示。

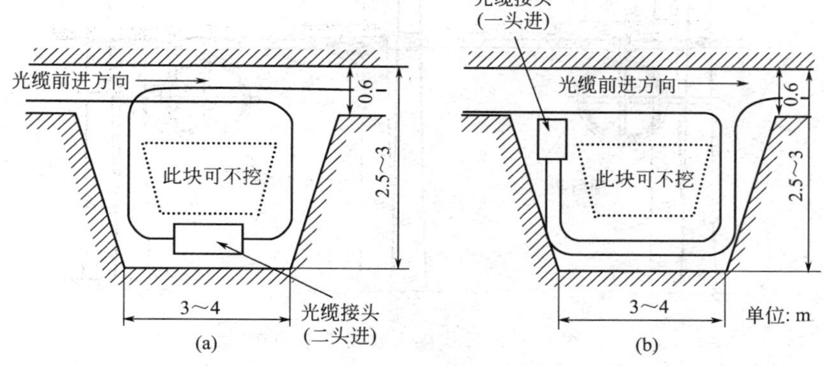

图 6-89 直埋光缆接头坑的开挖

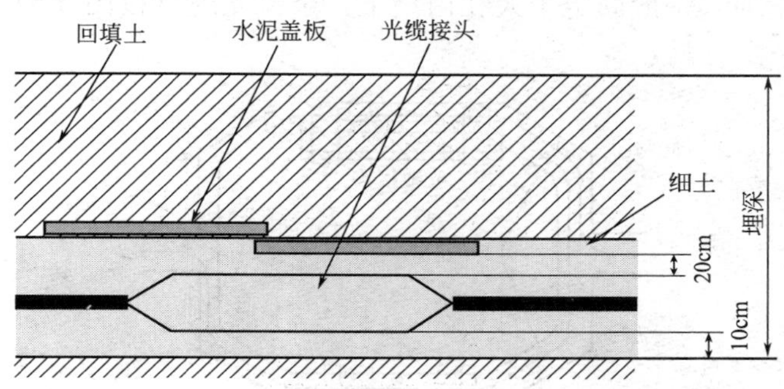

图 6-90 直埋光缆接头盒保护措施示意图

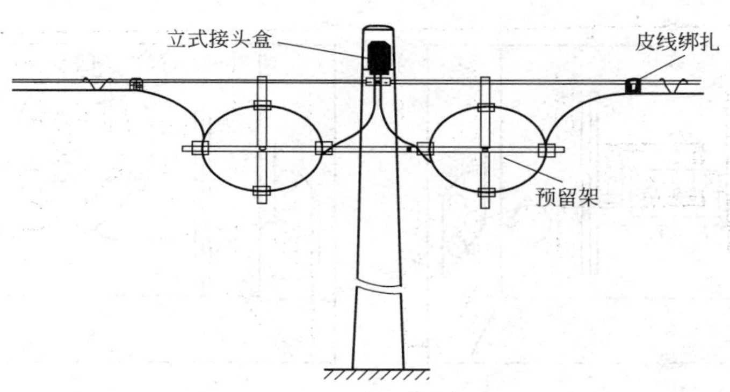

图 6-91 立式接头盒安装示意

• 卧式接头盒一般固定在电杆旁的吊线上（抢修的接头有时也在一档线的中间），光缆余留盘绕在接头盒两侧或相邻电杆的预留架上，如图 6-92 所示。

管道光缆接头盒的固定 管道人孔内光缆接头的固定应满足以下要求：

• 尽量安装在人孔内较高（贴近人孔上覆）的位置，减少人孔内积水的浸泡，并防止施工人员的踩踏；

• 安装时尽量不影响其他线路接头的放置和光（电）缆的走向；

• 光缆应有明显标志，对于两根光缆走向不明显时应做方向标记；

• 对人孔内光缆进行保护和放置光缆安全标志牌。

根据接头盒进缆的方式不同，可以分别采取不同的固定方式。两头进缆时可以按照

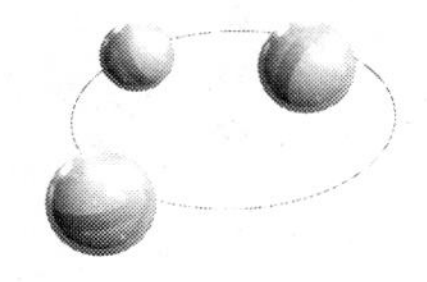

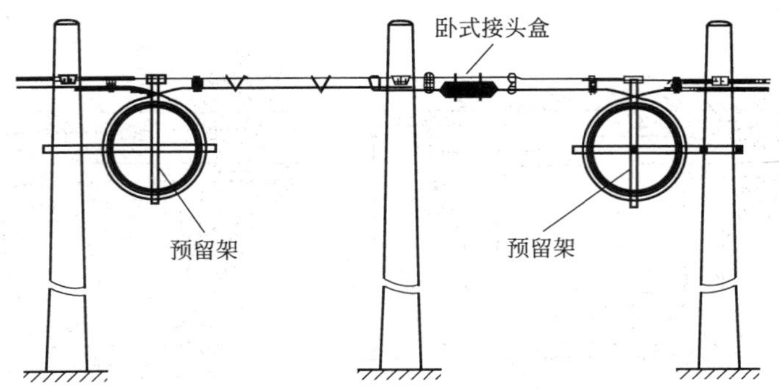

图 6-92　卧式接头盒安装示意图

图 6-93 所示的方式进行，余留光缆盘成盘后，固定于接头的两侧。

采用箱式接头盒时，一般固定于人孔内壁上，余留光缆可按图 6-94 所示的两种方式进行安装、固定。

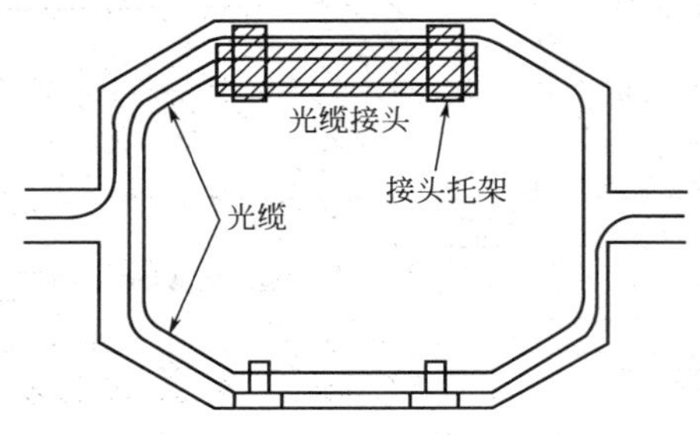

图 6-93　管道人孔接头安装图

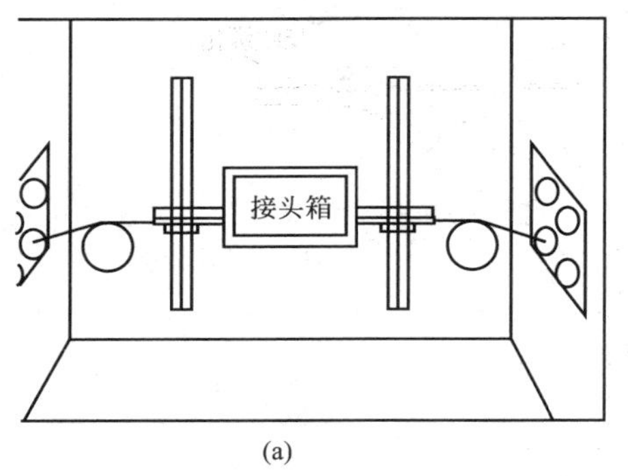

(a)

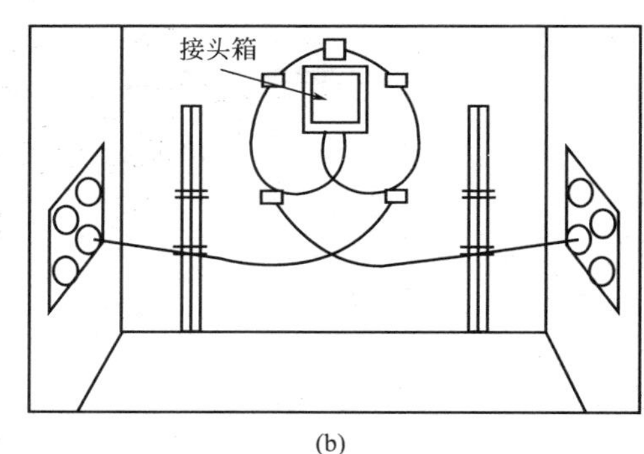

(b)

图 6-94　管道人孔接头箱安装图

6.4.2.3　光缆接续的现场监测、评价

光缆线路施工和维护过程中，需要完成光缆接续的现场监测方式、接续损耗的测量以及质量控制的相关操作。工程中连接损耗的监测普遍采用 OTDR。

（1）光缆接续现场的监测方式

① 操作人员观察方式　在整个接续过程中，操作人员通过熔接机显示屏对光纤的端面质量、光纤对准情况、放电熔接状况、接头形状等的观察、判断，发现有可能致使接续质量达不到要求时，应立即停止该光纤的熔接，排除不良因素后再重新接续。

② 熔接机自动监测方式　在熔接完毕后，熔接机会根据各种参数估算出熔接损耗。需要注意的是：熔接机显示的熔接损耗是按照机器内储存的经验公式推算出来的，因此其熔接损耗的估算值可信度不很高。但是，只要熔接机上显示的熔接损耗较大时，该接头的接续质量一般不好，需要重新接续。

③ 光源、光功率计监测方式　用光源、光功率计监测连接损耗使用较普遍的是四功率法，此法可以精确地测出接续损耗。但缺点是每个接头需要进行两次熔接，耗时耗工，在光缆施工和日常维护中很少采用，这里不再介绍。

④ OTDR 监测方式　采用 OTDR 进行光纤接续的现场监测和接续损耗的评价，是目前最常用、最有效的方式。这种方法最主要的一个优点是，在测得精确接续损耗的同时还可以测出接续点与测试点之间的准确距离。这一点对于光缆线路的日常维护来说是非常重要的。

OTDR 监测一般有 4 种方式：远端监测方式、近端监测方式、近端监测远端环回方式和两端监测方式。在施工和维护中可以根据需要选择不同的测试方式。

(2) OTDR 监测方法

① 远端监测方式　这是一种比较理想的监测方式。所谓远端监测，是指将 OTDR 放在局内，被测光缆的全部光纤接上带连接器的尾纤。光纤接续点不断向前移动，OTDR 始终在局内做远端监测，通过测试人员和接续人员的联系，及时反馈接续存在的问题，如图 6-95 所示。

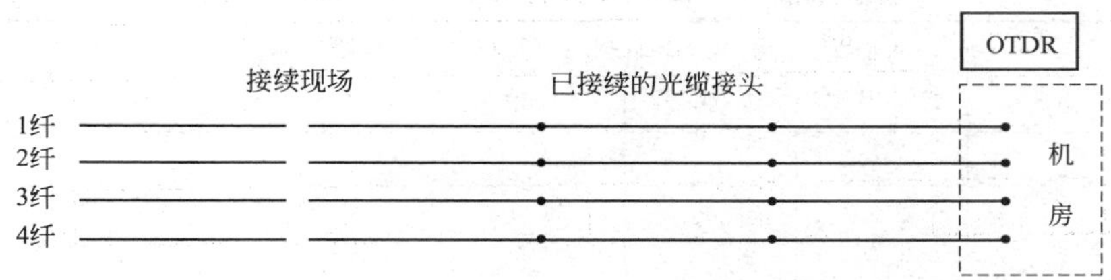

图 6-95　光缆接续时 OTDR 远端监测示意图

这种方法的缺点是仅能测得接头点的单向损耗。

② 近端监测方式　OTDR 始终在光缆接续的前方一个盘长的地方，随着接头往前推进，如图 6-96 所示。这种方式的缺点同远端监测方式的一样，只能测得接头点的单向损耗。另外，OTDR 需要不停地换地方，对于精密仪器的使用寿命极为不利。

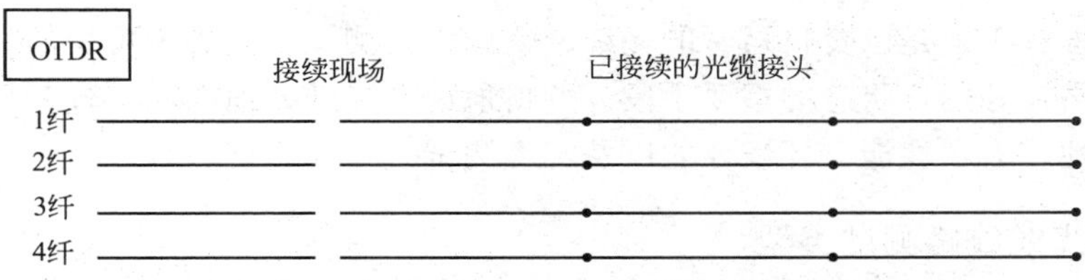

图 6-96　光缆接续时 OTDR 近端监测示意图

③ 近端监测、远端环回方式　这种方式和近端监测方式一样，只是在远端（机房内）将光纤每两根环接在一起，即 1 和 2 连接、3 和 4 连接，以此类推，如图 6-97 所示，这样可以监测到光纤接头的正反向接续损耗，更利于判断接续质量是否合格。在长途干线光缆工程中，采用这种方式很有必要。

④ 两端监测的方式　是指用两台 OTDR 分别在两端机房对光链路中间正在接续的接头进行监测的方式，仅适合于现有光缆线路的割接、故障抢修。因为对于长途干线来说，链路

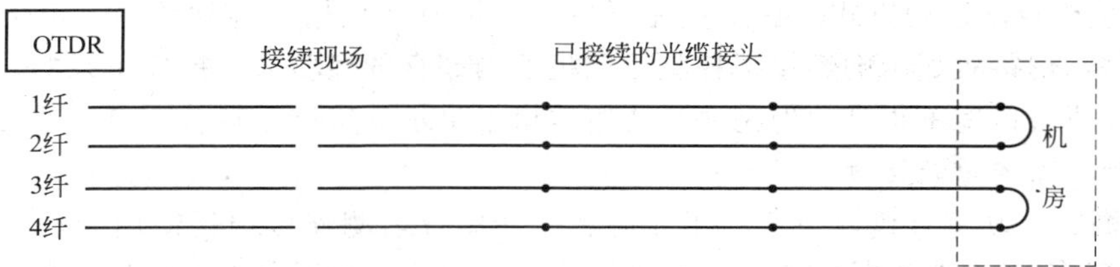

图 6-97　光缆接续时 OTDR 近端监测、远端环回监测示意图

中间的接头损耗指标是非常重要的，为了得到准确的接续损耗，同时可使用光源、光功率计对整个链路的衰耗进行配合测试。

使用这种方法时必须注意，两台 OTDR 不能同时对同一条光纤测试，因为相对于背向散射光来说，对方 OTDR 发过来的光太强，容易激发仪表的自保护（早期 OTDR 的收光模块甚至会被烧坏），需要重新复位才能使仪表正常工作。因此在测试时以其中一个机房为主，在需要配合时对方机房再进行测试。

（3）光纤连接的评价　评价接头是否合格，主要靠 OTDR 测定接头损耗值来确定。一般来说，施工中采取的是前 3 种方式对接续现场进行监测，在光缆割接、故障抢修中采取第 4 种方式监测。光纤连接损耗测量结果应做详细记录，如表 6-37 所示。

表 6-37　光纤连接损耗测量结果记录单

接头		接头损耗/dB	接头累计损耗/dB		操作人员		日期	天气
编号	距离		总	平均	接纤	封装		

熔接机型号＿＿＿＿＿＿ OTDR 型号＿＿＿＿＿＿折射率＿＿＿＿测试人＿＿＿＿＿＿

6.5　光缆线路工程竣工

6.5.1　光缆线路竣工测试

无论是工程施工还是已交付运营的光缆通信网络，测试都是必不可少的，它是保证工程质量和保持网络良好运行状态的重要手段。严格地说，光纤光缆的测试包括尺寸参数、传输特性、光学特性、力学性能、环境性能以及工程测试等多项测试内容。

6.5.1.1　光缆线路测试类型

一般来说，光缆线路测试包括光缆线路工程测试和光缆线路维护测试。

（1）光缆线路工程测试　光缆线路工程测试是指在工程建设阶段，对单盘光缆和中继段光缆进行的性能指标检测。工程测试一般包括单盘测试和竣工测试两部分，分别代表了工程施工的两个重要阶段。

单盘测试是单盘检验的组成部分。在 6.3.2 节中已经介绍，光缆线路工程竣工测试又称光缆的中继段测试，是光缆线路施工过程中较为关键的一项工序，也是光缆线路施工的最后一道工序。竣工测试是从光电特性方面全面地测量、检查线路的传输指标。

（2）光缆线路维护测试 光缆线路维护测试是光缆线路技术维护的重要组成部分，是判断光缆线路工作状态的主要手段。通过对光缆线路的光电特性测试，可以了解光缆的工作状态，掌握光缆线路实际运行状况，正确判断可能发生障碍的位置和时间，为光缆线路提供可靠的技术资料。

6.5.1.2 光缆线路测试项目

光缆线路的不同测试类型，对应着不同的测试项目。

（1）竣工测试项目 光缆线路的竣工测试主要包括光纤特性的测量、电特性的测量和绝缘特性的测量，如表 6-38 所示。

表 6-38 竣工测试项目

单盘测试项目		竣工测试项目	
光特性	电特性	光特性	电特性
单盘光缆衰减	单盘直流特性	中继段光缆衰减	中继段直流特性
单盘光缆长度	单盘绝缘特性	中继段光缆长度	中继段绝缘特性
单盘光缆背向曲线	单盘耐压特性	中继段光缆背向曲线	中继段耐压特性
			中继段接地电阻

（2）维护测试项目 光缆线路维护测试的主要内容为：光纤的衰减测试、光纤后向散射曲线测试；光缆接地装置的接地电阻测试、金属护套对地绝缘测试；光缆故障点的测定等项目。具体项目和要求如表 6-39 所示。

表 6-39 维护测试项目

项 目	周 期	备 注
接地装置和接地电阻测试	每年一次	雨季前
金属护套对地绝缘测试	全线每年一次	
光纤线路衰耗测试	按需	备用系统一年一次
光纤后向散射曲线测试	按需	备用系统一年一次
光缆内铜导线电特性测试	每年一次	远供铜线根据需要确定
光缆线路的故障测试	按需	发现故障立即测试

6.5.2 竣工技术文件

6.5.2.1 竣工技术文件的内容

竣工文件的基本内容包括竣工文件、竣工技术文件册、竣工测试记录册和竣工图纸册 4 个方面。

① 竣工文件的内容 工程说明，建筑安装工程量总表，已安装的设备明细表，开工报告，停（复）工报告，完工通知，工程变更单，重大工程质量事故报告表，验收证书，交接书，隐蔽工程签证记录，竣工测试记录，竣工图纸。

竣工文件的所有文件厚度不超过 3cm，可按第一条中的顺序装订成一册。一般建议将竣工文件分为竣工技术文件、竣工测试记录、竣工图纸 3 部分分别成册。

② 竣工技术文件册内容 工程说明，建筑安装工程量总表，已安装的设备明细表，开工报告，停（复）工报告，完工通知，工程变更单，验收证书，隐蔽工程签证记录。

③ 竣工测试记录册内容　中继段光缆配盘表，中继段光纤衰减统计表，接续损耗表，中继段光纤线路衰减测试记录，光缆对地绝缘测试表，中继段光纤后向散射曲线。

④ 竣工图纸册内容　光缆线路工程竣工路由图。

6.5.2.2　文件编制方法要点

（1）工程说明　应包括工程概况，光缆敷设、接续和安装情况，光电特性，工程进度和落款。

（2）建设安装工程量总表　根据完成施工图实际工程量项目/数量，对于施工图以及增加的工程量，应有主管单位签证。

6.5.3　工程验收

工程验收是对已经完成施工项目质量检验的重要环节，根据工程的规模、施工项目的特点，一般分为随工验收、初步验收和竣工验收。验收工作是工程主管部门、设计、施工等单位共同完成的一个重要程序。

6.5.3.1　随工验收

随工验收又称随工检验，是对隐蔽工程或关键环节的验收。工程中有些施工项目在完成之后具有隐蔽的特征，因此对于隐蔽项目，习惯上称为隐蔽工程，例如，光缆接续完毕后，光纤的接封于接头盒中，光纤预留长度、光纤的盘放、熔接质量及接头盒装配的密封性能等竣工时检验，对于这部分内容采取随工验收的方法。光缆线路工程的随工验收项目及内容如表 6-40 所示。

表 6-40　光缆工程随工验收项目的内容

<table>
<tr><th>项　目</th><th>内　容</th><th>检验方式</th></tr>
<tr><td>器材检验</td><td>光缆单盘检验、接头盒等器材质量、数量</td><td>随工检查</td></tr>
<tr><td rowspan="10">直埋光缆</td><td>①光缆规格、路由敷设位置</td><td rowspan="3">随工检查</td></tr>
<tr><td>②防护设施规格、数量及安装质量</td></tr>
<tr><td>③引上管及引上光缆安装质量</td></tr>
<tr><td>④光缆与其他地下设施间距</td><td rowspan="7">隐蔽工程检验</td></tr>
<tr><td>⑤埋深及沟底处理</td></tr>
<tr><td>⑥回填土质量</td></tr>
<tr><td>⑦光缆接头盒坑位置、深度及接头安装与保护</td></tr>
<tr><td>⑧回填土夯实质量</td></tr>
<tr><td>⑨沟坎加固等保护措施质量</td></tr>
<tr><td>⑩标石埋设质量</td></tr>
<tr><td rowspan="6">管道光缆</td><td>①塑料子管规格、质量</td><td rowspan="6">随工检查</td></tr>
<tr><td>②子管敷设安装质量</td></tr>
<tr><td>③光缆规格、占孔位置</td></tr>
<tr><td>④光缆敷设、安装质量</td></tr>
<tr><td>⑤光缆接续、接头盒安装质量</td></tr>
<tr><td>⑥人孔内光缆保护及标志牌</td></tr>
</table>

续表

项 目	内 容	检验方式
架空光缆	①吊线、光缆规格、程式	随工检查
	②吊线安装质量	
	③光缆敷设安装质量，包括垂度	
	④光缆接续、接头盒安装及保护	
	⑤光缆各种预留数量及安装质量	
	⑥光缆与其他设施间隔及防护措施	
水底光缆	①水底光缆规格及敷设位置、布放轨迹	随工检查
	②光缆水下埋深、保护措施质量	
	③光缆岸滩位置埋深及预留安装质量	
	④沟坎加固等保护措施质量	
	⑤水线标志牌安装数量及质量	
局内光缆	①局内光缆规格、走向	随工检查
	②局内光缆布放安装质量	
	③光缆成端安装质量	
	④局内光缆、光纤标志	
	⑤光缆保护地线安装	

随工验收在施工过程中，由建设单位、施工单位各委派有资质的监理人员随工进行，发现工程中的质量问题随时提出，施工单位应即时处理。随工验收合格后，应由监理、施工双方签署“隐蔽工程检验签证”，以后的工程竣工验收中不再复检。

6.5.3.2 初步验收

初步验收简称初验，光缆线路工程初步验收，应在施工完毕并经工程监理单位预检合格后进行，初验不再对隐蔽工程进行复查。建设单位在收到监理单位“关于工程初验申请报告”后一周组织召开工程初验会议。

初验由建设单位组织，设计、施工、监理等单位参加，光缆线路的安装工艺、传输特性应进行检查和抽测，测试数据还应与施工单位提供的竣工测试记录相符。一般在完工后3个月内进行初验，干线光缆工程多数在冬季组织施工并在年底完工或基本完成（指光缆全部敷设完毕），次年三、四月份进行初验。

（1）光缆工程验收的一般程序

① 成立验收领导小组。

② 成立3个查验组，即工艺组（线路工程的工艺组，又称为路组）、测试组、档案组（又称资料组）。

③ 分组检查。

④ 书面检查结果。

⑤ 会议讨论，在各组提出的检查资料的基础上，对工程质量写出实事求是的评语和质量等级（一般分为优、合格、不合格3个等级）。

⑥ 通过初步验收报告。

（2）初验报告内容

① 初验工作的组织情况。

② 初验时间、范围、方法和主要过程。

③ 初验检查的质量指标与评定意见。

④ 对实际的建设规模、生产能力、投资和建设工期的检查意见。

⑤ 对工程竣工技术文件的检查意见。

⑥ 对存在的问题落实解决办法。

⑦ 下一步安排运转、竣工验收的意见。

(3) 工程交接　工程初验合格，将移交给维护单位进行试运行。工程移交应有正式移交手续、交接内容。

① 移交材料　光缆、连接材料等余料应列出明细清单。一般此项工作已于初验前办理完成。

② 器材移交　施工单位代为检验、保管以及借用的测量仪表、机具及备品等其他器材，应按设计配备的产权单位进行移交。

③ 遗留问题处理　初验中明确的遗留问题，按会议落实的解决意见，由施工单位解决，明确具体处理办法。

6.5.3.3 竣工验收

工程竣工验收是基本建设的最后一个程序，是全部考核工程建设成果、检验工程设计和施工质量以及工程建设管理的重要环节。

竣工验收的主要程序如下。

① 文件准备　根据工程性质、规模，会议上的报告均应由报告人写好，送验收组织部门审查打印，工程决算、竣工技术文件等都应准备好。

② 组织临时验收机构　大型工程成立验收委员会，下设工程技术组，技术组下设系统测试组、线路测试组、档案组。

③ 大会审议、现场检查　审查、讨论竣工报告、初步决算、初验报告以及技术组的测试技术报告，沿线重点检查线路、设备的工艺路面质量等。具体内容如表 6-41 所示。

表 6-41　光缆线路工程竣工验收项目内容

项　　目	内容及要求
安装工艺	①管道光缆抽查的人孔数应不少于人孔总数的 10%。检查光缆及接头安装质量、保护措施、预留光缆的盘放以及管口堵塞、光缆及子管标志
	②架空光缆抽查的长度应不少于光缆全长的 10%,沿线检查线路与其他设施的间距(含垂直与水平),光缆与接头的安装质量,预留光缆盘放,与其他线路交越、靠近地段的防护措施
	③埋式光缆应沿线检查其路由及标识的位置、规格、数量、埋深、面向
	④水底光缆应全部检查其路由、标志牌的规格、位置、数量、埋深、面向以及加固保护措施
	⑤局内光缆应全部检查光缆与进线室、传输室路由、预留长度、盘放位置、保护措施及成端质量
光缆的主要传输特性	①中继段光纤线路损耗,竣工时应每根光纤都进行测试,验收时抽验应不少于光纤芯数的 25%
	②中继段光纤后向散射信号曲线,竣工时应每根光纤都进行检查,验收时抽查应不少于光纤芯数的 25%
	③多模光缆的带宽及单模光缆的色散,竣工及验收测试按工程要求确定
	④接头损耗的核实应根据测试结果结合光纤损耗检验
铜导线电特性	①直流电阻、不平衡电阻、绝缘电阻,竣工时应对每对铜导线都进行测试,验收时抽测应不少于铜导线对数的 50%
	②竣工时应测每对铜导线的绝缘强度,验收时要据具体情况抽测
护层对地绝缘	直埋光缆竣工及验收时应测试并做记录
接地电阻	接地电阻,竣工时每组都应测试,验收时抽测数应不少于总数的 25%

④ 讨论通过验收结论和竣工报告

竣工报告包括以下主要内容：

- 建设依据；
- 工程概况；
- 初验与试运转情况；
- 竣工决算概况；
- 工程技术档案整理情况；
- 经济技术分析；
- 投产准备工作情况；
- 收尾工程的处理意见；
- 对工程投产的初步意见；
- 工程建设的经验、教训及对今后工作的建议。

⑤ 颁发验收证书

验收证书包括如下内容：

- 对竣工报告的审查意见；
- 对工程质量的评价；
- 对工程技术档案、竣工资料抽查结果的意见；
- 初步决算审查的意见；
- 对工程投产准备工作的检查意见；
- 工程总评价与投产意见。

最后经评定后发证，授予该工程为优/合格/不合格的工程，将证书发给参加工程建设的主管、设计、施工、维护等各个单位或部门。

6.6 光缆线路的维护

光缆线路经施工并验收合格交付给维护单位后，线路就投入了通信生产过程。由于光缆线路设施主要设置在室外或野外，容易受到外界自然环境和社会环境的影响和破坏，这些都会干扰正常的通信，影响严重时，会引起通信质量下降，业务量下滑，甚至出现突发事件，使通信中断。因此，如何确保线路畅通，防止故障的发生，或是在故障发生后，能及时地查清故障原因，尽早地修复线路，这就成了光缆线路的维护中的主要工作。

6.6.1 光缆线路维护的目的和维护工作分类

(1) 光缆线路维护工作的目的　维护工作就是确保通信线路畅通，做好网络服务支撑。

光缆线路维护的基本任务是：

① 保持设备完整良好，运行正常，各项性能符合维护技术指标要求；

② 预防故障和尽快排除故障，提高故障处理有效率；

③ 在保证通信质量的前提下，挖掘资源潜力，合理使用维护费用，做好服务支撑；

④ 做好维护档案资料的管理，保证资料完整、准确。

(2) 光缆线路维护工作分类　光缆线路的维护工作分为“日常维护”和“技术维护”两大类。

日常维护

① 路面及管道维护　线路巡回，标石和标志牌的除草、培土、油漆、描字，路由探测，人孔检修，人孔抽水，整理悬挂标示牌等。

② 架空光缆的维护　整理更换挂钩，检修吊线，清理架空杆路上和吊线上的杂物，光缆、余留架及接头盒的检修，杆路设备检修等。

③ 其他方面维护　水线和海缆维护、护线宣传、线路隐患防范、“三盯”。

技术维护

技术维护主要有中继段光纤通道后向散射信号曲线检查，光缆线路光纤衰减测试，光纤

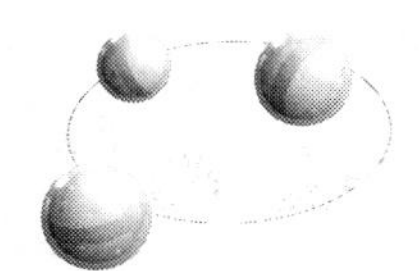

偏振模色散测试，直埋接头盒监测电极间绝缘电阻测试，防护接地装置地线电阻测试，维护规程要求的其他技术测试项目。

6.6.2 维护工作主要项目和周期

日常维护和技术维护均应根据质量标准，按规定的周期进行，确保光缆线路设备处于完好状态。

（1）日常维护的内容及其周期（表 6-42）

表 6-42 日常维护的内容及其周期

项目	维护内容		周期	备注
路面及管道维护	巡回		1～2 次/周	
	标石、标志牌	除草、培土	按需	标石周围无杂草、杂物(可结合巡回进行)
		油漆、描字	年	可视具体情况缩短周期
	路由探测		年	可结合徒步巡回进行
	人孔检修		半年	高速公路中人孔的检修按需进行
	人孔抽水		按需	
杆路维护	整理、更换挂钩，检修吊线		年	
	清除光缆及吊线上杂物		按需	
	杆路检修		年	可结合巡回进行

在日常维护的巡护中不得漏巡；光缆采用步巡和车巡相结合。暴风雨后或有外力影响可能造成光缆线路障碍隐患时，应加大巡回频次。高速公路中线路的巡回周期为 2～3 次/月。

（2）技术维护的测试项目、维护指标及周期　表 6-43 中列出了光缆线路技术维护项目及周期。

表 6-43 光缆线路技术维护的项目、指标及周期

序号	测试项目		维护指标	维护周期
1	中继段光纤通道后向散射信号曲线检查		≤竣工值+0.1dB/km (最大变动量≤5dB)	主用光纤：按需进行； 备用光纤：长途半年一次，本地网一年一次，代维按合同规定
2	光缆线路光纤衰减		≤竣工值+0.1dB/km (最大变动值不超过 5dB)	主用光纤，按需进行； 备用光纤，每年一次
3	光纤偏振模色散		待定	
4	直埋接头盒监测电极间绝缘电阻		≥5MΩ/单盘	长途半年，本地网按需(代维可按合同规定)
5	防护接地装置地线电阻	$\rho\leqslant 100$(注 2)	≤5Ω	半年(雷雨季节前、后各一次)
		$100<\rho\leqslant 500$	≤10Ω	
		$\rho>500$	≤20Ω	

（3）季节性维护

① 在雷雨、台风季节到来之前，对易遭受暴雨、洪水冲刷以及受飓风影响的地段进行认真的检查，关键部位和薄弱环节应重点检查，对防护设施进行认真的检修。

② 在严寒、冰凌期间，加强架空线路的巡回，及时采取相应措施。

（4）故障抢修 光缆维护单位应随时做好故障抢修的准备，做到在任何时间、任何情况下都能迅速出发抢修。抢修专用的器材、仪表、机具及车辆等应处于待用状态，不得外借或挪用。

6.6.3 常见的日常维护工作

（1）路面维护的主要工作 光缆线路应坚持定期进行线路巡回。在市区、村镇、工矿区及施工区等特殊地段和大雨之后，重要通信期间及动土较多的季节，应增加巡回次数。巡回时的主要工作内容有以下几个方面。

① 检查光缆线路附近有无动土或施工等可能危及光缆线路安全的异常，检查直埋线路路由上有无严重坑洼或裸露光缆的现象，检查护坡等加固防护措施有无损坏。

② 检查标石、标志牌和宣传牌有无丢失、损坏或倾斜等情况。

③ 及早处理和详细记录巡回中所发现的问题。遇有重大问题时，应及时上报。当时不能处理的问题，应列入维修作业计划，并尽快解决。

④ 开展护线宣传及对外联系工作。

包线员应准确掌握光缆线路的路由情况，熟悉、掌握直埋光缆线路的埋设位置和埋设深度。

凡在光缆线路附近进行有碍线路安全的施工时，均应按照安全隔距要求，事先会同对方签订协议，制定安全措施，并配合随工进行监督。必要时，应派人日夜值守，确保光缆线路的安全。

新建铁路、公路或其他可能影响光缆线路安全的设施，应根据现场情况，会同施工和建设部门，采取改变路由或合适的保护措施，并增加标志牌。改道的光缆线路非穿越铁路或公路不可时，应采取合适的保护措施，并增加标志牌。

（2）管道线路的主要维护工作

人孔、管道的主要维护工作

① 定期检查人孔内的托架、托板是否完好，标志是否清晰醒目，光缆的外护套及其接头盒有无腐蚀、损坏或变形等异常情况。发现问题应及时处理。

② 定期检查人孔内的走线排列是否整齐、预留光缆和接头盒的固定是否可靠。

③ 发现管道或人孔沉陷、破损及井盖丢失等情况，应及时通知产权单位采取措施进行修复。

④ 清除人孔内光缆上的污垢，根据需要抽除人孔内的积水。

高速公路管道光缆的主要维护工作

① 高速公路管道内光缆线路的维护以车巡为主。

② 检查有无涵箱盖、人孔盖丢失。若有丢失要及时通知产权部门予以补充。

③ 及时清理桥涵下方堆积的柴草等易燃物。

④ 定期与高速公路管理部门进行联系，了解可能影响光缆线路安全的施工动向并及早做出安排。

⑤ 高速公路管道人孔的维护标准与前面介绍的人孔、管道的维护要求一样。

局站内的主要维护工作

① 进线室内、走线架上的光缆线路应有明显的标志，以便与其他缆线区别。

② 每月应巡视或会同其他相关部门巡视站房一次，检查有无渗水、漏水情况以及有无老鼠进入站房的迹象。

③ 光缆和管线的布线合理整齐，光缆上标志醒目，并标明 A、B 端。

④ 站房内光缆线路设备应清洁、完好。

(3) 架空光缆线路、水线和海缆的维护

架空光缆线路的主要维护工作

① 整理、添补或更换缺损的挂钩，清除光缆和吊线上的杂物。

② 检查光缆的外护套及垂度有无异常情况，发现问题应及时处理。剪除影响线路的树枝，砍伐妨碍光缆线路安全的树木。

③ 检查吊线与电力线、广播线等其他线路交越处的防护装置是否齐全、有效及符合规定。

④ 逐个检修电杆、拉线及加固设备。

⑤ 检查架空光缆线路的接头盒和预留处的固定是否可靠。

水线的主要维护工作

① 水线的标志牌和标志灯应符合国标要求，安装牢固，指示醒目，字迹清晰。

② 水线两侧各 100m 内禁止抛锚、捕鱼、炸鱼、挖沙，以及建设有碍于水线安全的设施。

③ 做好水线倒换开关和水线监视设备的维护；保持水线房的清洁，禁止无关人员进入水线房。

④ 经常巡视水线登岸处的加固设施是否完好、牢固。若发现问题应及时处理。

⑤ 查看水线区域内有无妨碍水线安全的施工，如疏通河道、挖沙取肥等。发现问题及时处理，并向上级主管部门汇报。

⑥ 新开或改道河渠与直埋光缆线路非交越不可时，交越处的光缆线路应采取下落保护措施。必要时，可利用附近的预留或介入长度不小于 200m 的短段光缆下落光缆线路。下落时光缆的埋深，对于河床不稳、土质松软的河流应不小于 1.5m；对于河床稳定、土质坚硬的河流应不小于 1.2m；对于有可能疏浚和挖沙取肥的河渠，优先采用定向钻孔方式进行改造或在光缆上覆盖水泥板或水泥沙包等保护措施。

海缆线路的主要维护工作

① 海缆两侧各 0.2 海里内禁止船只抛锚、养殖、捕鱼、挖沙及建设有碍于光缆安全的设施。

② 积极与海事监管部门联系，了解海域内的作业计划。养殖高峰期应会同有关部门及时进行海上巡回、宣传。

③ 在浅海区域或特殊地点的海缆上方要设置标志用浮漂，以便于维护。

④ 对海缆两侧海域的船只，要进行 24h 跟踪、定位、测速、定向，发现异常情况及时处理汇报。

⑤ 监测站各种仪表设备要由专人负责管理、认真登记。

⑥ 检查海缆登陆区域的加固设施是否完好、牢固，发现问题应及时处理。

⑦ 海缆维护人员要熟悉和掌握各种海洋法规、制度。

(4) 光缆线路隐患防范

光缆线路隐患的分类

光缆线路隐患包括可防范的隐患、突发性隐患和不可抗拒性隐患 3 种。

① 可防范的隐患　光缆线路附近的开山放炮取石、公路改道扩宽新建、城镇建设、农田耕作、水利建设、捕鱼挖沙等外力施工影响造成的线路隐患；易燃、易爆物附近的线路隐

患；由于环境变化，敷设位置、深度、高度或与其他设施隔距不符合维护规程要求造成的线路隐患。

② 突发性隐患　突发性外力造成的线路隐患；枪支打鸟、盗墓等隐蔽性活动造成的线路隐患。

③ 不可抗拒性隐患　特大型自然灾害、人为故意破坏等人力无法抗拒的线路隐患。

光缆线路隐患主要防范措施

① 加强内部管理，提高维护水平，使维护人员能及时预见或发现可防范线路隐患。

② 干线直埋光缆可在路由上或路由附近采取相应措施，明显标记光缆的位置和走向，使直埋光缆线路明显化，提高干线直埋光缆线路的质量和自身的防障能力、对外宣传能力。

③ 外力施工影响，敷设位置、深度、高度，或与其他设施隔距不符合维护规程要求的光缆线路，可采取迁改、下沉、升落、加固、设立安全警示标志、加装三线防护装置、进行“三盯”看护等措施。

④ 易燃、易爆物附近的线路隐患应及时联系相关单位，尽快清除。

⑤ 突发性隐患没有明显征兆，时间短、危害大，防范困难。突发性外力、枪支打鸟、盗墓和人为破坏等造成的线路隐患，可通过加强护线宣传，提高社会对光缆线路的认知度；加强与政府、公检法等部门的沟通联系，加大对破坏、偷盗通信设施违法犯罪行为的打击力度，减少外界对通信设施的破坏。

⑥ 提高线路设备质量，增强线路抵御自然灾害能力。依靠完善的传输网络和先进的传输技术，降低自然灾害和人为破坏对通信网络造成的损失。

6.6.4 光缆线路故障考核指标

光缆线路故障指标按光缆级别，一般情况下可分为一级干线、二级干线和本地网故障考核指标。一级干线故障考核指标由集团公司制定，二级干线和本地网故障考核由省公司根据各省维护情况制定相应的考核指标。

(1) 故障处理有效率

定义　干线故障处理有效率指各省（分）公司按照规定时限对维护范围内发生故障的干线传输网（北方为一级干线，南方为一、二级干线）进行有效处理的情况。

故障有效处理包括故障处理完毕网络恢复运行和采用备用设备、备用路由抢通。每次故障根据所影响业务量，将故障涉及的数据、出租及重要专线等业务电路核算至155M，155M以下按1个155M计算。

计算公式

$$\text{线路故障处理有效率}=\left[1-\frac{\sum \text{故障处理超时(不合格)等效 155M 次数}}{\sum \text{线路故障等效总 155M 次数}}\right]\times 100\% \tag{6-7}$$

(2) 光缆线路故障次数

定义　由于光缆线路的原因造成一个及以上在用系统同时发生阻断，计光缆故障一次；同一中继段内，同一在用系统同时阻断多处，计光缆故障一次；同沟、同杆敷设的多条光缆同时阻断，按光缆线路最高级别计光缆故障一次。

计算公式

$$\text{平均每百皮长公里故障次数}=\frac{\text{故障总次数}}{\text{光缆线路总长度(皮长公里)}}\times 100\% \tag{6-8}$$

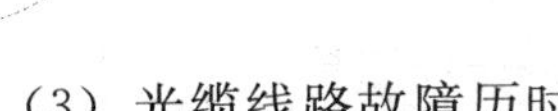

(3) 光缆线路故障历时

定义 故障历时是从线路故障发生开始计算，至光缆修复或导通并经机务部门验证可用时为止。计量单位为“分钟”。

计算公式

$$平均每百皮长公里故障历时=\frac{故障总历时(分钟)}{光缆线路总长度(皮长公里)}\times 100\% \tag{6-9}$$

6.6.5 光缆日常维护常用图表

(1) 光缆日常维护常用图表资料的管理 光缆日常维护用图表资料是记录光缆线路历史及现状、查修及处理线路故障、处理内外部与光缆线路有关的各项事宜的重要依据，在日常管理中必须做到：

① 技术档案和资料应有专人保管，专柜集中存放，定期整理，保持资料完整，并建立登记和借阅制度；

② 技术档案和资料应齐全、完整、准确；

③ 及时修改和补充与线路迁改和扩建等有关的技术资料，实现资料与实物相符；

④ 各类报表、质量分析表应按年分月整理成册，保管期限 3 年，定期的测试记录、系统告警记录、值班记录等各项原始记录保存期 1 年，重大故障记录长期保存；

⑤ 各类技术档案资料随设备保存，当设备退网或报废时，方可销毁。

(2) 光缆日常维护常用图表资料的分类

根据光缆线路各类日常维护常用图表的性质，将其划分为以下 3 类。

日常维护资料

① 维护规章制度资料 维护规程、实施细则以及有关技术维护规范等。

② 线路维护资料 线路图、线路设备的变更记录、充气设备布置图、配线表。

③ 维护备料及仪表机具的相关资料。

④ 维护报表资料 外力施工影响统计表、护线宣传统计表、维护作业计划、故障及统计分析报表、气压测试记录表等。

⑤ 传输系统开放图及实开电路表、机房 ODF 示意图。

⑥ 其他需要建立的维护资料。

技术档案资料

① 新建、大修和改造等工程资料 设计文件、竣工资料、验收文件、有关单位协议及工程遗留问题的处理意见。

② 线路传输性能测试、分析资料。

③ 防雷、防蚀、防强电、防蚁及防鼠等资料；灾害性的和与维护有关的气象、水文资料。

涉外资料

① 涉及线路出租、代维等文件及其协议等资料。

② 线路建设、迁改、维护等原因与地方单位签订的各种文本文件，军警民联合护线协议。

③ 城镇建设、市容改造等原因引起线路迁改的路由批复、文件等。

6.7 光缆线路的维修

6.7.1 光缆线路维修的基本概念

(1) 光缆线路维修的定义和范围 光缆线路维修工作是指通过采取整治、维修、改造等措施，消除由于外界环境的影响和自然变化而带来的一些隐患，保持和提高线路设备质量，避免和减少由于线路自身原因而导致的故障发生，提供稳定、优质的传输线路。

光缆线路维修工作主要包括大修改造、零星升迁加固、集中整治、日常整修和其他线路整治工作。

维修工作应精心细致，贯彻“预防为主”的维护方针，采用科学的管理方式，及时发现问题、处理问题。

(2) 光缆线路维修工作的目的 光缆线路设备的维修工作以提高线路设备自身强度和抗御外界影响能力，提高线路设备完好率为目的，对线路设备进行整治修理工作。

在实际光缆线路维修工作中，通过细化内容、量化标准、规范管理，实现合理的维修工作管控。

6.7.2 光缆线路维修工作的分类和周期

(1) 光缆线路维修工作的分类 根据光缆线路维修工作的不同特点，光缆线路维修工作分类如下。

大修、改造工程 是光缆线路技术维护工作的延续和补充。

大修是为了恢复光缆线路设备固有的机械强度和正常传输性能而进行的较大规模的周期性修理工作。

改造是为了增强光缆线路的机械强度，改善和提高线路传输性能以及设备质量而进行的技术和设备改造工程。

大修改造工程的主要内容包括：

① 集团公司、省公司批准的光缆线路大修改造工程项目；

② 列入集团公司、省公司年度大修改造计划且季节性较强的工程项目。

零星升迁、加固、集中整治 对线路过路、过河、角杆、拉线、下线杆、沟坎等特殊地段设备的整修工作，规模小于大修改造工程。

零星升迁、加固、集中整治的主要内容包括：

① 因外力影响、自然灾害等原因造成的线路升迁、加固；

② 线路设备自身质量原因引起的零星升迁；

③ 管道、水线光缆的集中整修；

④ 整中继段线路设备的刷漆喷字、喷刷宣传标语、明显化整修等线路整修工作；

⑤ 整中继段或大范围地增加、更换线路附属设备，如标石、宣传牌等；

⑥ 大修项目以外的其他线路整修工作。

日常整修 工作规模小于零星升迁、加固、集中整治工作，整修随时发生，且工作周期一般不超过 1 个月。

日常整修的主要内容包括：

① 零星增加、更换线路设备，如电杆、标石、拉线、宣传牌、预留架、保护管、挂钩等；

② 线路割接和障碍点的抢修；

③ 沟坎加固、缆沟回填。

其他线路整治

(2) 光缆线路维修工作的管理 根据相关规定要求，认真做好光缆线路维修项目的收集、上报，批准后及时实施，保证光缆线路设施处于良好状态。

① 大修改造工程　按规定上报。

② 零星升迁、加固、集中整治　按月下达，由各维护单位实施。

光缆升落迁移应按照要求填写《干线光缆升落申请表》，汇总后于当月上报上级维护管理部门审批。批准后由当地维护单位负责组织实施，纳入当月的生产维修作业计划中。

③ 日常整修　随时下达，由各维护单位实施。

④ 其他整治工作　按月下达，由各维护单位实施。

6.7.3　架空光缆线路的日常维修操作

6.7.3.1　杆路的维修

架空光缆的杆路有光缆的独立杆路、长市共用杆路、光缆附挂其他杆路等不同情况。需要明确产权归属后落实维护责任。架空杆路的维修包括以下内容。

(1) 检修电杆和电杆编号及宣传标语　逐根扶正倒杆及歪杆，更换断杆，要求做到杆身正直，杆根稳固，杆号清晰。检查电杆编号及宣传标语。

(2) 杆根加固保护　在泥土易于坍塌陷落的地点和有被水冲掉杆根泥土的地方，如堤岸下、坡地、水塘沟溪附近等立杆时，木杆采用木围桩或石笼加固，水泥杆用石笼加固。

① 木围桩的做法　木桩下部削成斜面，使其打入时向一边靠紧，打入或埋入土中的深度约为1m，高出土面或水面1m左右。围桩的直径约1.2～1.5m。在四周泥土都不稳固的地点，可沿电杆周围打木桩，成为圆状。如只有半边的泥土有塌陷危险时，也可做半边围桩。围桩里边的泥土必须夯实，如遇稀泥或泥土可能被水冲刷的情况，应在围桩内部四周填放装土的草袋。

② 石笼的做法　石笼直径一般为1～1.5m，先在电杆周围挖坑，用两股ϕ4.0铁丝绕成圆圈，在圆圈上每隔10cm扎ϕ4.0铁丝一根，长度为4m，扎好后，使每相邻的两根铁丝互扭两转，编织成网状。已扭好部分达到与地面平齐时，便可在中间填石块，把圆坑填满填紧，然后继续编织，每编织一层填一层，直到填满。石笼高度一般为1～1.5m。

在临近编织完成的几层，要把编织孔逐渐缩小，并把剩余的铁丝头并拢一起贴合在杆身上，连同电杆一起扎紧，最后在电杆周围填平土坑并夯实。

③ 石砌基础　水泥电杆立于淤泥或易沉陷地区时，需做水泥砂浆抹缝的石砌基础，基础底部直径为ϕ0.8～1.0m，上部直径为ϕ1.0～1.2m，其深度不小于规定埋深。

④ 拉线加固　在松软土壤中立杆或在风力强烈处加横木还不能使其稳固时，可采取装设双方拉线的方式加固。较高的电杆（10m以上）或吊档杆也可采用双方拉线加固。

⑤ 其他保护方式　在交通道路边的电杆，可采用石砌护墩或加护杆桩。受地形限制不能加石砌护墩或加护杆桩时，推荐使用警示标志。

(3) 打设帮桩　架空光缆干路维修时打设帮桩。帮桩有木帮桩和混凝土帮桩两种。加设帮桩的方法有留根式和截根式两种，加设混凝土帮桩时用截根式。

① 留根式帮桩　适用于根部腐朽程度较轻的木杆。用ϕ4.0铁丝捆绑两道，每道6圈，下面一道距地面30cm，两道间距为72cm，不用穿钉。在电杆结合面上应削平节疤及凸出部分，以保持与木杆贴合紧密。旧杆根要去腐，两贴合面要涂油。帮桩地面高度为1.2m。

② 截留式帮桩　适用于根部腐朽程度较严重的木杆。其做法与留根式帮桩相同，安装方式同单接杆。

③ 混凝土帮桩　视其截面形状和钢筋配置情况而定，对称结构的如为正圆形和正方形，

可按木帮桩安设位置和截根式做法安装；如是不对称结构的界面，则应按设计规定安装。

帮桩装设应符合以下要求：

① 在直线中间杆上，装设在电杆侧面并按杆号单双错开装设；

② 角杆桩设在角内侧；

③ 坡度杆装设在下坡一侧；

④ 跨越杆装设在跨越档一侧；

⑤ 撑杆装设在撑杆背面，终端杆、分线杆、引入杆设在顶头拉线的反侧。

(4) 拆除、更换电杆

① 拆除电杆　分人工拆除和机械拆除，有条件的地方推荐使用机械拆除。

上杆拆除吊线、抱箍或线担等杆上设备前，首先检查电杆根部是否牢固。危险电杆，应采用临时拉线、留绳或杆叉等措施稳固妥当后，方可上杆操作。

② 更换电杆

• 直线杆路上不受拉线和其他条件限制的普通杆，可采用不在原杆洞换杆。

• 装有抗风、防凌拉线的电杆，一般在原杆洞进行。在电杆侧挖洞，将旧杆根部拨到侧面并适当调整拉线，再将新杆立到原杆位，填土培固。把新旧杆捆绑在一起，将旧杆上的设备移装到新杆上，解开拉线中把，缓缓松绳，放倒旧杆。在新杆上做好拉线。

• 角杆应原洞更换。更换前，要仔细检查拉线和地锚，如需更换，要先换地锚后换杆。操作时根据角深大小和吊线多少先设临时拉线，临时拉线应牢固可靠。在旧杆正对内角处贴杆挖掘杆洞，新挖杆洞应比原杆洞稍深，将旧杆拨到新挖洞内，清理原杆洞，立起新杆。根据具体情况在新杆上做好固定拉线或再装一条临时拉线，移装杆上设备，将旧杆上拉线拆除，用绳索将旧杆缓缓放倒。填埋好杆坑并夯实，扶正新杆调整拉线。

拆除、更换电杆时应注意以下几点：

• 在打杆洞前，要测量检查杆位和拉线方位是否正确，如有误差要同时调整；

• 更换电杆时，必须把新杆立好后，自新杆攀登，并把新旧电杆捆绑在一起，然后才能对旧杆进行拆除、移吊线和其他附属设备等作业；

• 利用旧杆挂设滑车立新杆时，应先检查旧杆断裂、腐朽情况，必要时，应设置临时拉线或支撑物。

(5) 杆路改迁　因建筑、修路等原因影响原杆路的安全，需要对原杆路进行改迁处理。

如果现场条件允许，应选择合理的路由，重新进行施工设计，拿出迁改方案，新立电杆、布放吊线及光缆，然后与原光缆进行割接，把杆路迁改到安全的位置。直线档杆路改道时，新立电杆处应增加角杆拉线。利用原角杆改道时，原角杆的拉线应调整位置，埋设到新立线路合力的反侧。

受现场条件限制，无法采取架空方式时，可改变敷设方式的方法，将原杆路转入地下，在原杆路位置上开挖光缆沟，布放光缆，光缆在引上时应按规定采取钢管保护，钢管内穿放子管，上端进行封堵，在落地的电杆上做吊线终结，增加顶头拉线。光缆布放完毕后与原光缆割接，特别强调的是接头盒应放置在电杆上，不宜埋入地下。

改迁后要尽快做好电杆及附属设施的拆旧工作。

(6) 杆路升高　检查杆路与其他建筑物的隔距是否达到规定要求。当杆路与建筑物隔距达不到要求时，应采取更换电杆或在电杆上安装升高架（杆帽）的方式对光缆进行升高处理。

如果原电杆质量稳固（水泥杆），可采取在原电杆上面安装升高架的方式解决，根据现场电杆高度情况，可选择相应高度的升高架。如安装升高架后，电杆高度仍然达不到规定要求，应采取直接更换电杆的方式解决。

6.7.3.2 拉线的维修

检查拉线及其部件有无锈蚀、松弛、断裂、断股，是否缺少螺栓、螺帽，发现问题及时处理。

（1）收紧松弛拉线，清除拉线上杂物

① 对松弛不严重的拉线，采取将拉线包箍上移的方式解决。

② 对松弛严重的拉线，使用紧线器进行收紧。

收紧拉线时，首先拆除拉线中把末节，安装紧线器。手扳紧线器把柄用力后，拆除拉线中把首节。收紧拉线后，按拉线中把安装方法进行绑扎，然后拆除紧线器，对余留部分进行封固。

（2）拉线设备的更换

① 更换角杆和终端杆拉线、地锚等设备时，应先做好临时拉线。临时拉线的程式可根据吊线条数、角深大小而定。更换拉线、地锚前，必须把临时拉线收紧，然后拆除旧拉线，重新安装新拉线，待新安装拉线调整达到质量标准后，方可拆除临时拉线设备。

② 一般拉线更换时，首先检查拉线用力情况，必要时增设临时拉线，其他参照拉线安装方法进行。

（3）拉线的拆除　在拆除杆路过程中需拆除拉线设备时，应先拆除杆上的附属设备，检查电杆是否有断裂现象和电杆的埋深，如有断裂现象或埋深不够的情况，应采取必要的安全防范措施。在拆除拉线过程中，要保证周围行人及其他设备的安全。

（4）更换、补装拉线警示管　对丢失、损坏的拉线警示管及时进行更换，新增的特殊拉线应补装拉线警示管。拉线警示管一般装设在角杆、终端杆、引上杆等特殊杆的拉线下部。在架空线路穿越城区、乡村、厂矿、公路等易被行人及车辆碰撞的拉线处，也应装设拉线警示管，以达到警示过往行人及车辆的目的。

6.7.3.3 吊线及支持物的维修

在架空线路维护过程中，应定期检查吊线终结、吊线保护装置及吊线的锈蚀情况，清理吊线上杂物，若发现明显下落时应调整垂度，严重锈蚀时应予以更换，并随时检查挂钩、地线和电力线保护管的完好情况。

（1）吊线收紧　将吊线放在单槽夹板槽内，隔 10～15 个挡距，用倒链在角杆或四方拉线杆上进行收紧作业。紧线时应注意吊线垂度，垂度应结合杆距、光缆的结构、架挂方式等因素确定。收紧吊线垂度后，逐杆拧紧夹板，固定好吊线。

紧线具有一定的危险性，施工时要组织得当、合理分工、密切合作、注意安全。收紧吊线时电杆上严禁上人，并安排人员在过路、过电力线等特殊地点观察，有情况及时与操作人员联系。吊线收紧应根据负荷的轻重、收紧吊线的长度合理选择倒链，一般使用 5t 以上的倒链。

（2）吊线拆换

① 先将新吊线沿原线下方放出，将其一端与原吊线用夹板或缠扎方式做好牢固连接。在需更换吊线的另一端吊线上固定好紧线器，将新吊线慢慢收紧，用夹板或缠扎方式做好牢固连接。

② 吊线杆挡内如有光缆接头，在拆换挂钩时，光缆接头盒两侧的预留光缆不得承受拉力。一般应采取将接头盒移到新吊线上固定后，再将接头盒两侧的预留光缆改扎在新吊线上。

③ 断开旧吊线前必须卸其张力，可用绳子系于旧吊线上，待旧线断开后慢慢放松。

④ 吊线垂度调整时，应注意不得损伤光缆，并根据季节及气候情况，使吊线保持适当垂度。

(3) 挂钩及缠绕丝的检修　检查光缆挂钩有无脱落、缺失、损毁，采取缠绕丝吊挂光缆的应检查其有无断挡情况。

① 挂钩的大小与光缆的外径应适宜，同一条光缆所用挂钩的程式应一致。挂钩在吊线上的死扣方向应朝上一级局端，干线应朝 A 端，挂钩托板齐全。光缆挂钩卡挂间距应均匀，一般间距为 50cm，允许偏差不大于±3cm。增补、更换挂钩时不得挤压、损伤光缆。

② 缠绕丝断挡后应在断点将缠绕丝收紧，扎牢，已断开的段落可采用挂钩替代。

③ 加装挂钩可采取坐滑板或登扶梯的方式进行。

(4) 检修地线　架空杆路的地线是线路的重要防护设施，因此在每年的雷雨季节之前，应对架空线路地线进行检查，补设断开的地线，更换锈蚀地线。

(5) 更换、补装安装过路警示管及电力线保护管　新建公路应及时加装电力线保护管。过路警示管脱落、老化时应进行更换、补装。过路警示管应装设在主干道正上方的光缆吊线上。公路、城区道路应根据主干道宽度考虑装设长度，一般乡村道路装设长度 4～6m 为宜，特殊地段可根据特殊需要进行装设。

新建电力线路增加电力线保护管，电力线保护管脱落、老化时应及时进行更换、补装。电力线保护管应装设在与 10kV 以下电力线及其他线路交越的光缆吊线上。保护管应装设在最上层的吊线上。保护管封口应在吊线正下方封固，装设宽度应取电力线边线的垂直投影点以外两侧各 1m。在特殊情况下，可根据实际需要进行保护管长度的装设，以达到避免电力线与光缆吊线相接触的要求。

6.7.3.4 光缆的维修

(1) 光缆外护套的维修　检查光缆的外护套有无损伤，在十字吊线、丁字吊线、转角杆及其他发生拖磨光缆处应加装塑料管保护。

当光缆的塑料外护套受到损伤后，光缆的金属防潮层和金属铠装层就会暴露在敷设环境中，从而发生腐蚀，可能使光缆进水受潮，影响光纤的传输特性或产生断纤的可能。

光缆外护套的修补方法主要有热缩管包封法和粘接剂粘接法。

① 热缩管包封法　在已经运行的光缆线路上出现外护套损伤时，可采用热可缩套管进行修复，一般用全塑电缆接续的热可缩管即可。

② 粘接剂粘接法　当光缆外护套损伤范围小时，可采用粘接剂或环氧树脂粘接剂进行修复。清洁、打毛外护套损伤处及其周围，然后涂抹粘接剂迅速缠绕 PVC 带进行保护。

(2) 接头盒的检修　接头盒安装应平直牢固，发现接头盒松动后应及时紧固，防止接头盒脱落光缆受力。架空接头一般采用立式接头盒，固定在吊线上方 10cm 处，不得高出电杆杆梢。

发现接头盒进水时，应查明原因，找出漏水的部位，有针对性地进行处理。操作方法是：松开接头两侧的预留，把接头盒缓缓放下，固定到操作台上，打开接头盒，倒出接头盒内积水，吹干或晾干盒内部件，然后做相应的密封处理，重新装盒。如接头盒罩老化、烂

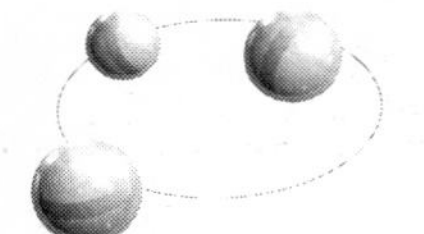

损，应及时给予更换。

(3) 光缆预留及预留架的检修　调整光缆垂度，避免光缆受力、扭绞，检查光缆预留处的固定是否可靠，固定松散预留架，更换锈蚀预留架。

预留光缆的盘绕应保证在春秋季节时盘留光缆能在预留架上整盘放入、取出为宜，预留两侧及绑扎部位应注意不能扎死，以利于在气温变化时能伸缩，起到保护光缆的作用。

过杆预留的弧度最低点应在电杆的中心位置，距吊线夹板20～25cm，并在距电杆两侧80～100cm处用皮线将吊线与光缆绑扎。

(4) 砍剪树木　剪除影响光缆的树枝，清除光缆上的杂物，光缆穿越树木受到摩擦时应用塑料管纵包保护。砍剪树木时应事先征得林业主管部门批准或树主的同意。

6.7.4　直埋光缆线路的维修

在日常维护工作中，直埋光缆线路维修一般包括以下几个方面的内容。

6.7.4.1　光缆线路自身存在问题的维修

(1) 光纤传输性能的改善　光缆线路竣工投入正常运行后，由于各种因素的影响，会出现断纤、损耗增大等影响光纤传输性能的情况。造成直埋光缆传输性能下降的原因，一般有外力施工影响（打井、埋坟、挖沙、建筑、植树）、光缆自身出现问题（自然断纤）、自然灾害（洪水冲毁）等方面，应针对不同原因导致的传输性能下降进行处理。

(2) 电气特性改善　检测光缆金属护套的完整性。导致光缆金属护套绝缘不良的原因有：光缆外护套在施工或运行中受到了外力的损伤；接头盒损坏或封装密闭不严，潮湿气体和水进入。光缆金属护套绝缘不良，会对光缆的安全造成一定的影响，应及时进行处理。

① 光缆外护套的损伤修复　使用对地绝缘故障探测仪沿线路逐段对光缆线路进行测试，确定可能存在问题的段落。

施工方案报请主管部门，请求对隐患进行处理。干道正上方的光缆吊线上；判断出绝缘不良的段落后，制定修复方案，报上级主管部门批准后组织实施。

② 接头盒渗水的处理　接头盒密封不严易导致光缆绝缘性能下降，应及时报请上级主管部门对接头盒进行驱潮处理，批准后组织实施。

(3) 直埋光缆线路的升落保护　遇外界情况变化，直埋光缆线路埋深达不到规定要求，尤其是影响到光缆线路安全时，应对直埋光缆线路采取升落保护措施。

① 对需要升落段落的光缆进行现场测量，掌握光缆的埋深情况，确定需要开挖光缆沟的长度。

② 制定光缆升落技术方案，方案应包括引起光缆升落的原因介绍、光缆的实际情况、拟采取的升落措施、人员的组织、应急突发事件处理等内容，报上级主管部门审批。

③ 批准后组织光缆升落。

光缆升落一般采用人工开挖的方式，遇特殊情况需使用大型机械时，清理到光缆埋深一半时必须停止，继续采用人工开挖的方式完成，避免损伤光缆。

(4) 直埋光缆线路迁改　由于外界因素的影响威胁到直埋光缆线路的安全，必须对原线路迁改时，应做好以下工作：

① 调查了解拟迁改区域的建设规划情况，从长远考虑，尽量选择安全性较高的新路由，避免二次迁改；

② 对新路由进行勘查，拿出迁改设计；

③ 制定迁改方案和割接方案，报上级主管部门审批；

④ 批复后组织施工，开挖光缆沟，布放新光缆，按批复时间进行新旧光缆的割接。

⑤ 修改相关技术资料。

（5）水线光缆的升落、迁移 遇直埋光缆过河地段的升落、迁移，如附近有桥梁，应首选桥梁附挂。无桥梁时采用定向钻和光缆下沉的方式。在进行光缆下沉时，有水的河流采用水泵冲槽，没有水或河道采取直接开挖的方式将光缆下沉。沙石河床需采取机械开挖，开挖时注意光缆安全。

6.7.4.2 直埋光缆线路附属设施的维修

（1）标石、标志牌维修 标石出土高度以 40cm±5cm 为宜。标石出土过高或过低时，宜采用下沉或提升的方式使标石出土高度达到规定要求。标石周围 30cm 应进行平整除草。标志牌的出土高度视规格而定，以安全、醒目为原则。

标石、标志牌刷漆（针对水泥制品）时，应清除表面的灰尘和部分不牢固的漆层，用毛刷自上而下地涂刷。如采用不同颜色的油漆涂刷时，宜采取先浅色后深色的涂刷方法。

（2）标石、标志牌的更换、增设和补装 直埋光缆维护中，根据外界情况变化，遇标石、标志牌丢失、损坏时，应及时做好更换、增设和补装工作，并及时修订相关资料。

（3）监测标石的维修 更换损坏的监测标石。更换过程中注意对监测尾缆的保护，避免损伤监测尾缆。

修复或更换损伤的监测尾缆，如监测尾缆损伤较小，可将监测标石挖出，对损伤的尾缆进行修复；如尾缆损坏严重，应进行更换。更换时不打开接头盒，在距接头盒适当位置将尾缆剪断（预留长度以能接续为宜），对应芯线色谱将新尾缆与预留尾缆连接，使用热缩管对尾缆接头处进行包封。

更换和维修监测标石、尾缆时，都牵涉到光缆开挖，开挖时应注意光缆安全。

6.7.5 管道光缆的维修

管道光缆的维修主要包括人孔及管道的维修、管道光缆线路传输质量的改善及管道光缆迁改等内容。

6.7.5.1 管道、人孔修理

树根顶坏管道、土壤不均匀沉陷损坏管道、地基处理不良造成人孔裂缝、其他单位施工刨坏管道及井圈等原因均可导致管道的毁坏，日常维护工作中，应及时对损坏管道、人孔进行修复。

（1）补装人（手）孔井盖 在巡回检查中，一旦发现人孔盖损坏或丢失，要及时进行更换或补装。

（2）提升人孔上覆及井盖 市政建设修路时，大多数都采用全覆盖式，容易造成人孔井盖低于路面。当井盖表面低于路面 2～3cm 以上时，应提升人孔口圈或上覆。

（3）降低人孔上覆及井盖 人孔表面高于路面 2～3cm 以上时，要降低人孔口圈，当人孔口圈降低后仍高于路面时，要采取降低上覆的方式。

（4）人孔裂缝修理 人孔裂缝，一般有砂浆面裂缝、砌体裂缝等情况。

砂浆面裂缝修理方法是，清理裂缝附近结合不牢的砂浆面，露出坚实的砂浆面边沿和砌体，清洗干净。原砌体面和砂浆面的边沿应保持 72h 的潮湿状态。在砌体面上重新涂抹一层

厚 0.5cm 的纯水泥浆，待其初凝固后，上面抹上 1∶3 的水泥砂浆（100＃），保持与原有砂浆抹面厚度一致，并压实抹平。抹完后浇水养护，保持湿润 28 天。

（5）水泥管道破损的修理　破损管道一般都在管道的上边或管道棱角处，损伤可能有一处或几处。修理前，应将损伤处锉成斜坡形，将管孔清除干净。进行修理时，一般用木板贴在水泥管块损伤处，木板厚度 1cm 为宜，长度根据具体情况而定。木板贴好后，用 100＃混凝土在管道上顶及两侧进行浇注包封。

（6）损坏严重管道的修理　当管道损坏且光缆受到损伤时，应在此处做一个手孔，把损坏的管道去掉。损坏 2 个以上管孔时，把损坏水泥管去掉，用水泥剖管恢复原状后打包封。

（7）塑料管道的维修　当敷有光缆的塑料管道（如硅芯管、波纹管、梅花管、子管等）意外损坏时，采用修补管（用特殊的 PE 材料制成）修复被损坏的硅芯管段，做好连接处的水、气密封。如损坏严重无法修补时，新建手孔。

当没有敷设光缆的塑料管道损坏时，可采用更换的方式处理。

6.7.5.2　管道光缆线路的维修

（1）光缆外护套的修补　用纱布将光缆外皮擦净，检查光缆在人孔内拐弯及进入管口附近外护套有无损伤，对有损伤的光缆外护套采用修补措施。

光缆在人孔内的绑扎以外护套不受力为宜。

（2）光缆接头及预留的整理　整理光缆预留，使其盘绕均匀，无受力及扭绞现象。

检查管道光缆接头盒的密封状况，发现渗水应分析原因，如出现接头盒损伤、密封不严，应及时进行处理。修复方法：一是更换接头盒罩，二是更换密封胶条（带），重新进行封装。

（3）其他附属设施的整理　查看光缆托架及托板有无腐蚀之处，托板、光缆编号牌等附属设施是否齐全，有无脱落的现象；核对管孔占用情况是否与资料相符。发现问题，应及时进行修理或补装，当场不能处理的，应做出记录，列入计划进行维修。

（4）管道光缆线路故障处理　管道内光缆发生故障时，人孔内接头盒故障，打开接头盒重新接续即可。

非人孔内管道光缆故障处理：光缆全断时，如遇人孔较近，原则上应把附近的预留向人孔处集中，在人孔处进行故障修复。如离人孔较远，必须在两个人孔之间故障修复时，可利用两侧预留光缆对故障光缆进行接续，故障处理后在故障点新建手孔。管道光缆部分束管或光纤阻断时，宜更换一段光缆，采用光缆开天窗的接续方式处理。

6.7.5.3　光缆管道的迁改

因公路新建、改建、扩建等原因影响到光缆管道的安全，在无法采取其他保护措施的情况下，必须迁改光缆管道，在迁改过程中，应按以下步骤操作。

① 调查了解拟迁改区域的建设规划情况，从长远考虑，尽量选择安全性较高的新路由，避免二次迁改。

② 选择新路由，并进行现场勘查，拿出迁改设计。

③ 向有关单位进行新管道路由的报批。

④ 制定迁改方案和割接方案，报上级主管部门审批。

⑤ 批复后组织施工，新建管道，布放光缆，按批复时间进行新旧光缆的割接。

⑥ 修改相关技术资料。

管道光缆迁改时，新管道与旧管道的交汇（拟割接点）应选择在原人孔处，不宜增加新的人孔。

知识巩固 ▶▶▶

一、填空

1. 布放光缆的主要牵引力应加在光缆的________上。

2. 光缆线路的工程测试包括__________和____________。

3. 在光缆敷设过程中，设备每侧的预留长度为________________。

4. 光缆配盘就是根据________计算出的光缆敷设总长度和对光缆全程传输质量要求进行合理的选配光缆盘长。

5. 光缆施工准备阶段可分为路由复测、________、__________和路由准备 4 个阶段。

6. 管道光缆的敷设可采用机械牵引、________和两者相结合的敷设方式。

7. 架空光缆的敷设主要采用______________和自承式两种方式。

8. 光缆线路“三防”指的是防强电、______、__________。

9. 工程验收包括初步验收、__________和__________。

10. 一般规定局进线室内光缆预留长度为________。

二、选择

1. 光缆接续时，光纤断面的制备（即切割光纤）非常重要，如果切割好的断面碰到外物或者放在空气中过久，会造成(　　)。

A. 熔接时间加长　　B. 熔接损耗加大　　C. 熔接图像不清晰

2. 光缆气吹敷设法，适用于（　　)管道。

A. 水泥　　B. PVC 塑料管　　C. 硅芯管

3. 光缆引入室内时，应在引入井或室内上机架前做(　　)。

A. 气闭，室内、室外气路应隔离

B. 绝缘节，室内、室外金属护层及金属加强芯应断开，并彼此绝缘

C. 绝缘节，室内、室外金属护层及金属加强芯应连通，并彼此相连

4. 标石上的符号 Ω 表示(　　)。

A. 光电缆直通　　B. 光电缆预留　　C. 光电缆分歧

5. 光缆配盘应在(　　)进行。

A. 单盘检验之前，路由复测之后　　B. 单盘检验之前，路由复测之前

C. 单盘检验之后，路由复测之前　　D. 单盘检验之后，路由复测之后

6. 光缆接头盒内最终余留长度应不少于(　　)m。

A. 60　　B. 0.5　　C. 0.6　　D. 10

7. 按光缆配盘的要求，光缆配盘后接头点应满足：架空光缆接头应落在杆上或杆旁(　　)m 左右。

A. 0.5　　B. 1　　C. 1.5　　D. 2

8. 下列哪种表示方法是新增接头标石(　　)。

A. $\boxed{\frac{07}{23}}$　　B. $\boxed{\frac{—}{27+1}}$　　C. $\boxed{\frac{—}{27}}$　　D. $\boxed{\frac{07+1}{23+1}}$

9. 光缆护层剥除后，缆内油膏可用(　　)擦干净。

A. 汽油　　B. 煤油　　C. 酒精　　D. 丙酮

10. 光缆线路设备的维护工作分为(　　)。

A. 巡回和路面维护

B. 光缆路由探测和健全的光缆线路路由资料

C. 日常维护和技术指标测试

D. 路面维护和技术指标测试

三、判断

1. 深海光缆是指敷设于海水深度大于1000m海区的光缆。(　　)

2. 光缆金属护套对地绝缘是光缆电气特性的一个重要指标，金属护套对地绝缘的好坏，直接影响光缆的防潮、防腐蚀性能及光缆的使用寿命。(　　)

3. 通信线路中严禁设置影响通信传输质量和危及人身设备安全的非通信回线。(　　)

4. 光缆单盘检验必须是光缆运到分屯点后在进行。(　　)

5. 为了保证光缆外护层的完好，在单盘检验中都要进行护层绝缘的检查。(　　)

四、简答

1. 什么是光缆的成端？常用的成端方式有哪些？

2. 简述光缆线路工程测试项目包括哪些？其光特性的测试项目有哪些？

3. 简述下列标石的含义。

— / 27	× / 28	07+1 / 23+1	— / 27+1
(1)	(2)	(3)	(4)
07 / 23	08(J) / 24	≤ / 25	Ω / 26
(5)	(6)	(7)	(8)

模块三
光　传　输

项目七　PDH 光传输系统

学习目标

进行 PDH 系统认知。

相关知识

7.1 PDH 光传输系统的组成

7.1.1 PDH 光传输简介

在数字通信系统中，为了保证信息准确无误，数字信号在交换设备之间传输的速率必须保持完全一致，称为“同步”。光数字传输系统中包括两种同步体系：准同步数字体系 PDH 和数字同步体系 SDH。

在 PDH 中，参与数字复接的各个低次群的标称速率一致，但实际速率允许存在一定偏差。由 ITU-T 的前身 CCITT 推荐的数字速率序列和数字复接等级主要有三类，即美国、日本和欧洲三大体系，其中美国和日本使用基群速率为 1.544Mbit/s 的 PCM24 路系列，而欧洲和我国使用基群速率为 2.048Mbit/s 的 PCM30/32 路系列。各体系的速率和等级如表 7-1 所示。

表 7-1　各地区 PDH 制式

国　家	基群/Mbit/s	二次群/Mbit/s	三次群/Mbit/s	四次群/Mbit/s	五次群/Mbit/s
欧洲/中国	2.048/30 路	8.448/120 路	34.368/480 路	139.264/1980 路	564.992/7680 路
日本	1.544/24 路	6.312/96 路	32.064/480 路	97.728/1440 路	397.2/5760 路
美国	1.544/24 路	6.312/96 路	44.736/672 路	274.176/4032 路	—

采用 CCITT 建议规定的 PDH 数字系列作为系统速率标准的光纤通信系统称为 PDH 光传输系统。PDH 各次群速率相对于其标称值有一个规定的偏差，因此不是严格意义上的同

步。随着技术进步和社会对信息需求的快速增长，迫切需要在世界范围内建立统一的通信网络，在这种形势下，现有 PDH 的缺点也逐渐暴露出来：各个地区采用的制式互不兼容，没有世界统一的标准接口，使国际电信网的组建、运营、管理和维护十分复杂困难；各个制式有其对应的帧结构，使网络设计缺乏灵活性，难以适应电信网不断扩大、技术不断更新的要求；低次群到高次群或者高次群到低次群都必须逐级进行，不能直接复接或分接，造成设备结构复杂成本昂贵。

7.1.2 PDH 光传输系统的组成

以我国 PDH 制式为例，PDH 传输系统结构如图 7-1 所示，它的组成部分主要包括 PCM 基群复用设备、高次群复接设备、光端机、光中继器和光缆。

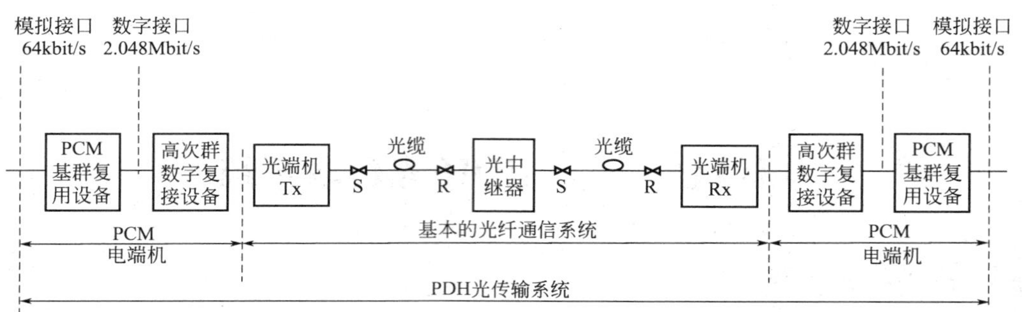

图 7-1 PDH 传输系统结构

如图所示，PCM 基群复用设备和高次群数字复用设备共同构成了 PCM 电端机。S 点和 R 点都是参考点。

PCM 基群复用设备用于对模拟语音信号进行抽样、量化和编码，并将 30 路数字语音信号进行复用，得到 PCM30/32 基群帧以 2.048Mbit/s 的速率进行传输。接收端进行和发送端相反的操作，将数字信号还原为模拟语音信号。

高次群复接设备包括二次群、三次群和四次群复接设备等。用于将多路低次群复接为速率更高的高次群进行传输，接收端进行和发送端相反的操作，将高次群分接成多路低次群。

发送端的光端机又被称为光发射机，用于把电信号转换为光信号，再将光信号耦合进光纤传输。接收端光端机又被称为光接收机，主要用于将接收到的光信号进行光/电转换，并对电信号进行放大以利于抽样判决。

光中继器将传输中受损的光信号放大、判决、再生，从而延长了传输距离。

7.1.3 四次群 PDH 光传输系统

一个四次群的 PDH 传输系统结构如图 7-2 所示。其中 MUX1 为基群复接设备，MUX2 是二次群复接设备，MUX3 是三次群复接设备，MUX4 是四次群复接设备，OLT4 为四次群光端机，接口 0 为模拟接口，速率为 64Kbit/s，接口 1～4 为数字接口，速率分别为 2.048Mbit/s，8.448Mbit/s，34.368Mbit/s 和 139.264Mbit/s。S 和 R 分别是发送端和接收端的光接口。

在四次群 PDH 光传输系统中，1 个四次群信号（139.264Mb/s）可由 64 个基群信号（2.048Mbit/s）复接得到，或 16 个二次群信号（8.448Mbit/s）复接，或 4 个三次群信号（34.368Mbit/s）复接，其容量为 1920 个话路。

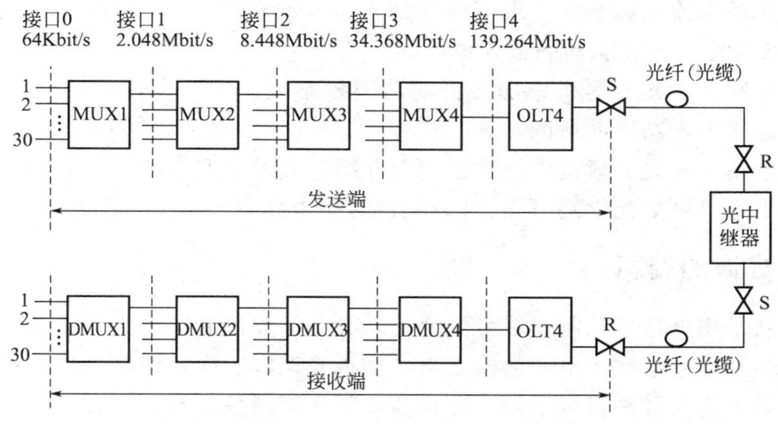

图 7-2 四次群 PDH 传输系统

7.2 光发射机

7.2.1 光发射机的基本组成

光发射机主要用于把来自 PCM 电端机的基带电信号转换为光信号，并送入光纤进行发送，其基本组成如图 7-3 所示。主要由均衡放大、码型变换、扰码、编码、驱动电路、光源及控制电路等部分组成。

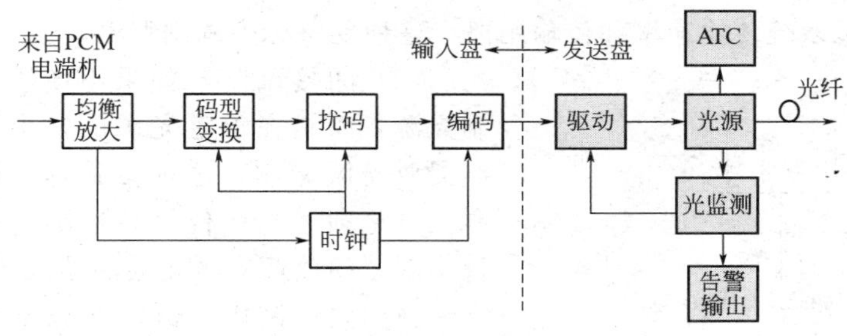

图 7-3 光发射机的基本组成

(1) 均衡放大　将经过电缆传输后会发生衰减和畸变的信号经过均衡放大处理进行补偿。

(2) 码型变换　经过均衡方法后的 HDB_3 是三电平双极性码，而光源的发光和不发光状态只能表示“0”和“1”两种电平，因此需要利用码型变换得到单极性的非归零码，以满足在光纤通信系统中传输的要求。

(3) 时钟　在码型变换和扰码中都需要使用时钟信号，因此在均衡电路后，时钟提取电路从数据流中提取时钟信息，交由码型变换和扰码电路使用。

(4) 扰码　当数据流中出现长串连续的“0”或“1”时，时钟的提取将很困难，需要加入扰码来打乱连续的“0”、“1”串，使“0”和“1”等概率出现，减小时钟提取的难度。

(5) 编码　扰码后的数据流在发送前还需要进行线路编码，以变为适合光纤线路传输的码型，在实际光纤系统中，常用的线路码型包括 mBnB 码、mB1H 码等。

(6) 调制　光发射机的核心部分是驱动电路，或称为调制电路。光源的发光强度由经过

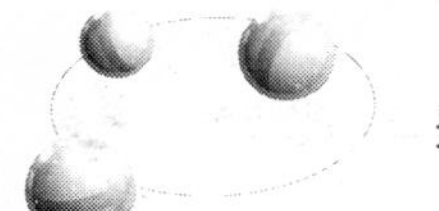

扰码和编码后的数据流来调制，实现电信号到光信号的转换。不同的光源，如LD和LED，具有不同的P-I特性，因此驱动的方式也不同。

(7) 控制电路　在光发射机中加入自动功率控制（APC）和自动温度控制（ATC）电路可以达到稳定输出光功率的目的。

(8) 辅助电路　在光发射机中，除了前面介绍的几种主要电路，还需要一些辅助电路来保证系统正常工作，例如光检测电路、LD偏流告警电路等。

7.2.2 光源的调制

光源的调制是用电信号控制光信号的变化，又称为光调制，分为直接调制和间接调制两种形式。直接调制是通过注入电流的改变直接实现光调制。间接调制是通过在光源的输出通路上附加调制器对光信号进行调制的。在目前实际光纤通信系统中，直接光调制技术比较成熟，使用广泛。

(1) 直接调制　直接调制方式又称为内调制，是直接将电信号注入光源进行调制，使光源输出的光信号强度随电信号变化而改变。传统的PDH和低于2.5Gbit/s速率的SDH系统在使用LD或LED光源时一般都采用直接调制方式。根据信号的不同，直接调制又可分为模拟信号幅度调制和数字信号幅度调制；根据光源的不同，模拟信号直接调制和数字信号直接调制又包括LED调制和LD调制。

直接调制方式具有输出光功率和调制电流之间满足线性关系、简单、损耗小、成本低等特点。但在直接调制过程中，激光发射器谐振腔的长度会随着调制电流的变化而变化，进而使得发射光波的波长变化，造成波长的抖动，增加了激光器发射光谱的线宽，恶化了光源的光谱特性，限制了系统传输速率和传输距离，这种现象称为调制啁啾。

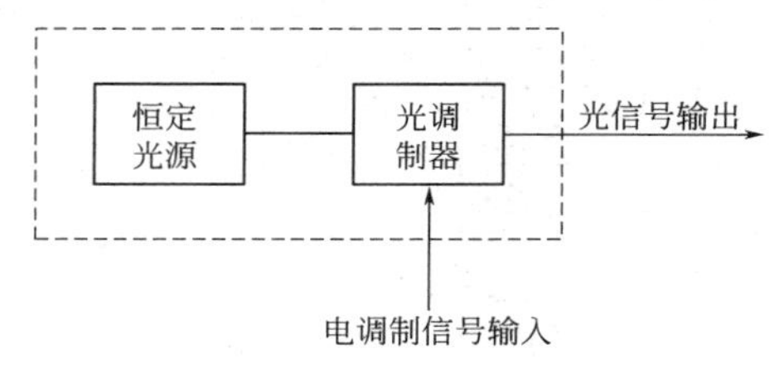

图7-4　间接调制激光器的结构

(2) 间接调制　如果不使用注入电流直接调制光源，而是在恒定光源的输出通路上加入光调制器对光波调制，这种方式称为间接调制或外调制。它是利用晶体传输特性随电压变化对光波进行调制。间接调制激光器的结构如图7-4所示。

在间接调制中，恒定光源是一个连续发送固定功率和波长的高稳定性光源器件，在工作过程中不会受到电调制信号影响，不存在调制频率啁啾，因此可使光谱线宽最小。调制方式是利用光调制器根据电调制信号对恒定光源发出的光波以“允许”或者“禁止”通过的方式反映信号的变化，因而在调制过程中不会对广播的频谱特性产生任何影响。和直接调制方式相比，间接调制的光谱线宽大大缩小且光谱质量高。由于间接调制中啁啾很小或不存在，因此适用于2.5Gbit/s速率以上的高速传输，传输距离可超过300km。但间接调制也存在激光器复杂度高、成本高和损耗大等缺点。

7.2.3 光发射机主要性能指标

在实际应用中，光发射机的性能指标主要包括下面几种。

(1) 平均发送光功率及其稳定度　光发射机的平均发送光功率是指在正常条件下光源尾纤输出的平均光功率。平均发送光功率越大，通信的距离就越长，但过大的光功率会导致系统在非线性状态下工作，使通信质量恶化。因此光源的光功率输出要在合适的范围内，通常为0.01～5mW。

平均发送光功率稳定度是在环境温度变化或者器件老化过程中，光源平均发送光功率的相对变化量。通常要求相对变化量小于5%。

（2）消光比　消光比的定义是全“1”码平均发送光功率和全“0”码平均发送光功率之比，即

$$EXT=\frac{\text{全“1”码时平均发送光功率}}{\text{全“0”码时平均发送光功率}} \tag{7-1}$$

在理想情况下，“0”码的调制应没有光功率输出，但是在LD中存在偏置电流，所以即使没有调制信号也会有一定的光功率输出，这种输出对光接收机来说就是噪声。消光比就是衡量光接收机灵敏度的性能指标，通常要求$EXT \geqslant 10$dB。

7.3　光接收机

经过光纤传输后，光波信号因幅度衰减和波形畸变而变得很微弱，光接收机的作用就是需要将这微弱的光信号转化为电信号，再加以整形放大，以得到和发送端相同的信号。

7.3.1　数字光接收机的组成

由于在实际光纤系统中传输的信号绝大多数是数字信号，因此目前使用比较广泛的是强度调制—直接检波光纤通信系统中的数字光接收机，其组成结构如图7-5所示，主要组成部分包括光电检测器、前置放大器、主放大器、均衡器、时钟恢复电路、取样判决器以及自动增益控制（AGC）电路等。

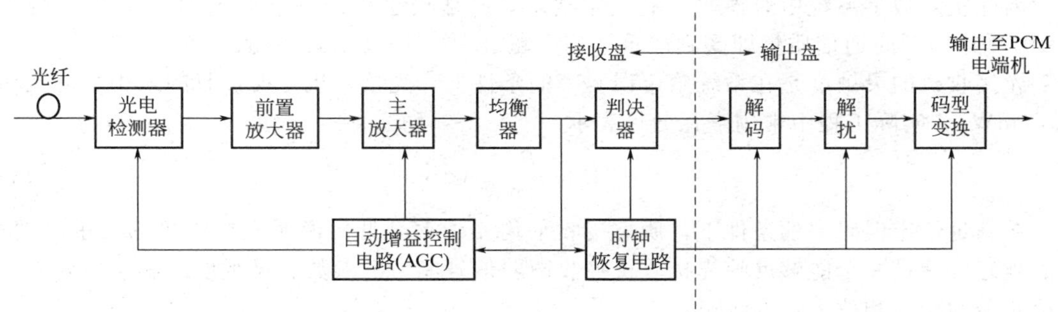

图7-5　数字光接收机基本组成

（1）光电检测器　光接收机中的主要部件是光电检测器，经由光纤传输过来的光信号通过光电检测器的光电二极管变为电信号。在目前的系统中所使用的光电二极管主要有PIN光电二极管和APD雪崩光电二极管。

（2）放大电路　前置放大器和主放大器一起构成了放大电路。前置放大器和光电检测器直接相连，它将光电检测器输出的微弱电信号进行放大，放大后的信号还需经过多级放大器来保证判决器正确判决。前置放大器是接收机中的关键部分。

为了将信号电平放大到判决电路所需要的幅度，前置放大器输出的信号还需经过主放大器。主放大器和自动增益控制电路AGC相结合还可实现增益调节。

（3）均衡电路　接收机主放大器输出的信号不是矩形并可能带有拖尾，引起前后码元的波形混叠而产生码间干扰，严重时会发生误判，产生误码。

这时就要利用均衡器对畸变和存在严重码间干扰的信号进行补偿，恢复成利于判决的波形，来减少拖尾影响，实现判决时刻无码间干扰，降低误码率。

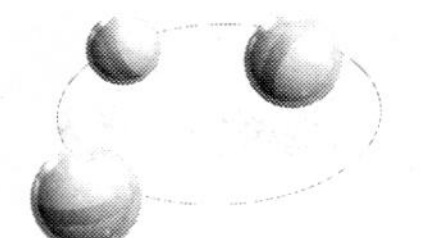

(4) 脉冲再生电路　判决器和时钟恢复电路一起构成了脉冲再生电路，其作用是将放大器输出的升余弦波形转换为“0”或“1”表示的数字信号。

(5) AGC 电路　自动增益控制电路利用反馈环路调节主放大器的增益，如果接收机采用 APD 雪崩管，还可通过控制 APD 管的高压来调节 APD 管的雪崩增益。AGC 电路可增加光接收机的动态范围，使其保持稳定的输出。

(6) 解码和扰码　光接收机发送的信号是经过编码和扰码处理的，能够在光纤中高质量地传输。光接收机接收该信号后还需要经过解码和解扰处理，才能够得到原始信号。解码电路将 mBnB 或 mB1H 等光码型恢复为编码之前的码型，再经过解扰电路恢复成打乱之前的状态，最后利用编码器将解扰后的码元编码为用于 PCM 系统的 HDB_3 或 CMI 码。

(7) 其他辅助电路　在光接收机中，除了上述的组成部分，还需要一些辅助电路，比如温度补偿电路、告警电路等。

7.3.2　光接收机的主要性能指标

(1) 光接收机灵敏度　光接收机最重要的性能指标是灵敏度，它是和误码率相关的一个参数。由于系统中噪声的存在，接收到的信号可能发生误判，误判码元数与全部码元数的比值就是误码率，即

$$误码率=\frac{错误码元数}{总码元数} \tag{7-2}$$

当误码率越大时，信号失真程度越高。如果误码率超过一定范围，通信将不能正常进行，因此实际数字系统中对误码率有一定要求，一般要求误码率要低于 10^{-9}，当误码率达到 10^{-5} 或 10^{-6} 时通信质量即受到严重影响，超过 10^{-3} 时通信将中断。

光接收机的灵敏度是在系统给定误码率的条件下，光接收机能够接收的最小平均光功率 P_{min}(mW)。实际工程中常用毫瓦分贝表示

$$S_R=10\lg\frac{P_{min}}{1mW}\ (dBm) \tag{7-3}$$

在满足给定误码率的条件下，所需接收平均光功率越低，说明光接收机的灵敏度越高，性能越好，它是一个能够反映光接收机接收微弱信号能力的参数。灵敏度的影响主要来自光电检测器的噪声和放大器的噪声。

需要说明的是，误码率的要求不一样，光接收机的灵敏度也不一样。给定的误码率越低，满足此误码率所需的最小光功率就越大，灵敏度越低。同时灵敏度还和系统速率有关，速率越高，每个码元的光功率越小，则在相同误码率条件下的灵敏度也就越低。

(2) 动态范围　由于物理距离、衰减变化、光功率变化的原因，光接收机在不同系统中接收到的光信号强弱也不一样。动态范围就是在满足给定误码率条件下，光接收机的最大平均光功率与最小平均光功率之差，定义为

$$D=10\lg\frac{P_{max}}{P_{min}}=10\lg\frac{P_{max}}{10^{-3}}-10\lg\frac{P_{min}}{10^{-3}}\ (dB) \tag{7-4}$$

为了保证系统正常运行，要求光接收机必须能够适应在一定范围内变化的输入信号。如果低于动态范围的下限，将使误码率增大；如果高于动态范围的上限，也会在判决时增大误码率。因此要求光接收机的动态范围尽可能宽，以增强对输入信号的适应能力。

7.4　光中继器与光放大器

在光纤长距传输过程中，由于发送光功率、接收灵敏度、光纤衰减、光纤色散等因素的

影响，光端机之间的传输距离会受到限制。当距离超过一定范围就需要增加光中继器来增加距离。目前常用的中继器有间接放大的光中继器和直接放大的光放大器。

7.4.1　光中继器

光中继器的作用主要是放大受损耗和色散影响的衰减信号，并且对失真的波形进行再生，恢复成原来的波形。光中继器的结构如图 7-6 所示，它可视为一个没有码形变换的光接收机及一个没有均衡放大和码形变换的光发射机相连而成。

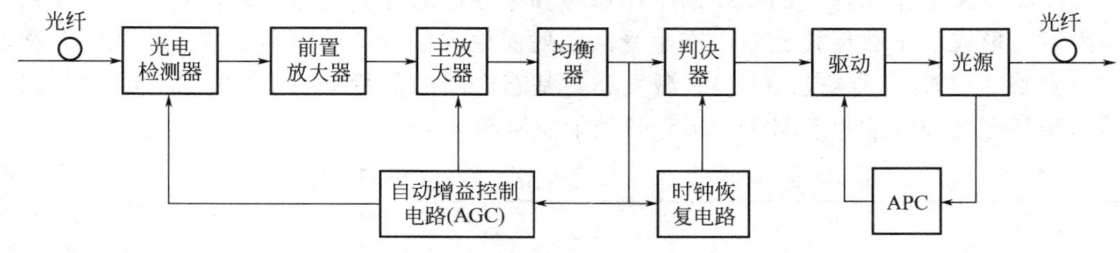

图 7-6　光中继器的结构

发生畸变和衰减的信号经过光中继器的再生和放大即可恢复原始形状。在实际中，光中继器还具有公务通信、监控、告警等功能以便于维护，有些光中继器还具有区间通信的功能。由于光的传输是双向的，因此光纤系统中每个方向上都需安置一个光中继器。光中继器可分为两种，有人值守的光中继器和一般通信设备的安放相同，无人值守光中继器密封在机箱或机罐中并埋放在地下或安放在架空光缆架上。

7.4.2　光放大器

对微弱光信号的放大需要用到光放大器，它可提高光信号的增益，补偿传输中出现的衰减从而增加无中继传输距离。光放大器解决了全光通信的关键问题，是光纤系统中不可或缺的器件。

（1）光放大器的分类

① 半导体光放大器　半导体光放大器（SOA）是由半导体材料制成的，可视为无反馈半导体激光器。优点是结构简单、体积小、功耗低，因此更利于集成。缺点是工作稳定性差，插入损耗和噪声较大，增益较小，对串扰和偏振态比较敏感等。

② 光纤拉曼放大器　光纤拉曼放大器（FAR）是基于石英光纤的非线性效应制成的。石英光纤在一定波长的强光作用下会产生受激拉曼散射（SRS）现象，使光波沿着这段受激光纤传输可实现放大作用。优点是频带宽、增益高、响应快、输出功率大。缺点是需要数瓦的大功率半导体激光器作为泵浦源。

③ 掺铒光纤放大器　掺铒光纤放大器（EDFA）是使用掺铒光纤制成的。将稀土元素铒（Er）加入线芯可制成掺铒光纤，它在泵浦光的作用下可实现对特定波长光波的放大。EDFA 是应用最广泛的光放大器，具有增益高、频带宽、噪声低和输出功率大等优点。

（2）EDFA 结构　如图 7-7 所示，EDFA 的主要组成部分包括泵浦源、掺铒光纤（EDF）、波分复用器、光隔离器和光滤波器。泵浦源是用于输出 980nm 或 1480nm 光波的半导体激光器。EDF 是掺有铒离子 Er^{3+} 的特殊石英光纤，长度一般为 10～100m。波分复用器用于耦合输入光信号和泵浦源输出光信号到掺铒光纤。光隔离器用于抑制反射光，确保光信号只沿一个方向传输。光滤波器可滤除光放大器的噪声，提高信噪比。

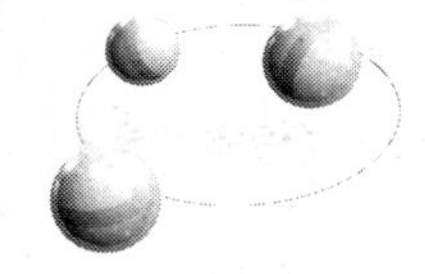

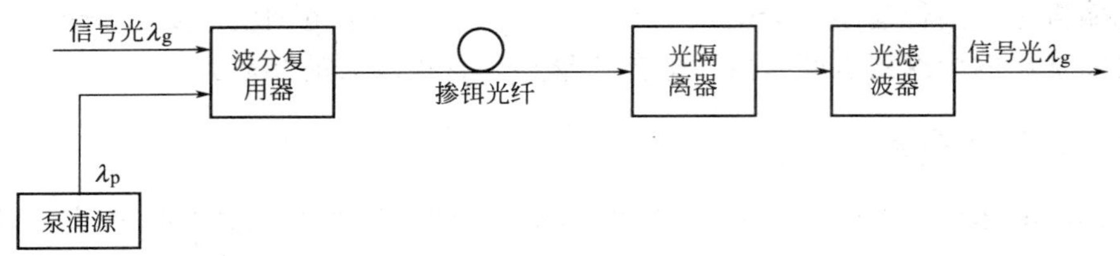

图 7-7 掺铒光纤放大器结构

(3) EDFA 工作原理 EDFA 的工作原理和半导体激光器基本一致，是铒离子在泵浦光的作用下，形成粒子数反转分布，产生受激辐射而放大信号的。铒离子的工作能级有激发态（E_3）、亚稳态（E_2）和基态（E_1）。激发态与基态之间的能量差与 980nm 的光子能量相同，亚稳态和基态之间的能量差与 1550nm 的光子能量相同。

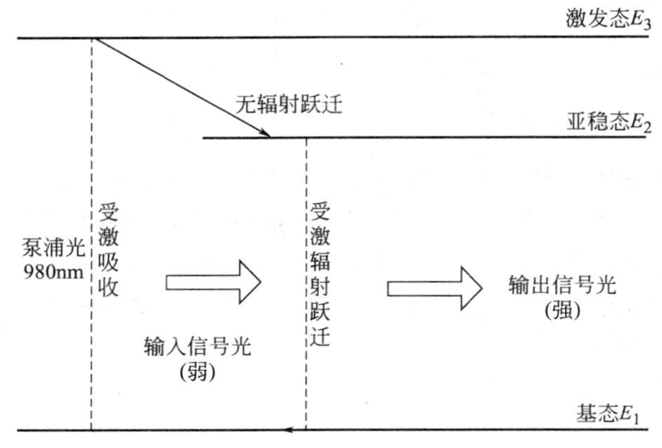

图 7-8 铒离子的能带图

如图 7-8 所示，在没有光激励的情况下，铒离子位于 E_1 态上。当泵浦源注入光波时，E_1 态的铒离子吸收能量而跃迁到 E_3 态上。位于激发态的铒离子在迅速地转移到 E_2 态上，此过程中没有辐射。如果泵浦光足够强，E_2 态上的铒离子将聚集在一起，在 E_2 态和 E_1 态之间形成粒子数反转分布。如果波长为 1550nm 的光波进入掺铒光纤时，E_2 态上的铒离子将受激跃迁到 E_1 态上，产生和原光子同频同相并且方向相同的光子，从而增加了原光波中的光子数量，实现了对光波的直接放大。

(4) EDFA 的应用 EDFA 主要用于增加光纤系统的中继距离，并且和波分复用相结合来实现超大容量超长距离传输。在光纤通信系统中，EDFA 的应用形式主要包括功率放大器、前置放大器和线路放大器。

① 功率放大器 当 EDFA 用作前置放大器时，其位置如图 7-9(a) 所示，位于光发射机

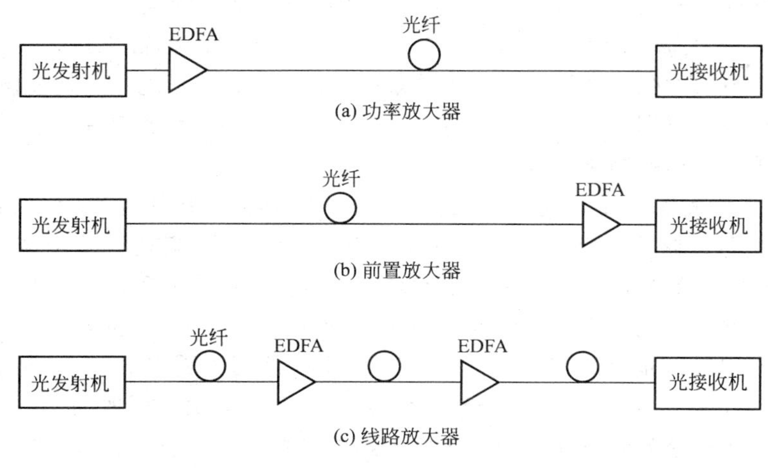

图 7-9 EDFA 的典型应用

后直接对信号放大。此时 EFDA 可增加发射光功率，增长传输距离。需要注意的是，如果放大后的光信号功率过大，将出现非线性效应，使得有用信号的功率减小、出现新频率信号、使散射光进入光源等，因此在使用时要注意光纤中各种非线性效应的阈值。

② 前置放大器　当 EDFA 用作前置放大器时，其位置如图 7-9(b) 所示，位于光接收机前，即光信号先需要经过放大再进入接收机，这样可以抑制光接收机的噪声，提高接收机灵敏度。EDFA 噪声小的优点使它适合用作前置放大器。采用 EDFA 后，光接收机的灵敏度额提升 10～20dB。

③ 线路放大器　当 EDFA 用作线路放大器时，其位置如图 7-9(c) 所示，位于光纤链路中对信号进行中继和放大。EFDA 在用作线路放大器时可实现全光中继，取代原来的光—电—光中继，因而是光纤系统中一个重要的应用。在波分复用系统中，由于一个 EFDA 即可放大所有光信号，因而它作为线路放大器使用最为广泛。并且 EFDA 可在线路中多级串联，但考虑到光纤色散和 EFDA 噪声，不能无限制的增加。

(5) EFDA 的特点

① 工作波长范围为 1.52～1.56μm，与光纤最小损耗窗口一致。

② 连接损耗低，最低可降至 0.1dB，耦合效率高。

③ 增益大，稳定性强，低噪声，高功率输出，增益最大可达 40dB，输出功率可达 14～17dBm。

④ 对各种类型、各种速率和各种格式信号的传输是透明的。

由于上述优点，EFDA 得以迅速发展，但它也有只能放大 1.55μm 左右的光波的缺点。

7.5 线路码型

7.5.1 线路编码

信号在传输时必须考虑选择合适的码型才能在光纤中高质量的传输，因此需要经过线路编码。对于 PCM 系统，ITU-T 为不同速率的群制定了不同的接口速率和接口码型，列在表 7-2 中。

表 7-2　接口速率和接口码型

类　别	基　群	二次群	三次群	四次群
接口速率/Mbit	2.048	8.448	34.368	139.264
接口码型	HDB_3	HDB_3	HDB_3	CMI

其中 HDB_3 称为三阶高密度双极性码，它是一种 3 电平（+1，0，−1）的双极性码。在 HDB_3 中，“+1”和“−1”交替出现，所以不存在直流分量，另外最大连续“0”的个数为 3，便于提取时钟信号，并且具有检测误码的功能。

传号反转码 CMI 是一种双电平归零码。它的编码规则是将原来的二进制的“1”用“00”、“11”交替表示，将原来的二进制的“0”固定地用“01”表示。它具有时钟分量丰富、易于实现、设备成本低、便于提取时钟、检测误码等特点，所以在高次群 PCM 终端设备中用作接口码型。

虽然 HDB_3 和 CMI 在 PCM 系统中被广泛应用，但是它们并不适合在数字光纤系统中传输。比如光纤系统中的光源只有发光和不发光两种状态，无法表示 HDB_3 的 3 个电平，需要转化为单极性双电平码，但如此一来 HDB_3 的时钟分量丰富等优点也将丢失。此外，

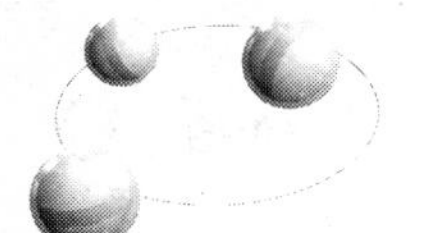

除了发送信号，还需要附加诸如传输监控信号、公务联络信号和数据通信信号等，需要提高原来的码率来为这些信息预留位置，因此在 PDH 系统中，信号需要经过线路编码来满足上述要求。

7.5.2 光纤系统中的常用码型

PDH 系统中常用的线路码型包括扰码、分组码 mBnB 和脉冲插入码 mB1P、mB1C 等。

（1）扰码　扰码将输入的二进制比特序列打乱并重新排列，使输出的新比特序列中“0”和“1”出现的概率相等，从而使时钟提取更加方便并抑制抖动。扰码是最简单的线路码型，打乱后的信号仍可恢复，称为解扰。实现扰码和解扰的电路分别称为扰码器和解码器，它们主要是由反馈移位寄存器构成的，图 7-10 所示是一个四级扰码器和解扰器的结构。

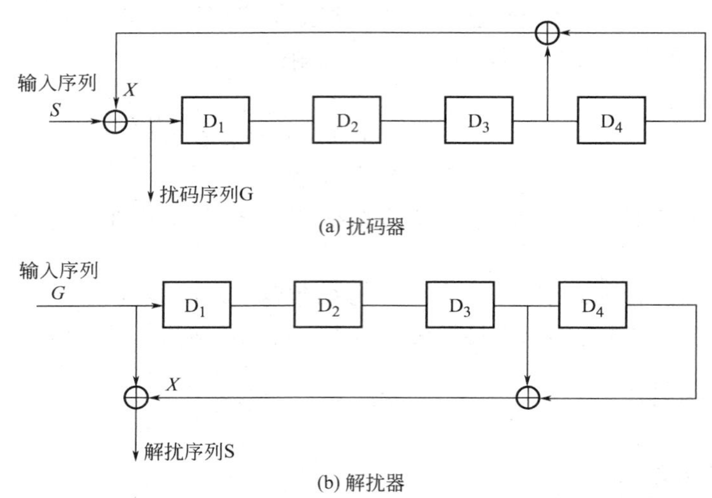

图 7-10　四级扰码器和解扰器构成

如图 7-10(a) 所示，每经过一个移位寄存器，就延迟一个码元时间。若 S 为输入序列，G 为输出的扰码序列，则有

$$G=S\oplus X \tag{7-5}$$

假设移位寄存器 $D_1 \sim D_4$ 的初始状态为 0001，输入序列 S=0000000000101110……，则输出的扰码序列为 G=1001101011011000……。可见输入 S 中的连“0”被打乱，且“0”和“1”的个数相等。扰码序列 G 输入解扰器后可恢复出原始序列 S。

（2）mBnB 码　mBnB 首先将输入的数据流按 m 比特（mB）为一组进行划分，然后在同样的时隙内，将每个分组转换为 n 比特（nB）输出。其中 m 和 n 均为正整数且满足 n>m，因此经过 mBnB 编码后码率有所提高。常见的 mBnB 码包括 1B2B，3B4B，5B6B，6B8B 等，m 和 n 的大小以及它们之间的差值决定了误码检测的能力，m 和 n 越大，差值越大，则误码检测能力越强，但是也越复杂，成本越高。

以 3B4B 码为例，先将比特流中每 3 比特分为一组，再转换为 4B 码输出。3B 码的组合共有 8 种，除全 0 和全 1 外，其余含有两个“0”的 3B 码组，形成 4B 码组时加一个“1”；含有两个“1”的 3B 码组，形成 4B 码组时就加一个“0”。对于 000 码，可用 0100 和 1011 交替表示；对于 111 码，也用 0010 和 1101 交替表示，这样输出的 4B 码流中“0”和“1”的个数相等。表 7-3 所示为 3B4B 码组成，其中未使用的 6 个码组（0000、0001、0111、1000、1110、1111）可用作反变换时组同步和误码检测。

表 7-3　3B4B 码

序　号	3B	4B	
		模式 1	模式 2
0	000	0100	1011
1	001	0011	1011
2	010	0101	0011
3	011	0110	0101
4	100	1001	0110
5	101	1010	1001
6	110	1100	1010
7	111	0010	1100

（3）脉冲插入码　脉冲插入码将输入比特流按 m 比特进行分组，每组的末尾插入一个比特的“1”或“0”码，防止出现长连“1”或长连“0”。根据插入码的功能不同，可分为 mB1P 码、mB1C 码和 mB1H 码等。

① mB1P　mB1P 在每个分组中插入一位奇偶校验码（Parity），用于保证每个分组内“1”的个数为偶数（偶校验）或奇数（奇校验）。mB1P 码可防止长连“0”的出现，有可在不中断业务的前提下实现误码检测。以 7B1P 偶校验为例，若输入的比特流为

1001010 1101000 1100011……

则 7B1P 输出比特流为

10010101 11010001 11000110……

② mB1C　mB1C 在每个分组中插入一位补码（Complement），插入的 C 码可以是前一位的补码，也可以是前几位的补码。mB1C 也可有效避免长连“0”和长连“1”。以 7B1C 码为例，若输入比特流为

1001101 0110100 0110001……

则前一位补码的 7B1C 输出比特流为

10011010 01101001 01100010……

③ mB1H　mB1H 在每个分组末尾交替的插入 C 码、F 码（帧码，Frame）、S 码（业务码，Service）、M 码（监控码，Monitoring）、D 码（数据码，Data）、I 码（区间通信码，Interval Communication），由于是多种码的混合，因此称为混合码（Hybrid）。mB1H 可实现不中断业务的误码检测，可解决监控、管理维护、区间通信、计算机通信的传输问题。其基本结构如图 7-11 所示，其中 Hi 码通过时分复用可用于帧同步、业务、数据、监测等信息的传输。

……	Hi	mB	C	mB	Hi	mB	C	mB	……

图 7-11　mB1H 码型的基本结构

除了不中断业务的误码检测，mB1H 码还具有以下特点：

① C 码可减少相同码的连续个数，最大相同码为 2(m+1) 个；

② 利用 Hi 码可传送监控、业务联络、区间通信和数据信号；

③ 线路码率可提高 (m+1)/m 倍。

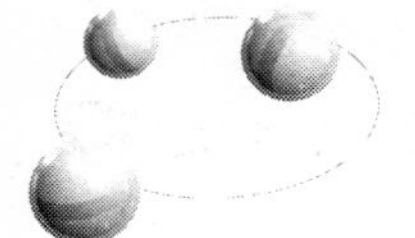

知识巩固 ▶▶▶

一、填空

1. 光数字传输系统中包括两种同步体系________和________。

2. 美国和日本使用基群速率为________的________路系列。

3. 在四次群 PDH 光传输系统中，1 个四次群信号可由________个基群信号复接得到。

4. 在实际光纤系统中，常用的线路码型包括________、________等。

5. 光源的调制分为________和________两种形式。________是通过注入电流的改变直接实现光调制。

二、选择

1. 由 ITU-T 的前身 CCITT 推荐的数字速率序列和数字复接等级主要三大体系，以下哪种不属于（　　）。

A. 美国　　B. 日本　　C. 中国　　D. 欧洲

2. 中国使用基群速率为（　　）的 PCM30/32 路系列。

A. 2.048Mbit/s　　B. 1.5Mbit/s　　C. 10Gbit/s　　D. 1.5Gbit/s

3. PDH 系统的码型变换是将（　　）码转换为双极性码。

A. HDB_3　　B. CMI　　C. NRZ　　D. mBnB

4. 传统的 PDH 和低于 2.5Gbit/s 速率的 SDH 系统在使用 LD 或 LED 光源时一般都采用（　　）调制方式。

A. 不　　B. 直接　　C. 间接　　D. 直接或间接

三、判断

1. 光发射机主要用于把来自 PCM 电端机的基带电信号转换为光信号，并送入电缆中进行发送。（　　）

2. 经过电缆传输后会发生衰减和畸变的信号经过均衡放大处理进行补偿。（　　）

3. 光源的调制是用电信号控制光信号的变化，又称为光调制。（　　）

4. 在目前实际光纤通信系统中，直接光调制技术比较成熟，使用广泛。（　　）

四、简答

1. 画出中国 PDH 制式传输系统结构图，并说明它的组成部分。

2. PDH 传输系统光端机的均衡放大作用是什么？

项目八　SDH 光传输系统

学习目标 ▶▶▶

1. 进行 SDH 传输设备的认知。
2. 掌握链形 SDH 网络的组建。
3. 掌握环形 SDH 网络的组建。
4. 掌握电路业务的配置。
5. 掌握数据业务的配置。
6. 掌握时钟和公务的配置。

7. 掌握传输网通道保护的配置。

8. 掌握传输网复用段保护的配置。

9. 掌握传输设备开局准备及流程。

10. 掌握 SDH 设备单站调测流程。

11. 掌握 SDH 设备故障处理方法。

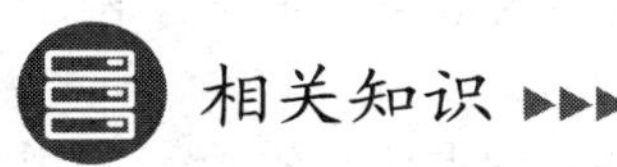

8.1　SDH 基本原理

SDH 发展到今天，已成为一种成熟、广泛的传输网技术。目前，在城域网中得到广泛的应用。SDH 网络是由一些 SDH 的网络单元（NE）组成，在光纤上进行同步信息传输、复用、分插和交叉连接的网络。

8.1.1　SDH 的基本概念

随着科学技术的发展，准同步数字体系 PDH 已不能适应现代通信网络的传输要求，因此同步数字体系 SDH 应运而生。SDH 是一种全新的传输体制，它显著提高了网络资源的利用率，并大大降低了管理和维护费用，实现了灵活、可靠和高效的网络运行、维护与管理，因而在现代信息传送网络中占据重要地位。

（1）PDH 的缺点

PDH 传输体制的弱点主要表现在以下几个方面。

① 没有全世界统一的数字信号标准　由于历史的原因，目前世界上的准同步数字体系 PDH 存在两大体系或三种地区性标准（日本、北美和欧洲），在前面项目七中已经做过介绍，由于没有统一的世界性标准，造成国际间互通、互连困难。

② 没有标准的光接口规范　PDH 仅制定了电接口（G. 703）的技术标准，但没有世界性的标准光接口规范，导致各个厂家自行开发的专用光接口大量滋生，故使不同厂家生产的设备在光缆线路上不能互通，必须转换为标准的接口后才能互通，从而增加了设备的成本。

③ 上下电路困难　现行的 PDH 中只有 1. 544Mb/s 和 2. 048Mb/s 的基群信号采用同步复用，其他速率的高次群信号均采用准同步复用。这种复用难以从高速信号中直接识别和提取低速支路信号。为了上下电路，唯一的方法是逐级码速调整来实现复用/解复用，这不仅增加了设备的复杂性，而且也缺乏灵活性，使信号产生损伤。

④ 网络管理能力不强　PDH 中用于网络运行、管理和维护（OAM）的比特很少，只有通过线路编码来安排一些插入比特用于监控，因此用于网管的通道明显不足，难以满足电信管理网（TMN）发展的要求。

⑤ 网络结构缺乏灵活性　PDH 是建立在点到点连接的基础之上的，网络结构简单，缺乏灵活性，造成网络的调度性较差，同时也很难实现良好的自愈功能。

（2）SDH 的特点

SDH 是完全不同于 PDH 的一种全新的传输体制，它主要具有以下特点。

① 具有全世界统一的帧结构标准　SDH 把北美、日本和欧洲、中国采用的两大准同步数字体系、3 个地区性标准在 STM-1 等级上获得了统一，第一次实现了数字传输体制上的世界性标准。

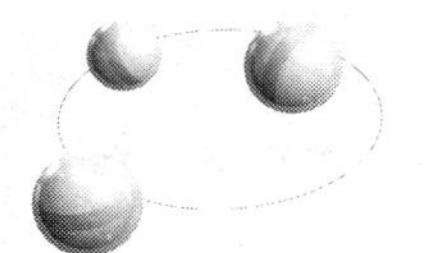

② 具有标准的光接口　SDH 具有标准的光接口规范，它可使不同厂家的设备在同一网络中互连互通，真正实现同速率等级上光接口的横向兼容。

③ 灵活的分插功能　SDH 采用了同步复用方式和灵活的复用映射结构，各种不同速率等级的码流在帧结构中净负荷内的排列是有规律的，并且支路信号在 SDH 帧结构中的位置是透明的，因此可以直接从 STM-N 信号中灵活地上、下支路信号，无需通过逐级复用/解复用实现分插功能，使上、下业务十分容易，从而减少了设备的数量，简化了网络结构。

④ 强大的网络管理能力　SDH 帧结构中安排了丰富的开销比特（约占信号的 5%），因而使得系统的运行、管理和维护（OAM）能力大大加强。智能化管理，使得信道分配、路由选择最佳化。许多网络单元的智能化，通过嵌入在段开销（SOH）中的控制通路可以使部分网络管理功能分配到网络单元，实现分布式管理。

⑤ 具有前向和后向兼容性　所谓后向兼容性是指 SDH 网与现有的 PDH 网络完全兼容，即可兼容 PDH 的各种速率。而前向兼容性是指 SDH 网能兼容各种新的数字业务信号，如 ATM 信元、IP 包等。

⑥ 强大的自愈功能　SDH 具有智能检测的网管系统和网络动态配置管理功能，使网络容易实现自愈，在设备或系统发生故障时，无需人为的干预，就能在极短的时间内迅速恢复业务，从而提高网络的可靠性和生存性，降低了网络的维护费用。

⑦ 频带利用率低　SDH 具有许多优良的性能，但也存在不足之处。如 SDH 为得到丰富的开销功能，造成频带利用率不如传统的 PDH 系统高。例如，在 PDH 中，速率为 139.264Mbit/s 的四次群含有 64 个 2.048Mbit/s 或 4 个 34.368Mbit/s，而 SDH 中速率为 155.520Mbit/s 的 STM-1 中却只含有 63 个 2.048Mbit/s 或 3 个 34.368Mbit/s。

（3）SDH 的速率

SDH 具有一套标准化的信息结构等级，称为同步传递模块 STM-N（N＝1、4、16、64），其中最基本的模块是 STM-1，其传输速率是 155.520Mbit/s，更高等级的 STM-N 是将 N 个 STM-1 按字节间插同步复用后所获得的。其中 N 是正整数，目前国际标准化 N 的取值为 N＝1、4、16、64。

ITU-T G.707 建议规范的 SDH 标准速率如表 8-1 所示。

表 8-1　同步数字系列的速率等级

同步数字系列等级	比特率/(Mbit/s)	容量/路
STM-1	155.520	1920
STM-4	622.080	7680
STM-16	2488.320	30720
STM-64	9953.280	122880

（4）SDH 帧结构

SDH 信号在传输过程中，是以帧为基本单元进行传送的。STM-N 信号帧结构的安排应尽可能使支路低速信号在一帧内均匀、有规律的分布。以便于实现支路信号的同步复用、交叉连接、分/插和交换，说到底就是为了方便从高速信号中直接上/下低速支路信号。ITU-T 规定了 STM-N 的帧是以字节（8bit）为单位的矩形块状帧结构，如图 8-1 所示。

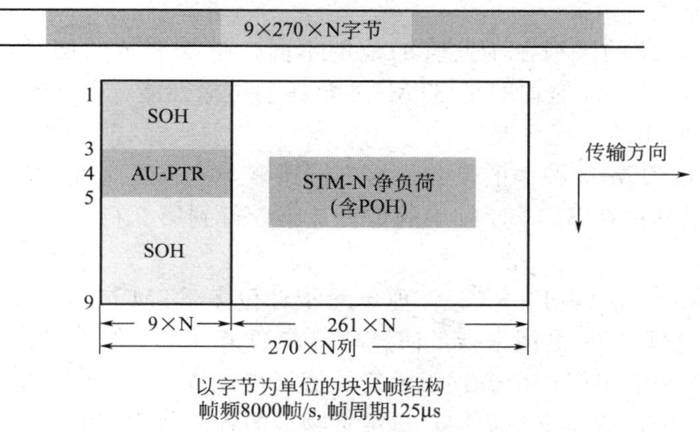

图 8-1 SDH 帧结构图

从图中可以看到，STM-N 的信号是 9 行×270×N 列的帧结构。此处的 N 与 STM-N 的 N 相一致，取值范围是：1，4，16，64。此信号由 N 个 STM-1 信号通过字节间插复用而成。由此可知，STM-1 信号的帧结构是 9 行×270 列的块状帧，当 N 个 STM-1 信号通过字节间插复用成 STM-N 信号时，仅仅是将 STM-1 信号的列按字节间插复用，行数恒定为 9 行不变。

信号在线路上传输时是一个比特跟着一个比特地进行传输的，STM-N 信号的传输也遵循按比特的传输方式，SDH 信号帧传输的原则是，帧结构中的字节（8bit）从左到右，从上到下一个字节跟着一个字节（即一个比特跟着一个比特）的传输，传完一行再传下一行，传完一帧再传下一帧。

ITU-T 规定对于任何级别的 STM-N 帧，帧频都是 8000 帧/s，也就是帧的周期为恒定的 125μs。正好 PDH 的 E1 信号也是 8000 帧/s。

STM-1 的传送速率为：270（每帧 270 列）×9（共 9 行）×8bit（每个字节 8bit）×8000（每秒 8000 帧）＝155520Kbit/s＝155. 520Mbit/s。

STM-N 帧结构由三部分组成：段开销（SOH），包括再生段开销（RSOH）和复用段开销（MSOH）、管理单元指针（AU-PTR）、信息净负荷（PAYLOAD）。下面分别阐述这 3 大部分的具体功能。

① 信息净负荷（payload） 信息净负荷是在 STM-N 帧结构中存放将由 STM-N 传送的各种用户信息码块的地方。信息净负荷区相当于 STM-N 这辆运货车的车箱，车箱内装载的货物就是经过打包的低速信号——待运输的货物。为了实时监测货物（打包的低速信号）在传输过程中是否有损坏，在将低速信号打包的过程中加入了监控开销字节——通道开销（POH）字节。POH 作为净负荷的一部分与信息码块一起装载在 STM-N 这辆货车上在 SDH 网中传送，它负责对打包的货物（低阶通道）进行通道性能监视、管理和控制。

② 段开销（SOH） 段开销是为了保证信息净负荷正常传送所必须附加的网络运行、管理和维护（OAM）字节。例如段开销可进行对 STM-N 这辆运货车中的所有货物在运输中是否有损坏进行监控，而通道开销（POH）的作用是当车上有货物损坏时，通过它来判定具体是哪一件货物出现损坏。也就是说 SOH 完成对货物整体的监控，POH 是完成对某一件特定的货物进行监控，当然，SOH 和 POH 还有一些其他管理功能。

段开销又分为再生段开销（RSOH）和复用段开销（MSOH），可分别对相应的段层进行监控。段，其实也相当于一条大的传输通道，RSOH 和 MSOH 的作用也就是对这一条大的传输通道进行监控。

RSOH 和 MSOH 的区别在于监管的范围不同。举个简单的例子，若光纤上传输的是 2.5G 信号，那么，RSOH 监控的是 STM-16 整体的传输性能，而 MSOH 则是监控 STM-16 信号中每一个 STM-1 的性能情况。

再生段开销在 STM-N 帧中的位置是第 1 行到第 3 行的第 1 列到第 9×N 列，共 3×9×N 个字节；复用段开销在 STM-N 帧中的位置是第 5 行到第 9 行的第 1 列到第 9×N 列，共 5×9×N 个字节。

③ 管理单元指针（AU-PTR） 管理单元指针位于 STM-N 帧中第 4 行的前 9×N 列，共9×N 个字节，AU-PTR 是用来指示信息净负荷的第一个字节在 STM-N 帧内的准确位置的指示符，以便收端能根据这个位置指示符的值（指针值）正确分离信息净负荷。这句话怎样理解呢？若仓库中存放了很多货物，每堆货物中的各件货物（低速支路信号）的摆放是有规律性的（字节间插复用），那么若要定位仓库中某件货物的位置就只要知道这堆货物的具体位置就可以了，也就是说只要知道这堆货物的第一件货物放在哪儿，然后通过本堆货物摆放位置的规律性，就可以直接定位出本堆货物中任一件货物的准确位置，这样就可以直接从仓库中搬运（直接分/插）某一件特定货物（低速支路信号）。AU-PTR 的作用就是指示这堆货物中第一件货物的位置。

其实指针有高、低阶之分，高阶指针是 AU-PTR 管理单元指针，低阶指针是 TU-PTR（支路单元指针），TU-PTR 的作用类似于 AU-PTR，只不过所指示的信息负荷更小一些而已。

8.1.2 SDH 的复用方式

SDH 的复用包括两种情况：一种是低阶的 SDH 信号复用成高阶 SDH 信号；另一种是低速支路信号（例如 2Mbit/s、34Mbit/s、140Mbit/s）复用成 SDH 信号 STM-N。

（1）SDH 的复用情况

① 低阶的 SDH 信号复用成高阶 SDH 信号 复用主要通过字节间插复用方式来完成的，复用的个数是 4 个复用成 1 个，即 4×STM-1 可以复用成一个 STM-4，4×STM-4 可以复用成一个 STM-16，依次类推。在复用过程中保持帧频不变（8000 帧/s），在进行字节间插复用过程中，各帧的信息净负荷和指针字节按原值进行间插复用，而段开销则会有些取舍。具体的复用方法在后面章节中会做详细讲述。

② 低速支路信号复用成 SDH 信号 ITU-T 规定了一整套完整的复用结构（也就是复用路线），通过这些路线可将 PDH 的 3 个系列的数字信号以多种方法复用成 STM-N 信号。ITU-T 规定的复用路线如图 8-2 所示。

在这种复用结构中，各种业务信号复用进 STM-N 帧的过程都要经历映射（相当于信号打包）、定位（相当于指针调整）、复用（相当于字节间插复用）3 个步骤。

尽管一种信号复用成 SDH 的 STM-N 信号的路线有多种，但是对于一个国家或地区则必须使复用路线唯一化。中国的光同步传输网技术体制规定了以 2Mbit/s 信号为基础的 PDH 系列作为 SDH 的有效负荷，并选用 AU-4 的复用路线，其结构如图 8-3 所示。

（2）SDH 的基本复用单元

在图 8-2 和图 8-3 中可以看到复用线路图中包括了一些基本的复用单元。它们分别是：C—容器、VC—虚容器、TU—支路单元、TUG—支路单元组、AU—管理单元、AUG—管理单元组，这些复用单元的下标表示与此复用单元相应的信号级别。下面就这些复用单元做

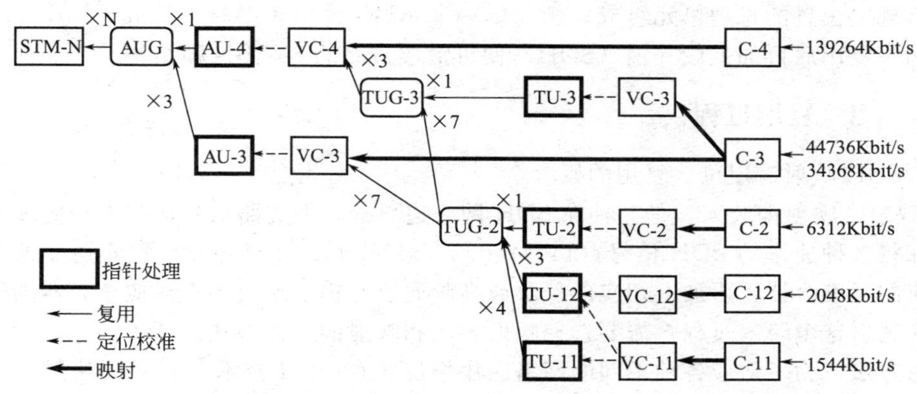

图 8-2　ITU-T 规定的 SDH 复用线路图

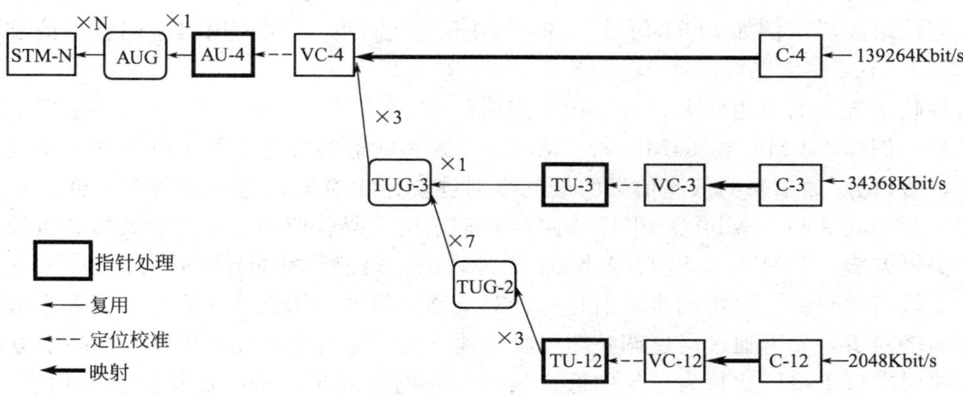

图 8-3　中国 SDH 复用线路图

一些简单介绍。

① 容器 C　容器的主要作用就是进行速率调整，用来装载各种速率业务信号的信息结构，主要完成适配功能（例如码速调整），以便让那些最常使用的 PDH 准同步数字信号能够进入有限数目的标准容器中。

② 虚容器 VC　虚容器的包封速率也是与 SDH 网络同步的，不同级别的虚容器（例如与 2Mbit/s 相对应的 VC-12 与 34Mbit/s 相对应的 VC-3）是相互同步的，而虚容器内部却允许装载来自不同容器的异步净负荷。虚容器这种信息结构在 SDH 网络传输中保持其完整性不变，也就是可将其看成独立的单位（信息包），十分灵活和方便地在通道中任一点插入或分出，或进行同步复用和交叉连接处理。

③ 支路单元 TU　它提供低阶通道层和高阶通道层之间的桥梁，也就是说，它是高阶通道（高阶 VC）拆分成低阶通道（低阶 VC），或低阶通道复用成高阶通道的中间过渡信息结构。

④ 支路单元组 TUG　支路单元组（TUG）是由一个或多个在高阶 VC 净负荷中固定地占有规定位置的支路单元组成。

⑤ 管理单元 AU　管理单元（AU）为高阶通道层和复用段层提供适配功能，它由高阶虚容器和管理单元指针组成。

⑥ 管理单元组 AUG　管理单元组（AUG）是由一个或多个在 STM-N 帧的净负荷中固

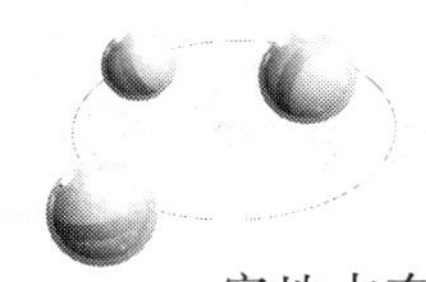

定地占有规定位置的管理单元组成。例如，一个 AUG 由一个 AU-4 组成。N 个 AUG 按字节间插同步复用后再加上段开销（SOH）便可形成最终的 STM-N 帧结构。

8.1.3 复用过程

(1) SDH 映射、定位、复用的概念

① 映射　映射即装入，是一种在 SDH 网络边界处，把支路信号适配进相应虚容器的过程。例如将各种速率的 PDH 信号（140Mbit/s、34Mbit/s、2Mbit/s）先分别经过码速调整装入相应的标准容器，再加上相应的低阶或高阶通道开销，形成各自对应虚容器的过程。

实现映射这个装入过程，需要选择映射方法和映射的工作模式。

映射方法　为了适应各种不同的网络应用情况，在 SDH 技术中有异步映射、比特同步映射和字节同步映射三种映射方法。

• 异步映射　异步映射是一种对映射信号的结构无任何限制（即信号有无帧结构均可），也无需与网络同步（例如 PDH 信号与 SDH 网不完全同步），仅利用码速调整将信号适配进 VC 的映射方法。

这种映射方法的通用性大，可直接从高速信号（STM-N）中分出/插入一定速率级别的低速信号（例如 140Mb/s、34Mb/s、2Mb/s）。因为映射的最基本的不可分割单位是这些低速信号，所以分/插出来的低速信号的最低级别也就是相应的这些速率级别的低速信号。目前中国的 2Mbit/s 和 34Mbit/s PDH 支路信号都采用正码速调整、零码速调整和负码速调整的异步映射方法；45Mbit/s 和 140Mbit/s 则都采用正码速调整的异步映射方法。

• 比特同步映射　比特同步映射是一种对支路信号的结构无任何限制，但要求低速支路信号与网络同步，无需通过码速调整即可将低速支路信号打包成相应的 VC 的映射方法。比特同步映射类似于将以比特为单位的低速信号（与网络同步）进行比特间插复用进 VC 中，在 VC 中每个比特的位置是可预见的。中国不采用比特同步映射方法。

• 字节同步映射　字节同步映射是一种要求映射信号具有字节为单位的块状帧结构，并与网络同步，无需任何速率调整即可将信息字节装入 VC 内规定位置的映射方式。因此，这种映射方式可以直接从 STM-N 信号中上/下 64Kbit/s 或 N×64Kbit/s 的低速支路信号。我国只在少数将 64Kbit/s 交换功能也设置在 SDH 设备中时，2Mbit/s 信号才采用锁定模式的字节同步映射方法。

工作模式　SDH 网中映射的工作模式有浮动 VC 和锁定 TU 两种模式。

• 浮动 VC 模式　浮动 VC 模式是指 VC 净负荷在 TU 帧内的位置不固定，并由 TU-PTR 指示 VC 起点位置的一种工作模式。它采用 TU-PTR 和 AU-PTR 两层指针来容纳 VC 净负荷与 STM-N 帧的频差和相差，引入的信号时延最小（约 10μs）。

在浮动 VC 模式下，VC 帧内可安排相应的 VCPOH，因此可进行通道级别的端对端性能监控。三种映射方法都能以浮动 VC 模式工作。前面介绍的映射方法：140Mbit/s、34Mbit/s、2Mbit/s 映射进相应的 VC，就是异步映射浮动模式。

异步映射浮动模式最适用于异步/准同步信号映射，包括将 PDH 信号映射进 SDH 通道的应用，它能直接上/下低速 PDH 支路信号，但是不能直接上/下 PDH 支路中的 64kbit/s 信号。异步映射接口简单，引入映射时延少，可适应各种结构和特性的数字信号，是一种最通用的映射方式，也是 PDH 向 SDH 过渡期内必不可少的一种映射方式。当前各厂家的设备绝大多数采用的是异步映射浮动模式。

浮动字节同步映射接口复杂但能直接上/下 64Kbit/s 和 N×64Kbit/s 信号，主要用于不需要一次群接口的数字交换机互连和两个需直接处理 64Kbit/s 和 N×64Kbit/s 业务的节点间的 SDH 连接。

•锁定 TU 模式　锁定 TU 模式是一种信息净负荷与网络同步并处于 TU 帧内固定位置，因而无需 TUPTR 来定位的工作模式。PDH 基群只有比特同步和字节同步两种映射方法才能采用锁定 TU 模式。

通过前面的介绍，可以看出 3 种映射方法和两类工作模式共可组合成 5 种映射方式。当前最通用的是异步映射浮动模式。异步映射接口简单，引入映射时延少，可适应各种结构和特性的数字信号，是一种最通用的映射方式，也是 PDH 向 SDH 过渡期内必不可少的一种映射方式。

② 定位　定位是把 VC-n 放进 TU-n 或 AU-n 中，同时将其与帧参考点的偏差也作为信息结合进去的过程。它依靠支路单元指针和管理单元指针功能以实现灵活和动态的定位，即在发生相对帧相位偏差使 VC 帧起点浮动时，支路单元指针和管理单元指针值亦随之调整，从而始终保证指针值准确指示 VC 帧的起点。通俗地说，定位是指通过指针调整，使指针的值时刻指向低阶 VC 帧的起点在 TU 净负荷中或高阶 VC 帧的起点在 AU 净负荷中的具体位置，使收端能据此正确地分离相应的 VC。

③ 复用　复用是一种使多个低阶通道层的信号适配进高阶通道层或把多个高阶通道层信号适配进复用层的过程。复用也就是通过字节交错间插方式把 TU 组织进高阶 VC 或把 AU 组织进 STM-N 的过程。由于经过 TU 和 AU 指针处理后的各 VC 支路信号已相位同步，因此该复用过程是同步复用。

(2) 140Mbit/s 信号到 STM-N 的封装过程

① 140Mbit/s 的 PDH 信号速率适配进 C-4　首先将 140Mbit/s 的 PDH 信号经过正码速调整（比特塞入法）适配进 C-4，C-4 是用来装载 140Mbit/s 的 PDH 信号的标准信息结构。经 SDH 复用的各种速率的业务信号都应首先通过码速调整适配装进一个与信号速率级别相对应的标准容器（2Mbit/s—C-12、34Mbit/s—C-3、140Mbit/s—C-4）。140Mbit/s 的信号装入 C-4 也就相当于将其打了个包封，使 139.264Mbit/s 信号的速率调整为标准的 C-4 速率。C-4 的帧结构是以字节为单位的块状帧，帧频是 8000 帧/s，也就是说经过速率适配，139.264Mbit/s 的信号在适配成 C-4 信号后，就已经与 SDH 传输网同步了。这个过程也就是将异步的 139.264Mbit/s 信号装入 C-4，其结构如图 8-4 所示。

C-4 信号的帧有 260 列×9 行（PDH 信号在复用进 STM-N 中时，其块状帧总是保持是 9 行），那么 E4 信号适配速率后的信号速率（也就是 C4 信号的速率）为：

$$8000\text{帧/s}\times 9\text{行}\times 260\text{列}\times 8\text{bit}=149.760\text{Mbit/s}$$

所谓对异步信号进行速率适配，其实际含义就是指当异步信号的速率在一定范围内变动时，通过码速调整可将其速率转换为标准速率。那么通过速率适配可将这个速率范围的 E4 信号，调整成标准的 C4 速率 149.760Mbit/s，也就是说能够装入 C4 容器。

② C-4 映射到 VC-4　为了能够对 140Mbit/s 的通道信号进行监控，在复用过程中要在 C-4 的块状帧前加上一列通道开销字节（高阶通道开销 VC-4 POH），此时信号构成 VC-4 信息结构，如图 8-5 所示。

VC-4 是与 140Mbit/s PDH 信号相对应的标准虚容器，此过程相当于对 C-4 信号又打一个包，将对通道进行监控管理的开销（POH）打入包封中去，以实现对通道信号的实时监控和管理。

从高速信号中直接定位上/下的是相应信号的虚容器这个信息包，然后通过打包/拆包来

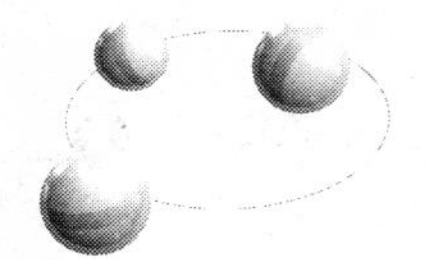

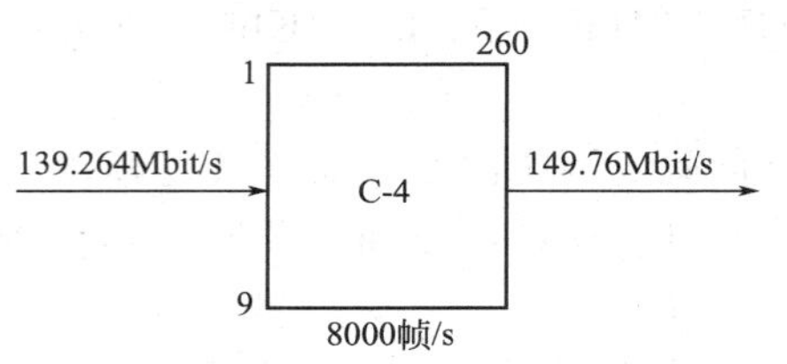

图 8-4　C-4 的帧结构图

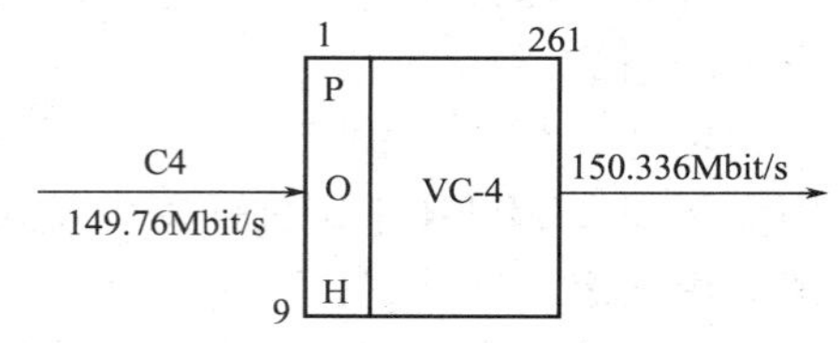

图 8-5　VC-4 结构图

上/下低速支路（PDH）信号。

在将 C-4 打包成 VC-4 时，要加入 9 个开销字节，它们位于 VC-4 帧的第一列，这时 VC-4 的帧结构，就成了 9 行×261 列。STM-N 的帧结构中，信息净负荷为 9 行×261×N 列，当为 STM-1 时，即为 9 行×261 列，VC-4 其实就是 STM-1 帧的信息净负荷。将 PDH 信号经打包形成容器，再加上相应的通道开销而形成虚容器这种信息结构，整个这个过程就叫“映射”。

③ VC-4 到 STM-N 的装载　信息被“映射”进入虚容器之后，就可以往 STM-N 帧中装载了，装载的位置是其信息净负荷区。在装载虚容器的时候会出现这样一个问题，当被装载的 VC-4 速率和装载它的载体 STM-1 帧的速率不一致时，就会使 VC-4 在 STM-1 帧净荷区内的位置浮动。

SDH 采用在 VC-4 前附加一个管理单元指针（AU-PTR）来解决这个问题。此时信号包由 VC-4 变成了管理单元 AU-4 这种信息结构，如图 8-6 所示。

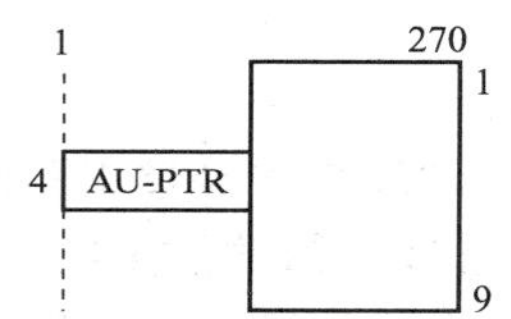

图 8-6　AU-4 结构图

AU-4 这种信息结构与 STM-1 帧结构相比，只不过缺少段开销（SOH）而已。只要将 VC-4 信息包再加 9 个字节的管理单元指针即可构成 AU-4，AU-4 再加上段开销就形成 STM-1 帧结构。

管理单元指针的作用是指明高阶虚容器在 STM-N 帧中的位置，也就是说指明虚容器信息包在 STM-N 车箱中的具体位置。通过指针的作用，允许高阶虚容器在 STM-N 帧内浮动，也就是说允许 VC-4 和 AU-4 有一定的频差和相差。这种差异性不会影响收端正确的辨认和分离 VC-4。尽管 VC-4 在信息净负荷区内“浮动”，但是管理单元指针本身在 STM-N 帧内的位置是固定的，不在净负荷区，而是在段开销的中间。这就保证了接收端能准确地找到管理单元指针，进而通过其定位 VC-4 的位置，进而从信号中分离出 VC-4。

一个或多个在 STM-N 帧内占用固定位置的 AU-4 组成 1 个管理单元组（AUG）。

将 AU-4 加上相应的段开销合成完整的 STM-1 帧信号，而后 N 个 STM-1 信号通过字节间插复用形成 STM-N 帧信号。

（3）34Mbit/s 信号到 STM-N 的封装过程

① 34Mbit/s 信号到 TUG-3 的过程　PDH 的 34Mbit/s 的支路信号先经过码速调整将其适配到标准容器 C-3 中，然后加上相应的通道开销，形成 VC-3，此时的帧结构是 9 行×85 列。为了便于接收端辨认 VC-3，以便能将它从高速信号中直接拆离出来，在 VC-3 的帧前面加了 3 个字节（H1～H3）的指针形成支路单元指针（TU-PTR），管理单元指针是 9 个字节，而 TU-3 的指针仅占 H1、H2、H3 三个字节，如图 8-7 所示，此时的信息结构是支路单元 TU-3。

TU-PTR 用以指示低阶 VC 的首字节在支路单元 TU 中的具体位置。这与 AU-PTR 的作用很相似，AU-PTR 是指示 VC-4 起点在 STM-N 帧中的具体位置。实际上两者的工作原

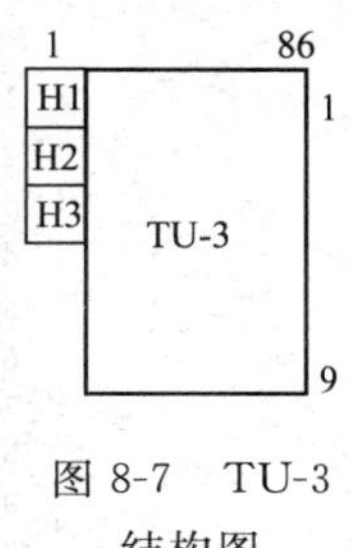

图 8-7 TU-3 结构图

理是一样的。在图 8-7 中的 TU-3 的帧结构有点残缺，应将其缺口部分补上。对其第 1 列中 H1～H3 余下的 6 个字节都填充有信息（R），即形成如图 8-8 所示的帧结构，这就是 TUG-3 支路单元组。

② TUG-3 复用到 VC-4 的过程　3 个 TUG-3 通过字节间插复用方式，复合形成 C-4 信号结构，复合的结果如图 8-9 所示。因为 TUG-3 是 9 行×86 列的信息结构，所以 3 个 TUG-3 通过字节间插复用方式复合后的信息结构是 9 行×258 列的块状帧结构，而 C-4 是 9 行×260 列的块状帧结构。于是在 3×TUG-3 的合成结构前面加上 2 列塞入比特，使其成为 C-4 的信息结构。

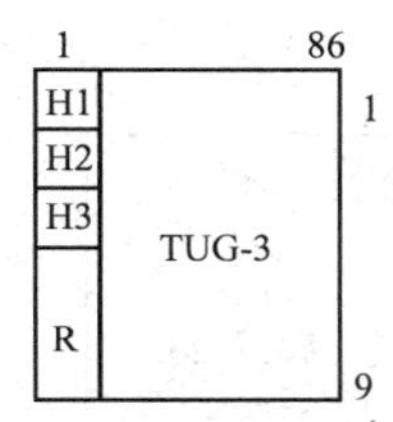

图 8-8 TUG-3 结构图

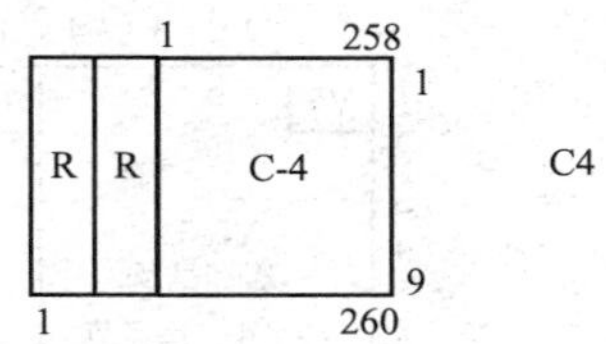

图 8-9 C-4 结构图

③ VC-4 到 STM-N 的装载　剩下的工作就是将 C-4 装入 STM-N 中去了，过程同前面所讲的将 140Mbit/s 信号复用进 STM-N 信号的过程类似：C-4→VC-4→AU-4→AUG→STM-N，在此就不再复述了。

（4）2Mbit/s 信号到 STM-N 的封装过程

① C-12 的帧结构　将异步的 2Mbit/s PDH 信号经过正/零/负速率调整装载到标准容器 C-12 中，为了便于速率的适配采用了复帧的概念，将 4 个 C-12 基帧组成一个复帧。C-12 的基帧帧频也是 8000 帧/s，其复帧的帧频就是 2000 帧/s。

采用复帧不仅是为了码速调整，更重要的是为了适应低阶通道（VC-12）开销的安排。

若 E1 信号的速率是标准的 2.048Mbit/s，那么装入 C-12 时正好是每个基帧装入 32 个字节（256 比特）的有效信息。但当 E1 信号的速率不是标准速率 2.048Mbit/s 时，那么装入每个 C-12 的平均比特数就不一定是整数。

例如：E1 速率是 2.048Mbit/s 时，那么将此信号装入 C-12 基帧时平均每帧装入的比特数是：(2.048×106bit/s)/(8000 帧/s)＝255.75bit 有效信息，比特数不是整数，无法进行装入。若此时取 4 个基帧为一个复帧，那么正好一个复帧装入的比特数为：(2.046×106bit/s)/(2000 帧/s)＝1023bit，可在前 3 个基帧中每帧装入 256bit（32 字节）有效信息，在第 4 帧装入 255bit 的有效信息，这样就可将此速率的 E1 信号完整的适配进 C-12 容器中。其中第 4 帧中所缺少的 1 个比特是填充比特。C-12 基帧结构是 34 个字节带缺口的块状帧，4 个基帧组成一个复帧，C-12 复帧结构如图 8-10 所示。

② C-12 装入 VC-12　在 C-12 复帧中的每个 C-12 基本帧前分别依次插入低阶通道开销（VC-12 POH）字节 V5、J2、N2、K4 就构成 VC-12 复帧，完成了 2.048Mbit/s 信号向 VC-12 的映射，如图 8-11 所示。

③ VC-12 复用到 TUG-3　为了使接收端能正确定位 VC-12 的帧，在复帧的 4 个缺口上再加上 4 个字节（V1～V4）的开销，这就形成了 TU-12 信息结构（完整的 9 行×4 列）。V1～V4 就是 TU-PTR，它指示复帧中第一个 VC-12 的首字节在 TU-12 复帧中的具体位置。

3 个 TU-12 经过字节间插复用合成 TUG-2，此时的帧结构是 9 行×12 列。

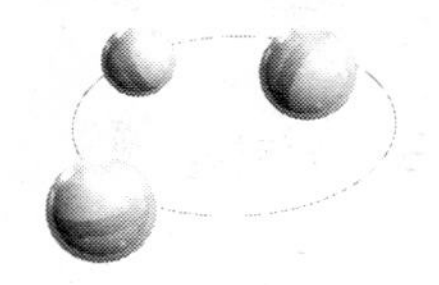

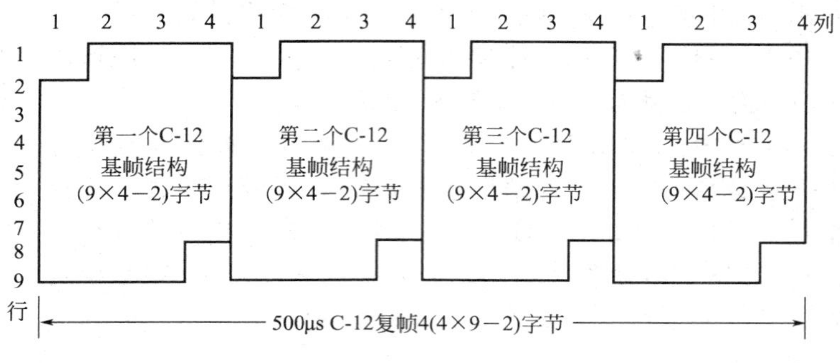

图 8-10　C-12 复帧结构

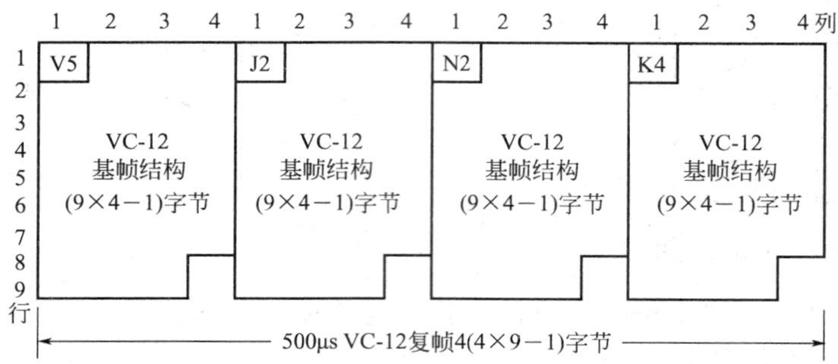

图 8-11　2.048Mb/s 支路信号的异步映射

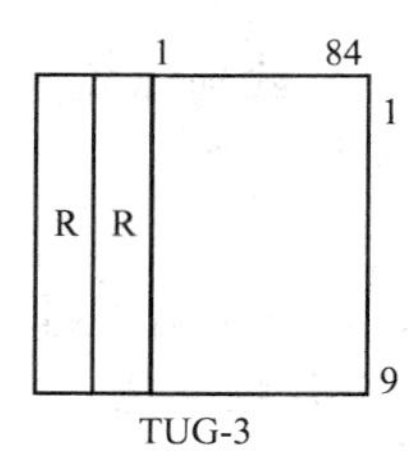

图 8-12　TUG-3 的信息结构

7 个 TUG-2 经过字节间插复用合成 TUG-3 的信息结构。请注意 7 个 TUG-2 合成的信息结构是 9 行×84 列，为满足 TUG-3 的信息结构 9 行×86 列，则需在 7 个 TUG-2 合成的信息结构前加入 2 列固定塞入比特。如图 8-12 所示。

TUG-3 信息结构再复用进 STM-N 中的步骤与前面所讲的一样。此处不再复述。

从 2Mbit/s 复用进 STM-N 信号的复用步骤可以看出 3 个 TU-12 复用成一个 TUG-2，7 个 TUG-2 复用成 1 个 TUG-3，3 个 TUG-3 复用进 1 个 VC-4，1 个 VC-4 复用进 1 个 STM-1，也就是说 2Mbit/s 的复用结构是 3×7×3 结构，如图 8-13 所示。

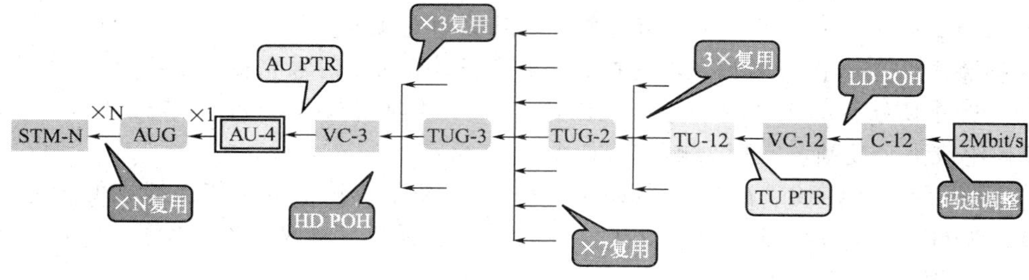

图 8-13　2M 映射复用过程

由于复用的方式是按字节间插方式，所以在一个 VC-4 中的 63 个 VC-12 的排列方式不是顺序来排列的。第一个 TU-12 的序号和紧跟其后的 TU-12 的序号相差 21。计算同一个 VC-4 中不同位置 TU-12 的序号的公式：

VC-12 序号＝TUG-3 编号＋（TUG-2 编号-1）×3＋（TU-12 编号-1）×21

TU-12 的位置在 VC-4 帧中相邻是指 TUG-3 编号相同，TUG-2 编号相同，而 TU-12 编号相差为 1 的两个 TU-12。排列方式如图 8-14 所示。

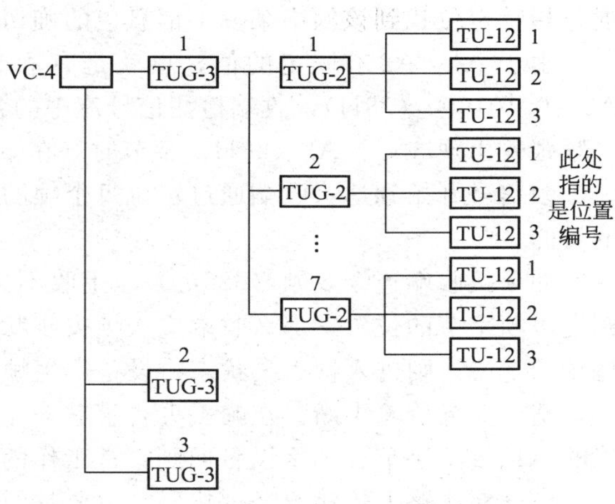

图 8-14　VC-4 中 TUG-3、TUG-2、TU-12 的排列结构

8.1.4　SDH 的开销

开销是开销字节或比特的统称，是指帧结构中除了承载业务信息（净荷）以外的其他字节。开销用于支持传输网的运行、管理和维护（OAM）。

开销的功能是实现 SDH 的分层监控管理，而 SDH 的 OAM 可分为段层和通道层监控。段层的监控又分为再生段层和复用段层的监控；通道层监控可分为高阶通道层和低阶通道层的监控。由此实现了对 STM-N 分层的监控。

（1）SDH 的段开销

STM-N 帧的段开销位于帧结构的（1～9）行×（1～9N）列其中第 4 行为 AU-PTR 除外。以 STM-1 信号为例来讲述段开销中各字节的用途，对于 STM-1 信号，段开销包括位于帧中的（1～3）行×（1～9）列的 RSOH 再生段开销和位于（5～9）行×（1～9）列的 MSOH 复用段开销，如图 8-15 所示。

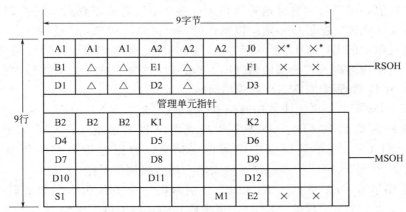

9字节 × 9行

A1	A1	A1	A2	A2	A2	J0	×*	×*	RSOH
B1	△	△	E1	△		F1	×	×	RSOH
D1	△	△	D2	△		D3			RSOH
管理单元指针									
B2	B2	B2	K1			K2			MSOH
D4			D5			D6			MSOH
D7			D8			D9			MSOH
D10			D11			D12			MSOH
S1					M1	E2	×	×	MSOH

△ 为与传输媒质有关的特征字节(暂用)

× 为国内使用保留字节

* 为不扰码国内使用字节

所有未标记字节待将来国际标准确定(与媒质有关的应用,附加国内使用和其他用途)

图 8-15　STM-1 段开销字节安排

① 定帧字节：A1 和 A2　定帧字节的作用是识别帧的起始点，以便接收端能与发送端保持帧同步。接收 SDH 码流的第一步是在收到的信号流中正确地选择分离出各个 STM-N 帧，也就是先定位每个帧的起始位置，然后在各帧中识别相应的开销和净负荷的位置。A1、A2 字节就是起这种定帧的作用。通过它，收端可以从信息流中定位、分离出完整的帧，再

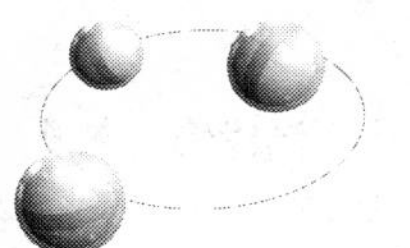

通过指针定位找到该帧中某一个信息包的确切位置，从而顺利提取之。

由于A1、A2有固定的值，也就是有固定的比特图案，规定A1＝11110110（F6H），A2＝00101000（28H），收端检测信号流中的各个字节，当发现连续出现3N个A1（F6H），又紧跟着出现3N个A2（28H）字节时（在STM-1帧中A1和A2字节各有3个），就断定一个帧信号开始到达，收端通过定位每个帧的起点，来区分不同的帧，以此达到分离不同帧的目的。

如果接收端连续5帧（625μs）以上收不到正确的A1、A2字节，即连续5帧以上无法判定出帧字节的位置，那么收端进入帧失步状态，产生帧失步告警（OOF）；若帧失步告警持续了3ms，则进入帧丢失状态，设备产生帧丢失告警（LOF），即向下游方向发送AIS信号，整个业务传输中断。在帧丢失告警状态下，若收端在连续1ms以上的时间内又收到正确的A1、A2字节，那么设备回到正常工作的定帧状态（IF）。

信号在线路上传输要经过扰码，主要是便于收端能提取线路定时信号，但为了在收端能正确的定位帧头，不能将A1、A2扰码。为兼顾这两种需求，于是信号对段开销第1行的所有字节：1行×9N列（不仅包括A1、A2字节）不扰码，而是进行透明传输，帧中的其余字节进行扰码后再上线路传输。这样既便于提取信号的定时，又便于收端分离信号。

② 再生段踪迹字节：J0　该字节用于确定再生段是否正确连接。该字节用来重复地发送“段接入点识别符”，接收端能据此确认与指定的发送端处于持续的连接状态。

若收到的值与所期望的值不一致，则产生再生段踪迹标识失配告警（RS-TIM）。在同一个运营者的网络内该字节可为任意字符，而在不同两个运营者的网络边界处要使设备收、发两端的J0字节相同。通过J0字节可使运营者提前发现和解决故障，缩短网络恢复时间。

③ 数据通信通路（DCC）字节：D1～D12　SDH系统的特点之一就是具有自动运行、管理和维护的功能，可通过网管终端对网元进行命令下发与数据查询，完成PDH系统所无法完成的业务实时调配、告警故障定位以及性能在线测试等功能。这些用于运行、管理和维护的数据是通过帧中的D1～D12字节传送的。D1～D12字节构成数据通信通路（DCC）信道。数据通信通路作为嵌入式控制通路（ECC）的物理层，在网元之间传输操作、管理和维护信息，构成SDH管理网（SMN）的传送通路。

其中，D1～D3字节是再生段数据通路（DCCR），速率为3×64Kbit/s＝192Kbit/s，用于再生段终端间传送信息；D4～D12字节是复用段数据通路（DCCM），其速率为9×64Kbit/s＝576Kbit/s，用于复用段终端间传送信息。数据通信通路的传输速率总计为768kbit/s，它们为SDH网络管理提供了强大的专用数据通信通路。

④ 公务联络字节：E1和E2　E1和E2分别提供一个64Kbit/s的公务联络语音通道，语音信息放入这两个字节中传输。E1属于再生段开销，用于再生段的公务联络；E2属于复用段开销，用于复用段终端间直达公务联络。

⑤ 使用者通路字节：F1　F1提供速率为64Kbit/s数据或语音通路，保留给使用者（通常指网络提供者）用于特定维护目的的公务联络，也可通64Kbit/s专用数据。

⑥ 比特间插奇偶校验8位码BIP-8：B1　B1字节是用于再生段层误码监测的（B1位于再生段开销中第2行第1列）。

⑦ 比特间插奇偶校验N×24位的（BIP-N×24）字节：B2　B2字节监测的是复用段层的误码情况。

⑧ 复用段远端误码块指示（MS-REI）字节：M1　M1字节载荷的是误码对告信息，由接收端回送给发送端。M1字节用来传送接收端由B2字节所检出的误块数，并在发送端当

前性能管理中上报 B2 远端背景误码块（B2-FEBBE），发送端据此了解接收端的收信误码情况。

⑨ 自动保护倒换（APS）通路字节：K1、K2(b1～b5)　K1、K2(b1～b5) 字节用作传送自动保护倒换（APS）信息，支持设备在故障时进行自动切换，使网络业务能够自动恢复（自愈），其专门用于复用段自动保护倒换。

⑩ 复用段远端失效指示（MS-RDI）字节：K2(b6～b8)　K2 字节的 b6～b8 这 3 个比特用于传输复用段远端告警的反馈信息，由接收端（信宿）回送给发送端（信源），表示接收端检测到接收方向故障或收到复用段告警指示信号。也就是说当接收端收信劣化时，由这 3 个比特向发送端发送告警信号，以使发端知道收端的接收状况。

接收机接收信号失效或接收到信号中的 K2 字节 b6～b8 为“111”时，表示接收到复用段告警指示信号（MS-AIS），接收机认为接收到无效净荷。并向终端发送全“1”信号。复用段远端缺陷指示（MS-RDI）用于向发送端回送一个指示，表示收端已检测到上游段（比如再生段）失效或收到 MS-AIS。复用段远端缺陷指示用 K2 字节在扰码前的 b6～b8 位插入“110”码来产生。

⑪ 同步状态字节：S1(b5～b8)　SDH 复用段开销利用 S1 字节的 b5～b8 传输 ITU-T 规定的不同时钟质量级别，以使设备据此判定接收到的时钟信号的质量，从而决定是否切换时钟源，即切换到较高质量的时钟源上。S1 字节如图 8-16 所示，S1（b5～b8）的值越小，表示相应的时钟质量级别越高。

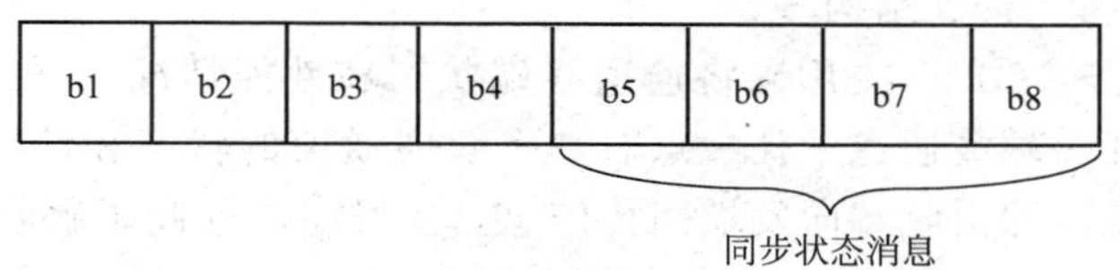

图 8-16　S1 字节的内容示意图

在 SDH 的开销进行复用时，一定要注意：N 个 STM-1 帧通过字节间插复用成 STM-N 帧，但段开销的复用并非是简单的字节间插，除段开销中的 A1、A2、B2 字节是按字节交错间插复用进入 STM-N 外，其他字节只保留第一个 STM-1 的开销字节，再重新插入STM-N 帧中。

（2）SDH 的通道开销

通道开销负责的是通道层的运行、管理和维护功能。这就是所谓的 SDH 分层管理。通道开销又分为高阶通道开销（HPOH）和低阶通道开销（LPOH）。在教材中，我们所说的高阶通道开销是对 VC-4 级别的通道进行监测，可对 140Mbit/s 在 STM-N 帧中的传输情况进行监测；低阶通道开销则是完成 VC-12 通道级别的运行、管理和维护功能，也就是监测 2Mbit/s 在 STM-N 帧中的传输性能。

高阶通道开销　高阶通道开销的位置在 VC-4 帧中的第 1 列，共 9 个字节，如图 8-17 所示。

① 通道踪迹字节：J1　J1 用来重复发送高阶通道接入点标识符，使通道接收端能据此确认与指定的发送端处于持续连接状态，即该通道处于持续连接状态。要求收发两端 J1 字节相匹配。J1 字节可按需要进行重新设置与更改。

② B3：高阶通道误码监视字节（BIP-8）　B3 字节负责监测 VC-4 在传输中的误码性能，也就是监测 140Mbit/s 的信号在传输中的误码性能。

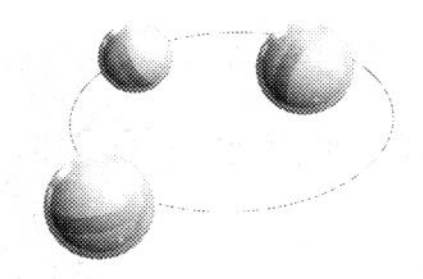

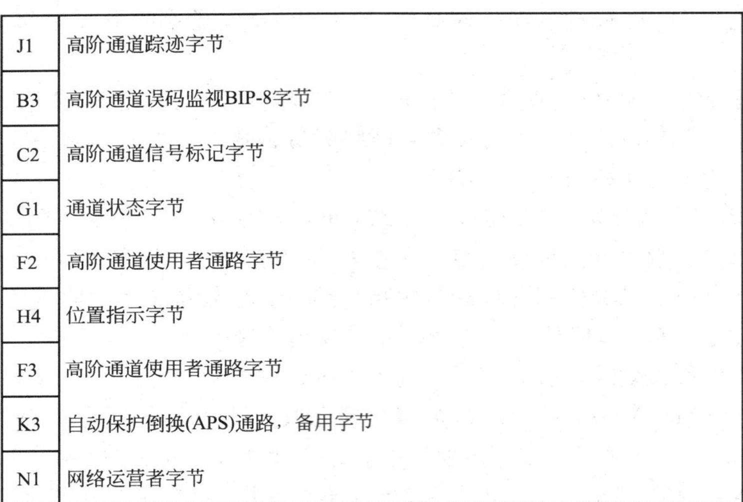

J1	高阶通道踪迹字节
B3	高阶通道误码监视BIP-8字节
C2	高阶通道信号标记字节
G1	通道状态字节
F2	高阶通道使用者通路字节
H4	位置指示字节
F3	高阶通道使用者通路字节
K3	自动保护倒换(APS)通路，备用字节
N1	网络运营者字节

图 8-17　高阶通道开销的结构图

③ 信号标记字节 C2：C2 用来指示 VC 帧的复接结构和信息净负荷的性质，如通道是否已装载、所载业务种类和它们的映射方式。例如 C2＝00H 表示这个 VC-4 通道未装载信号；C2＝02H，表示 VC-4 所装载的净荷是按 TUG 结构的复用路线复用来的，中国的 2Mbit/s 复用进 VC-4 采用的是 TUG 结构。

④ 通道状态字节：G1　G1 用来将通道终端状态和性能情况回送给 VC-4 通道源设备，从而允许在通道的任一端或通道中任一点对整个双向通道的状态和性能进行监视。G1 字节实际上传送对告信息，即由收端向发端回传信息，使发端能据此了解收端接收相应 VC-4 通道信号的情况。如图 8-18 所示。

1	2	3	4	5	6	7	8
远端误码块 REI				远端告警RDI	保留		备用

图 8-18　G1 字节各比特安排

G1 字节的 b1～b4 用于回传给发端由 B3（BIP-8）检测 VC-4 通道的误码块数，也就是高阶通道的误码指示（HP-REI）。当收端收到告警指示信号（AIS）、误码超限 J1，C2 失配时，由 G1 字节的第 5 比特回送发端一个高阶通道远端缺陷指示（VC4-RDI），使发端了解收端接收相应 VC-4 的状态，以便及时发现和定位故障。

G1 字节的 b6 和 b7 比特留作选用比特。如果不用，应将其置为“00”或“11”；如果使用，则由产生 G1 字节的路径源段自行处理，建议参考表 8-2。

表 8-2　G1（b5～b7）代码和解释

b5 b6 b7	意义	引发条件
000	无远端缺陷	无缺陷
001	无远端缺陷	无缺陷
010	远端净荷缺陷	LCD

续表

b5 b6 b7	意义	引发条件
011	无远端缺陷	无缺陷
100	远端缺陷	AIS，LOP，TIM，UNEQ（或 PLM，LCD）
101	远端服务器缺陷	AIS，LOP
110	远端连接缺陷	TIM，UNEQ
111	远端缺陷	AIS，LOP，TIM，UNEQ（或 PLM，LCD）

表中缩语的含义：AIS—告警指示信号；LCD—信元图案丢失；LOP—指针丢失；PLM—净荷失配；TIM—路径识别失配；UNEQ—未装载信号。

⑤ TU 位置指示字节：H4　H4 字节指示有效负荷的复帧类别和净负荷的位置，作为 TU-12 复帧指示字节，或 ATM 净负荷进入一个 VC-4 时的指示器。

当 PDH 的 2Mbit/s 信号复用进 VC-4 时，H4 字节起位置指示作用。因为 2Mbit/s 的信号装进 C-12 时是以 4 个基帧组成一个复帧的形式装入的，在收端为了准确定位分离出 E1 信号，就必须知道当前的基帧是复帧中的第几个基帧。H4 字节就是指示当前的 TU-12（VC-12/C-12）是当前复帧的第几个基帧，起着位置指示的作用。

H4 字节的范围是 01H～04H。若接收端收到的 H4 不在此范围内，则会产生一个支路单元复帧丢失告警（TU12-LOM）发向发端。

⑥ 自动保护倒换通道：K3　K3 字节的 b1～b4 用于传送高阶通道保护倒换（APS）指令。

⑦ 网络运营者字节：N1　用于高阶通道的串联连接监视功能。

低阶通道开销

低阶通道开销指的是 VC-12 中的通道开销，监控的是 VC-12 通道级别的传输性能，也就是监控 2Mbit/s 的 PDH 信号随 STM-N 帧传输的情况。

图 8-19 所示显示了一个 VC-12 的复帧结构，由 4 个 VC-12 基帧组成，低阶通道开销就位于每个 VC-12 基帧的首字节，一组低阶通道开销共有 4 个字节：V5、J2、N2、K4。

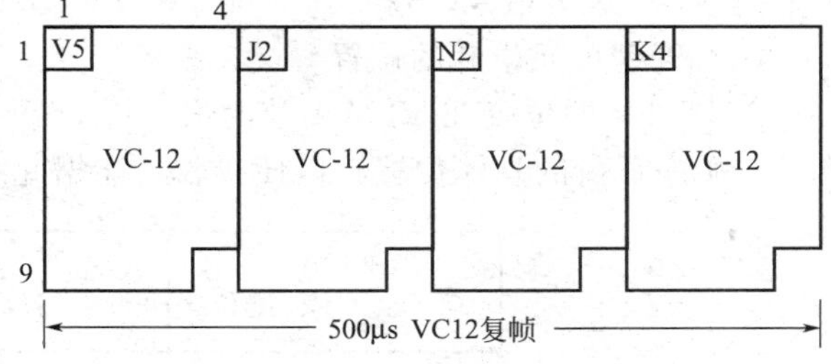

图 8-19　低阶通道开销结构图

① 通道状态和信号标记字节：V5　V5 是 TU-12 复帧的第一个字节，支路单元指针指示 VC-12 复帧的起点在 TU-12 复帧中的具体位置，也就是 V5 字节在 TU-12 复帧中的具体位置。

V5 具有误码检测、信号标记和 VC-12 通道状态显示等功能，因此 V5 字节具有高阶通道开销 C1 和 C2 两个字节类似的功能。若收端通过 BIP-2 检测到误码块，则在本端性能事件 V5 背景误码块（V5-BBE）中显示出由 BIP-2 检测出的误块数。同时，由 V5 的 b3 回送给发端 V5 远端误块指示（V5-FEBBE）。这时，可在发端性能事件中显示出相应的误块数。V5 的 b8 是 VC-12 通道远端失效指示，当收端收到 TU-12 的告警指示信号，或信号失效条件时，回送给发端 1 个低阶通道远端缺陷指示（VC12-RDI）信号。

当失效条件持续期超过了传输系统保护机制设定的门限时，缺陷转变为故障。这时，收端通过 V5 的 b4 回送给发端一个低阶通道远端故障指示（VC12-RFI）信号，表示发端到收端的相应 VC-12 通道出现故障。

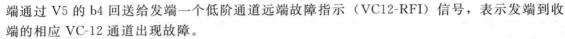

b5～b7 提供信号标记功能，只要收到的值不是 0 就表示 VC-12 通道已装载，即 VC-12 容器不是空载。若 b5～b7 为 000，表示 VC-12 未装载。这时收端设备出现低阶通道未装载（VC12-UNEQ）告警。若收发两端 V5 的 b5～b7 不匹配，则接收端出现低阶通道信号标记失配（VC12-SLM）告警。

② VC-12 通道踪迹字节：J2　J2 的作用类似于 J0、J1，它被用来重复发送收发两端商定的低阶通道接入点标识符，使接收端能据此确认与发送端在此通道上处于持续连接状态。

③ 网络操作者字节 N2　N2 字节用于特定的管理目的。

④ 自动保护倒换通道：K4　K4 的 b1～b4 比特用于通道保护，b5～b7 比特是增强型低阶通道远端缺陷指示，b8 为备用比特。

8.1.5 SDH 的指针

(1) 指针的概念

指针是一种指示符，起到定位的作用，通过指针使收端能准确地从 STM-N 码流中拆离出相应的 VC 容器，进而通过拆分容器分离出 PDH 低速信号，即能实现从 STM-N 信号中直接拆分出低速支路信号的功能。

① 指针的作用

• 当网络处于同步工作状态时，指针用于进行同步的信号之间的相位校准。

• 当网络失去同步时，指针用作频率和相位校准；当网络处于异步工作时，指针用作频率跟踪校准。

• 指针还可以用来容纳网络中的相位抖动漂移。

② 指针的类型　指针有两种 AU-PTR 和 TU-PTR，分别进行高阶 VC（这里指 VC-4）和低阶 VC（这里指 VC-12）在 AU-4 和 TU-12 中的定位。

(2) 管理单元指针的位置

AU-PTR 的位置在 STM-1 帧的第 4 行 1～9 列共 9 个字节，用以指示 VC-4 的首字节 J1 在 AU-4 净负荷的具体位置，以便接收端能据此准确分离 VC-4。如图 8-20 所示。

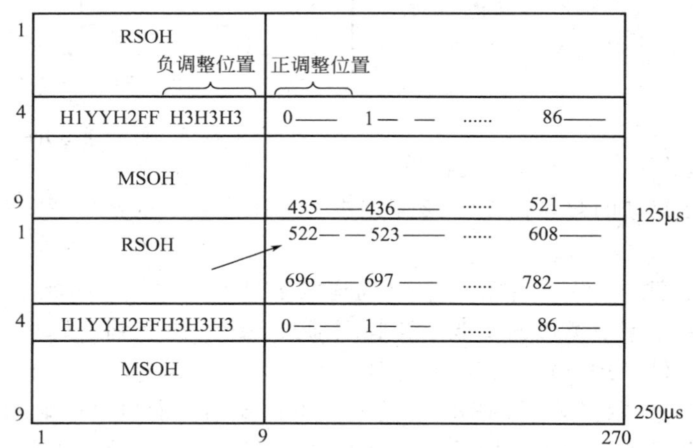

图 8-20　AU-PTR 在 STM-1 帧中的位置

管理单元指针由 H1YYH2FFH3H3H3 九个字节组成，Y＝1001SS11，其中 S 比特未规定具体的值，F=11111111。指针的值放在 H1、H2 两字节的后 10 个 bit 中。AU-4 的指针调整，每调整 1 步为 3 个字节，它表示每当指针值改变 1，VC-4 在净荷区中的位置就向前或往后跃变了 3 个字节。

为了便于定位 VC-4 在 AU-4 净负荷中的位置，给每个调整单位（3 个字节）赋予一个位置值，规定将紧跟第三个 H3 字节之后的那 3 个字节（一个调整单位）位置值设为 0，然后依次后推。这样一个 AU-4 净负荷区就有 261×9/3=783 个位置值，而 AU-PTR 指的就是 J1 字节所在 AU-4 净负荷的某一个位置的值。显然，AU-PTR 的范围是 0～782。

（3）指针调整

① 负调整　当 VC-4 的速率（帧频）高于 AU-4 的速率（帧频）时，此时将 3 个 H3 字节（一个调整步长）的位置用来存放信息；紧跟着 FF 两字节的 3 个 H3 字节所占的位置叫做负调整位置。这 3 个 H3 字节就像货车临时加挂的一个备份车箱，可以缓冲一下运送能力不足的矛盾。这时下一个 VC-4 在下一个 AU-4 净荷中的位置就向前跳动了 1 步（3 个字节），相应的指针值就减少 1。这就实现了 1 次指针负调整。当指针值等于 0 时，再减 1 即为 782。

② 正调整　当 VC-4 的速率低于 AU-4 速率时，可在净荷区内靠着 3 个 H3 字节处再插入 3 个字节的塞入比特，填充伪随机信息。这可插入 3 个字节塞入比特的位置叫做正调整位置。这时 VC-4 的首字节就要向后退 1 个步长（3 字节），于是下一个 VC-4 在下一个 AU-4 净荷中的位置就往后跳动了 1 步（3 个字节）。随着指针值就增加 1，这就实现了 1 次指针正调整。当指针值等于 782 时，再加 1 即为 0。

③ 正负调整　不管是正调整和负调整都会使 VC-4 在 AU-4 的净负荷中的位置发生改变，也就是说 VC-4 首字节在 AU-4 净负荷中的位置发生了改变。这时 AU 指针值也会作出相应的正、负调整。AU-PTR 的范围是 0～782，否则为无效指针值，当收端连续 8 帧收到无效指针值时，设备即产生 AU 指针丢失告警（AU4-LOP），触发高阶告警指示信号（AU4-AIS），并往下插送 AIS 告警信号（TU12-AIS）。

正/负调整是按每次 1 个步长进行调整的，那指针值也就随着正调整或负调整进行+1（指针正调整）或−1（指针负调整）操作。AU-4 指针每调整 1 次，不管正负，至少有 3 个后续帧不允许再作指针调整的操作。

④ 无调整　当 VC-4 与 AU-4 无频差和相差时，AU-4 指针值保持其先前的值不变。

AU-4 的指针值是放在 H1H2 字节的后 10 个比特，而该 10 个比特的取值范围是 0～1023，当 AU-PTR 的值不在 0～782 范围以内时，则为无效指针值。

8.1.6　SDH 设备的逻辑功能和常见网元

（1）SDH 设备的逻辑功能

SDH 网要求不同厂家的产品实现横向兼容，为此，ITU-T 采用功能参考模型的方法对 SDH 设备进行规范，它将设备所应完成的功能分解为各种基本的标准功能块，功能块的实现与设备的物理实现无关，不同的设备由这些基本的功能块灵活组合而成，以完成设备不同的功能。通过基本功能块的标准化，来规范设备的标准化。

终端复用器 TM 的典型功能块组成如图 8-21 所示，它主要由基本功能块和辅助功能块构成。

基本功能块

① SDH 物理接口功能块（SPI）　SPI 的作用是完成 STM-N 线路接口信号与逻辑电平

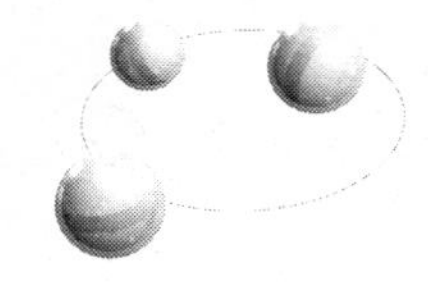

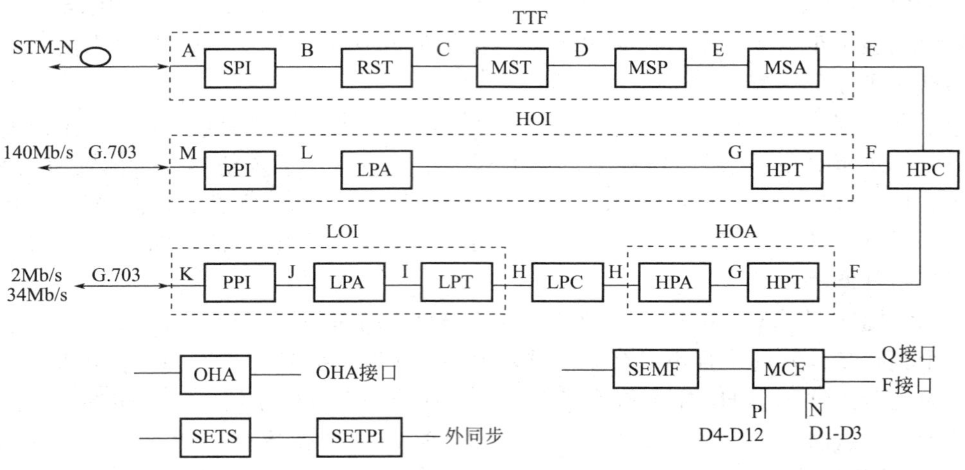

图 8-21 SDH 设备的逻辑功能框图

信号之间的相互转换，提取线路定时信号，以及相应告警的检测。

对于来自 SDH 传输线路的信号，SPI 的作用是将 STM-N 光信号转换为电信号，同时从接收信号中提取定时信号并将其传给同步设备定时源 SETS。

如果 SPI 收不到线路送来的 STM-N 信号，SPI 产生接收信号丢失告警（R-LOS），并将 R-LOS 传送给 RST 的同时，送往同步设备管理功能块 SEMF。

对于来自 RST 的信号，SPI 的作用是将 RST 送来的电信号转换为适合光通道传输的 STM-N 光信号，同时，定时信息附着在线路信号中。

② 再生段终端功能块（RST） RST 是再生段开销 RSOH 的源和宿，也就是说 RST 功能块在构成 STM-N 信号的复用过程中产生 RSOH，而在解复用过程中取出 RSOH。

从 SPI 过来的信号是完整的，经过再生的 STM-N 信号。RST 的功能就是处理再生段开销 RSOH 的各个字节。首先搜寻 A1 和 A2 字节进行帧定位，若 RST 连续 5 帧以上无法正确定帧，设备进入帧失步（OOF）状态，RST 功能块上报接收信号帧失步告警（R-OOF）。若 R-OOF 持续了 3ms 以上，则设备进入帧丢失状态，RST 上报帧丢失（R-LOF）告警，并产生全“1”信号送往 MST。

RST 对输入信号进行正确定帧之后，RST 对除 RSOH 第一行字节外的所有字节进行解扰，解扰后提取 RSOH 并进行处理。RST 校验 B1 字节，检测接收信号的误码情况；提取 E1、F1 字节传给 OHA 处理公务联络电话；提取 D1～D3 字节传给 SEMF，为网管人员提供 SDH 网络的运行、维护和管理信息。

从 MST 过来的是带有 MSOH 的 STM-N 信号，但尚未加入再生段开销。RST 的作用就是确定 RSOH，形成完整的 STM-N 信号及定时信号。如产生帧定位字节 A1、A2 和再生段踪迹字节 J0、计算误码监测字节 B1、插入数据通路字节 D1～D3 和公务联络字节 E1 等，并对除 RSOH 第一行字节外的所有字节进行扰码。

③ 复用段终端功能块（MST） MST 是复用段开销 MSOH 的源和宿，即在构成 STM-N 信号的复用过程中加入 MSOH，而在解复用过程中取出 MSOH。

从 RST 过来的是已恢复了 RSOH 的 STM-N 信号，MST 的功能就是进一步处理复用段开销 MSOH 的各个字节。具体来讲，MST 提取 K1 和 K2 字节的自动保护倒换（APS）信息，若 K2 字节的 b6～b8 比特连续 3 帧出现“111”，表示 MST 检测到复用段告警（MS-

AIS)；若 K2 字节的 b6～b8 比特连续 3 帧出现“110”，则表示 MST 已检测到复用段远端失效（MS-RDI），即对端设备出现 MS-AIS、B2 误码过大等劣化告警。此外，MST 校验 B2 字节，获取接收信号的误码情况，并由 M1 字节向对方回告接收端收到的误块数。提取 D4～D12 字节给同步设备管理功能块 SEMF，供其处理复用段 OAM 信息；提取 E2 字节传给 OHA，供其处理复用段公务联络信息。

从 MSP 功能块过来的是 STM-N 净负荷，MSOH 和 RSOH 是未定的，MST 的主要功能就是确定 MSOH 字节，如计算误码监测字节 B2、插入公务联络字节 E2、数据通路字节 D4～D12 字节及 M1 字节等，并将其写入接收信号中，形成复用段信号传至 RST。

④ 复用段保护功能块（MSP）　MSP 用以在复用段内保护 STM-N 信号，防止随路故障，它通过对 STM-N 信号的监测、系统状态评价，将故障信道的信号切换到保护信道上去（复用段倒换）。复用段倒换的故障条件是 R-LOS、R-LOF、MS-AIS 和 MS-EXC（B2）。要进行复用段保护倒换，设备必须要有冗余（备用）的信道。

⑤ 复用段适配功能块（MSA）　MSA 功能块的主要功能是提供了高阶通道 VC-4 进入 AU-4 的适配、AUG 的组合/分解、字节间插复用和解复用，以及指针的产生、解释和处理等。

从 MSP 过来的信号为带定时的 STM-N 净负荷，在 MSA 中首先进行消间插处理，分成一个个 AU-4，然后进行 AU-4 指针处理，恢复 VC-4 信号。若 AU-4 指针丢失，MSA 将产生 AU-LOP 告警，并向 HPC 发全“1”信号。

对于从 HPC 过来的信号，MSA 对接收的 VC-4 信号进行定位，加入 AU-PTR 形成 AU-4，多个 AU-4 经过字节间插复用后形成 AUG，进而构成 STM-N 净负荷。

⑥ 高阶通道连接功能块（HPC）　HPC 实际上相当于一个交叉矩阵，它完成对高阶通道 VC-4 进行交叉连接的功能，除了信号的交叉连接外，信号流在 HPC 中的传输是透明的（所以 HPC 的两端都用 F 点表示）。HPC 是实现高阶通道在 DXC 和 ADM 中交叉连接的关键，其交叉连接功能仅指选择或改变 VC-4 的路由，不对信号进行处理。

⑦ 高阶通道终端功能块（HPT）　HPT 是高阶通道开销的源和宿，即在构成 STM-N 净负荷过程中加入高阶通道开销（HPOH），而在分解过程中取出 HPOH。

HPT 将从 HPC 接收的 VC-4 信号中取出高阶通道开销 HPOH，进行通道开销的处理，并向 LPA 输出高阶容器数据流 C-4。

反方向，HPT 接收的是来自 LPA 的 C-4 信号，HPT 的功能之一就是确定高阶 HPOH 并将其装入 C-4，以形成 VC-4。

⑧ 高阶通道适配功能块（HPA）　HPA 的主要功能是完成高阶通道与低阶通道之间的组合和分解以及指针处理等工作。HPA 的作用有点类似 MSA，只不过 HPA 进行的是通道级的处理，产生 TU-PTR，将 C-4 这种信息结构拆分成 VC-12（对 2Mb/s 的信号而言）。

对于从 HPT 过来的信号，HPA 首先将接收的 C-4 进行消间插处理，分解成 63 个 TU-12，然后处理 TU-PTR，进行 VC-12 在 TU-12 中的定位、分离，向 LPC 输出 63 个 VC-12 信号。若 TU-PTR 丢失，则 HPA 产生相应通道的 TU-LOP 告警，并向 LPC 输出全“1”信号。

对于从 LPC 过来的信号，HPA 的作用是对输入的 VC-12 进行定位——加入 TU-PTR，形成 TU-12，然后将 63 个 TU-12 通过字节间插复用，产生 TUG-2、TUG-3，最后形成 C-4。

⑨ 低阶通道连接功能块（LPC）　与 HPC 类似，LPC 也是一个交叉连接矩阵，只不过

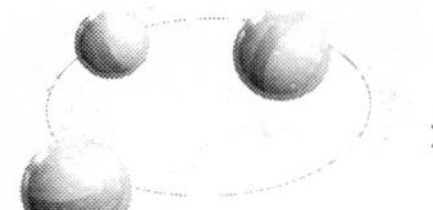

它完成的是对低阶 VC（如 VC-12）进行交叉连接的功能，可实现低阶 VC 之间灵活的分配和连接。一个设备若要具有全级别交叉能力，就一定要包括 HPC 和 LPC。例如 DXC4/1 就应能完成 VC-4 级别的交叉连接和 VC-3、VC-12 级别的交叉连接，也就是说 DXC4/1 必须要包括 HPC 功能块和 LPC 功能块。信号流在 LPC 功能块是透明传输的，所以 LPC 两端信号都为 VC-12。

⑩ 低阶通道终端功能块（LPT） LPT 是低阶通道开销的源和宿，即对来自 LPC 的信号，LPT 的作用是读出和解释低阶通道开销（HPOH），恢复 C-12；对来自 LPA 的信号，LPT 的作用是产生低阶通道开销（HPOH），加入到 C-12 中，构成完整的低阶 VC-12 信号。

⑪ 低阶通道适配功能块（LPA） LPA 是通过映射和去映射的方式，完成 PDH 信号与 SDH 信号网络之间的适配过程。如把 2.048Mb/s 或 139.268Mb/s 的 PDH 信号映射进 C-12 或 C-4 中，或作相反的处理。

⑫ PDH 物理接口功能块（PPI） PPI 功能块的主要作用是把 G.703 标准的 PDH 信号通过码型变换转换成内部的普通二进制信号、提取支路定时信号，或作相反的处理。

复合功能块 多个基本功能块经过灵活组合，可形成复合功能块，以完成一些较复杂的工作。

① 传送终端功能块（TTF） TTF 由 SPI、RST、MST、MSP、MSA 构成。它的主要作用是将接收到的 STM-N 信号转换成信息净负荷信号（VC-4），并终结段开销，或作相反的处理，是 SDH 设备必不可少的部分。

② 高阶接口（HOI） HOI 由 HPT、LPA、PPI 3 个基本功能块组成。它的主要功能是将 140Mb/s 的 PDH 信号映射形成 VC-4 信号，或将 VC-4 信号去映射形成 140Mb/s 的 PDH 信号。

③ 高阶组装器（HOA） HOA 由 HPT、HPA 两个基本功能块组成。其主要作用是将低阶通道信号 VC-12 复用成高阶通道信号 VC-4，或作相反的处理。

④ 低阶接口功能块（LOI） LOI 由 PPI、LPA、LPT 3 个基本功能块组成。低阶接口功能块的主要作用是将 VC-12 信号去映射形成 2Mb/s 的 PDH 信号，或将 2Mb/s 的 PDH 信号经映射处理适配进 VC-12 信号。

辅助功能块 SDH 设备除了要完成数据的同步复用功能之外，还包括定时、开销和管理等辅助功能块，这些辅助功能块是 SEMF、MCF、OHA、SETS、SETPI。

① 同步设备管理功能块（SEMF） SEMF 的作用是收集其他功能块的状态信息，进行相应的管理操作。这包括向本站各个功能块下发命令，收集各功能块的告警、性能事件，通过 DCC 通道向其他网元传送 OAM 信息，向网络管理终端上报设备告警、性能数据以及响应网管终端下发的命令。

② 消息通信功能块（MCF） MCF 功能块实际上是 SEMF 和其他功能块和网管终端的一个通信接口，通过 MCF，SEMF 可以和网管进行消息通信（F 接口、Q 接口），以及通过 N 接口和 P 接口分别与 RST 和 MST 上的 DCC 通道交换 OAM 信息，实现网元和网元间的 OAM 信息的互通。

MCF 上的 N 接口传送 D1～D3 字节（DCC_R），P 接口传送 D4～D12 字节（DCC_M），F 接口和 Q 接口都是与网管终端的接口，通过它们可使网管能对本设备及至整个网络的网元进行统一管理。

③ 同步设备定时源功能块（SETS） 数字网都需要一个定时时钟以保证网络的同步，使设备能正常运行。而 SETS 功能块的作用就是提供 SDH 网元乃至 SDH 系统的定时时钟

信号。

④ 同步设备定时物理接口（SETPI）　同步设备定时物理接口用作 SETS 与外部时钟源的物理接口，SETS 通过 SETPI 接收外部时钟信号或提供外部时钟信号。

⑤ 开销接入功能块（OHA）　OHA 的作用是从 RST 和 MST 中提取或写入相应 E1、E2、F1 公务联络字节，进行相应的处理。

（2）SDH 网络常见网元

SDH 传输网是由不同类型的网元设备通过光缆线路的连接组成的，通过不同的网元完成 SDH 网的传送功能：上/下业务、交叉连接业务、网络故障自愈等。

① 终端复用器（TM）　TM 终端复用器位于网络的终端站点上，例如一条链的两个端点上，它是具有两个侧面的设备，如图 8-22 所示。

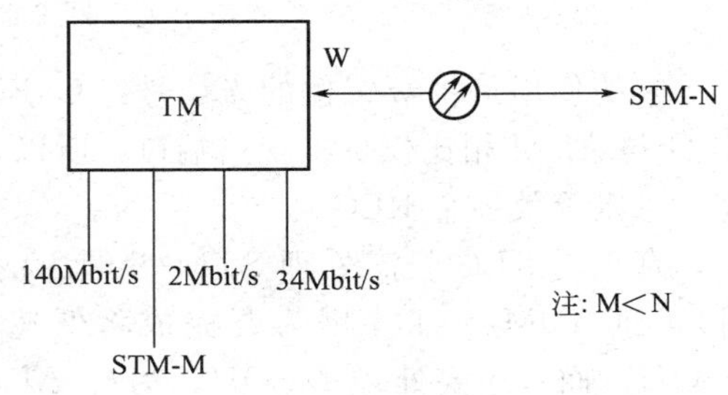

图 8-22　终端复用器

它的作用是将支路端口的低速信号复用到线路端口的高速信号 STM-N 中，或从 STM-N 的信号中分出低速支路信号。请注意它的线路端口输入/输出一路 STM-N 信号，而支路端口却可以输出/输入多路低速支路信号。在将低速支路信号复用进 STM-N 帧（将低速信号复用到线路）时，有一个交叉的功能。例如，可将支路的一个 STM-1 信号复用进线路上的 STM-16 信号中的任意位置上，也就是指复用在 1～16 个 STM-1 的任一个位置上。将支路的 2Mbit/s 信号可复用到一个 STM-1 中 63 个 VC-12 的任一个位置上去。

② 分/插复用器（ADM）　ADM 分/插复用器用于 SDH 传输网络的转接站点处，例如链的中间结点或环上节点，是 SDH 网上使用最多、最重要的一种网元设备，它是一种具有 3 个侧面的设备，如图 8-23 所示。

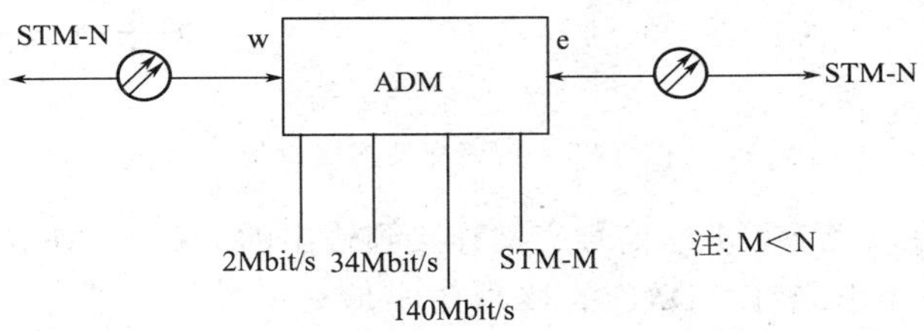

图 8-23　分/插复用器

ADM 有两个线路侧面和一个支路侧面。两个线路侧面，分别接一侧的光缆（每侧收/发共两根光纤），为了描述方便，我们将其分为西（w）向、东（e）向两侧线路端口。ADM 的支路侧面连接的都是支路端口，这些支路端口信号都是从线路侧 STM-N 中分离得到的和将要插入到 STM-N 线路码流中去的“落地”业务。因此，ADM 的作用是将低速支路信号交叉复用进东或西向线路上去；或从东或西侧线路端口接收的线路信号中拆分出低速支路信号。另外，还可将东/西向线路侧的 STM-N 信号进行交叉连接，例如将东向 STM-16 中的 3＃STM-1 与西向 STM-16 中的 15＃STM-1 相连接。

ADM 是 SDH 最重要的一种网元设备，它可等效成其他网元，即能完成其他网元设备的功能。例如，一个 ADM 可等效成两个 TM 设备。

③ 再生中继器（REG） REG的最大特点是不上下（分/插）电路业务，只放大或再生光信号。SDH光传输网中的再生中继器有两种：一种是纯光的再生中继器，主要对光信号进行功率放大以延长光传输距离；另一种是用于脉冲再生整形的电再生中继器，主要通过光/电变换、电信号抽样、判决、再生整形、电/光变换，消除积累的线路噪声，保证线路上传送信号波形的完好性。这里介绍的是后一种再生中继器，REG是双侧面的设备，每侧与一个线路端口——w、e相接。如图8-24所示。

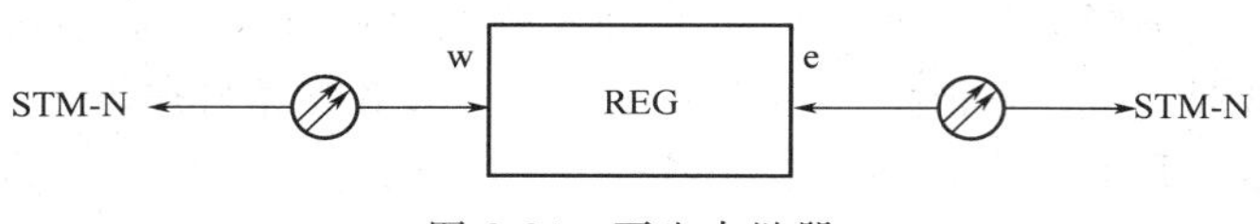

图8-24 再生中继器

它的作用是将w/e侧的光信号经O/E、抽样、判决、再生整形、E/O在e或w侧发出。REG与ADM相比仅少了支路端口，所以ADM若本地不上/下话路（支路不上/下信号）时完全可以等效一个REG。

真正的REG只需处理STM-N帧中的RSOH，且不需要交叉连接功能（w—e直通即可），而ADM和TM因为要完成将低速支路信号分/插到STM-N中，所以不仅要处理RSOH，而且还要处理MSOH；另外ADM和TM都具有交叉复用能力（有交叉连接功能），因此用ADM来等效REG有点大材小用了。

④ 数字交叉连接设备（DXC） 数字交叉连接设备DXC完成的STM-N信号的交叉连接功能，是一个多端口器件，实际上相当于一个交叉矩阵，完成各个信号间的交叉连接，如图8-25所示。

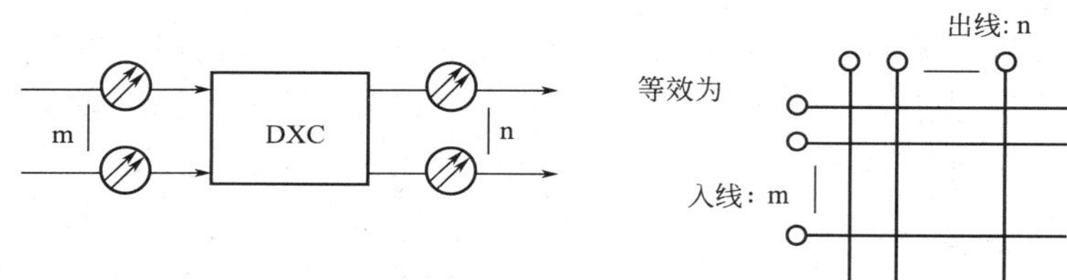

图8-25 数字交叉连接设备

DXC可将输入的m路STM-N信号交叉连接到输出的n路STM-N信号上，上图表示有m条输入光纤和n条输出光纤。DXC的核心功能是交叉连接，功能强的DXC能完成高速（例STM-16）信号在交叉矩阵内的低级别交叉（例如VC-4和VC-12级别的交叉）。

通常用DXCm/n来表示一个DXC的类型和性能（m≥n），m表示可接入DXC的最高速率等级，n表示在交叉矩阵中能够进行交叉连接的最低速率级别。m越大表示DXC的承载容量越大，n越小表示DXC的交叉灵活性越大。数字0表示64Kbit/s电路速率，数字1，2，3，4分别表示PDH体制中的1至4次群速率，其中4也代表SDH体制中的STM-1等级，数字5和6分别代表SDH体制中的STM-4和STM-16等级。例如DXC1/0表示接入端口的最高速率为PDH一次群信号，而交叉连接的最低速率为64Kbit/s；DXC4/1表示接入端口的最高速率为STM-1，而交叉连接的最低速率为PDH一次群信号。

⑤ SDH网元的连接 SDH网中不含交换设备，它只是交换局之间的传输手段。SDH网的基本网络单元有终端复用器（TM）、分插复用器（ADM）、再生中继器（REG）和数字交叉连接设备（DXC）等，其功能各异，但都有统一的标准光接口，能够在光路上实现

横向兼容。

几种基本网络单元在 SDH 网中的连接方法之一，如图 8-26 所示。图中标出了实际系统组成中的再生段、复用段和通道。

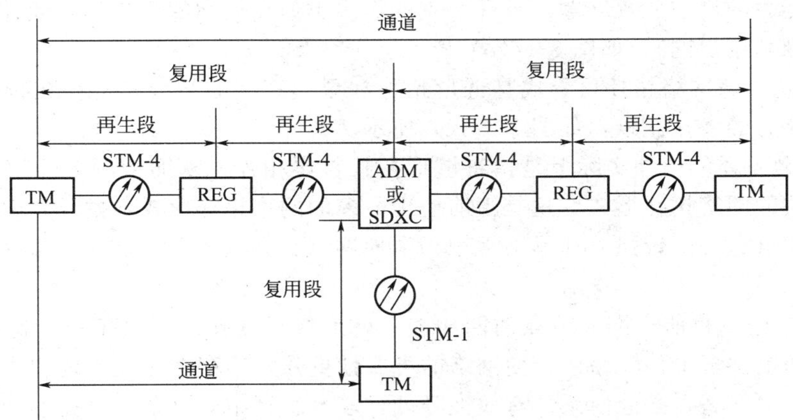

图 8-26 基本网络单元在 SDH 网中的应用

(3) SDH 网络拓扑结构 SDH 网是由 SDH 网元设备通过光缆互连而成的，网络节点（网元）和传输线路的几何排列就构成了网络的拓扑结构。网络的有效性（信道的利用率）、可靠性和经济性在很大程度上与其拓扑结构有关。SDH 网络拓扑的基本结构有链形、星形、树形、环形和网孔形。

① 链形网 该网络拓扑是将网中的所有节点一一串联，而首尾两端开放。这种拓扑的特点是较经济，在 SDH 网的早期用得较多，主要用于专网（如铁路网）中，如图 8-27(a) 所示。

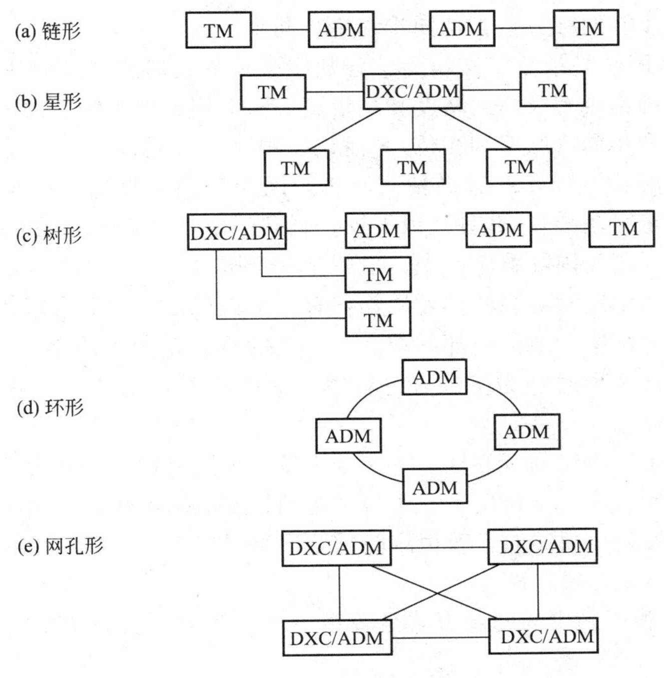

图 8-27 基本网络拓扑图

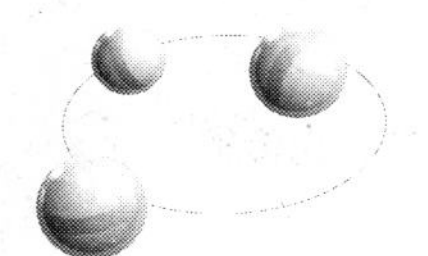

② 星形网　该网络拓扑是将网中一网元做为特殊节点与其他各网元节点相连，其他各网元节点互不相连，网元节点的业务都要经过这个特殊节点转接。这种网络拓扑的特点是可通过特殊节点来统一管理其他网络节点，利于分配带宽，节约成本，但存在特殊节点的安全保障和处理能力的潜在瓶颈问题。特殊节点的作用类似交换网的汇接局，此种拓扑多用于本地网（接入网和用户网），如图 8-27(b) 所示。

③ 树形网　该网络拓扑可看成是链形拓扑和星形拓扑的结合，也存在特殊节点的安全保障和处理能力的潜在瓶颈，如图 8-27(c) 所示。

④ 环形网　环形拓扑实际上是指将链形拓扑首尾相连，从而使网上任何一个网元节点都不对外开放的网络拓扑形式。这是当前使用最多的网络拓扑形式，主要是因为它具有很强的生存性，即自愈功能较强。环形网常用于本地网（接入网和用户网）、局间中继网，如图 8-27(d) 所示。

⑤ 网孔形网　将所有网元节点两两相连，就形成了网孔形网络拓扑。这种网络拓扑为两网元节点间提供多个传输路由，使网络的可靠性更强，不存在瓶颈问题和失效问题。但是由于系统的冗余度高，必会使系统有效性降低，成本高且结构复杂。网孔形网主要用于长途网中，以提供网络的高可靠性，如图 8-27(e) 所示。

8.1.7 SDH 的时钟和公务

数字网首要解决的问题是网同步问题。若要保证发端在发送数字脉冲信号时，能够将脉冲放在特定时间位置上（即特定的时隙中），则需要收端能在特定的时间位置处将该脉冲提取、解读，以保证收发两端的正常通信。这种功能是由收/发两端的定时时钟来实现的。可见，网同步的目的是使网中各节点的时钟频率和相位都限制在预先确定的容差范围内，以免由于数字传输系统中收/发定位的不准确导致传输性能的劣化（误码、抖动）。

（1）同步方式

解决数字网同步有两种方法：伪同步和主从同步。

① 伪同步　伪同步是指数字交换网中各数字交换局在时钟上相互独立，毫无关联，而各数字交换局的时钟都具有极高的精度和稳定度，一般用铯原子钟。由于时钟精度高，网内各局的时钟虽不完全相同（频率和相位），但误差很小，接近同步，于是称之为伪同步。主从同步指网内设一时钟主局，配有高精度时钟，网内各局均受控于该全局（即跟踪主局时钟，以主局时钟为定时基准），并且逐级下控，直到网络中的末端网元——终端局。

一般伪同步方式用于国际数字网中，也就是一个国家与另一个国家的数字网之间采取这样的同步方式，例如中国和美国的国际局均各有一个铯时钟，两者采用伪同步方式。主从同步方式一般用于一个国家、地区内部的数字网，它的特点是国家或地区只有一个主局时钟，网上其他网元均以此主局时钟为基准来进行本网元的定时，主从同步和伪同步的原理如图 8-28 所示。

为了增加主从定时系统的可靠性，可在网内设一个副时钟，采用等级主从控制方式。两个时钟均采用铯时钟，在正常情况下，主时钟起网络定时基准作用，副时钟亦以主时钟的时钟为基准。当主时钟发生故障时，改由副时钟给网络提供定时基准，当主时钟恢复后，再切换回由主时钟提供网络基准定时。

② 主从同步　我国采用的同步方式是等级主从同步方式。其中主时钟在北京，副时钟在武汉。

在采用主从同步时，上一级网元的定时信号通过一定的路由——同步链路或附在线路信

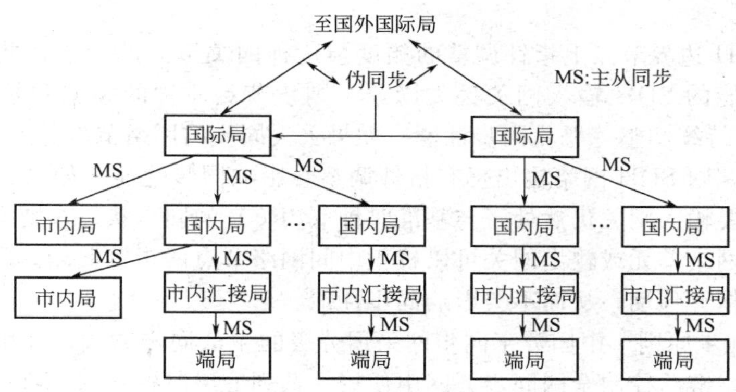

图 8-28　伪同步和主从同步原理图

号上从线路传输到下一级网元。该级网元提取此时钟信号，通过本身的锁相振荡器跟踪锁定此时钟，并产生以此时钟为基准的本网元所用的本地时钟信号，同时通过同步链路或通过传输线路（即将时钟信息附在线路信号中传输）向下级网元传输，供其跟踪、锁定。若本站收不到从上一级网元传来的基准时钟，那么本网元通过本身的内置锁相振荡器提供本网元使用的本地时钟并向下一级网元传送时钟信号。

数字网的同步方式除伪同步和主从同步外，还有相互同步、外基准注入、异步同步（即低精度的准同步）等。

（2）主从同步网中从时钟的工作模式　主从同步的数字网中，从站（下级站）的时钟通常有三种工作模式。

① 正常工作模式——跟踪锁定上级时钟模式　此时从站跟踪锁定的时钟基准是从上一级站传来的，可能是网中的主时钟，也可能是上一级网元内置时钟源下发的时钟，也可是本地区的 GPS 时钟。

与从时钟工作的其他两种模式相比较，此种从时钟的工作模式精度最高。

② 保持模式　当所有定时基准丢失后，从时钟进入保持模式，此时从站时钟源利用定时基准信号丢失前所存储的最后频率信息作为其定时基准而工作。也就是说从时钟有“记忆”功能，通过“记忆”功能提供与原定时基准较相符的定时信号，以保证从时钟频率在长时间内与基准时钟频只有很小的频率偏差。但是由于振荡器的固有振荡频率会慢慢地漂移，故此种工作方式提供的较高精度时钟不能持续很久。此种工作模式的时钟精度仅次于正常工作模式的时钟精度。

③ 自由运行模式——自由振荡模式　当从时钟丢失所有外部基准定时，也失去了定时基准记忆或处于保持模式太长，从时钟内部振荡器就会工作于自由振荡方式，此种模式的时钟精度最低，实属万不得已而为之。

（3）SDH 网同步

① SDH 的引入对网同步的要求　数字网同步性能的好坏对网络能否正常工作至关重要，SDH 网的引入对网的同步提出了很高的要求。网络工作处于正常模式时，各网元同步于一个基准时钟，网元节点时钟间只存在相位差而不会出现频率差，因此只会出现偶然的指针调整事件（网同步时，指针调整不常发生）。当某网元节点丢失同步基准时钟而进入保持模式或自由振荡模式时，该网元节点本地时钟与网络时钟将会出现频率差，而导致指针连续调整，影响网络业务的正常传输。

SDH 网与 PDH 网会长期共存，SDH/PDH 边界出现的抖动和漂移主要来自指针调整和

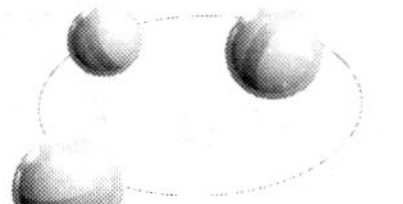

净负荷映射过程。

在SDH/PDH边界节点上指针调整的频度与这种网关节点的同步性能密切相关。如果执行异步映射功能的SDH输入网关丢失同步，则该节点时钟的频偏和频移将会导致整个SDH网络的指针持续调整，恶化同步性能；如果丢失同步的网络节点是SDH网络连接的最后一个网络单元，则SDH网络输出仍有指针调整会影响同步性能；如果丢失同步的是中间的网络节点，只要输入网关仍然处于与基准时钟（PRC）的同步状态，则紧随故障节点的仍处于同步状态的网络单元或输出网关可以校正中间网络节点的指针移动，因而不会在最后的输出网关产生净指针移动，从而不会影响同步性能。

② SDH网同步原则　中国数字同步网采用分级的主从同步方式，即用单一基准时钟经同步分配网的同步链路控制全网同步，网中使用一系列分级时钟，每一级时钟都与上一级时钟或同一级时钟同步。

SDH网的主从同步时钟可按精度分为4个级别，分别对应不同的使用范围：作为全网定时基准的主时钟；作为转接局的从时钟；作为端局（本地局）的从时钟；作为SDH设备的时钟（即SDH设备的内置时钟）。ITU-T将各级别时钟进行规范（对各级时钟精度进行了规范），时钟质量级别由高到低分列于下：

基准主时钟——满足G.811规范；

转接局时钟——满足G.812规范（转接局时钟）；

端局时钟——满足G.812规范（本地局时钟）；

SDH网络单元时钟——满足G.813规范（SDH网元内置时钟）。

在正常工作模式下，传到相应局的各类时钟的性能主要取决于同步传输链路的性能和定时提取电路的性能。在网元工作于保护模式或自由运行模式时，网元所使用的各类时钟的性能，主要取决于产生各类时钟的时钟源的性能（时钟源相应的位于不同的网元节点处），因此高级别的时钟须采用高性能的时钟源。

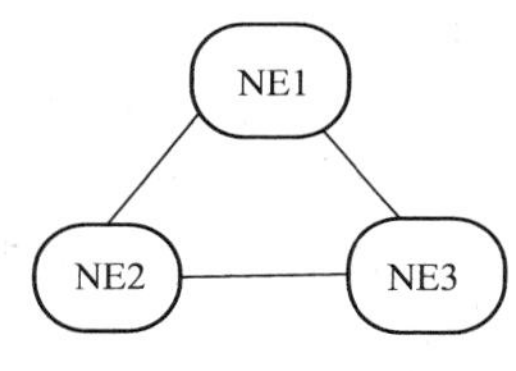

图8-29　网络图

③ 在数字网中传送时钟基准应注意的问题

• 在同步时钟传送时不应存在环路，如图8-29所示。若NE2跟踪NE1的时钟，NE3跟踪NE2，NE1跟踪NE3的时钟，这时同步时钟的传送链路组成了一个环路，这时若某一网元时钟劣化，就会使整个环路上网元的同步性能连锁性劣化。

• 尽量减少定时传递链路的长度，避免由于链路太长影响传输的时钟信号的质量。

• 从站时钟要从高一级设备或同一级设备获得基准。应从分散路由获得主、备用时钟基准，以防止当主用时钟传递链路中断后，导致时钟基准丢失的情况。

• 选择可用性高的传输系统来传递时钟基准。

(4) SDH的时钟和定时

① SDH网元时钟源的种类

SDH网元时钟源的设置一共有以下4种：

• 外部时钟源——由SETPI功能块提供输入接口；

• 线路时钟源——由SPI功能块从STM-N线路信号中提取；

• 支路时钟源——由PPI功能块从PDH支路信号中提取，不过该时钟一般不用，因为SDH/PDH网边界处的指针调整会影响时钟质量；

• 设备内置时钟源——由SETPS功能块提供，同时，SDH网元通过SETPI功能块向外提供时钟源输出接口。

② SDH 网络常见的定时方式　SDH 网络是整个数字网的一部分，它的定时基准应是这个数字网的统一的定时基准。通常，某一地区的 SDH 网络以该地区高级别局的转接时钟为基准定时源，这个基准时钟可能是该局跟踪的网络主时钟、GPS 提供的地区时钟基准（LPR）或干脆是本局的内置时钟源提供的时钟（保持模式或自由运行模式）。

（5）公务电话

① 公务电话的作用　公务电话能够实现会议电话的功能，最多可举办 3 个会议电话，每个会议电话最少可处理 12 个方向的会议电话，最多处理 28 个方向的会议电话。会议电话的主要作用是使排障时沟通更方便。

② 公务电话的呼叫方式　公务电话的呼叫功能是由公务板来实现的，公务板支持 3 种呼叫方式：点呼、群呼和主呼（强插）。

• 点呼　呼叫号码设置：P1P2P3，其中 Pn＝0～9（n＝0～3）

摘机后，若听到拨号音则可以拨所设 3 位号码，进行点呼；若摘机后听到忙音表示目前无空闲信道。

拨对方点呼号码呼叫对方站；若拨“000”为本站振铃测试；若拨号错或等待 30s 仍未拨号，则将听到忙音提示挂机。

拨号后听到回铃音表示呼叫成功，对方摘机即可通话；若等待 30s 对方仍未摘机，或对方站正与它站通话，则将听到忙音提示挂机。

点呼只能在对方站空闲的时候才能建立通话连接；对方站挂机后将听到忙音。

• 群呼

呼叫号码设置：群呼密码 888，群呼号码 Q1Q2Q3，其中 Qn＝0～9（n＝0～3）和通配符*，其中通配符指任意号码，如*12 是指呼叫所有后两位为 12 的站点；*** 为呼叫所有站点。

摘机后，若听到拨号音则可以拨所设号码进行群呼；若摘机后听到忙音表示目前无空闲信道。

拨# 888Q1Q2Q3 七位号码呼叫各对方站；若密码或号码错误，或等待 30s 仍未拨号，则将听到忙音提示挂机。

拨号后听到回铃音表示呼叫成功，对方摘机即可通话。

群呼只能与空闲的各被呼站建立通话连接，某被呼站挂机不会回送忙音。

• 主呼（又称强插）　呼叫号码设置：主呼密码 999，主呼号码 AAA，AAA＝111（表示强插入 E1）或 AAA＝222（表示强插入 E2）。

摘机后，无论听到忙音或拨号音均可进行强插拨号。

拨# 999AAA 七位号码呼叫各对方站；若密码或号码错误，或等待 30s 仍未拨号，则将听到忙音提示挂机。

拨号成功后对方摘机即可通话。

若被强插的站点正在与它站进行通话，主呼站可直接加入其通话，即主呼可与无论忙闲的任何站建立通话连接，某被呼站挂机不会回送忙音。

摘机后无论听到忙音或拨号音均可拨入约定复位密码，然后挂机，可实现与本站光纤正常连接的所有站点开销处理板的硬复位。复位密码：# 491001。

③ 公务控制点及保护字节设置

• 公务控制点设置原则

控制点：可发送本点级别的检测信令的网元。

非控制点：只能转发收到的检测信令的网元。

由于公务电话工作于总线广播方式，当网络为环形组网时，公务信号反复叠加，引起啸叫。通过设置公务控制点可以切断网络环路，如图 8-30 所示，公务保护的基本目标是将环形网络打破，以保证公务正常。

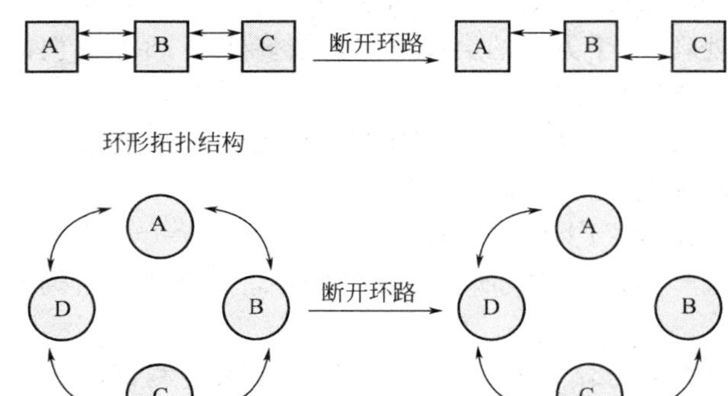

图 8-30　利用公务保护实现自动破环的示意图

设置公务控制点时，要遵循一定的原则，首先要分析组网图中每一个环路，通过设置控制点将网络中所有的环路打断。控制点要尽量少，尽量选取光方向少的网元为控制点。

特别要注意的是：同一网络中设置的控制点网元必须少于 15 个，并且一个环网只能有一个控制点网元，否则会造成通信的断路，对于多个环结构的复杂组网，通常将位于网络相切点或相交点的网元设为公务控制点。

• 公务保护字节　公务控制点利用保护字节承载测试信息发送出去，通过是否能收到自己发送出去的信息来检测网络是否成环。

保护字节的设置是以光方向为单位的，各个光方向可以设置使用不同的字节。

可设置的保护字节有：E2，F1，R2C9（第 2 行第 9 列），D12。

• 保护字节配置的基本原则　光纤连接的 2 个光口使用的保护字节必须一致。

8.1.8　自愈网

(1) 网络保护　随着科技的发展，人们的生活和工作对通信的依赖越来越大。据统计，通信中断 1 小时可使保险公司损失 2 万美元、使航空公司损失 250 万美元、使投资银行损失 600 万美元；通信中断 2 天足以让银行倒闭。所以通信网络的生存性已成为现代网络规划设计和运行的关键性指标之一。

① 业务方向　传输网上的业务按流向可分为单向业务和双向业务。以环网为例说明单向业务和双向业务的区别。如图 8-31 所示。

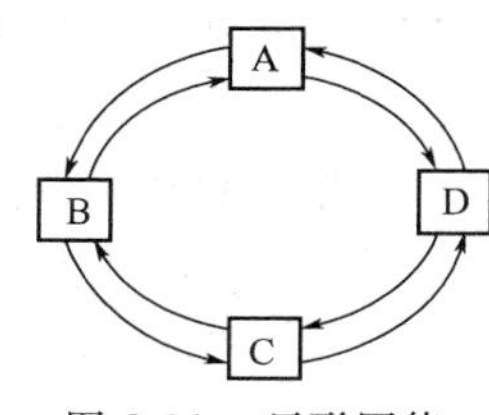

图 8-31　环形网络

若 A 和 C 之间互通业务，A 到 C 的业务路由假定是 A→B→C，若此时 C 到 A 的业务路由是 C→B→A，则业务从 A 到 C 和从 C 到 A 的路由相同，称为一致路由。

若此时 C 到 A 的路由是 C→D→A，那么业务从 A 到 C 和业务从 C 到 A 的路由不同，称为分离路由。

一致路由的业务为双向业务，分离路由的业务为单向业务。常见组网的业务方向和路由如表 8-3 所示。

表 8-3 常见组网的业务方向和路由表

组网类型		路由	业务方向
链形网		一致路由	双向
环形网	双向通道环	一致路由	双向
	双向复用段环	一致路由	双向
	单向通道环	分离路由	单向
	单向复用段环	分离路由	单向

② 自愈网　所谓自愈是指在网络发生故障（例如光纤断）时，无需人为干预，在极短的时间内（ITU-T 规定为 50ms 以内），业务能自动从故障中恢复传输，使用户几乎感觉不到网络出了故障。

自愈的基本原理是：网络中要具备冗余路由，当网络发生故障时，网络能够自动发现冗余路由，并重新建立通信的机制，满足全部或指定优先级业务的恢复。

由上可知网络具有自愈能力的先决条件是有冗余的路由、网元强大的交叉能力以及网元一定的智能。

自愈是通过备用信道将失效的业务恢复，不涉及具体故障的部件和线路的修复或更换。所以故障的修复仍需人工干预才能完成，正如断了的光缆还需人工接续一样。

③ 自愈网的分类　自愈网的分类方式分为多种，按照网络拓扑的方式可以分为以下三种。

• 链形网络业务保护方式

1＋1 通道保护；

1＋1 复用段保护；

1∶1 复用段保护。

• 环形网络业务保护方式

二纤单向通道保护环；

二纤双向通道保护环；

二纤双向复用段保护环；

四纤双向复用段保护环。

• 环间业务保护方式

双节点互连：DNI 保护方式；

多节点互连：转化为双节点互连。

(2) 链形网保护　链形网的特点是具有时隙复用功能，即线路 STM-N 信号中某一序号的 VC 可在不同的传输光缆段上重复利用。

链网达到业务容量最大的条件是链网中只存在相邻网元间的业务，这时时隙可重复利用，那么在每一个光缆段上业务都可占用整个 STM-N 的所有时隙，若链网有 M 个网元，此时网上的业务最大容量为 (M－1)×STM-N，M－1 为光缆段数。

① 常见的链网

• 二纤链　不提供业务的保护功能（不提供自愈功能）；

• 四纤链　一般提供业务的 1＋1 或 1∶1 保护，四纤链中两根光纤收/发作主用信道，另外两根光纤收/发作备用信道。

② 链型网保护的基本类型　1+1 通道保护、1+1 复用段保护和 1∶1 复用段保护。

1+1 保护就是通道业务信号同时馈入工作通路和保护通路，而 1∶1 保护业务信号并不总是同时跨接在工作通路和保护通路上的。

• 1+1 通道保护　通道 1+1 保护是以通道为基础的，倒换与否按分出的每一通道信号质量的优劣而定。

通道 1+1 保护使用并发优收原则。插入时，通道业务信号同时馈入工作通路和保护通路；分出时，同时收到工作通路和保护通路两个通道信号，按其信号的优劣来选择一路作为分路信号。

通常利用简单的通道 PATH-AIS 信号作为倒换依据，而不需 APS 协议，倒换时间不超过 10ms。

• 1+1 复用段保护　复用段保护是以复用段为基础的，倒换与否按每两站间的复用段信号质量的优劣而定。当复用段出故障时，整个站间的业务信号都转到保护通路，从而达到保护的目的。

复用段 1+1 保护方式中，业务信号发送时同时跨接在工作通路和保护通路。

正常时工作通路接收业务信号，当系统检测到 LOS、LOF、MS-AIS 以及误码 $>10^{-3}$ 告警时，则切换到保护通路接收业务信号。

• 1∶1 复用段保护　复用段 1∶1 保护与复用段 1+1 保护不同，业务信号并不总是同时跨接在工作通路和保护通路上的，所以还可以在保护通路上开通低优先级的额外业务。

当工作通路发生故障时，保护通路将丢掉额外业务，根据 APS 协议，通过跨接和切换的操作，完成业务信号的保护。

正常工作时，1∶1 相当于 2+0。

(3) 二纤单/双向通道保护环

① 自愈环的分类

• 按环上业务的方向可将自愈环分为单向环和双向环两大类。

• 按网元节点间的光纤数可将自愈环划分为二纤环（一对收/发光纤）和四纤环（两对收发光纤）。

• 按保护的业务级别可将自愈环划分为通道保护环和复用段保护环两大类。

通道保护环和复用段保护环的区别如表 8-4 所示。

表 8-4　通道保护环与复用段保护环的区别

项　目	通道保护环	复用段倒换环
保护单元	业务的保护是以通道为基础的，也就是保护的是 STM-N 信号中的某个 VC（某一路 PDH 信号），倒换与否按环上的某一个别通道信号的传输质量来决定的	以复用段为基础的，倒换与否是根据环上传输的复用段信号的质量决定的
倒换条件	PATH-AIS； 通常利用收端是否收到简单的 TU-AIS 信号来决定该通道是否应进行倒换	复用段倒换环是：倒换是由 K1. K2 字节所携带的 APS 协议来启动的，复用段保护倒换的条件是 LOF、LOS、MS-AIS、MS-EXC 告警信号
倒换方式	例如在 STM-16 环上，若收端收到第 4 个 VC4 的第 48 个 TU-12 有 TU-AIS，那么就仅将该 TU-12 通道切换到备用信道上去	当复用段出现问题时，环上整个 STM-N 或 1/2STM-N 的业务信号都切换到备用信道上
光纤利用率	通道保护环往往是专用保护，在正常情况下保护信道也传主用业务（业务的 1+1 保护），信道利用率不高	而复用段保护环使用公用保护，正常时主用信道传主用业务，1∶1 保护的保护方式备用信道传额外业务，信道利用率高

由于 STM-N 帧中只有 1 个 K1 和 1 个 K2，所以复用段保护倒换是将环上的所有主用业务 STM-N（四纤环）或 1/2STM-N（二纤环）都倒换到备用信道上去，而不是仅仅倒换其中的某一个通道。

② 二纤单向通道保护环　二纤单向通道保护环由两根光纤组成两个环，其中一个为主环 S1；一个为备环 P1。两环的业务流向一定要相反，通道保护环的保护功能是通过网元支路板的倒换功能来实现的，也就是支路板将支路上环业务并发到主环 S1、备环 P1 上，两环上业务完全一样且流向相反，平时网元支路板从主环下支路的业务，如图 8-32 所示。

若环网中网元 A 与 C 互通业务，网元 A 和 C 都将上环的支路业务并发到环 S1 和 P1 上。S1 为顺时针。在网络正常时，网元 A 和 C 都选收主环 S1 上的业务。那么 A 与 C 业务互通的方式是 A 到 C 的业务经过网元 B 穿通，由 S1 光纤传到 C（主环业务）；由 P1 光纤经过网元 D 穿通传到 C（备环业务）。在网元 C 支路板选收主环 S1 上的 A→C 业务，完成网元 A 到网元 C 的业务传输。网元 C 到网元 A 的业务传输与此类似：S1：C→D→A；P1：C→B→A。

收端选用 S1：C→D→A。

当 BC 光缆段的光纤同时被切断，注意此时网元支路板的并发功能没有改变，也就是此时 S1 环和 P1 环上的业务还是一样的。如图 8-33 所示。

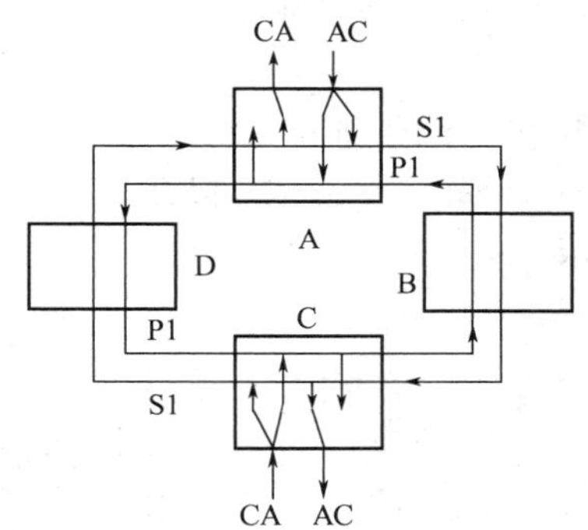

图 8-32　二纤单向通道保护环

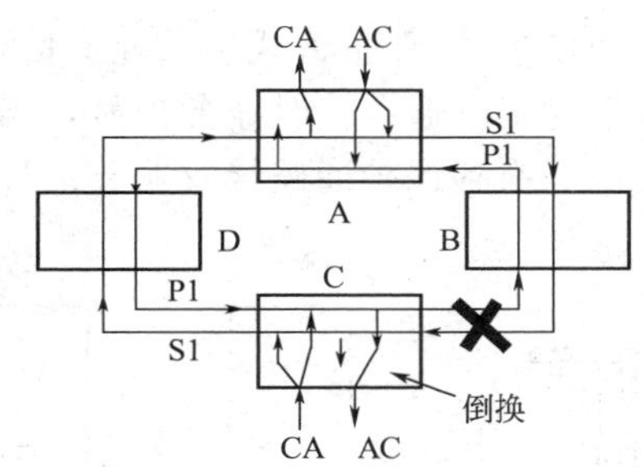

图 8-33　二纤单向通道保护环（故障时）

网元 A 与网元 C 之间的业务如何被保护。网元 A 到网元 C 的业务由网元 A 的支路板并发到 S1 和 P1 光纤上，其中 S1 光纤的业务经网元 B 穿通传至网元 C，P1 光纤的业务经网元 D 穿通，由于 BC 间光缆断，所以光纤 S1 上的业务无法传到网元 C，由于网元 C 默认选收主环 S1 上的业务，此时由于 S1 环上的 A→C 的业务传不过来，这时网元 C 的支路板就会收到 S1 环上 TU-AIS 告警信号。网元 C 的支路板收到 S1 光纤上的 TU-AIS 告警后，立即切换到选收备环 P1 光纤上的 A 到 C 的业务，于是 A→C 的业务得以恢复，完成环上业务的通道保护，此时网元 C 的支路板处于通道保护倒换状态——切换到选收备环方式。

网元 C 的支路板将到网元 A 的业务并发到 S1 环和 P1 环上，其中 S1 光纤的业务经网元 D 穿通传至网元 A，P1 光纤的业务经网元 B 穿通，由于 BC 间光缆断，所以光纤 P1 上的业务无法传到网元 C，由于网元 C 默认选收主环 S1 上的业务，这时网元 C 到网 A 的业务并未中断，网元 A 的支路板不进行保护倒换。

二纤单向通道保护环的优点是倒换速度快（中兴通讯的设备倒换时间≤15ms）。由于上环业务是并发选收，所以通道业务的保护实际上是 1+1 保护。业务流向简捷明了，便于配置维护。

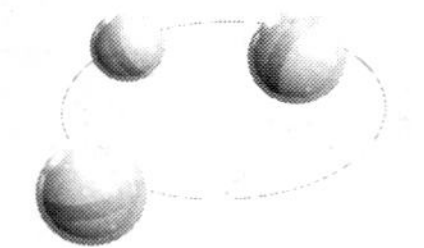

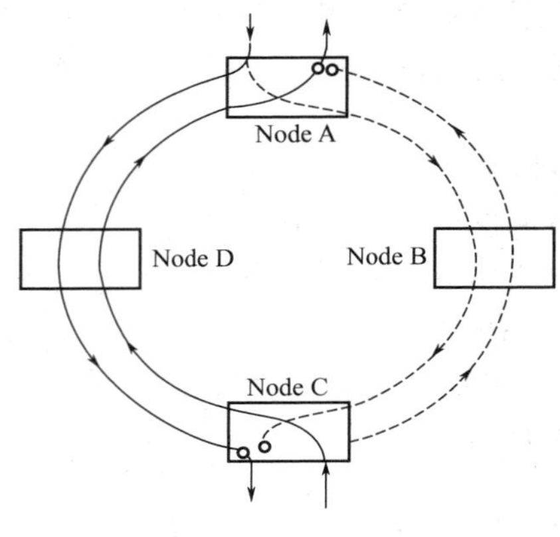

图 8-34　二纤双向通道保护环

二纤单向通道保护环的缺点是网络的业务容量不大。二纤单向保护环的业务容量恒定是 STM-N，与环上的节点数和网元间业务分布无关。

在组成通道环时要特别注意的是主环 S1 和备环 P1 光纤上业务的流向必须相反，否则该环网无保护功能。通道保护环是仅仅倒换其中的某一个通道。

③ 二纤双向通道保护环　二纤双向通道保护环上业务为双向（一致路由），保护机理也是支路的“并发优收”，业务保护是 1+1 的，网上业务容量与单向通道保护二纤环相同。如图 8-34 所示。

二纤双向通道环与二纤单向通道环之间可以相互转换。中兴通讯的设备在配置通道环时按照二纤双向通道环方式配置，当只有一端发生倒换时，则转变成二纤单向通道环；若两端都发生倒换，则仍然是二纤双向通道环。

（4）复用段保护链

① 1+1 复用段保护　复用段保护是以复用段为基础的，倒换与否按每两站间的复用段信号质量的优劣而定。当复用段出故障时，整个站间的业务信号都转到保护通路，从而达到保护的目的。

复用段 1+1 保护方式中，业务信号发送时同时跨接在工作通路和保护通路。

正常时工作通路接收业务信号，当系统检测到 LOS、LOF、MS-AIS 以及误码 $>10^{-3}$ 告警时，则切换到保护通路接收业务信号，如图 8-35 所示。

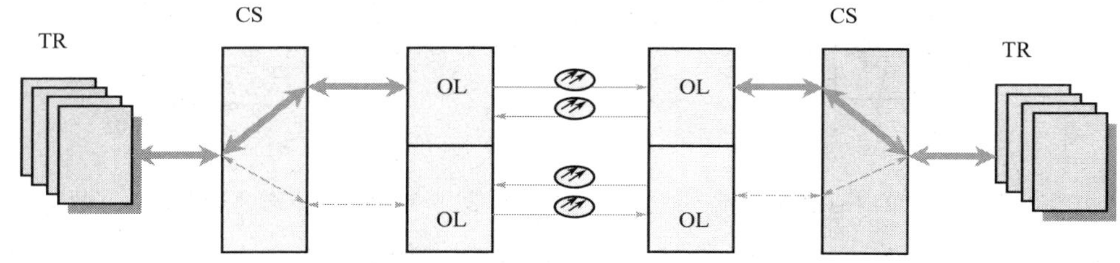

图 8-35　1+1 复用段保护链

② 1∶1 复用段保护　复用段 1∶1 保护与复用段 1+1 保护不同，业务信号并不总是同时跨接在工作通路和保护通路上的，所以还可以在保护通路上开通低优先级的额外业务。

当工作通路发生故障时，保护通路将丢掉额外业务，根据 APS 协议，通过跨接和切换的操作，完成业务信号的保护。如图 8-36 所示。

（5）复用段自愈环保护

① 二纤双向复用段保护环　二纤双向复用段倒换环（也称二纤双向复用段共享环）是一种时隙保护。即将每根光纤的前一半时隙（例如 STM-16 系统为 1＃～8＃AU-4）作为工作时隙，传送主用业务，后一半时隙（例如 STM-16 系统的 9＃～16＃AU-4）作为保护时隙，传送额外业务，也就是说一根光纤的保护时隙用来保护另一根光纤上的主用业务。例如，S1/P2 光纤上的 P2 时隙用来保护 S2/P1 光纤上的 S2 业务，因此在二纤双向复用段保护环上无专门的主、备用光纤，每一条光纤的前一半时隙是主用信道，后一半时隙是备用信道，两根光纤上业务流向相反。二纤双向复用段保护环的保护机理如图 8-37 和图 8-38

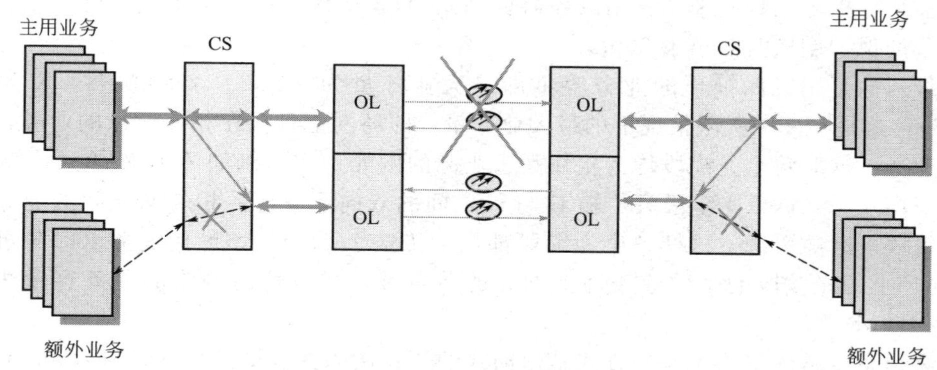

图 8-36　1：1 复用段保护链

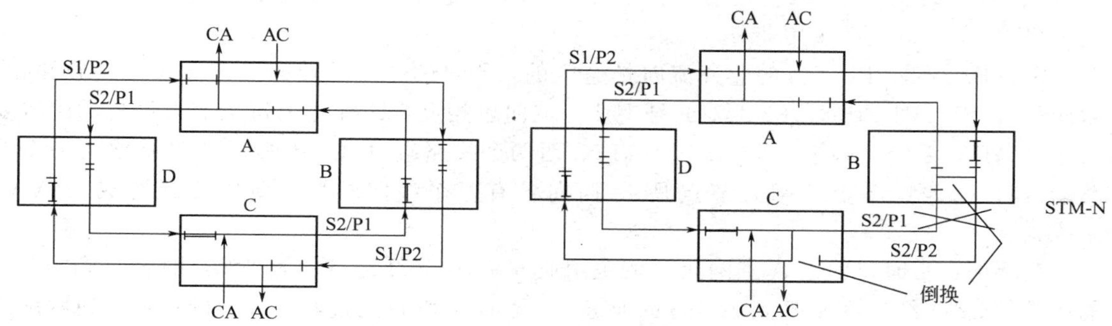

图 8-37　二纤双向复用段保护环　　图 8-38　二纤双向复用段保护环（故障时）

所示。

在网络正常情况下，网元 A 到网元 C 的主用业务放在 S1/P2 光纤的 S1 时隙（对于 STM-16 系统，主用业务只能放在 STM-16 的 1＃～8＃AU-4 中），沿 S1/P2 光纤由网元 B 穿通传到网元 C，网元 C 从 S1/P2 光纤上的接收 S1 时隙所传的业务。网元 C 到 A 的主用业务放于 S2/P1 光纤的 S2 时隙，经网元 B 穿通传到网元 A，网元 A 从 S2/P1 光纤上提取相应的业务。如图 8-37 所示。

当图中环网 B-C 间光缆段被切断时，网元 A 到网元 C 的主用业务沿 S1/P2 光纤传到网元 B，在网元 B 进行倒换（故障邻近点的网元倒换），将 S1/P2 光纤上 S1 时隙的业务全部倒换到 S2/P1 光纤上的 P1 时隙上去（例如 STM-16 系统是将 S1/P2 光纤上的 1＃～8＃AU-4 全部倒到 S2/P1 光纤上的 9＃～16＃AU-4），然后，主用业务沿 S2/P1 光纤经网元 A 和 D 穿通传到网元 C，在网元 C 同样执行倒换功能（故障端点站），即将 S2/P1 光纤上的 P1 时隙所载的网元 A 到网元 C 的主用业务倒换回到 S1/P2 的 S1 时隙，网元 C 提取该时隙的业务，完成接收网元 A 到网元 C 的主用业务。

在图 8-38 中。网元 C 到网元 A 的业务先由网元 C 将其主用业务 S2 倒换到 S1/P2 光纤的 P2 时隙上，然后，主用业务沿 S1/P2 光纤经网元 D 和 A 穿通到达网元 B，在网元 B 处同样执行倒换功能，将 S1/P2 光纤的 P2 时隙业务倒换到 S2/P1 光纤的 S2 时隙上去，经 S2/P1 光纤传到网元 A 落地。这样就完成了环网在故障时业务的自愈。

P1、P2 时隙在线路正常时也可以用来传送额外业务。当光缆故障时，额外业务被中断，P1．P2 时隙作为保护时隙传送主用业务。

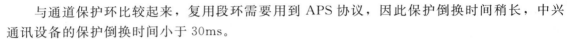

与通道保护环比较起来，复用段环需要用到 APS 协议，因此保护倒换时间稍长，中兴通讯设备的保护倒换时间小于 30ms。

二纤双向复用段保护环的业务容量即最大业务量为（K/2）×STM-N，K 为网元数（K≤16）。这是在一种极限情况下的最大业务量，即环网上只存在相邻节点的业务，不存在跨节点业务。这时每个光缆段均为相邻互通业务的网元专用，例如 A-D 光缆只传输 A 与 D 之间的双向业务，D-C 光缆段只传输 D 与 C 之间的双向业务等。相邻网元间的业务不占用其他光缆段的时隙资源，这样各个光缆段都最大传送 1/2×STM-N 的业务（时隙可重复利用），而环上的光缆段的个数等于环上网元的节点数，所以这时网络的业务容量达到最大（K/2）×STM-N。

中兴通讯设备的复用段保护方式是返回式的，默认的保护倒换恢复时间为 8min。

② 四纤双向复用段保护环　四纤环由 4 根光纤组成，这 4 根光纤分别为 S1、P1、S2.P2。其中，S1、S2 为主纤传送主用业务；P1、P2 为备纤传送保护业务，当主纤故障时分别用来保护 S1、S2 上的主用业务。

S1、P1、S2、P2 光纤的业务流向是这样的，S1 与 S2 光纤业务流向相反（一致路由，双向环），S1、P1 和 S2、P2 两对光纤上业务流向也相反。四纤环上每个节点设备的配置要求是双 ADM 系统，因为一个 ADM 只有东/西两个线路端口（一对收发光纤称之为一个线路端口），而四纤环上的网元节点是东/西向各有两个线路端口，所以要配置成双 ADM 系统。

在环网正常时，网元 A 到网元 D 的主用业务从 S1 光纤经 B 网元到 C，网元 D 到网元 A 的业务经 S2 光纤经网元 B 到 A（双向业务）。网元 A 和 D 通过收主纤上的业务互通两网元之间的主用业务，如图 8-39 所示。

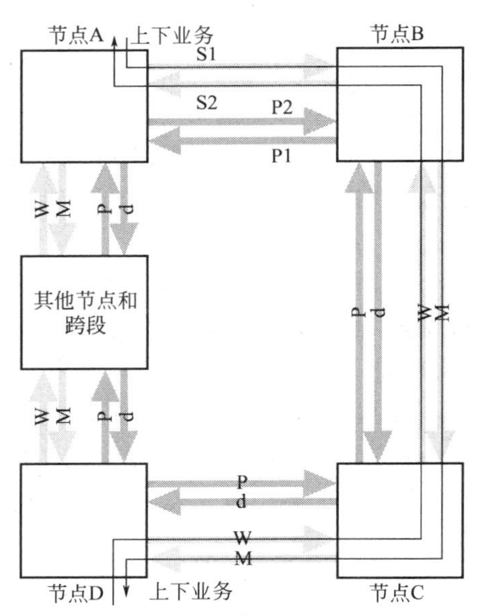

图 8-39　正常情况下节点 A、D 之间业务经节点 B、C

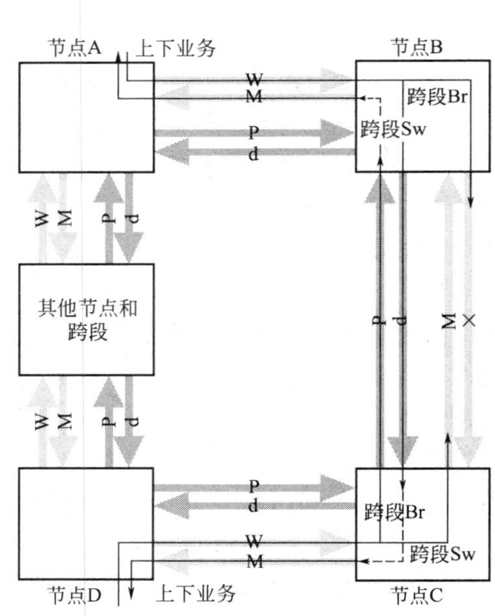

图 8-40　故障状态下跨段倒换时路由示例

当 B-C 间光缆发生故障时，环上业务会发生跨段倒换或跨环倒换，倒换触发条件和倒换过程如下。

• **跨段倒换**　对于四纤环，如果故障只影响工作信道，业务可以通过倒换到同一跨段的保护信道来进行恢复。如图 8-40 所示，当节点 B→C 间的工作光纤 S1 断开，而 S2、P1、P2 光纤都是正常的，则 A 到 D 的业务经 S1 光纤传到 B 点后在 B 点发生跨段倒换，即业务由 S1 倒换到 P2，在 C 点再发生跨段倒换，业务由 P2 倒换回 S1，继续经 S1 传到 D 点落地。而 D 到 A 的业务同样在 C、B 两点发生跨段倒换。因此，在发生跨段倒换前后，业务经过的路由没有改变，仍然是：A→B→C→D 和 D→C→B→A。

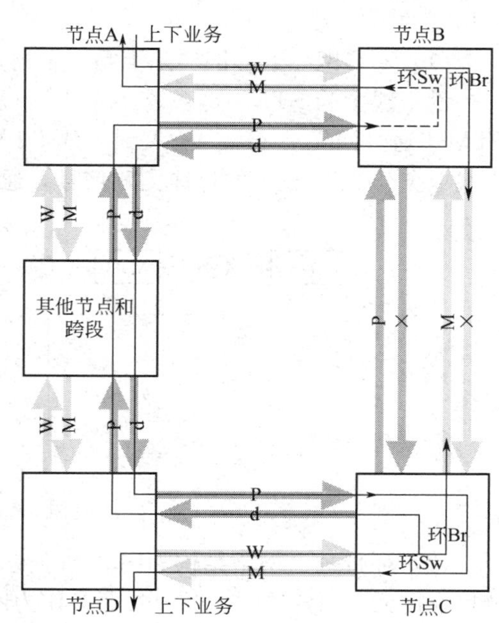

图 8-41　故障状态下跨环倒换时路由示例

• **跨环倒换**　四纤环如果故障既影响工作信道，又影响保护信道，则业务可以通过跨环倒换来进行恢复。如图 8-41 所示，当节点 B→C 间的工作光纤 S1 和 P1 都断开时，A 到 D 的业务经 S1 光纤传到 B 点后在 B 点发生跨环倒换，即业务由 S1 倒换到 P1，由 P1 传回到 A 点，在继续传到 D 点、C 点，在 C 点再发生跨环倒换，业务由 P1 倒换回 S1，继续经 S1 传到 D 点落地。而 D 到 A 的业务同样在 C、B 两点发生跨环倒换。因此，在发生跨环倒换后，A—D 的双向业务经过的路由发生了改变，分别是：A→B→A→D→C→D 和 D→C→D→A→B→A。

跨段倒换的优先级高于跨环倒换，对于同一段光纤如果既有跨段倒换请求又有跨环倒换请求时，会响应跨段请求，因为跨环倒换后会沿着长径方向的保护段到达对端，会挤占其他业务的保护通路，所以优先响应有跨段请求的业务。只有在跨段倒换不能恢复业务的情况下才使用跨环倒换。

以上所介绍的 5 种自愈环保护方式中，有 3 种方式是设备组网时常用到的，在此将这 3 种常用的保护方式做一个比较，如表 8-5 所示。

表 8-5　三种常用的自愈环保护方式特点比较

项　目	二纤单向通道环	二纤双向复用段环	四纤双向复用段环
节点数	K	K	K
线路速率	STM-N	STM-N	STM-N
环传输容量	STM-N	K/2 * STM-N	k * STM-N
APS 协议	不用	用	用
倒换时间	＜30ms	50～200ms	50～200ms
节点成本	低	中	高
系统复杂性	简单	复杂	复杂
主要应用场合	接入网、中继网等(集中型业务)	中继网、长途网等(分散型业务)	中继网、长途网等(分散型业务)

8.1.9　复杂网络的拓扑结构及特点

通过链和环的组合，可构成一些较复杂的网络拓扑结构。下面将讲述几个在组网中要经

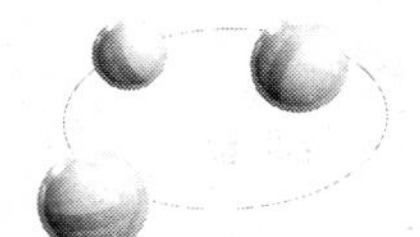

常用到的拓扑结构。

（1）T形网　T形网实际上是一种树形网。如图8-42所示。

设干线上为STM-16系统，支线上设为STM-4系统，T形网的作用是将支路的业务STM-4通过网元A分支/插入到干线STM-16系统上去。此时支线接在网元A的支路上，支线业务作为网元A的低速支路信号，通过网元A进行分支/插入。

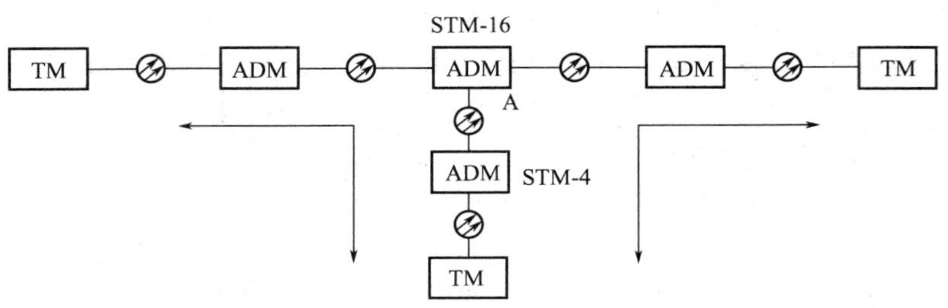

图8-42　T形网拓扑图

（2）环带链　网络结构如图8-43所示。环带链是由环网和链网两种基本拓扑形式组成，链接在网元A上。链的STM-4业务作为网元A的低速支路业务，并通过网元A的分/插功能上/下业务。STM-4业务在链上无保护，环上的业务会享受环的保护功能。例如，网元C和网元D互通业务，如果A-B段光缆断，链上业务传输中断。如果A-C段光缆断，通过环的保护功能，网元C和网元D的业务不会中断。

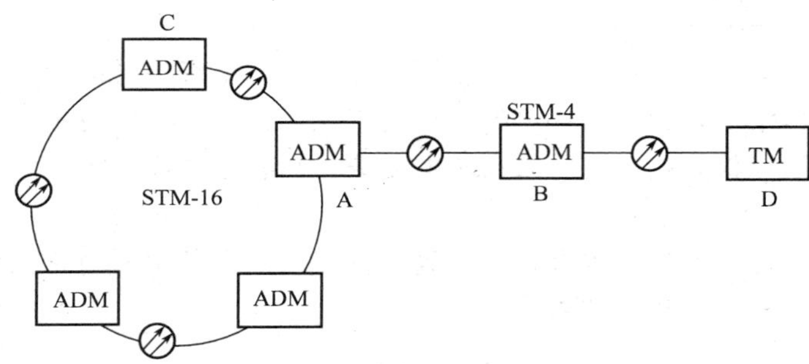

图8-43　环带链拓扑图

（3）环形子网的支路跨接　网络结构如图8-44所示。两个STM-16环通过A、B两网元之间的支路通道连接在一起。两环中任何两网元都可通过A、B之间的支路互通业务，且可选路由多，系统冗余度高。两环间互通的业务都要经过A、B两网元间的低速支路传输，存在一个低速支路的速率瓶颈问题和安全保障问题。

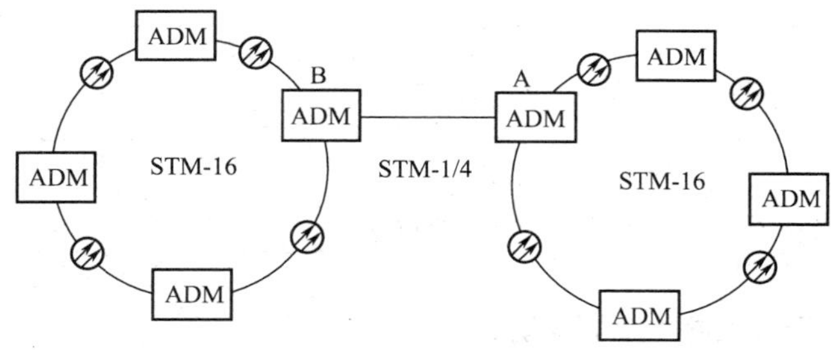

图8-44　环形子网的支路跨接网络拓扑图

① 相切环　网络结构如图 8-45 所示。图中 3 个环相切于公共节点网元 A，网元 A 可以是 DXC，也可用 ADM 等效（环Ⅱ、环Ⅲ均为网元 A 的低速支路）。这种组网方式可使环间业务任意互通，具有比通过支路跨接环网更大的业务疏导能力，业务可选路由更多，系统冗余度更高。不过这种组网存在中心节点（网元 A）的安全保护问题。

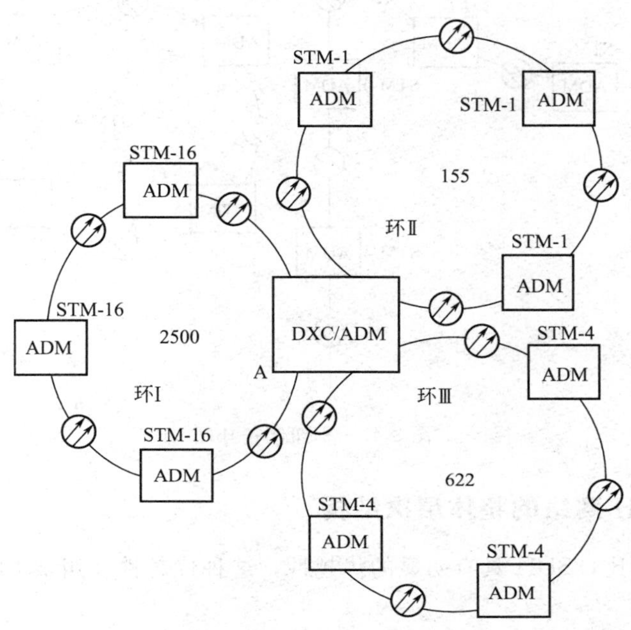

图 8-45　相切环拓扑图

② 相交环　为备份中心（重要）节点及提供更多的可选路由，加大系统的可靠性和冗余度，可将相切环扩展为相交环，如图 8-46 所示。

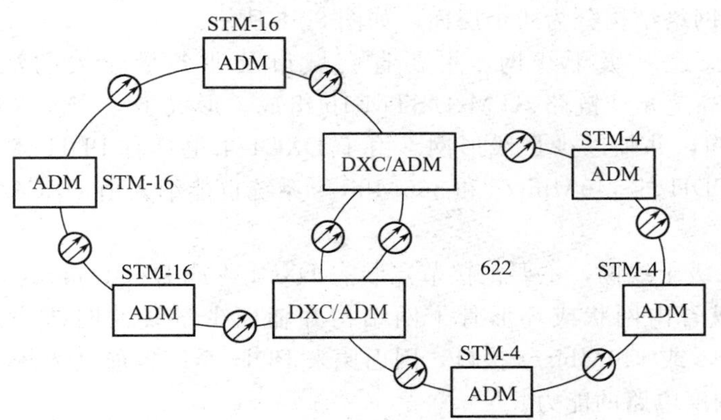

图 8-46　相交环拓扑图

（4）枢纽网　网络结构如图 8-47 所示。网元 A 作为枢纽点可在支路侧接入各个 STM-1 或 STM-4 的链路或环路，通过网元 A 的交叉连接功能，提供支路业务上/下主干线，以及支路间业务互通。支路间业务的互通经过网元 A 的分支/插入，可避免支路间铺设直通路由和设备，也不需要占用主干网上的资源。

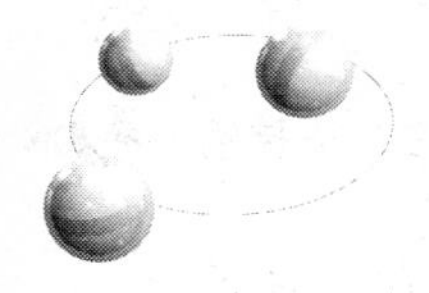

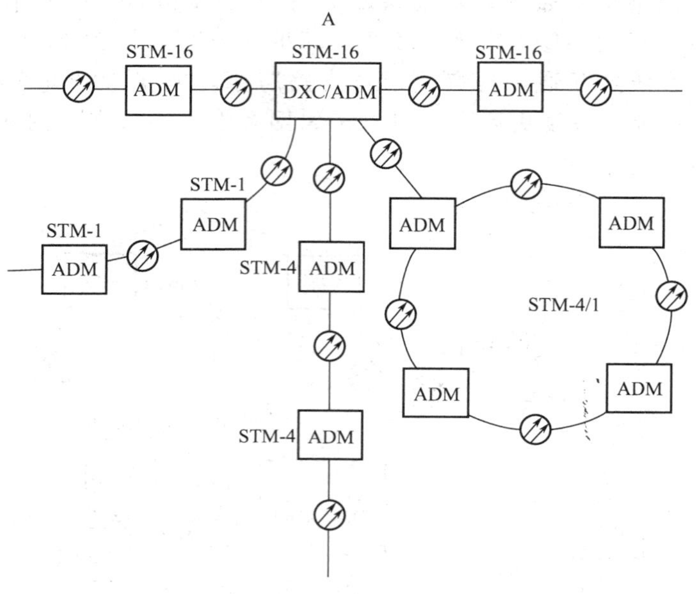

图 8-47 枢纽网拓扑图

8.1.10 SDH 网络的整体层次结构

与 PDH 技术相比，SDH 具有明显的优越性，这种优越性在组成 SDH 网时得到充分的体现。

在传统的组网概念中，传输设备利用率是衡量传输网性能的重要指标。为了增加线路的利用率和安全性，在每个节点之间都建立了许多直达通道，这导致传输网络结构非常复杂。而现代通信的发展，最重要的任务是简化网络结构，建立强大的运营、维护和管理（OAM）功能，降低传输费用并支持新业务的发展。

中国的 SDH 网络结构分为 4 个层面，如图 8-48 所示。

最高层面为长途一级干线网，主要省会城市及业务量较大的汇接节点城市装有 DXC4/4，其间由高速光纤链路 STM-4/STM-16 组成，形成了一个大容量、高可靠的网孔形国家骨干网结构，并辅以少量线形网。由于 DXC4/4 也具有 PDH 体系的 140Mbit/s 接口，因而原有的 PDH 的 140Mbit/s 和 565Mbit/s 系统也能纳入由 DXC4/4 统一管理的长途一级干线网中。

第二层面为二级干线网，主要汇接节点装有 DXC4/4 或 DXC4/1，其间由 STM-1/STM-4 传输链组成，形成省内网状或环形骨干网结构并辅以少量线性网结构。由于 DXC4/1 有 2Mbit/s、34Mbit/s 或 140Mbit/s 接口，因而原来 PDH 系统也能纳入统一管理的二级干线网，并具有灵活调度电路的能力。

第三层面为中继网（即长途端局与市局之间以及市话局之间的传输部分），可以按区域划分为若干个环，由 ADM 组成速率为 STM-1/STM-4 的自愈环，也可以是路由备用方式的两节点环。这些环具有很高的生存性，又具有业务量疏导功能。环形网中主要采用复用段保护倒换环方式，但究竟是四纤还是二纤取决于业务量和经济的比较。环间由 DXC4/1 沟通，完成业务量疏导和其他管理功能。同时也可以作为长途网与中继网之间以及中继网和用户网之间的网关或接口，最后还可以作为 PDH 与 SDH 之间的网关。

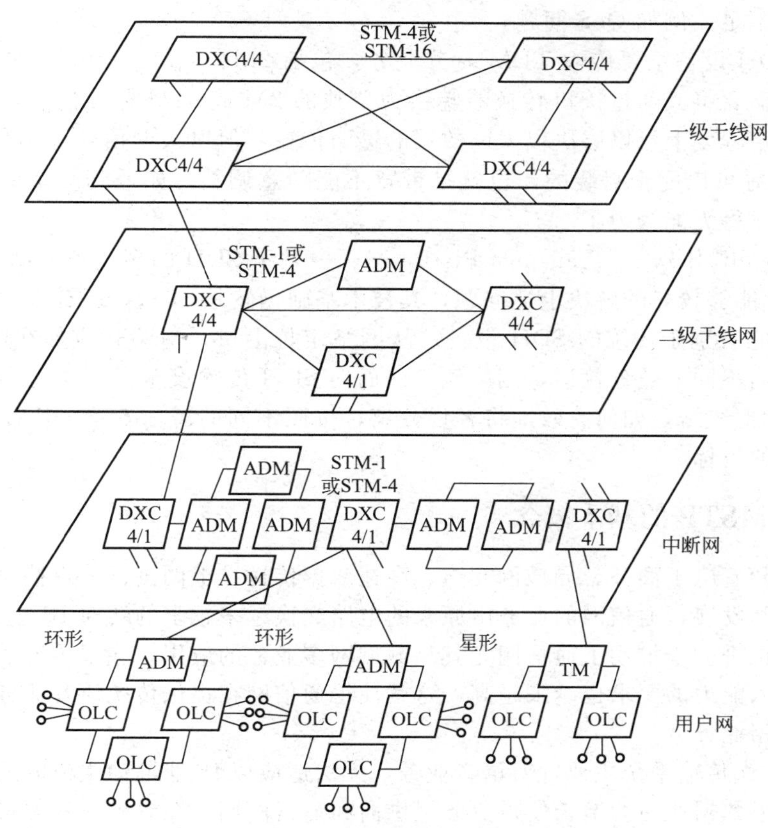

图 8-48　SDH 网络结构

最低层面为用户接入网。由于处于网络的边界处，业务容量要求低，且大部分业务量汇集于一个节点（端局）上，因而通道倒换环和星形网都十分适合于该应用环境，所需设备除 ADM 外还有光用户环路载波系统（OLC）。速率为 STM-1/STM-4，接口可以为 STM-1 光/电接口、PDH 体系的 2Mbit/s、34Mbit/s 或 140Mbit/s 接口、普通电话用户接口、小交换机接口、2B+D 或 30B+D 接口以及城域网接口等。

用户接入网是 SDH 网中最庞大、最复杂的部分，它占整个通信网投资的 50%以上，用户网的光纤化是一个逐步渐进的过程。生活中所说的光纤到路边（FTTC）、光纤到大楼（FTTB）、光纤到家庭（FTTH）就是这个过程的不同阶段。目前在中国推广光纤用户接入网时必须要考虑采用一体化的 SDH/CATV 网，不仅要开通电信业务，而且还要提供 CATV 服务，这比较适合中国国情。

8.2　基于 SDH 的多业务平台——MSTP

在以话音业务为主体的通信时代，SDH 作为承载网，通过时隙映射和交叉连接功能以及端到端的质量保证机制，很好地确保了话音业务的实时性。然而，随着以包交换为传送机制的 IP 数据业务的大幅度、高速发展，以时分交换为机制的 SDH 网络很难在满足话音业务的同时，再实现高效率的承载 IP 业务。摒弃 SDH 技术重新建设承载网还是引入一些新的技术对 SDH 进行改造，将问题解决在网络的边缘（接入端），使 IP 业务在 SDH 网络中也能有良好的通过性，曾经是业界人士讨论的焦点。无疑，后者具有更大的操作价值，因为这不仅可以使现有的网络资源得到更为合理的利用，而且 SDH 本身具有的一些特性也可以弥补

以太网的一些不足，例如 QoS 问题。

传统的 SDH 设备主要传输 TDM 时分业务，包括 2M、34M、140M。如果想传输以太网业务，那么需要将其通过接口转换器转换为单独的 2M 或 34M 标准信号，然后再进行传输，这样在一定程度上可以解决以太网数据的透明传输，但以太网信号并不是单个 VC-3 或单个 VC-12 刚好可以完全封装的，也就是带宽不能随意调整；如遇到复杂的组网要求，那么此方法就更显得无能为力了。

MSTP（Multi-Service Transport Platform）——基于 SDH 的多业务平台（基于 SDH 的多业务节点），能够较好的解决上述问题，其技术基础仍然是 SDH，还有人称其为新一代的 SDH。总之，它有别于传统的 SDH 设备。从网络定位上讲，MSTP 应处在网络接入部分，用户侧——面向不同的业务接口，网络侧——面向 SDH 传输设备；形象地讲，MSTP 就像一个长途客/货枢纽站，如何有效地将客货分离，按照不同的需求安全、快捷的运送到目的地，是其追求的目标。

8.2.1 MSTP 的基本概念

近年来，随着电子商务、局域网互连、高速数据传送、上网浏览、点播电视、会议电视等业务的应用和发展，通信网的业务由原来的电路交换越来越多的转向 IP 业务需求。同时，接入网的发展也进一步推动了通信网尤其是城域网多业务的应用，除了传统的话音业务，对数据业务的接入能力的要求也越来越高，这就使得通信网在提供传统语音业务的同时，还必须能够承载数据业务。

传统 SDH 光传输系统主要针对语音业务，无法适应以 IP 业务为主流的网络所需的扩展性和灵活性。但数据业务的增长使得业务提供商和运营商们正在寻求一种方案，从现有的静态 TDM 复用时代过渡到动态 IP 业务网时代。早期的 SDH 架构并不适宜传输 IP 业务，反映在 IP 包带宽与 SDH 虚容器带宽不匹配；SDH 采用固定的速率等级难以扩展；具有不适宜 IP 环境的开销等。随着新技术的发展，例如，虚容器级联技术弥补了速率间的不匹配，提高了 SDH 带宽利用率；GFP/LAPS（通用成帧规程/链路接入规程）等链路层协议有利于高速 IP 业务的传送；基于下一代 SDH 技术的多业务传输平台（MSTP）必将成为重要的业务承载主体，使 IP Over SDH 方案更为可行，MSTP 能同时实现 TDM，ATM，以太网（Ethernet）等业务的接入、处理和传送，提供统一网管的多业务节点。它将 SDH 的高可靠性、严格的 QoS 和 ATM 的统计复用以及 IP 网络的带宽共享、统计复用特征集于一身，可以针对不同服务质量业务提供最佳传送方式。

8.2.2 MSTP 的发展驱动力

促使 MSTP 得到发展的原因主要有以下几个方面。

（1）网络演进的需求　目前 IP 业务正在迅速增长，但在进入核心 IP 网传送之前，IP 业务仍然通过时分复用、ATM 和帧中继（FR）网进行传输。在传送网中，TDM、ATM、FR 技术仍然承载大多数的业务量，而且是业务提供商和运营商们收入的主要来源。对这些业务和其他传统业务的支持依然是极其重要的，因为它们的规模很大，作为传送技术已被广泛认同，而且在目前和可见的将来仍然为运营商提供巨大的收入和利润。

为保护已有投资并继续从现有服务中获利，许多电信服务供应商，更希望能在支持现有 TDM 系统的基础上，构建面向未来 IP 业务的网络体系结构，新一代 MSTP 就可以满足这些需求，从功能上讲，MSTP是一种在SDH平台之上传送IP、ATM、TDM等多种业务，具有协议终结和转换功能，可以在网络边缘提供多种不同业务，其网络体系结构既具有传统的底层功能（电路交换和复用），又要能实现二层、三层功能（基于信元和分组的交换和路由选择）的设备，它能够允许运营商借助不断变化的技术无缝地升级网络，从基于TDM的传输网平滑过渡为更为灵活的数据密集型高速网络。

传统的SDH光网络中，IP业务是通过多层协议栈映射至SDH帧中，然后在SDH/WDM系统中传送，所以它很难对不同种类的IP业务进行区分。同时多层协议堆栈也增加了开销，降低了网络的传送效率。运营商和业务提供商目前需要能够在同一个基础设施的同一平台上提供TDM业务、MAC层业务和IP业务的光通信设备，并且成本要比现有设备显著降低。城域接入设备不仅要能支持新接入网基础设施，同时还要能支持现有的传统业务，能把许多分立的、功能相对单一的通信业务平台整合在一个多业务平台，用来代替功能各不相同的大量传输和接入设备。

未来的网络结构将是一种灵活高效的简化的IP Over DWDM结构，这种结构可以极大地简化配置，降低成本，但从目前来看，为了保护已有投资，需要一个过渡性的设备，以SDH为基础的多业务平台的出发点是充分利用已经成熟的SDH技术，特别是其保护恢复能力和良好的延时性能，对其加以改进以适应多业务应用。其基本思路是将多种不同业务通过VC级联等方式映射进不同级别的虚容器，将SDH设备与二层和三层分组设备在物理上集成为一个实体。这样做的目的是减少了机架数、机房占地、功耗、架间互连，简化了电路指配，加快了业务提供速度，改进了网络扩展性，节省了运营维护成本，还可以提供诸如虚拟专网（VPN）或视频点播等新的增值业务。特别是集成了IP选路、以太网、帧中继或ATM后，网络可以通过统计复用和预订业务来提高TDM通路的带宽利用率和减少局端设备的端口数，使现有SDH基础设施最佳化。

MSTP的组网结构如图8-49所示，该网络能够对TDM业务采用传统方式进行传送，对以太网业务通过VLAN、汇聚、透传、GFP封装等技术实现带宽的有效管理；同时对ATM业务可以通过VP-RING等技术实现带宽共享。

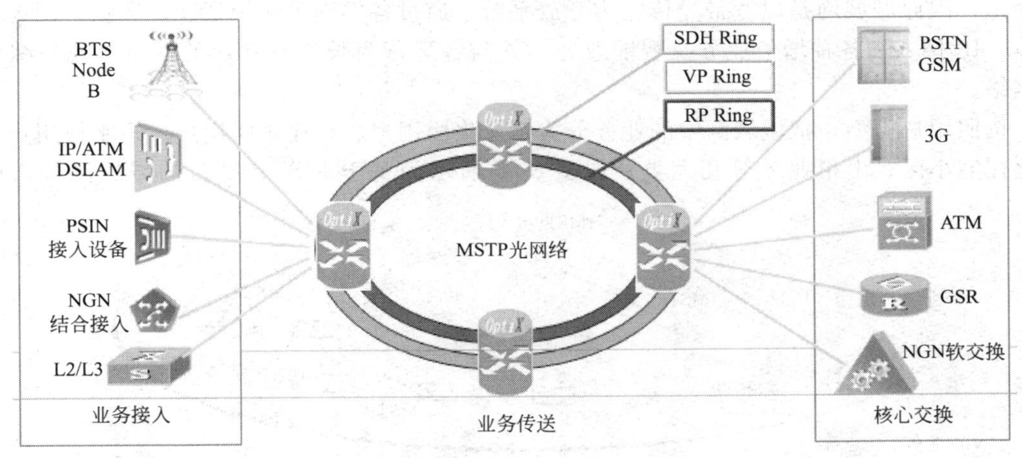

图8-49 MSTP组网结构示意图

（2）业务发展的需求 城域网（Metropolitan Area Network）是在一个城市范围内所建立的计算机通信网，简称MAN。它的传输媒介主要采用光缆，传输速率在100Mbit/s以上。MAN的一个重要用途是用作骨干网，通过它将位于同一城市内不同地点的主机、数据库，以及LAN等互相连接起来，这与WAN的作用有相似之处，但两者在实现方法与性能

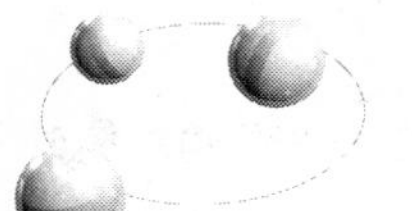

上有很大差别。MAN不仅用于计算机通信，同时可用于传输话音、图像等信息，它是一种综合利用的通信网，但属于计算机通信网的范畴，而又不同于综合业务数字网ISDN。

从上面MAN的定义可以看出，构建城域传输网仍然主要使用光纤传输设备。目前城域网建设的主要问题首先是带宽瓶颈。在其用户侧，由于低成本的吉比特以太网的出现和发展，局域网的速率上了一个大台阶。在其长途网侧，由于DWDM技术的发展，容量已经扩展了几个量级。目前商用化系统的容量已达3.2Tbit/s，中间的城域网/接入网成为全网的带宽瓶颈；另外面对城域网内如此丰富的业务，现有的解决方法是建设多个重叠的网络。一方面，目前多数运营公司通过SDH和电路交换机提供话音和专线业务，而通过SDH和分离的帧中继、ATM和IP网提供数据业务，分离的网络和网络技术往往需要分离的网管系统和人员，以及不同的配置和计费系统，导致高设备成本、高运行成本以及费时耗力的业务提供。另一方面，用户必须通过不同的接入技术和线路获取不同的业务，不仅麻烦，而且费用高。再有，目前城域网底层多数采用SDH作传送平台，利用这种为电话业务设计的SDH固定带宽来传送突发数据业务时不仅效率低下，而且改变带宽往往意味着改变物理接口甚至改变了业务类型，进而常常不得不重新设计和重新建设网络。

作为数据骨干网和长途电话网在城域范围内的延伸覆盖，城域网承担着集团用户、商用大楼、智能小区的业务接入和电路出租任务，具有覆盖面广、投资量大、接入技术多样、接入方式灵活的特点。城域网业务的发展必须在立足窄带话音业务的基础上，考虑通信网络发展的需求（Internet/宽带接入网/3G网络等），大力发展宽带数据业务，从提供单一的话音业务向多业务转变，必须引入一个能够适应多种业务，又能够提供多种服务的传输网络，以适应综合业务的开展。

城域网提供的业务可分为三类：一是传统的TDM业务，包括N×64k、2M、34M、140M、155M、622M等，既有交换机中继线、基站业务、也有传送图像的34/45Mbit/s接口；二是ATM业务，ATM业务既可以是34/45M，155Mbit/s接口，也可以是VC4-XC级联接口，或者是IP OVER ATM/SDH方式；三是IP业务，一般以10M/100M/FE/GE信号为主，因此城域网是以宽带光传输为开放平台，通过各类网关实现话音、数据、图像、多媒体、IP接入和各种增值业务及智能业务，并与各运营商长途网互通的本市（地）综合业务网络。

按照用户类型，把城域网中的业务分为企业集团用户、行业集团用户、写字楼用户、智能化住宅小区、出租业务等几大类，如图8-50所示为基于MSTP平台的城域网接入层示

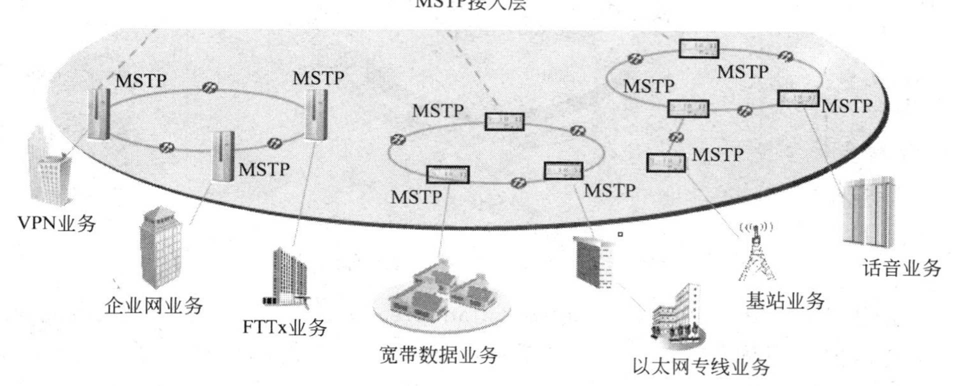

图8-50　城域网接入层业务示意图

意图。下面以两个具有代表性的用户来进行说明。

① 企业集团用户　作为经济生活中最重要的单元，企业用户将是运营商收入的最主要来源之一。它的业务流有集团内部各个分公司和总部之间、分公司之间（通常也经过总部转发）的数据传输，包括电子邮件、电子办公平台、会议电视等信息。由于企业集团用户业务量大，业务需求首先是根据线路带宽的需求，其次网络的可用性、安全性、扩展性也是考虑的重要因素。

② 智能化住宅小区　新建小区能否提供良好的宽带上网业务已经成为房地产开发商的“杀手锏”，上海、深圳、北京、广州等大城市已经率先建设了一批智能化住宅区。

10M/100M/以太网接入到网络社区，除提供传统的上网业务外，更多的是一些增值业务，如社区公告牌、网上购物、水表/电表/煤气等计费业务等。网络社区的出现不仅改变了人们的生活方式，也为进一步在家办公做好了物理硬件上的准备。

城域网需要一个完整的基础网络作为承载平台。从网络建设角度看，采用单一的基础网络形式构建传输网络，承载业务，可以大大简化网络结构，降低传送成本。从网络维护角度看，通过独立的传输平面，可以实现有效的分层管理，便于故障的快速定位。

城域网所承载的主要业务是数据业务，而数据业务正处于高速发展时期，从提高竞争力的角度考虑，网络建设必须不断引入新技术，而从网络发展的角度考虑，网络必须处于相对稳定的状态，以便管理和维护。引入传统 SDH 传输网络并加以改进，可以很好地解决这一矛盾。

（3）技术发展的需求　SDH 技术最初是为传送基于电路交换的时分复用（TDM）业务类型而设计的，其严格的 TDM 结构可以有效地汇聚和传送话音及专线等业务；但这种基础结构不能十分有效地适应 IP 数据业务的发展。

利用新一代的多业务平台就可以解决以上的问题。为了适应数据业务的发展需要，SDH 的最新发展趋势是支持 IP 和以太网业务的接入，并不断融合 ATM 和路由交换功能，构成以 SDH 为基础的多业务网络平台。级联技术是 SDH 设备接入数据业务的一个重要工具。VC-4 的级联就是将 X 个 C-4 的容量拼在一起，相当于形成一个大的容器，来满足大于 C-4 容量的大容量客户信号传输的要求。

将各种接口集成在同一平台上，为运营商和业务提供商提供了一种经济的策略，不仅节约了资金，而且使支出与收入更相配。用于建设网络的任何网元必须支持现有的 SDH 功能并具有数据整合能力，与此同时，这些网元也必须支持由 TDM 向 IP 业务的过渡。IP 技术为业务提供商和终端用户提供了所需要的控制功能和灵活性。实现 IP 业务必须尽量少用新硬件，主要是通过软件直接升级，使业务提供商不需要大规模地更换其硬件平台。

从传输网络的发展趋势来看，业务提供商必须将 TDM 网上的数据业务量转移到资源更丰富的独立数据网。新的网络体系结构既要有传统的一层功能（电路交换和复用），又要能实现二层、三层功能（基于信元和分组的交换和路由选择），使用户可以平稳地从简单业务过渡到复杂业务。IP 业务为运营商和业务提供商提供了带来新收入的业务，而不仅仅是带宽控制和业务传送。

可扩展性的一个含义是在一个单一的平台上开放多种接口（例如，从 VC-12、VC-3 到 VC-4，包括 10M/100M/GE 以太网），以及在单一平台上支持大量的接口的能力。

表 8-6 对传统的传输网络与新一代的传输网络在数据业务的兼容性方面进行了比较。

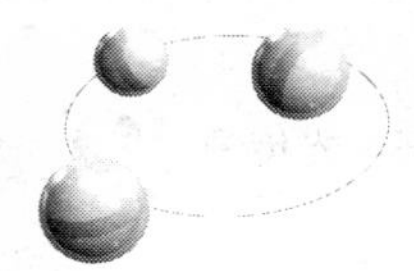

表 8-6 传统网络与新一代网络在数据业务兼容性方面的区别

数据业务特点	传统 SDH 网	新一代 MSTP 传输网
实现方式多样，接口种类丰富	接口速率不匹配	采用 IP/ATM 方式直接接入、多种业务接口
维护复杂	成本高、效率低	采用混合网络统一维护
突发业务为主	带宽容量不足或过大	动态统计复用

从表 8-6 可以看出，新一代的多业务传输平台能够实现多业务的接入，而且对于 IP 等动态业务能够实现动态的传输，能够灵活地进行统计复用，这样提高了网络的灵活性，降低了成本。但多业务传送平台是通过复杂的映射来将低速率的数据业务汇聚和复用到 SDH 帧结构中，因此 SDH 不能提供下一代网络所需要的网络效率。此外，基于 SDH 的基础网络结构不能及时支持灵活的业务定义，延长了业务的提供时间。

8.2.3 MSTP 的结构和功能模型

对于多业务传输平台 MSTP，要求其数据业务处理能力要非常强大。同时，一个新产品不仅要与现有的操作方法相适应，还必须节省初期投资费用和提高网络效率。要实现这一目标，应将传统的分插复用器（ADM）的传输功能与数字交叉连接器（DXC）集成在一起（目前各大设备生产商对此项功能已经做得非常完善）。这可显著地减少机架数量、占地面积和耗电量，从而减少操作和维护工作量。

在专线 TDM 需求不断增长的同时，运营商和业务提供商们也希望更有效地利用网络。这意味着多业务平台中必须包含数据交换层的关键属性，如业务量整合（统计复用功能）和 LAN 功能（如透明的 LAN 和虚拟 LAN 业务）。业务的整合必须在多种业务接口上实现，而且必须包括 ATM、FR 和以太网，尤其是以太网接口，作为一种廉价的互连接口，其数量在持续地增长。统计复用使业务提供商能够充分利用数据业务的突发性对网络施加超量负荷，使平均业务流几乎能够占用全部可用的带宽。

具体实施时可以将 ATM 边缘交换机、IP 边缘路由器、终端复用器 TM、分插复用器 ADM、数字交叉连接设备 DXC 和波分复用设备 WDM 结合在一个物理实体上，统一控制和管理。将各种接口集中在同一个平台上，以及在需要的时候才增加处理能力的方案，为运营商和业务提供商提供了一种经济的策略，不仅节约了资金，且使支出与收入更相配。MSTP 设备的结构组成框图如图 8-51 所示。

从图 8-51 可以看出，不管是数据业务（IP/ATM），还是 TDM 业务，最终都进入 VC 交叉矩阵进行交换，只是在进入之前，两种业务的处理方式不同。TDM 业务的映射、定位、复用过程已在前面任务中学习，此处不再重复。对于交换式以太网业务和 ATM 业务，先是进行一个二层分组/ATM 信元交换，然后用相关协议 PPP/LAPS/GFP 封装数据，进入交叉矩阵；若是以太网数据透传，则不进行二层交换而是直接封装，然后映射成 VC 虚容器。

实际中，允许 MSTP 只具备 IP/Ethernet 接口或 ATM 接口中任意一种即可，具体要求如下：

① 应满足国际标准中规定的 SDH 节点的基本功能要求；

② 应至少支持 ATM 业务或以太网业务中的一种；

③ 当支持 ATM 业务时，基于 SDH 的多业务传送节点应支持 ATM 业务的统计复用和 VP/VC（虚通道/虚连接）交换处理功能；

④ 当支持以太网业务时，基于 SDH 的多业务传送平台应支持以太网业务的透明性，保

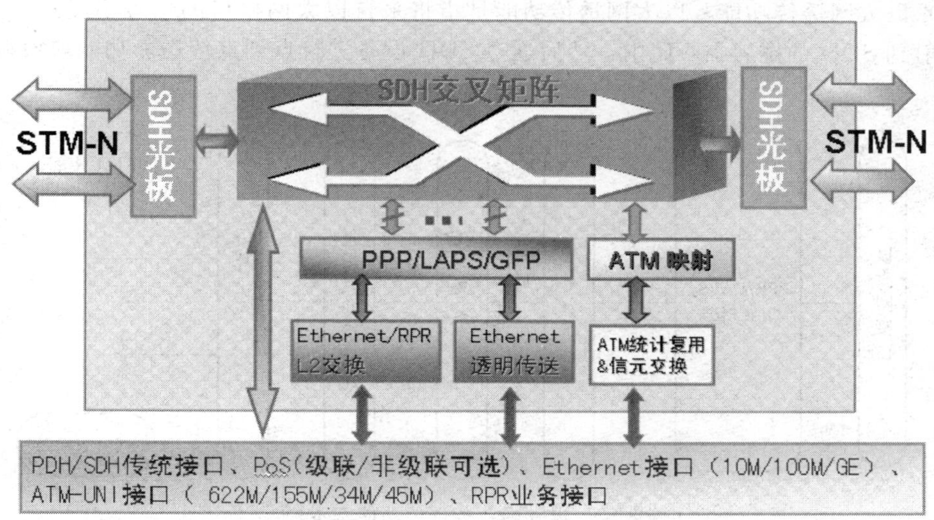

图 8-51　MSTP 设备的结构框图

证对所有的二/三层以上的协议透明，包括 IEEE802.1q 等二层协议和 IPv4，IPv6 等下层协议。

对于 ATM 业务，基于 SDH 的多业务传送设备应至少处理到 ATM 层。对于以太网业务，基于 SDH 的多业务传送设备可以进行透明传送或经二层/三层交换后再进行传送。对于 POS（Packet Over SDH）业务，基于 SDH 的多业务传送设备应能提供三层处理或交换功能，仅对 ATM 业务或 POS 业务进行透传的 SDH 设备不能称作多业务传送设备。

8.2.4　MSTP 的以太网特性

传统的电信网采用 TDM 和电路交换技术，主要是为话音业务而设计。为了传送 IP 数据业务和视频，实现话音、数据和视频的多业务“三网融合”，必须将 IP 数据包或以太网帧映射到 SDH 的帧结构中进行传输。目前，POS 和 MSTP 设备是两种较为常见的 SDH 传输网承载 IP 业务的实现方式。在以 EOS（Ethernet Over SDH）技术为特征的 MSTP 设备出来以前，通常采用 POS 技术。虽然两者在称谓上极其相似，但是从实现技术上却是一种革命性的演进。POS 技术通常在数据设备上实现，即路由器或交换机的 WAN 侧接口采用 STM-1 或 STM-4 的 POS 光口。也就是说从 IP 数据包或以太网数据帧到 SDH 的虚容器的处理过程在数据设备中实现，在路由器中实现 IP/PPP/HDLC/VC 的映射和封装过程，通过 SDH 的光口与传统的 SDH 设备相连。这种结构就是通常所说的叠层网络，每层网络需要不同的网管系统进行管理，无法实现端到端的业务管理；而且由于采用光口互联，造成在接入端的路由器或交换机等数据设备的投资成本较高。

MSTP 设备对 IP 数据的接入采用的是 EOS 模式，在这种方式下，路由器或交换机直接采用以太网的接口，如 RJ45 的接口和 MSTP 设备相连，而从 IP/Ethernet 到 VC 的映射和封装由 MSTP 设备中的多业务板卡实现。而且该板卡具有全功能的二层能力，从接口考虑，由于 MSTP 也是采用普通的 RJ45（10/100BaseT）接口实现互联，大大节省了 POS 的光口互联成本，而且可以通过 MSTP 的统一网管实现端到端的业务管理。一般而言，MSTP 对 IP 数据业务具备如下特点。

(1) 以太网透传功能　以太网透传功能是指将来自以太网接口的信号不经过二层交换，直接映射到 SDH 的虚容器 VC 中，然后通过 SDH 设备进行点到点传送。功能块模型如图 8-52 所示。

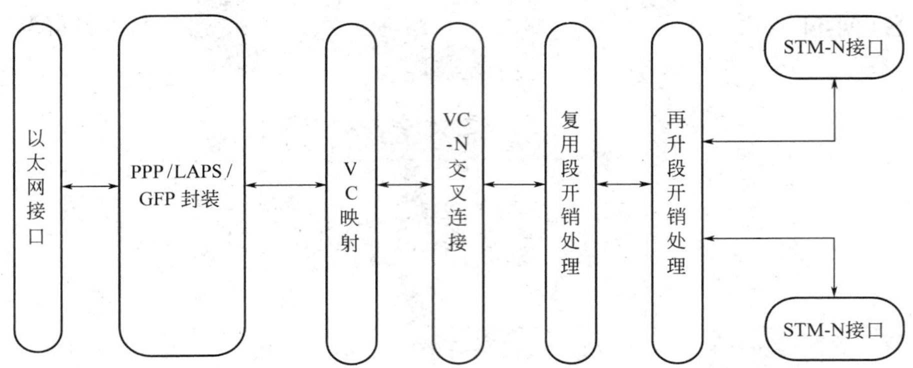

图 8-52　以太网业务透传功能基本模型

基于 SDH 的具备以太网透传功能的多业务传送设备必须具备以下功能：

① 传输链路带宽可配置；

② 所有从接口处接收下来的正常数据帧，必须能完整地映射到虚容器中；应保证以太网业务的透明性，包括以太网 MAC 帧、VLAN 标记等的透明传送；

③ 以太网数据帧的封装应采用 PPF 协议或者 LAPS 协议或者 GFP 协议；

④ 数据帧可以采用 ML-PPP 协议封装或采用 VC 通道的级联/虚级联映射来保证数据帧在传输过程中的完整性。

(2) 以太网二层交换功能　基于 SDH 的多业务传送节点支持二层交换功能是指在一个或多个用户侧以太网物理接口与一个或多个独立的系统侧的 VC 通道之间，实现基于以太网链路层的数据帧交换。其功能块模型如图 8-53 所示。

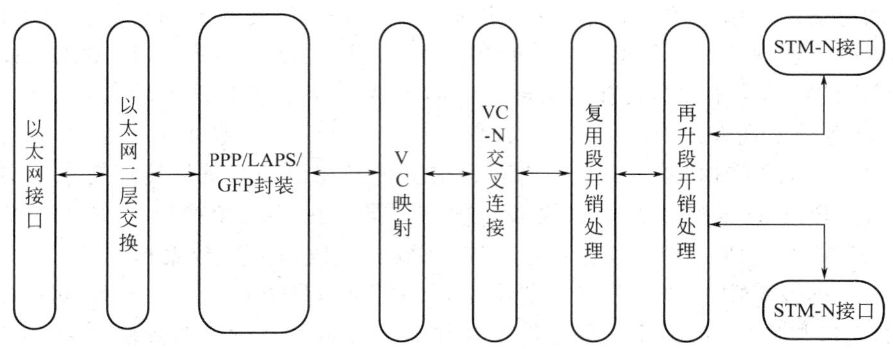

图 8-53　以太网二层交换功能基本模型

基于 SDH 的具备二层交换功能的多业务传送设备应具备以下功能：

① 传输链路带宽可配置；

② 应保证以太网业务的透明性，包括以太网 MAC 帧 VLAN 标记等的透明传送；

③ 以太网数据帧的封装可采用 PPP、LAPS 或 GFP 协议；

④ 数据帧可以采用 Multilink-PPP 协议封装或采用 VC 通道的连续级联、虚级联映射来保证数据帧在传输过程中的完整性；

⑤ 应实现转发/过滤以太网数据帧的功能，该功能应符合 IEEE802.1d 协议的规定；

⑥ 必须能够识别 IEEE802.1q 规定的数据帧，并根据 VLAN 信息转发/过滤数据帧；

⑦ 提供自学习和静态配置两种可选方式维护 MAC 地址表；

⑧ 实现转发/过滤数据帧信息的功能；

⑨ 支持 IEEE802.1d 生成树协议 STP；

⑩ 可以支持多链路聚合来实现灵活的高带宽和链路冗余。

透传和二层交换方式应当说各有其优势和缺陷。透传方式，具有较好的用户带宽保证和安全隔离功能，比较适合于有 QoS 要求的数据租线业务；但带宽利用率较低，不支持端口汇聚等应用，缺乏灵活性。二层交换方式具有带宽共享、端口汇聚能力，通过 VLAN 可以实现用户隔离，利用 STP 协议实现几层保护和环上的带宽共享，组网方式比较灵活，每端口成本较低；但由于二层交换竞争带宽的特性，在网络拥塞特别是以太环网应用中，对用户实际带宽保证有一定困难。总的来说，透传具有较好的带宽保证特性，而二层交换则提供了更大的组网灵活性，因此，设计网络时应根据实际网络业务类型和需求来选择相应的传送方式。

8.2.5　MSTP 以太网数据的封装及映射

众所周知，以太网信号是突发、不定长的，与要求严格同步的 SDH 帧有很大的区别，因此需要采用合适的链路层适配协议来完成从以太网到 SDH 之间的帧映射。目前 MSTP 设备对以太网数据封装到 SDH 帧中的协议主要有 PPP/HDLC、LAPS 和 GFP 3 种。

（1）PPP/HDLC 协议　PPP/HDLC 协议是最常用的 IP Over SDH 链路层协议。它是将 IP 数据包通过 PPP（点对点协议）进行分组，然后使用 HDLC（高级链路控制）协议根据 RFC1662 规范对 PPP 分组进行定界装帧，最后将其映射到基于字节的 SDH 虚容器中，再加上相应的开销置入 STM-N 帧中。

（2）LAPS 协议　LAPS 协议是 HDLC 协议族的一种，它与 PPP/HDLC 协议有很多相似之处，比如都采用标志字节 0x7E 进行帧定界，控制域依然是 0x03，但 LAPS 信息部分已取消了协议字节和填充字节。协议字节的功能已移至地址字节。因此，LAPS 协议比 PPP/HDLC 协议更加简单方便，封装效率更高。

（3）GFP 协议　GFP 协议是由 ITU-T G.7041 标准化的一种面向无连接的新型数据链路层封装协议，能灵活支持现在和将来的各种数据协议的传送。GFP 协议的基本思想来源于简单数据链路，它为高层客户信号适配到字节同步的物理传输通道提供了一种通用机制。GFP 封装的高层客户信号可以是面向协议数据单元（PDU）的数据流，也可以是面向块编码的固定比特速率数据流。

目前 GFP 协议是各设备制造商在技术上主要使用的封装协议，本节主要介绍 GFP 协议的帧结构以及以太网 MAC 帧到 GFP 帧的映射过程。

GFP 基本的帧结构主要由两部分组成：4 字节的帧头（Core Header）和 GFP 净负荷（其范围从 4 到 65535 字节）。帧头由 2 字节的帧长度指示（PLI：PDU Length Indicator）和 2 字节的帧头错误检验（HEC：Header Error Check）组成。

GFP 方式把以太网分组数据（包括 PPP、IP、PRP 等）封装到 GFP 负荷信息区中，对封装数据不做改动并根据要求来决定是否添加负荷区检测域。这种方式实现起来较为简单，如图 8-54 所示，其过程大致如下：

① 接收以太网 MAC 帧，并计算其长度；

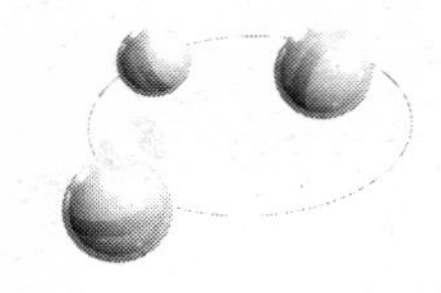

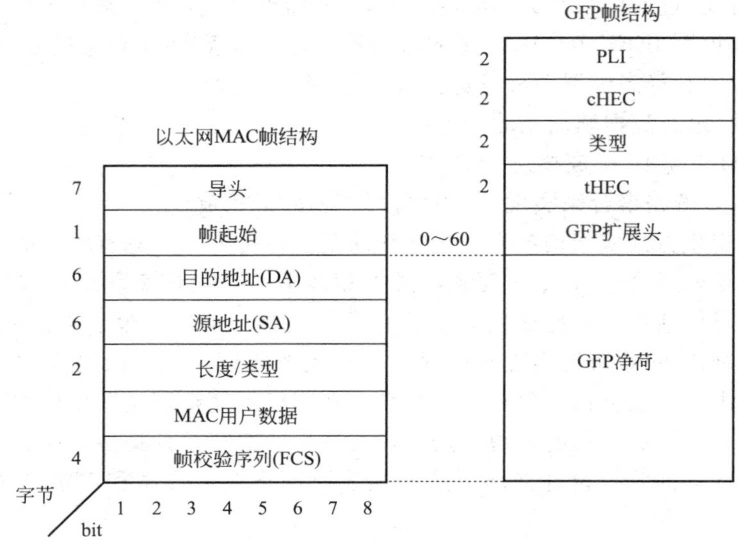

图 8-54 以太网 MAC 帧向 GFP 的映射关系

② 确定 GFP 帧头中 PLI 域的值并生成相应的 HEC 字节；

③ 确定类型域的值及其相应的 HEC 字节；

④ 确定扩展头中各项的值；

⑤ 将以太网 MAC 帧从 SFD 后所有的字节作为 GFP 的净负荷；

⑥ 对 GFP 的净负荷域（包括 Payload Header）进行扰码；

⑦ 如果需要，发送空闲帧（Idle Frame）作为帧间隔字节。

同样，接收端的解封装与发送端相反，要进行去扰码、CRC 错误检验、去除 GFP 帧头的字节以恢复出以太网 MAC 帧。

8.2.6 连续级联与虚级联

级联是在 MSTP 上实现的一种数据封装映射技术，它可将多个虚容器组合起来，作为一个保持比特序列完整性的单容器使用，实现大颗粒业务的传输，比如传输 10Mb/s 的以太网数据，可以将 5 个 VC-12 进行级联。

级联分为相邻级联（也称为连续级联）和虚级联。相邻级联是将同一 STM-N 数据帧中相邻的虚容器级联成 C-4/3/12-Xc 格式，作为一个整体结构进行传输；虚级联则是将分布于不同 STM-N 数据帧中的虚容器（可以同一路由或不同路由），按照级联的方法，形成一个虚拟的大结构 VC-4/3/12-Xv 格式，进行传输。

最初的 MSTP 只是为了解决 IP 数据包在 SDH 上实现端到端的透传，SDH 的不同容器的净荷装载单元大小是固定的，无论是 10/100M Base-T 还是 GE（千兆以太网）都很难理想的装载到 SDH 的容器中。而且作为端到端的透传机制，也无法实现流量控制、以太业务 QOS、不同以太业务流的统计复用等功能，所以不具备任何商用价值。最早应用到的就是相邻级联技术，将多个虚容器捆绑在一起，作为一个整体在传输网中进行传输。图 8-55 所示为 VC-4 连续级联的示意图。

相邻级联的好处在于它所传输的业务是一个整体，数据的各个部分不产生时延，信号传输质量高。但是，相邻级联方式的应用存在着一定的局限性，它要求业务所经过的所有网络、节点均支撑相邻级联方式，如果涉及与原网络设备混合应用的情况，那么原有设备则可能无法支持相邻级联，因而无法实现全程的业务传输。此时，可以采用虚级联方式来完成级联业务的传输，其示意图如图 8-56 所示。

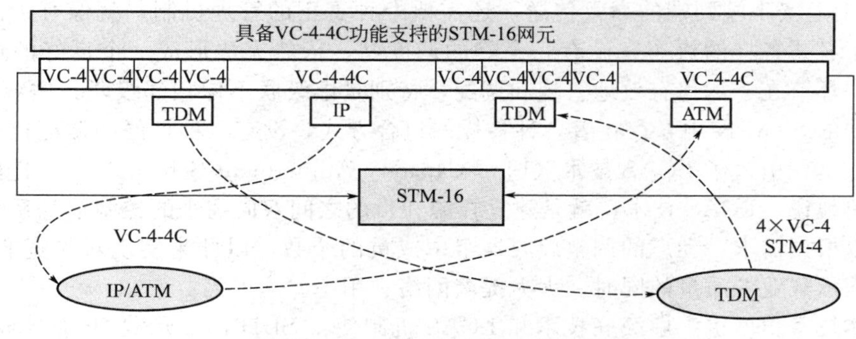

图 8-55 VC-4 连续级联示意图

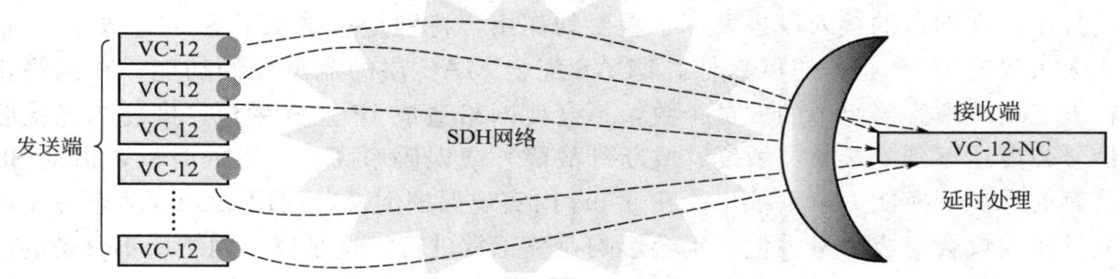

图 8-56 VC-12 虚级联示意图

虚级联具有以下特点。

(1) 穿通网络无关性和多径传输　由于级联业务与现有不能处理级联业务的设备关于指针的解释是不一样的，因此原有的 SDH 设备一般都不能传输相邻级联业务，引入虚级联方式则可以满足宽带业务对传输带宽的要求。

一般来说，虚级联要完成发送和接收两个方向的功能：在发送方向实现 C-4/3/12-Xc 到 C-4/3/12-Xv 的转换，将相邻级联业务转化为可在现有 SDH 设备上传输的虚级联业务；在接收方向实现 C-4/3/12-Xv 到 C-4/3/12-Xc 的转换，将线路上传输的虚级联业务转换成相邻级联业务，完成虚级联业务到相邻级联业务的转换。通过这两个方向的转换，可以实现虚级联功能，进而完成相邻级联业务在现有 SDH 设备上的传输。

(2) 支持 LCAS 功能　在虚级联技术基础下可以实现 LCAS（Link Capacity Adjustment Scheme）功能，它允许无损伤地调整传输网中虚级联信号的链路容量，LCAS 能够实现在现有带宽的基础上动态地增减带宽容量，满足虚级联业务的变化要求。此外，LCAS 还可进一步增强虚级联业务的强壮性，提高业务质量。

(3) 时延　相对于相邻级联，虚级联在技术上需要考虑的主要问题是时延。由于虚级联每个虚容器的传输所通过的路径有可能不同，因此在各虚容器之间可能出现传输时差，在极端情况下，可能会出现序列号偏后的虚容器比序列号偏前的虚容器先到达宿节点，这无疑给信号的还原带来了困难。目前，解决这一问题的有效方法是采用一个大的延时对齐存储器对数据进行缓存，达到对数据序列重新进行整理的目的。

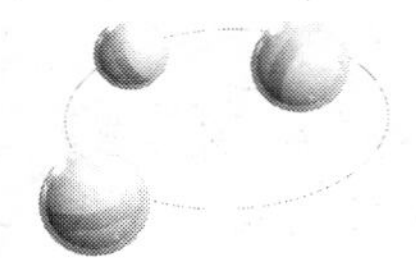

8.2.7 LCAS技术的引入

虚级联技术只是提供一个更为有效的组合装载单元的可能方案，保证IP数据业务在SDH承载网上实现端到端的高效传送，还需要一种真正的管理机制，就像有了四通八达的公路，有了各式各样的汽车，没有一个好的调度站，依然无法形成一个良好的运输体系一样，关键的环节在于如何有效地管理和调配，特别是虚级联不像相邻级联，虚容器VC-n可以属于不同的STM-N中，存在着各种各样的组合方式，没有一种良好的调配机制，后果将不堪想象。这就引入了LCAS技术（Link Capacity Adjustment Scheme）——链路容量调整机制。简单地说，LCAS技术，就是建立在源和目的之间双向往来的控制信息系统。这些控制信息可以根据需求，动态的调整虚容器组中成员的个数，以此来实现对带宽的实时管理；从而在保证承载业务质量的同时，大大提高网络利用率。

从整体技术角度讲，虚级联技术和LCAS机制使得SDH高效承载IP业务成为了可能，也就形成了具有实际应用价值的第一代MSTP。

MSTP设备的出现，促进了SDH网络的进一步发展，同时其本身作为一种很有效的城域组网技术，在网络的接入段也发挥了重要的作用，特别是它秉承了SDH良好的质量保证特性，大大提升了IP业务的可靠性。LCAS配合MAC层的流量控制功能，在网络正常状态下，人工增减虚容器组中的成员个数，不会使网络造成IP业务丢包；即便当光接收端判断光信号强度达不到光接收灵敏度（或断纤故障）或误码率高于门限的时候，借助SDH本身所具有的保护倒换能力，系统也能在50ms内实现保护倒换，利用LCAS动态带宽调整机制和流量控制仅会造成少量丢包，不会影响业务正常进行，这是以太网络所不具备的。

8.3 传输设备

本节以中兴通讯公司ZXMP系列光传输设备为载体，介绍ZXMP S320和ZXMP S385的系统结构及单板功能；了解传输网管软件的基本结构和组成，能够进行SDH设备的硬件配置；通过分析传输网络业务需求来完成SDH网络的规划及组网等相关工作。

8.3.1 ZXMP S320硬件结构

ZXMP S320设备结构紧凑，体积小巧，安装灵活方便，其结构组成如图8-57所示。设备由固定有后背板的机箱、插入机箱内的功能单板以及一个可拆卸、可监控的风扇单元组成，单板与风扇单元间设有尾纤托板作为引出尾纤的通道。

（1）单板结构　设备单板由面板、扳手、印刷电路板（PCB）组成，面板采用铝合金材料制作，上面有单板的名称、指示灯，某些面板上还包括开关和接口。

扳手为专利设计，采用PVC材料制作，扳手顶部设有锁定钮。在单板插入背板插座后，利用扳手可以将单板锁定在机箱上，保证连接的可靠性，扳手还可以起到增力的作用，以便顺利地拔出单板。

PCB板是单板的主体，前边与面板连接，后边装有背板连接插头，用于实现单板与背板的连接。

（2）风扇单元　ZXMP S320设有一个可拆卸、可监控的风扇单元，其结构尺寸如图8-58所示。

风扇单元采取抽拉式设计，插入机箱底层，根据需要可以方便地拆卸下来进行维护和清理。风扇单元内装有两个散热风扇，在风扇单元底部加装有可拆卸的防尘滤网。风扇组件面

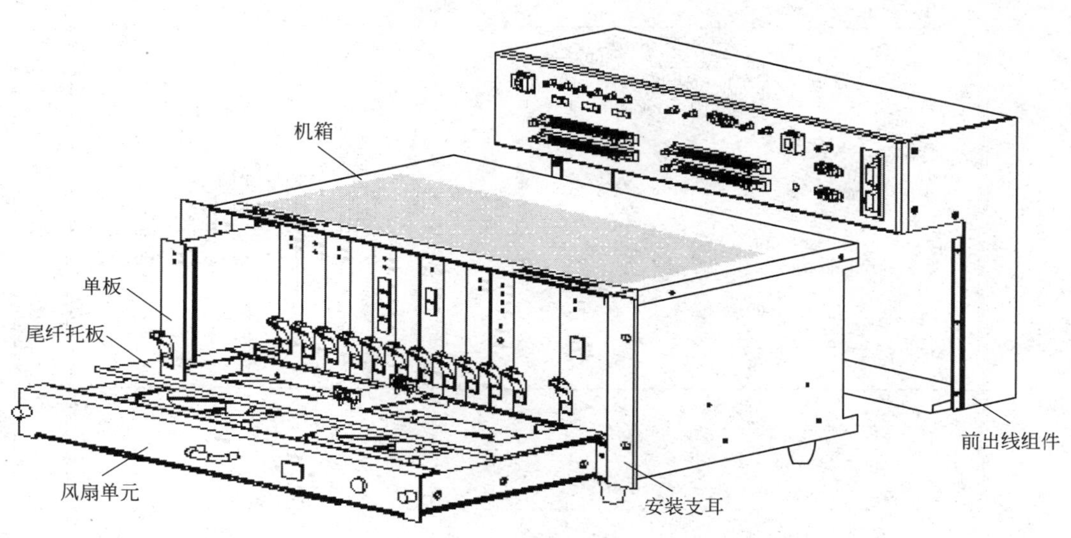

图 8-57　ZXMP S320 设备结构组成示意图

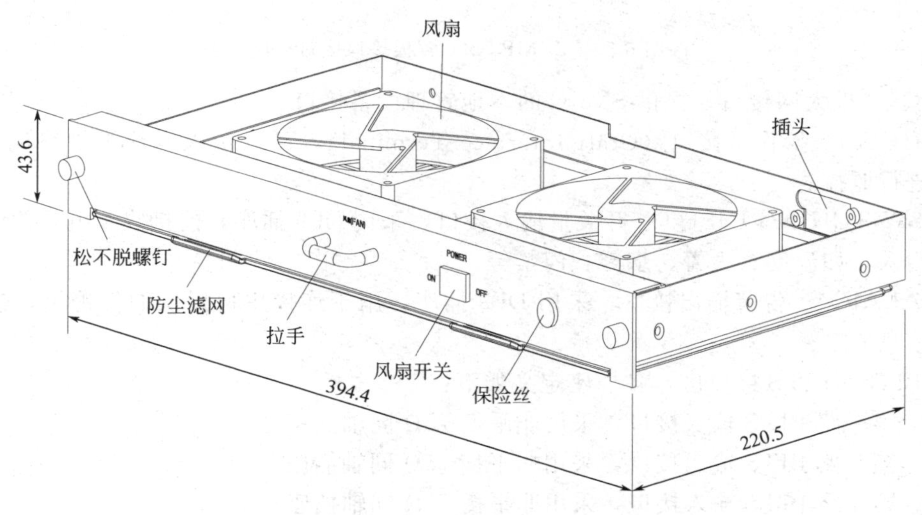

图 8-58　ZXMP S320 风扇单元示意图

板上装有风扇开关、保险丝、拉手以及固定螺钉等。

风扇单元通过一个插座与 ZXMP S320 后背板相连，其中包括供电电源线和风扇监控线，风扇的运行状态和告警信息可以通过风扇监控线传送到网管进行监视，如风扇出现故障或停转时，网管软件监测到后会发出告警，提醒设备维护人员及时进行处理，以避免由于散热不良而引起设备工作故障。

(3) ZXMP S320 接口说明　ZXMP S320 的支路线均从设备后背板接口引出，尾纤从光板的光接口引出，也可以经机箱内风扇单元上面的走线区顺延到机箱背板的尾纤过孔引出，数据、音频业务接口在各单板的面板上，设备背板的接口分布如图 8-59 所示。

ZXMP S320 背板的各个接口说明如下。

① POWER　−48V（+24V）电源插座。

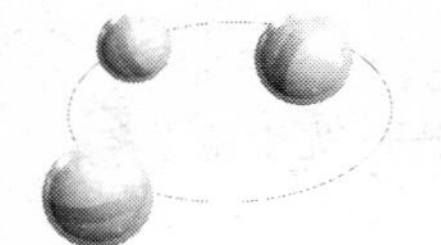

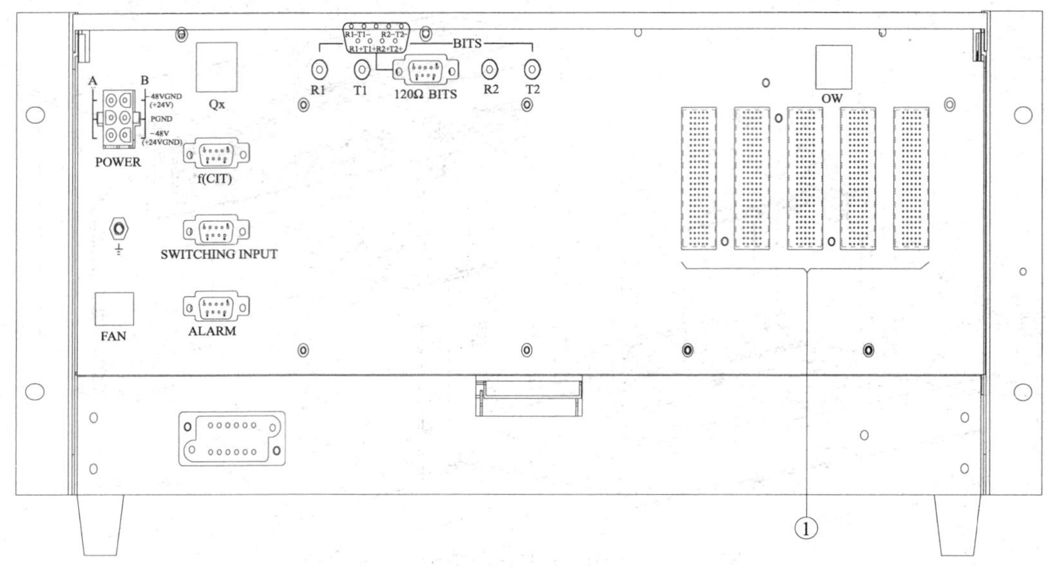

支路接口区

图 8-59　ZXMP S320 背板接口区排列图

② Qx　以太网接口，提供 SMCC 的本地管理设备接口。

③ f(CIT)　操作员接口（Craft Interface Terminal），可以接入本地维护终端（LMT）对设备进行监控。

④ SWITCHING INPUT　开关量输入接口，采用 DB9 插座，能接收 4 组开关量作为监控告警输入，如温度、火警、烟雾、门禁等。

⑤ ALARM　告警输出接口，采用 DB9 插座，用于连接用户提供的告警箱，输出设备的告警信息。

⑥ BITS　BITS 接口区，各插座定义如下：

R1：第一路 BITS 输入接口，采用非平衡 75Ω 同轴插座；

T1：第一路 BITS 输出接口，采用非平衡 75Ω 同轴插座；

R2：第二路 BITS 输入接口，采用非平衡 75Ω 同轴插座；

T2：第二路 BITS 输出接口，采用非平衡 75Ω 同轴插座；

120Ω BITS：平衡 120Ω BITS 接口，采用 DB9 插座，提供两路输入接口、两路输出接口。

⑦ OW　勤务话机接口，用于连接勤务电话机。

⑧ 支路接口区　采用 5 组插座，配合支路插座板，提供最多 63 路 2M 或 64 路 1.5M 信号接口，带支路保护的 34M/45M 接口也由这个接口区提供。

8.3.2　S320 系统总体结构

ZXMP S320 采用模块化设计，将整个系统划分为不同的单板，每个单板包含特定的功能模块，各个单板通过机箱内的背板总线相互连接。这样可以根据不同的组网需求，选择不同的单板配置来构成满足不同功能要求的网元设备，不仅提高了设备配置应用的灵活性，同时也提高了系统的可维护性。

（1）信号处理流程　ZXMP S320 设备的信号处理流程如图 8-60 所示。

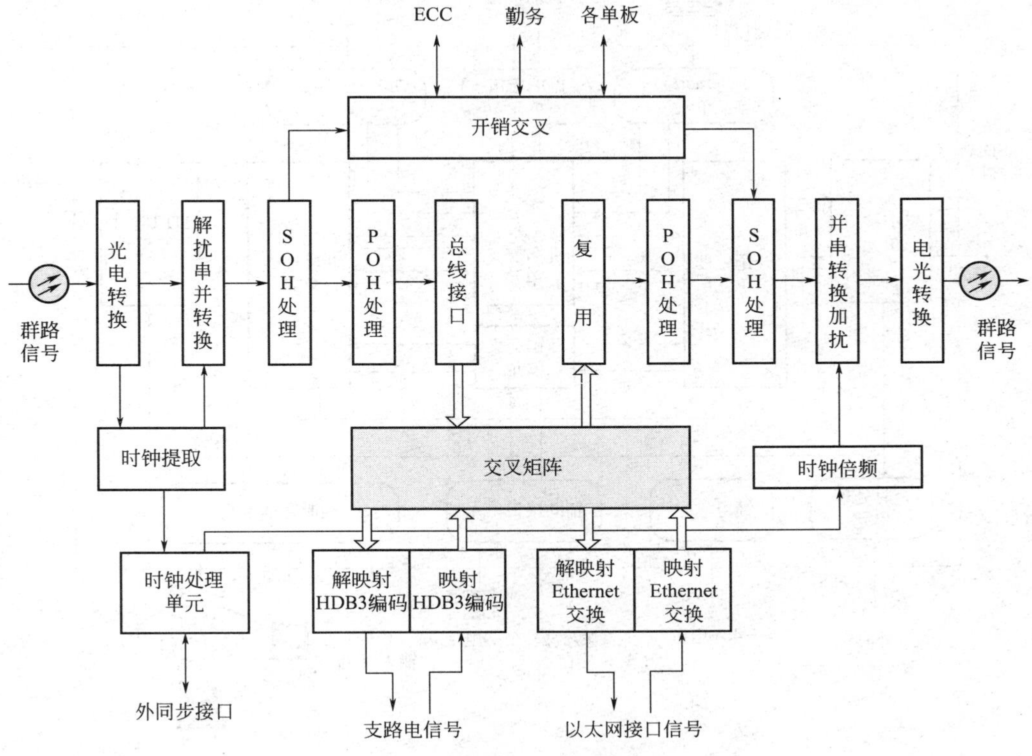

图 8-60　ZXMP S320 系统信号处理流程示意图

PDH 支路接口信号经过接口匹配以及适配、映射后，转换为 VC-4 或 VC-3 信号，在交叉矩阵内完成各个线路方向和各个接口的业务交叉。

以太网接口信号经过封包、交换，映射为 VC-12 信号，通过虚级联方式映射为 VC-4 信号送入交叉矩阵。在群路信号方向完成开销字节的处理，公务字节传递等。

时钟信号可以由线路信号提取，也可由外同步接口接入的外时钟源提供，并且支持 2M 支路时钟作为定时基准，系统时钟的选择由时钟处理单元进行。

（2）工作原理　ZXMP S320 在实际应用中，根据所能提供的 SDH 光接口最高速率等级不同，可分为两种应用方式：STM-1 级别应用和 STM-4 级别应用。对于这两种应用形式，系统的工作原理是一致的，其原理框图如图 8-61 所示。

SDH 接口、PDH 接口、Ethernet 接口信号经过各自的接口处理后，转换为 VC-4 或 VC-3 信号，其中 Ethernet 接口信号转换为 VC-4 信号，在业务交叉单元完成各个线路方向和各个接口的业务交叉。在开销处理单元分离段开销与净负荷数据后，将部分开销字节与来自辅助接口单元的开销字节一起进入开销交叉单元，实现各个方向的开销字节直通、上下和读写。

定时处理单元在整个业务流程中将系统时钟分配至各个单元，确保网络设备的同步运行。控制管理单元处理网元控制信息的开销字节，经开销处理单元提取网元运行信息，下发网元控制、配置命令。

设备采用后背板＋单板插件的实现方式，每种单板上承载图 8-61 中所示的功能单元，各种单板之间通过后背板相互连接，实现多种业务功能。各功能单元的具体说明如下。

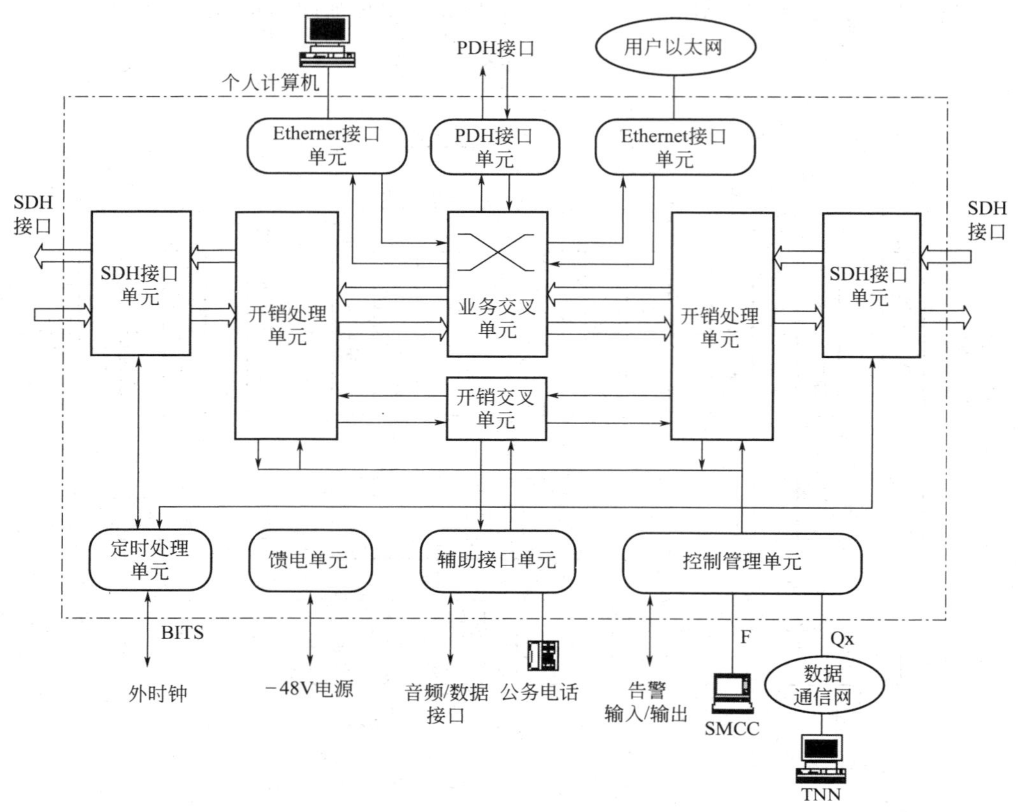

图 8-61 ZXMP S320 系统工作原理图

① 定时处理单元　定时处理单元由时钟板（SCB）实现，为设备提供系统时钟，实现网络同步。定时处理单元的时钟源可有多种选择：跟踪外部定时基准（BITS）、锁定某一方向的线路或支路时钟、在可用参考定时基准发生故障时进入保持或自由振荡模式。定时处理单元可以依据定时基准的状态信息实现定时基准的自动倒换，还能为其他设备提供标准的参考基准。

② 控制管理单元　控制管理单元由网元控制板（NCP）实现，完成网元设备的配置与管理，并通过数据通信链路实现网元间消息的收发和传递。控制管理单元提供与后台网管的多种接口，通过此单元可以上报和处理设备的运行、告警信息，下发网管对网元设备的控制、配置命令，实现传输网络的集中管理。

③ SDH 接口单元　ZXMP S320 的 SDH 接口可实现 STM-1，STM-4 两种接口速率，由 SDH 光/电接口板实现。SDH 接口可作为设备的群路或支路接口，完成接口的电/光转换和光/电转换、接收数据和时钟恢复、发送数据成帧。

④ 开销处理单元　开销处理单元在 ZXMP S320 中主要由各个 SDH 接口板及勤务板（OW）实现。开销处理单元用于分离 SDH 帧结构中的段开销和净负荷数据，实现开销插入和提取，并对开销字节进行相应的处理。

⑤ 业务交叉单元　业务交叉单元是 ZXMP S320 的核心功能单元，由交叉板（CSB）或全交叉光接口板实现，完成 AU-4、TU-3、TU-12、TU-11 等业务信号的交叉连接、倒换处理、通道保护等功能。业务交叉单元还是群路接口与支路接口之间业务信号的连接纽带。

⑥ 开销交叉单元　开销交叉单元由勤务板（OW）实现，完成段开销中E1字节、E2字节、F1字节以及一些未定义的开销字节间的交换功能。通过开销交叉单元，可以将开销字节送入其他段开销继续传输，也可以实现网元的辅助功能。

⑦ PDH接口单元　PDH接口用于实现设备的局内接口，包括E1、T1、E3、DS3等PDH电接口，由各种支路接口板实现。PDH接口单元完成电信号的异步映射/去映射后将信号送入交叉单元。

⑧ 以太网接口单元　以太网接口实现10/100M Ethernet接口，由4端口智能快速以太网板（SFE4）实现，完成以太网数据的透明传送以及以太网数据向SDH数据的映射功能。

⑨ 辅助接口单元　辅助接口由音频板和数据板实现，利用开销字节提供辅助的传输通道，实现语音和数据传输。

⑩ 馈电单元　馈电单元完成一次电源的保护、滤波和分配，为设备各单元提供工作电源。

8.3.3 ZXMP S320单板功能

ZXMP S320系统单板的名称、代号如表8-7所示。根据各单板实现的功能不同可分为背板、功能单板、业务处理单板三类。

表8-7　ZXMP S320单板汇总

序号	名　　称	代号	代号含义
1	－48V电源板	PWA	Power Board －48V
2	＋24V电源板	PWB	Power Board ＋24V
3	系统时钟板	SCB	System Clock Board
4	STM-1光接口板(AU-4)	OIB1	Optical Interface Board STM-1(AU-4)
5	ETSI映射结构2M支路板	ET1	Electrical Tributary board E1(ETSI)
6	通用E1/T1支路板	ET1G	Electrical Tributary General board T1/E1
7	34M支路板	ET3E	Electrical Tributary board E3
8	45M支路板	ET3D	Electrical Tributary board DS3
9	网元控制处理板	NCP	Netcell Control Processor
10	背板	MB1	Mother Board STM-1
11	交叉板	CSB	Cross Switch Board
12	勤务板	OW	OrderWire board
13	STM-1电接口板	EIB1	Electrical Interface Board STM-1
14	2线音频板	AIB2	Audio Interface Board 2 line
15	4线音频板	AIB4	Audio Interface Board 4 line
16	RS232数据板	DIA	Data Interface board A
17	RS422数据板	DIB	Data Interface board B(RS422)
18	RS485数据板	DIC	Data Interface board C(RS485)
19	STM-1光接口板(AU-3)	OIB	Optical Interface Board STM-1
20	支路插座板A	ETA	Electrical Tributary board E1 socket A
21	支路插座板B	ETB	Electrical Tributary board E1 socket B

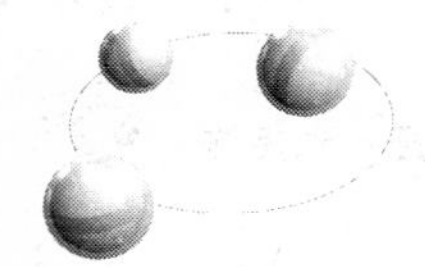

续表

序号	名　称	代号	代号含义
22	支路插座板 C	ETC	Electrical Tributary board E1 socket C
23	支路插座板 D	ETD	Electrical Tributary board E1 socket D
24	支路倒换板 A	TSA	Tributary Switch board A
25	T3/E3 支路倒换板	TST	Tributary Switch board of T3/E3
26	V. 35 数据接口板	V35D	V. 35 Data user interface board
27	全交叉 STM-4 光接口板	O4CS	Optical interface board STM-4(AU-4) of Cross Switch
28	全交叉 STM-1 光接口板(以后提供)	O1CS	Optical interface board STM-1 of Cross Switch
29	音频接口板	AI	Audio Interface board
30	数据接口板	DI	Data Interface board
31	4 端口智能快速以太网板	SFE4	Smart Fast Ethernet 4
32	双电源板	DPB	Dual-Power Board
33	前出线转接板	FCB	Front Cable Board

(1) 背板（MB1）　背板作为机箱的后背板，固定在机箱中，是连接各个单板的载体，同时也是设备同外部信号的连接界面。在背板上分布有数据总线、时钟信号线、帧信号线、开销时钟信号线以及板在位线、电源线等，通过遍布背板的插座将各个单板之间、设备和外部信号之间联系起来。

根据映射结构和数据接口不同，MB1 可分为 MB1E、MB1A。

(2) 功能单板

① 电源板（PWA、PWB、PWC）　电源板主要提供各单板的工作电源，相当于一个小功率的 DC/DC 电压变换器，能为设备内的各单板提供运行所需的＋3.3V、＋5V、－5V 和－48V 直流电源。为满足机房不同的供电环境，设备提供了 PWA、PWB 和 PWC 3 种电源板，分别适用于一次电源为－48V、＋24V 和～220V 的情况。为提高系统供电的可靠性，ZXMP S320 支持电源板的热备份工作方式。

电源板外形如图 8-62 所示。

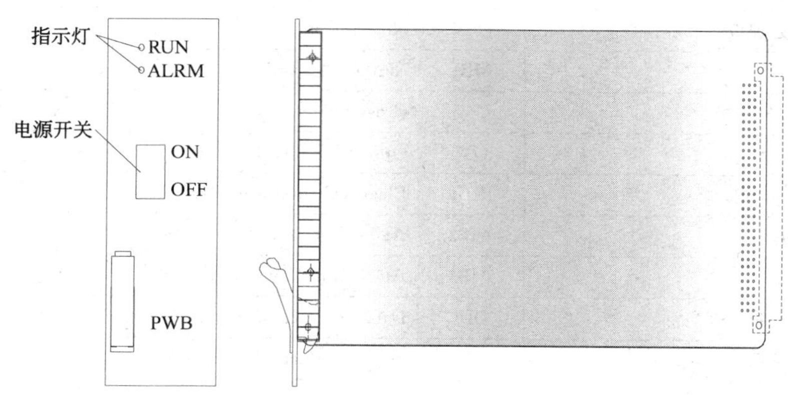

图 8-62　电源板外形示意图

面板上设有 2 个状态指示灯，由上到下分别标志为“RUN”和“ALRM”，用于指示本板的工作状态，各个指示灯的含义如下：

• “RUN”是运行指示灯，为绿色，长亮表示本板正常运行；

• “ALRM”是告警指示灯，为红色，本板有告警时长亮，随告警的消失而熄灭。当设备接入一次电源后，电源板开关未接通时这个指示灯长亮，即安装电源板但未打开面板上的电源开关被视为告警。

② 网元控制处理板（NCP）　NCP 是一种智能型的管理控制处理单元，在网络管理结构中的位置如图 8-63 所示。作为整个系统的网元级监控中心，向上连接子网管理控制中心（SMCC），向下连接各单板管理控制单元（MCU），收发单板监控信息，具备实时处理和通信能力。完成本端网元的初始配置，接收和分析来自网管控制中心的命令，通过通信口对各单板下发相应的操作指令，同时将各单板上报的消息转发网管，控制本端网元的告警输出和监测外部告警输入，实现各单板复位。

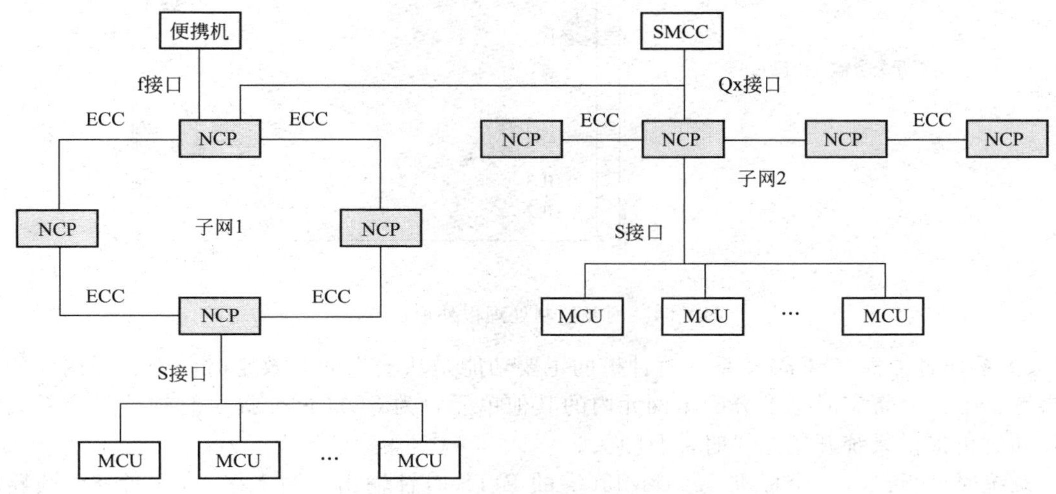

图 8-63　S320 网络管理结构示意图

NCP 板的工作状态　NCP 板有三种工作状态，分别为配置状态、监视状态和正常启动状态，可通过拨码开关和截铃按钮进行设置。

• 配置状态。用于本地下载应用程序和设置单板的初始参数。

• 监视状态。用于监视单板运行状态，仅在调试时使用。

• 正常启动状态。单板正常工作状态，在这种状态下可以实现网元的业务功能和网管监控。

NCP 单板提供的接口

• S 接口。NCP 板与其他单板的通信接口。

• ECC 通道。SDH 网元之间交流信息的通道。

• Qx 接口。网元与子网管理中心（SMCC）的通信接口。

• F 接口。网元与本地管理终端（LMT）之间的通信接口。

• 外部告警输入接口。

• 单板复位。

NCP 板的指示灯　网元控制处理板外形如图 8-64 所示。面板上共有 4 个状态指示灯，由上到下分别标志为“RUN”，“MN”，“MJ” 和 “CR”。这些指示灯可以反映网元的工作状态，各指示灯含义如下。

• “RUN”是运行指示灯，为绿色。长亮表示等待配置数据，1s 闪烁 1 次表示 NCP 板

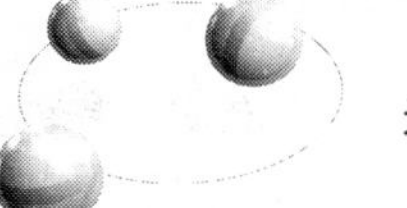

正常运行且已有网管主机登录和管理，1s 闪烁 2 次表示系统正常运行，但没有网管主机登录。

•“MN”是一般告警指示灯，为黄色，本端网元有一般告警时长亮，随告警的消失而熄灭。

•“MJ”是主要告警指示灯，为红色，本端网元有主要告警时长亮，随告警的消失而熄灭。

•“CR”是严重告警指示灯，为红色，本端网元有严重告警时长亮，随告警的消失而熄灭。

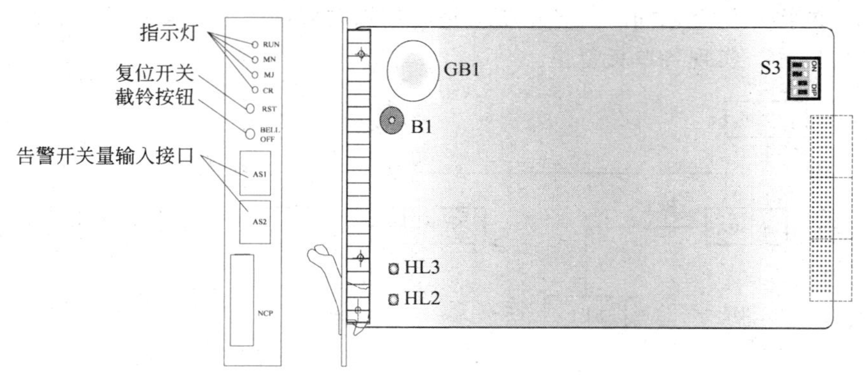

图 8-64　网元控制处理板外形示意图

③ 系统时钟板（SCB）　系统时钟板的主要功能是从输入的有效定时源中选择网元的定时参考基准，并将定时基准分配至网元内的其他单元，为 SDH 网元提供时钟信号和系统帧头，同时也提供系统开销总线时钟及帧头。

系统时钟板设有 2 个标准 2.048Mbit/s 的 BITS 时钟输出、输入接口，6 个 8K 线路时钟输入基准和 5 路可选支路时钟输入基准，根据各时钟基准源的告警信息以及时钟同步状态信息（SSM）完成时钟基准源的保护倒换。为提高系统同步定时的可靠性，单板支持热备份工作方式。

SCB 板的工作模式　系统时钟板实现时钟同步、锁定等功能的过程中有 4 种工作模式：

• 快捕方式。指 SCB 板选择基准时钟源到锁定基准时钟源的过程。

• 跟踪方式。指 SCB 板已经锁定基准时钟源的工作方式，这也是 SCB 板的正常工作模式之一。

• 保持方式。当所有的定时基准丢失后，SCB 板进入保持方式，保持方式的保持时间为 24h。

• 自由运行方式。当设备丢失所有的外部定时基准，而且保持方式的时间结束后，SCB 板的内部振荡器工作于自由振荡方式，为系统提供定时基准。

SCB 板指示灯　系统时钟板外形如图 8-65 所示。SCB 板面板上设有 2 个状态指示灯，由上到下分别标志为“RUN”和“ALM”，用于指示本板的工作状态，各个指示灯的含义如下：

• “RUN”是运行指示灯，为绿色，1s 闪烁 1 次表示本板正常运行；

• “ALM”是告警指示灯，为红色，本板有告警时长亮，随告警的消失而熄灭。

• 系统时钟板的 PCB 板上有一个指示灯标志为 HL3，绿色，亮时表示该板正向背板输出时钟。

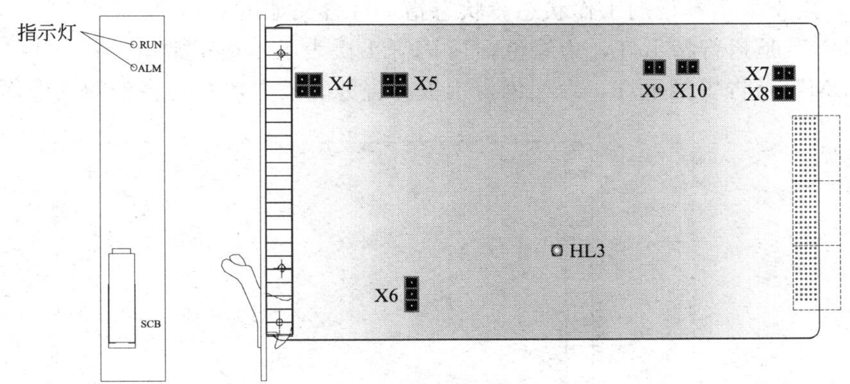

图 8-65 系统时钟板外形示意图

④ 勤务板（OW） 勤务板利用SDH段开销中的E1字节和E2字节提供两条互不交叉的话音通道，一条用于再生段（E1），一条用于复用段（E2），从而实现各个SDH网元之间的语音联络。

通过网管软件可以实现点对点、点对多点、点对组、点对全线的呼叫和通话。

勤务板外形如图 8-66 所示。面板上设有 2 个状态指示灯，由上到下分别标志为“RUN”、“ALM”，用于指示本板的工作状态。

- “RUN”是运行指示灯，为绿色，1s 闪烁 1 次表示本板正常运行。
- “ALM”是告警指示灯，为红色，本板有告警时长亮，并随告警的消失而熄灭。

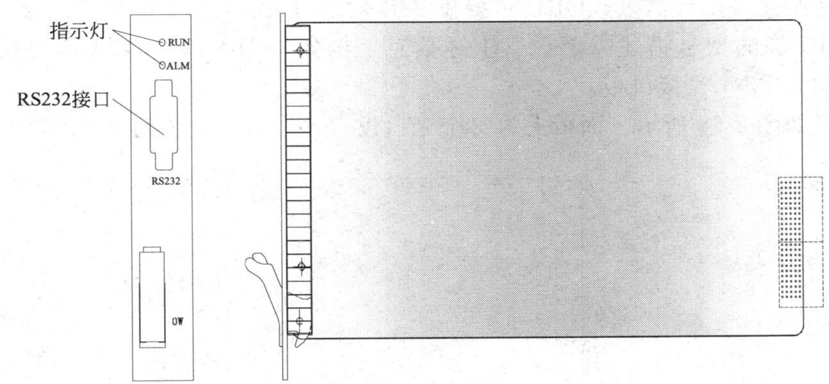

图 8-66 勤务板外形示意图

⑤ 增强型交叉板（CSBE） 增强型交叉板在系统中主要完成信号的交叉和保护倒换等功能，实现上下业务及带宽管理。

增强型交叉板位于光线路板和支路板之间，可以对 2 个 STM-4 光方向，4 个 STM-1 光方向和一个支路方向的信号进行低阶全交叉，实现 VC-4、VC-3、VC-12 级别的交叉连接功能，完成群路到群路、群路到支路、支路到支路的业务调度，并可实现通道和复用段业务的保护倒换功能。

在通道保护配置时，增强型交叉板可以自行根据支路告警完成倒换，在复用段保护配置时，可以根据光线路板传送的倒换控制信号完成倒换。为提高系统的可靠性，设备支持单板的热备份工作方式。

单板外形如图 8-67 所示。面板上设有 2 个状态指示灯，由上到下分别标志为“RUN”

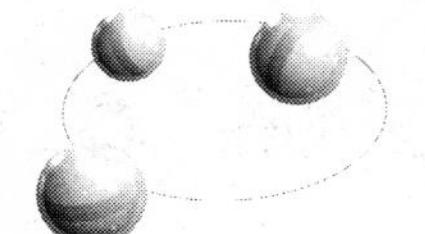

和“ALM”，用于指示本板的工作状态。状态指示灯含义如下：

- “RUN”是运行指示灯，为绿色，1s 闪烁 1 次表示本板正常运行；
- “ALM”是告警指示灯，为红色，本板有告警时长亮，并随告警的消失而熄灭。

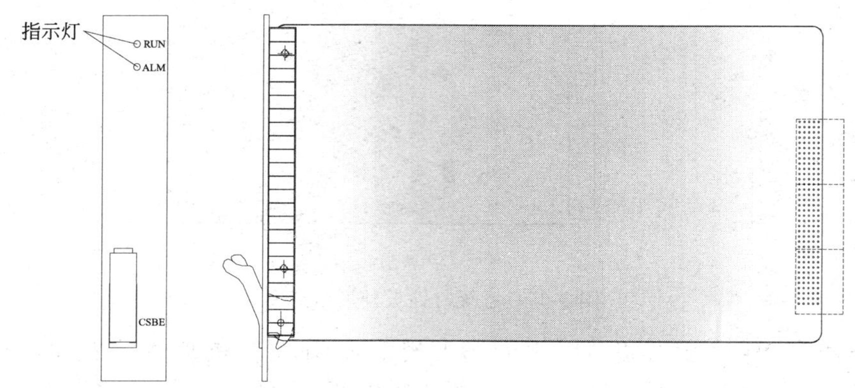

图 8-67　增强型交叉板外形示意图

（3）业务处理单板

① STM-1 光接口板（OIB1）　STM-1 光接口板对外提供 1 路或 2 路的 STM-1 标准光接口，实现 VC-4 到 STM-1 之间的开销处理和净负荷传递，完成 AU-4 指针处理和告警检测等功能。

提供一路光接口的 OIB1 表示为 OIB1S，提供两路光接口的 OIB1 表示为 OIB1D，为满足不同的传输距离等工程需求，OIB1 可提供 S-1. 1、L-1. 1、L-1. 2 等多种光接口收发模块，对于一个 OIB1 板的型号描述需要包含上述信息，例如，OIB1DS-1. 1 表示提供两路 S-1. 1 标准光接口的 STM-1 光接口板。

单板外形如图 8-68 所示。面板上为每个光口设有一个可变颜色的线路状态指示灯。

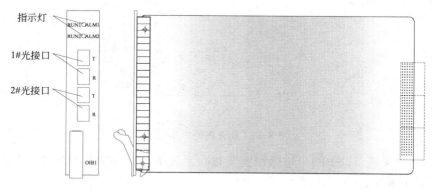

图 8-68　STM-1 光接口板（OIB1D）外形示意图

OIB1D 面板上设有两个指示灯，由上至下分别标志为“RUN1 ALM1”和“RUN2 ALM2”，分别对应于 1 光口和 2 光口的线路工作状态。OIB1S 面板上有一个指示灯，标志为“RUN1 ALM1”。

当指示灯为绿色，1s 闪烁 1 次时，表示本板正常运行；指示灯为红色，1s 闪烁 1 次表示对应光路有告警。

② 全交叉 STM-4 光接口板（O4CS）　全交叉 STM-4 光接口板对外提供 1 路或 2 路 STM-4 的光接口，完成 STM-4 光路/电路物理接口转换、时钟恢复与再生、复用/解复用、

段开销处理、通道开销处理、支路净负荷指针处理以及告警监测等功能。

提供一路光接口的 O4CS 表示为 O4CSS，提供两路光接口的 O4CS 表示为 O4CSD，为满足不同的传输距离等工程需求，O4CS 可提供 I.4、S-4.1、L-4.1、L-4.2 等多种光接口收发模块，O4CS 板的型号描述需要包含上述信息，例如，O4CSD S-4.1 表示提供两路 S-4.1 标准光接口的全交叉 STM-4 光接口板。

③ 全交叉 STM-1 光接口板（O1CS）　O1CS 与 O4CS 一样可以对外提供 2 个光接口，完成光路/电路物理接口转换、时钟恢复与再生、复用/解复用、段开销处理、通道开销处理、支路净负荷指针处理以及告警监测等功能。

④ 电支路板（ET1，ET3）

• ET1 单板　ET1 可以完成 8 路或 16 路 E1 信号（2Mbit/s）经 TUG-2 至 VC-4 的映射和去映射，对本板 E1 支路信号的性能和告警进行分析和上报，但对支路信号的内容不作任何处理。支路信号的对外连接是通过背板接口区连接相应型号的支路插座板实现。

ET1 从 E1 支路信号抽取时钟并供系统同步定时使用。

• ET3 单板　ET3 单板兼容 E3 信号（34Mbit/s）和 DS3 信号（45Mbit/s），通过设置可以选择支持的支路信号接口，对应于 E3 信号的 ET3 板型号表示为 ET3E，对应于 DS3 信号的 ET3 板型号表示为 ET3D。

ET3 可以完成 1 路 E3/DS3 信号经 TUG-3 至 VC-4 的映射和去映射，对本板 E3/DS3 支路信号的性能和告警进行分析和上报，但对支路信号的内容不作任何处理。支路信号的对外连接是通过背板接口区连接相应型号的支路插座板来实现。

8.3.4　E300 网管

中兴通讯公司的网络管理系统可以是一个 SDH 管理子网（SMS），也可以是一个 SDH 管理网（SMN），Unitrans ZXONM 是光传输网管系列产品的产品商标，网元管理层提供 E100/E300/E400 解决方案，网络管理层提供 ZXONM N100 解决方案。

（1）网管层次　网管层次如图 8-69 所示，分为 4 层：设备层（MCU），网元层（NE），

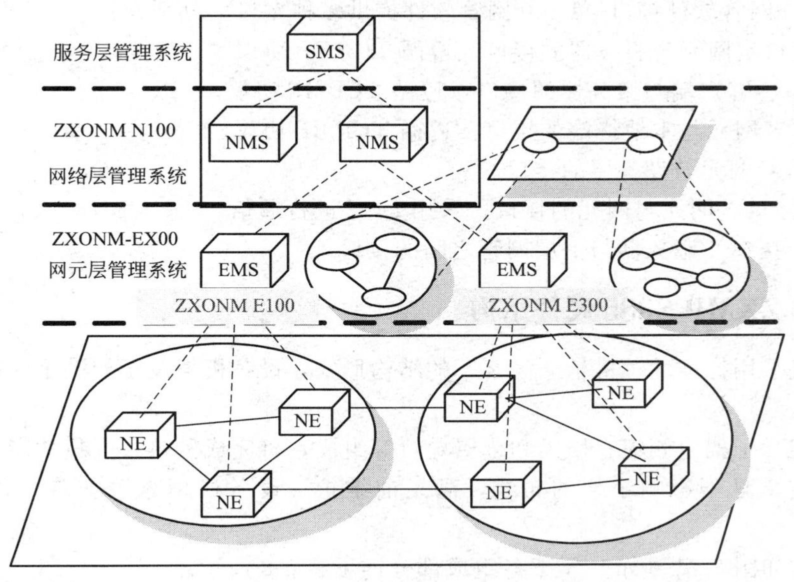

图 8-69　网管层次

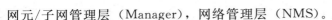

网元/子网管理层（Manager），网络管理层（NMS）。

① 设备层（MCU） 负责监视单板的告警、性能状况，接收网管系统命令，控制单板实现特定的操作。

② 网元层（NE） 在网管系统中为 Agent，执行对单个网元的管理职能，在网元上电初始化时对各单板进行配置处理，正常运行状态下负责监控整个网元的告警、性能状况，通过网关网元接收网元管理层的监控命令并进行处理。

③ 网元管理层（Manager） 用于控制和协调一系列网元。

④ 子网管理层 其组成结构和网元管理层类似，对网元的配置、维护命令通过网元管理层网管间接实现。子网管理系统下发命令给网元管理系统，网元管理系统再转发给网元，执行完成后，网元通过网元管理系统给子网管理系统应答。

（2）软件组成 ZXONM E300 网管系统软件包括用户界面（GUI）、管理者（Manager）、数据库（Database）和网元（Agent）4 部分。其组成如图 8-70 所示。

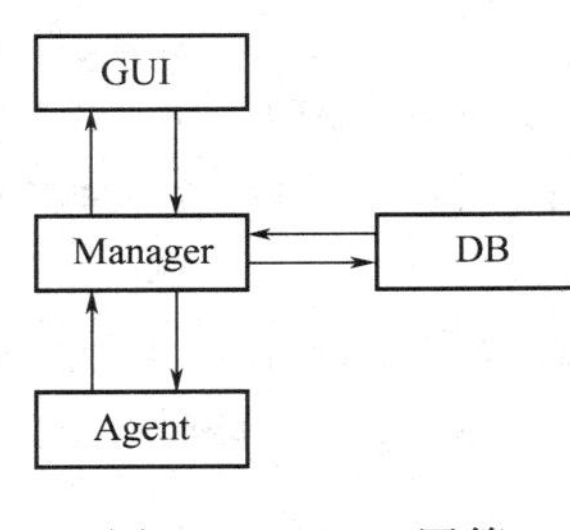

图 8-70 E300 网管软件组成

① 用户界面 也称为客户端（Client），基本上不保存动态的网管数据，这些数据在用户界面使用时通过管理者从数据库中提取。

② 管理者 也称为服务器（Server）。

③ 数据库（DB） 主要完成界面和管理功能模块的信息查询，配置、告警等信息的存储，数据一致性的处理。

④ 网元 位于网元层。

网管软件各个模块之间是客户端/服务器（Client/Server）的关系：

① GUI 和 Manager 之间，GUI 是客户端，Manager 是服务端；

② Manager 和 DB 之间，Manager 是客户端，DB 是服务端；

③ Manager 和 Agent 之间，Manager 是客户端，Agent 是服务端；

④ 客户端向服务端发送请求，服务端接收请求，处理分析后作出相应的处理。

（3）E300 网管软件接口 E300 网管软件提供多种接口，分别为：

① Qx 接口 网元与服务器的接口，遵循 TCP/IP 协议。

② F 接口 客户端与服务器的接口，遵循 TCP/IP 协议。

③ f 接口 网元与本地终端的接口，遵循 TCP/IP 协议。

④ S 接口 网元与设备层的接口。

⑤ ECC 接口 网元与网元的接口，采用 DCC 进行通信。

⑥ Corba 接口 服务器与上层网管之间的接口。

8.3.5 ZXMP S385 硬件结构

设备整机采用标准的“机柜＋子架”的结构形式，设备机柜及子架满足前操作、前维护的使用要求。

（1）子架 子架由侧板、横梁和金属导轨等组成，可完成散热、屏蔽功能。子架可以在机柜正面固定，且不影响子架的布线，满足前维护、设备机柜靠墙安装、背靠背安装的要求。

子架结构如图 8-71 所示。子架各组成部分详见表 8-8 所示。

（2）背板 背板固定在子架中，是连接各单板的载体，也是设备同外部信号的连接

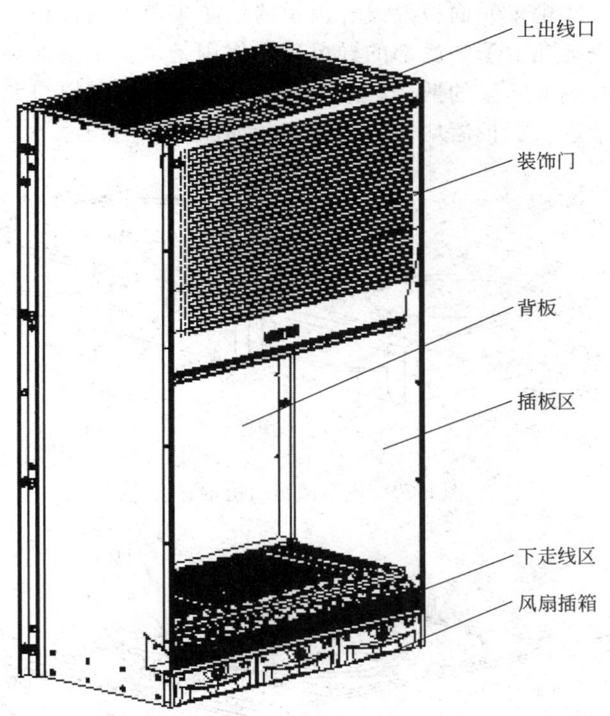

图 8-71　子架结构示意图

表 8-8　子架各部分简要说明

名称	在子架中的位置	简要说明
装饰门	子架上层插板区	可灵活拆卸，具有装饰、通风、屏蔽的功能
背板	子架后部	设有单板连接插座，各单板通过插座和背板的各种总线连接
插板区	子架中部	插板区分为上、下两层，上层插业务/功能接口板，下层插业务/功能板。插板区上层有 15 个槽位，下层有 16 个槽位
风扇插箱	子架插板区下面	用于对设备进行强制风冷散热。风扇插箱装有 3 个独立的风扇盒，每个风扇盒单独和风扇背板（FMB）连接，维护方便
安装支耳	子架后部（左、右各一）	用于在机柜内固定子架

界面。

背板上部为子架接口，为子架提供电源插座和信号连接接口；中部正对插板区，为各槽位单板提供信号插座和电源插座；下部正对风扇插箱，为风扇插箱提供电源插座和信号插座。

（3）风扇插箱　ZXMP S385 风扇插箱是散热降温部件，其结构如图 8-72 所示。每个子架配置 1 个风扇插箱，风扇插箱里面装有独立的 3 个风扇盒，风扇盒的结构如图 8-73 所示。每个风扇盒通过风扇盒后面的插座和风扇背板进行电气连接。风扇盒有单独的锁定功能，面板上设有运行、告警指示。

（4）防尘单元　防尘单元的作用是保证设备子架内的清洁，避免灰尘堆积影响设备散热。如图 8-74 所示。

ZXMP S385 运行过程中，防尘单元会吸附灰尘，需要定期对防尘滤网进行清洗，以免影响设备的通风散热。防尘单元面板上设有提示清洁防尘单元的标识点。

（5）导风单元　安装在上子架底部的导风单元作用是从机柜前面导入冷风，防止下子架的热风进入上子架，影响上子架的散热；安装在下子架底部的导风单元作用是从机柜前面导入冷风，防止柜底灰尘进入机柜后堵塞防尘滤网。如图 8-75 所示。

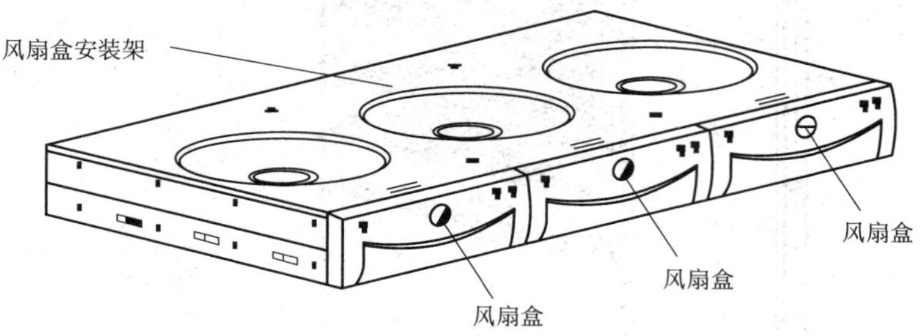

图 8-72　风扇插箱结构示意图

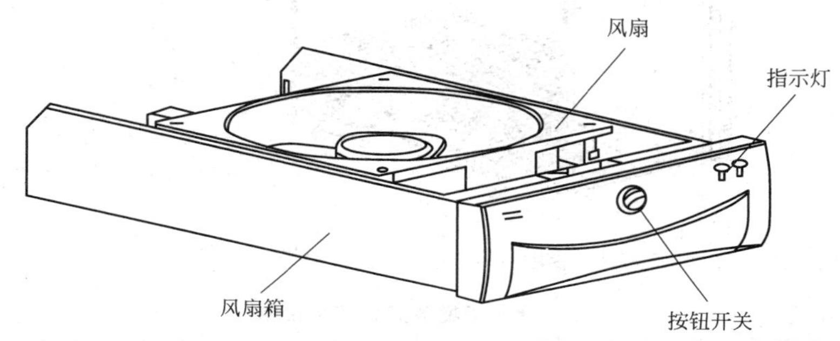

图 8-73　风扇盒结构示意图

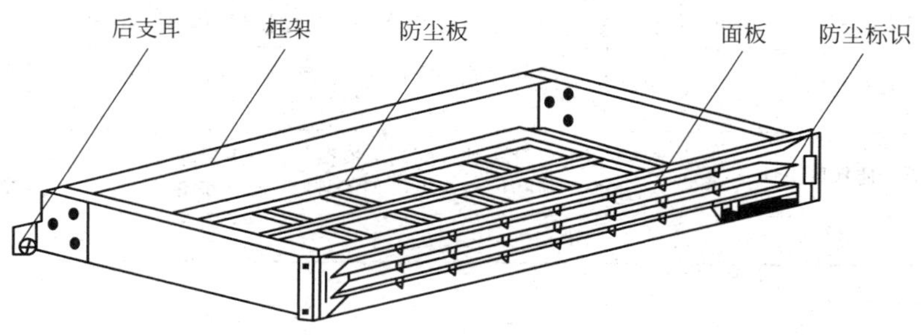

图 8-74　防尘单元结构示意图

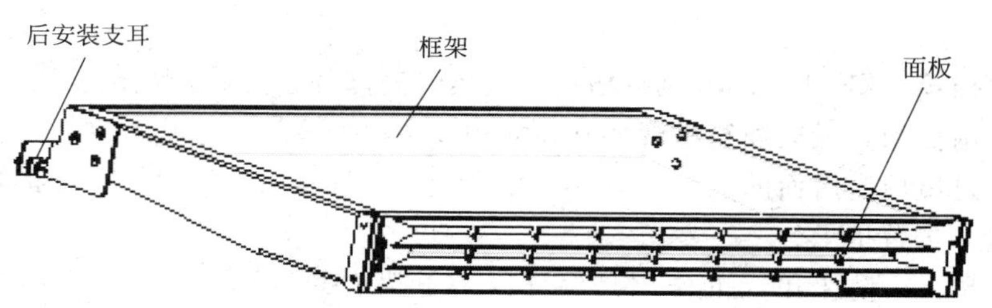

图 8-75　导风单元结构示意图

（6）电源分配箱　电源分配箱安装在机柜上方，用于接收外部输入的主、备电源。电源分配箱对外部电源进行滤波和防雷等处理后，分配主、备电源各 6 对至各子架。如图 8-76 所示。

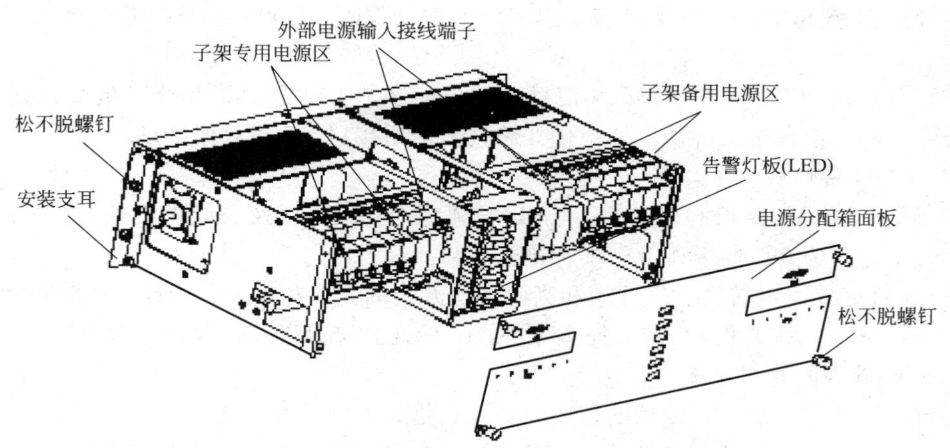

图 8-76　电源分配箱结构示意图

8.3.6　S385 单板功能简介

设备采用模块化设计，将整个系统划分为不同的单板，各个单板通过机箱内的背板总线相互连接，单板在设备子架中的位置如图 8-77 所示。

电接口板/接口桥接板槽位 61	电接口板/接口桥接板槽位 62	电接口板/接口桥接板槽位 63	电接口板/接口桥接板槽位 64	电接口板/接口桥接板槽位 65	OW 17	NCP 18	NCP 19	QxI 66	SCI 67	电接口板/接口桥接板槽位 68	电接口板/接口桥接板槽位 69	电接口板/接口桥接板槽位 70	电接口板/接口桥接板槽位 71	电接口板/接口桥接板槽位 72

业务槽位 1	业务槽位 2	业务槽位 3	业务槽位 4	业务槽位 5	业务槽位 6	业务槽位 7	CSA/CSI 8	CSA/CSI 9	业务槽位 10	业务槽位 11	业务槽位 12	业务槽位 13	业务槽位 14	业务槽位 15	业务槽位 16

FAN1	FAN2	FAN3

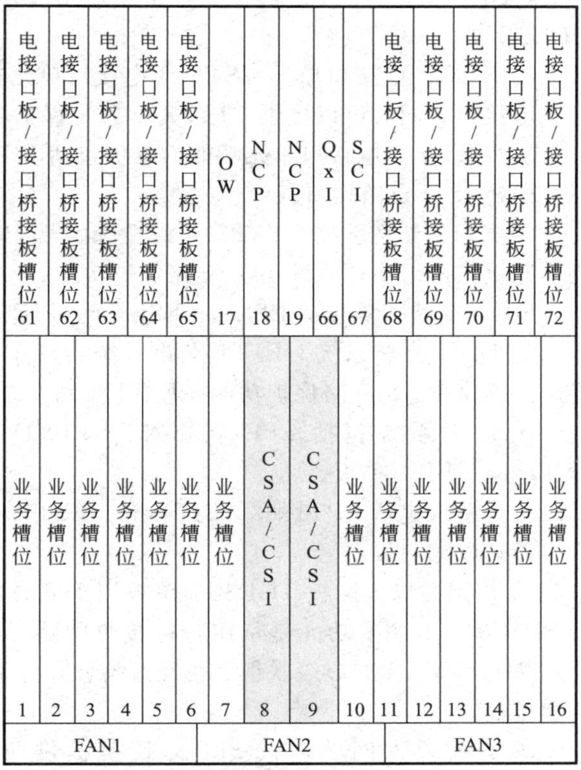

注：图中数字代表槽位序号

图 8-77　子架插板示意图

（1）功能板及功能接口板

① 网元控制板 NCP 及 Qx 接口板 QxI　网元控制板提供设备网元管理功能，是系统网元级的监控中心。上连网管，下接单板监控信息，具备纵向和横向实时处理和通信的能力。单板能在网管服务器不接入的情况下，收集网元的管理信息并简单控制管理网元。

Qx 接口板 QxI 提供电源接口、告警指示单元接口、列头柜告警接口、辅助用户数据接口、网管 Qx 接口和扩展框接口。

② 交叉时钟板 CS 及时钟接口板 SCI

交叉时钟板 CS　交叉时钟板是整个系统功能的核心，单板完成多业务方向的业务交叉互通、1∶N PDH 业务单板/数据业务单板保护倒换控制以及实现网同步等功能。设备提供两种交叉板，以

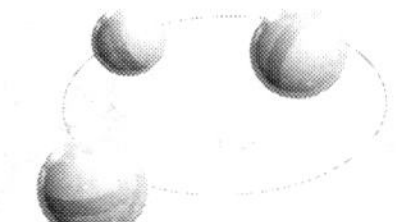

适应不同的系统和不同的组网选择。

• CSA　最大交叉容量为 40G。

• CSE　最大交叉容量为 180G。

时钟接口板 SCI　时钟接口板 SCI（SCIH、SCIB）为 CSA/CSE 提供外部参考时钟接口。

(2) 公务板 OW　采用 STM-N 信号中的公务字节，结合网管和交叉板交叉处理功能，实现公务呼叫、会议通话等功能，提供 3 路模拟电话接口、5 路数据接口。

(3) SDH 接口板

① STM-64 光线路板 OL64　提供 STM-64 标准光接口以及总线供业务上、下。每块单板提供一个速率为 9953.28Mbit/s 的标准光接口。

OL64 板完成光电转换、段开销和高阶通道开销的提取和插入、指针处理等功能。

② STM-16 光线路板 OL16　提供 STM-16 标准光接口以及总线供业务上、下，速率为 2488.320Mbit/s 的光线路板。

完成低速信号的复用、开销的提取和插入、指针处理等的功能。

③ STM-4/STM-1 光线路板 OL4/OL1　OL4/OL1 板提供 STM-4/STM-1 标准光接口。OL4 板是速率为 622.080Mbit/s 的光线路板，可实现 VC-4-4C 的实级联。OL1 板是速率为 155.520Mbit/s 的光线路板。

OL4/OL1 完成光电转换、接收数据的帧定位、段开销提取与插入、告警检测等功能。

OL4 板可提供 1 个、2 个或 4 个 STM-4 标准光接口，代号分别为 OL4、OL4x2、OL4x4D12；OL1 板可提供 2 个、4 个或 8 个 STM-1 标准光接口，代号分别为 OL1x2、OL1x4、OL1x8。

④ STM-1 电接口单元　STM-1 电接口单元主要对外提供 8（或者 4）个方向的 STM-1 标准电接口，同时可以提供 1∶N（N≤4）保护功能。

实现 STM-1 电接口单元功能的单板包括 LP1x4、LP1x8、ESS1x4、ESS1x8、BIE3。

(4) PDH 支路接口板

① E3T3 支路系统　E3T3 支路系统实现 PDHE3/T3 电信号的异步映射/去映射的功能，并提供两组 1∶N(N≤4) 支路保护功能。

E3T3 支路系统包括 EP3x6、ESE3x6、BIE3 单板。

② E1T1 支路系统　E1T1 支路系统实现 PDHE1/T1 电信号的异步映射/去映射的功能，并提供 1∶N 支路保护功能。E1T1 支路系统由 E1 分系统和 T1 分系统组成。

• E1 分系统包括 EPE1x63(75)、EPE1x63(120)、EIE1x63、EIT1x63、ESE1x63、EST1x63、BIE1 单板。

• 分系统包括 EPT1x63、EIT1x63、EST1x63、BIE1 单板。

(5) 以太网板

① 传千兆以太网板 TGE2B　单板用于完成将用户侧 2 路 1000M 以太网数据透明转发到 SDH 侧。其主要功能是从用户侧接收两路千兆以太网信号，进行相应的封装协议处理后，映射到 VC-4 的虚级联组，再经过指针和开销的再生后送往背板。发送方向是如上所述的逆过程。

② 智能以太网处理板 SEC　设备提供两种增强型智能以太网处理板 SECx48 和 SECx24。SECx48 可实现 48∶1 的汇聚比，SECx24 可实现 24∶1 的汇聚比。

完成 10M/100M 和 1000M 自适应以太网业务的接入、L2 层的数据转发以及以太网数据向 SDH 数据的映射，并提供 10M/100M 电业务的 1∶N 保护功能。

单板只提供 1 个 1000M 以太网接口。10M/100M 以太网接口由接口板/接口倒换板提供，通过更换接口板/接口倒换板可提供 10M/100M 电接口或 100M 光接口。

单板和接口倒换板、接口桥接板配合可实现 10M/100M 电业务的 1∶N（N≤4）保护功能。

（6）光放大板 OA　单板通过放大 1550nm 波长（1530～1562nm 波长范围）的光功率，提高系统无中继的传输距离，为光信号提供透明的传送通道，数据速率包括 10Gbit/s、2.5Gbit/s、622Mbit/s 和 155Mbit/s。

按照光放大板所处的位置分类，光放大板包括功率放大板 OBA 和前置放大板 OPA。

① OBA 板按照最大输出光功率分为 OBA12、OBA14、OBA17 和 OBA19。

② OPA 板按照最大输入光功率分为 OPA32 和 OPA38。

8.4　传输系统故障处理

本节主要介绍在日常工作中如何进行传输系统的故障定位、排除的处理方法。

8.4.1　故障定位思路

在处理设备故障时，设备维护人员应按照正确的处理流程，并遵循一“查看”、二“询问”、三“思考”、四“动手”的基本原则处理故障。故障处理流程如图 8-78 所示。

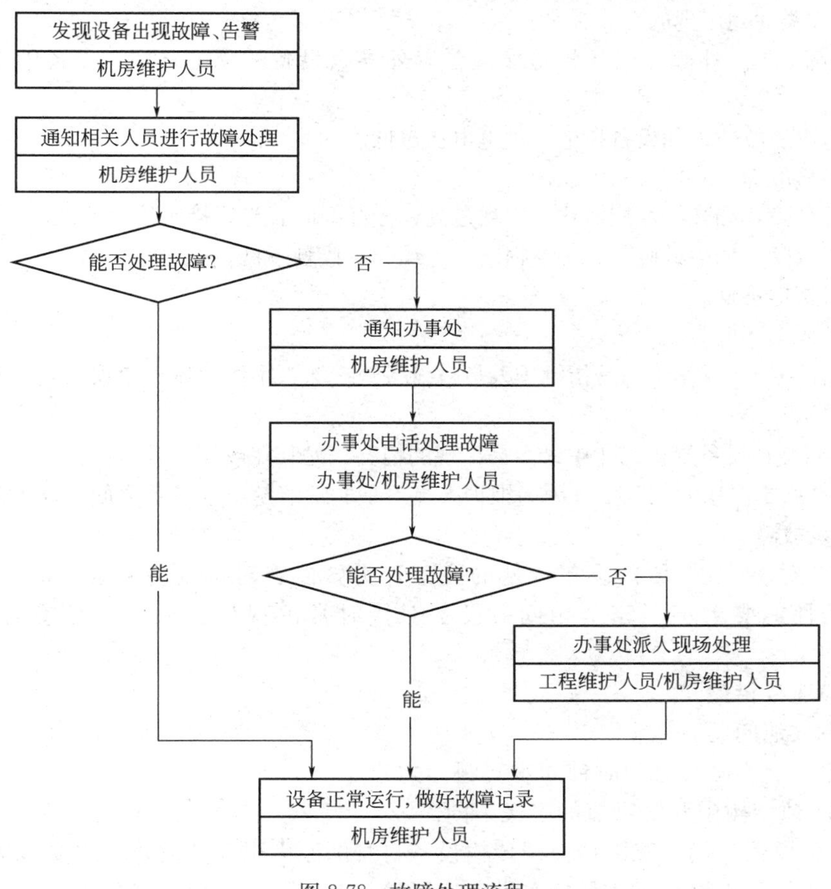

图 8-78　故障处理流程

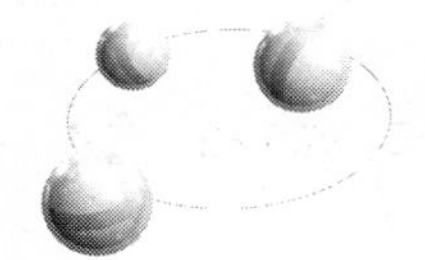

8.4.2 故障处理的基本原则

（1）查看　维护人员到达现场后，首先应仔细查看设备的故障现象，包括设备的故障点、告警原因、严重程度、危害程度。只有全面了解设备的故障现象，才能透过现象看本质。

（2）询问　观察完故障现象后，应询问现场操作人员，有没有直接原因造成此故障，比如修改数据，删除文件，更换电路板，停电，雷击等。

（3）思考　根据现场查看的故障现象和询问的结果，结合自己的知识进行分析，进行故障定位，判断故障点和故障原因。

（4）动手　在通过前面 3 个步骤找出故障点后，维护人员可以采取适当的操作来排除故障，如修改配置数据、更换板件。

8.4.3 故障原因

常见故障原因有工程问题、外部原因、操作不当、设备对接问题以及设备原因。

（1）工程问题　工程问题是指由于工程施工不规范、工程质量差等原因造成的设备故障。此类问题有的在工程施工期间就会暴露出来，有的可能在设备运行一段时间或某些外因作用下，才暴露出来，为设备的稳定运行埋下隐患。

产品的工程施工规范是根据产品的自身特点，并在一些经验教训的基础上总结出来的规范性说明文件。因此，严格按工程规范施工安装，认真细致的按规范要求进行单点和全网的调试和测试，是阻止此类问题出现的有效手段。

（2）外部原因　外部原因是指传输设备以外导致设备故障的环境、设备因素，包括以下几类。

① 供电电源故障，如设备掉电、供电电压过低。

② 交换机故障。

③ 光纤故障，如光纤性能劣化、损耗过高、光纤损断、光纤接头接触不良。

④ 电缆故障，如中继脱落、中继损断、电缆插头接触不良。

⑤ 设备接地不良。

⑥ 设备周围环境劣化。

（3）操作不当　操作不当是指维护人员对设备缺乏深入了解，做出错误的判断和操作，从而导致设备故障。

操作不当是在设备维护工作中最容易出现的情况。尤其在改网、升级、扩容时，出现新老设备混用、新老版本混用的情况下，因为维护人员不是非常清楚新老设备之间、新老版本之间的差别，常常引发故障。

（4）设备对接问题　传输设备传送的业务种类繁多、对接设备复杂，而且各种业务对传输通道的性能要求也不完全相同，设备对接时常出现设备故障。对接问题主要有以下几类。

① 线缆连接错误。

② 设备接地问题。

③ 传输、交换网络之间时钟同步问题。

④ SDH 帧结构中开销字节的定义不同。

（5）设备原因　设备原因指由于传输设备自身的原因引发的故障，主要包括设备损坏和板件配合不良。其中设备损坏是指在设备运行较长时间后，因板件老化出现的自然损坏，其特点是设备已使用较长时间，在故障之前设备基本正常，故障只是在个别点、个别板件出现，或在一些外因作用下出现。

8.4.4 排除故障的步骤

由于传输设备自身的应用特点——站与站之间的距离较远，因此在进行故障排除时，最关键的一步就是将故障点准确定位到单站。在将故障点准确地定位到单站后，就可以集中精力来排除该站的故障。

故障排除的一般步骤如下：

① 在排除故障时，应先排除外部的可能因素，如光纤断、交换故障或电源问题等，再考虑传输设备的问题；

② 在排除故障时，要尽可能准确的定位故障站点，再将故障定位到单板；

③ 线路板的故障常常会引起支路板的异常告警，因此在故障排除时，先考虑排除线路故障，再考虑排除支路故障，在分析告警时，应先分析高级别告警，再分析低级别告警。

8.4.5 故障定位的常见方法

故障定位的常见方法有观察分析法、测试法、拔插法、替换法、配置数据分析法、更改配置法、仪表测试法以及经验处理法。

(1) 观察分析法　当系统发生故障时，在设备和网管上将出现相应的告警信息，通过观察设备上的告警灯运行情况，可以及时发现故障。

故障发生时，网管上会记录非常丰富的告警事件和性能数据信息，通过分析这些信息，并结合 SDH 帧结构中的开销字节和 SDH 告警原理机制，可以初步判断故障类型和故障点的位置。

通过网管采集告警信息和性能信息时，必须保证网络中各网元的当前运行时间设置和网管的时间一致。如果时间设置上有偏差，会导致对网元告警、性能信息采集的错误和不及时。

(2) 测试法　当组网、业务和故障信息相当复杂时，或者设备出现没有明显的告警和性能信息上报的特殊故障时，可以利用网管提供的维护功能进行测试，判断故障点和故障类型。下面以环回操作为例进行说明。

进行环回操作前，首先需要确定环回的网元、单板、通道、方向。因为同时出问题的通道大都具有一定的相关性，因此在选择环回通道时，应该从多个有故障的网元中选择一个网元，从多个有故障的业务通道中选择一个业务通道，对所选择的业务通道逐个方向进行环回操作加以分析。

进行环回操作时，先将故障业务通道的业务流程进行分解，画出业务路由图，将业务的源和宿、经过的网元、所占用的通道和时隙号罗列出来，然后逐段环回，定位故障网元。故障定位到网元后，通过线路侧和支路侧环回定位出可能存在故障的单板。最后结合其他处理办法，确认故障单板，并予以更换。

环回操作不需要对告警和性能做深入的分析，是定位故障点最常用、最有效的方法，缺点是会影响业务。

(3) 拔插法　当故障定位到某块单板时，可以通过重新拔插单板和外部接口插头的方法，来排除接触不良或单板状态异常的故障。

特别注意，拔插单板时应严格按照规范操作，以免由于操作不规范导致板件损坏等其他

问题。

(4) 替换法　替换法就是用一个工作正常的物件去替换一个被怀疑工作不正常的物件，从而达到定位故障、排除故障的目的。这里的物件，可以是一段线缆、一块单板或一端设备。替换法适用于以下情况。

① 排除传输外部设备的问题，如光纤、中继电缆、交换机、供电设备等。例如支路板某个 2M 有“CV 性能超值”或者“2M 信号丢失”的告警，怀疑是交换机或中继线的问题，则可与其他正常通道互换一下。若互换后告警发生了转移，则说明是外部中继电缆或交换机的问题，若互换后故障现象不变，则可能是传输的问题。

② 故障定位到单站后，排除单站内单板的问题。例如某站光线路板有告警，怀疑收发光纤接反，则可将收、发两根光纤互换。若互换后，光线路板告警消失，说明确实光纤接反。

③ 解决电源、接地问题。

替换法操作简单，对维护人员要求不高，是比较实用的方法，缺点是要求有可用备件。

(5) 配置数据分析法　由于设备配置变更或维护人员的误操作，可能会导致设备的配置数据遭到破坏或改变，导致故障发生。

对应这种情况，在故障定位到网元单站后，可以通过查询设备当前的配置数据和用户操作日志进行分析。

配置数据分析法可以在故障定位到网元后，进一步分析故障，查清真正的故障原因。但该方法定位故障的时间相对较长，对维护人员的要求高，只有熟悉设备、经验丰富的维护人员才能使用。

(6) 更改配置法　更改配置法是通过更改设备配置来定位故障的方法，适用于故障定位到单个站点后，排除由于配置错误导致的故障。可以更改的配置包括时隙配置、板位配置、单板参数配置。

更改设备配置之前，应备份原有配置，同时详细记录所进行的操作，以便于故障定位和数据恢复。

由于更改配置法操作起来比较复杂，对维护人员的要求较高，因此仅用于在没有备板的情况下临时恢复业务，或用于定位指针调整问题，一般情况不推荐使用。

(7) 仪表测试法　仪表测试法是指利用工具仪表定量测试设备的工作参数，一般用于排除传输设备外部问题以及与其他设备的对接问题。

仪表测试法应用举例。

① 如果怀疑电源供电电压过高或过低，可以用万用表进行测试。

② 如果传输设备与其他设备无法对接，怀疑设备接地不良，可以采用万用表测量通道发端信号地和收端信号地之间的电压值。若电压值超过 500mV，可以认为是设备接地不良造成的。

③ 如果传输设备与其他设备无法对接，怀疑接口信号不兼容，可以通过信号分析仪表观察帧信号是否正常，开销字节是否正常，是否有异常告警，进而判断故障原因。

通过仪表测试法分析定位故障比较准确，可信度高，缺点是对仪表有需求，同时对维护人员的要求也比较高。

(8) 经验处理法　在一些特殊的情况下，由于瞬间供电异常、外部强烈的电磁干扰，致使设备单板进入异常工作状态，发生业务中断、ECC 通信中断故障，此时设备的配置数据完全正常。经验证明，在这种情况下通过复位单板、设备重新加电、重新下发配置数据等方法，可及时、有效地排除故障、恢复业务。

经验处理法不利于故障原因的彻底查清，除非情况紧急，否则应尽量避免使用。当维护人员遇到难以解决的故障时，应通过正确渠道请求技术支援，尽可能地将故障定位出来，以消除隐患。

8.4.6 故障分类

SDH 设备的典型故障包括通信故障、业务中断故障、误码类故障、同步类故障、公务类故障、设备对接故障、网管连接故障。

通信故障泛指通道中断或存在误码的故障，在交换侧和传输侧均存在通信故障。本章所描述的故障，除通信故障以外，都发生在传输设备端。

8.4.6.1 通信故障

(1) 故障原因　传输设备侧或交换机侧的故障导致通信业务的中断或者大量误码产生。

(2) 处理流程　故障处理流程如图 8-79 所示。

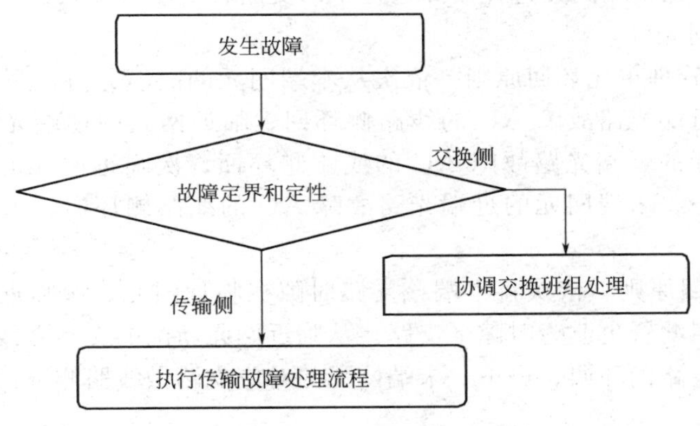

图 8-79　故障处理流程

(3) 通信故障处理流程

① 发生故障后，启动备用通道保证现有通信业务的正常进行。

② 定位故障点，对故障进行定界和定性，确定究竟是传输侧故障还是交换侧故障。

如果经过多级维护单位的传输，必须与其他维护单位协调配合逐级定位故障点。

定位故障点应当采取测试法，建议使用环回操作。环回可以通过在 DDF 架上做硬件环回实现，也可以通过传输设备做软件环回实现，同时接入误码仪测试通道环中信号的优劣。如果用软件在传输设备上实现环回，必须分清支路环回和 AU 环回、终端侧环回和线路侧环回。

③ 如果故障定界到交换侧，与交换班组协调处理。如果定位在传输侧，按照图 8-80 所示的流程图进行传输故障的分类。

④ 判断故障种类后，按照相应的故障处理流程排除故障。

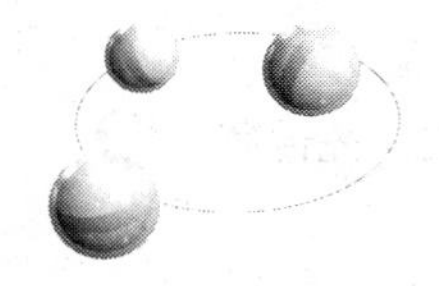

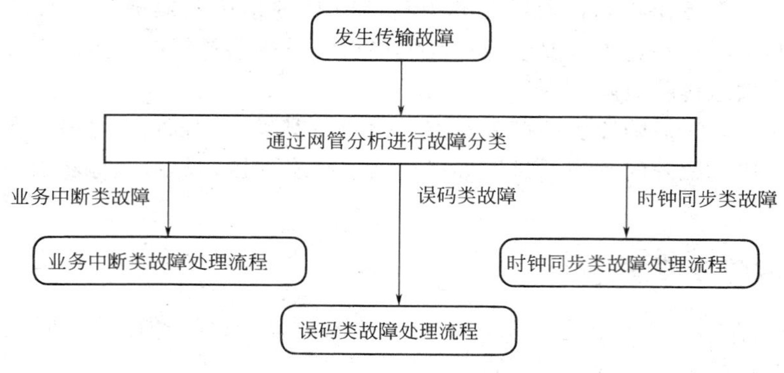

图 8-80 故障分类流程表

8.4.6.2 业务中断故障

（1）故障原因

① 外部原因 供电电源故障；光纤、电缆故障。

② 操作不当 由于误操作，设置了光路或支路通道的环回、或删除了配置数据。

③ 设备原因 单板失效或性能劣化。

（2）处理流程 在本端网元选择故障通道中的支路收发端口接入误码仪，采用测试法逐级环回，定位故障网元。

① 高阶通道、管理单元环回原则 依次从本端网元的故障光方向做故障 AU 的终端侧环回、临近网元的近端光路故障 AU 的线路侧环回、临近网元的远端光路故障 AU 的终端侧环回、次临近网元的近端光路故障 AU 的线路侧环回、次临近网元的远端光路故障 AU 的终端侧环回、……、末端网元的近端光路故障 AU 的线路侧环回、末端网元的对应支路的线路侧环回。

② 低阶通道环回原则 依次将本端该支路时隙在临近网元、次临近网元、……、末端网元的光路时隙直通配置更改为时隙下支路。从临近网元新配的支路做线路侧环回、次临近网元新配的支路做线路侧环回、……、末端网元的对应支路做线路侧环回。如图 8-81 所示。

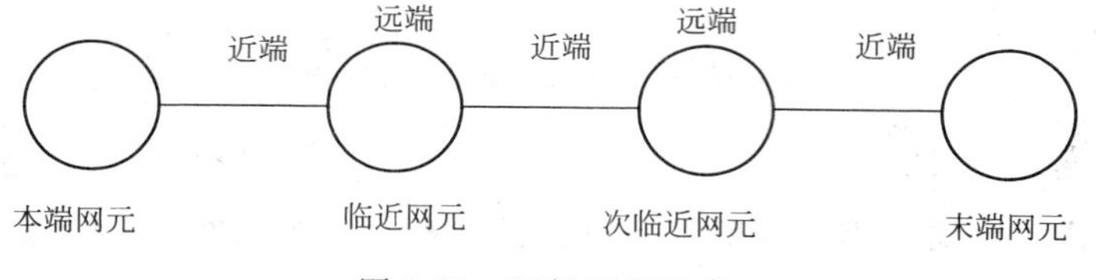

图 8-81 逐级环回示意

观察设备指示灯的运行情况，分析设备故障。如某块单板红、绿指示灯均熄灭，而其他板正常，则可能该单板失效或故障，更换该单板。

分析网管的告警和性能。根据故障反映出来的告警和性能定位故障单板并加以更换。以上可同时进行，并结合拔插法和替换法。

（3）常见故障及分析

现象一：业务不通，同时网管上报光信号丢失告警。

分析和处理：

① 检查光纤情况，检查光纤的槽位是否接错；

② 检查光线路板的收光功率，测试是否收发光不正常，调整光接口，观察告警是否消失；

③ 检查上一点的光线路板收发光情况，测试是否收发光不正常，调整光接口，观察告警是否消失；

④ 如经过以上检查后，告警仍未消失，按照本节介绍的处理流程，将光线路板自环，检测定位故障点并解决故障。

注意：接收光功率过强会造成业务不通或信号劣化，因此当两站点距离过近时，相应的光路中必须加装光衰减器。

现象二：业务不通，同时无任何告警。

分析和处理：

① 检查业务不通的站点之间是否被做环回，如果光线路板之间存在环回，取消环回并正确连接即可；

② 如果没有环回存在，按照本节介绍的处理流程，将光线路板自环，检测定位故障点；

③ 确定故障光线路板，判断为该板收发故障。因为当某块光线路板收不到光信号，同时自己也检测不到故障时，该光线路板可能不会告警，对端光线路板也无远端接收故障告警。

现象三：光线路板发光功率正常，但业务中断，在收端网元上报复用段告警、指示信号告警，发端上报复用段远端缺陷指示告警，用尾纤自环仍有复用段丢失。

分析和处理：故障现象表明，光线路板正常发光但不扰码，此时可以采用经验法，通过软件复位或重新拔插单板可以解决，但最好能够更换光线路板解决。

现象四：2M 业务不通。

分析和处理

① 查看业务不通的 2M 业务的数量，如果数量很多，应首先考虑为光路问题。

② 如果单个或几个 2M 业务不通时，检查时隙配置是否正确，并在网管中执行下载命令将正确的时隙配置数据重新下到支路板上。如果支路仍然没有信号，复位支路板，若没有其他硬件问题的话，告警会消失。

③ 经过上一步骤，如果业务仍然不通，按照故障处理流程对 2M 支路进行终端侧环回，并接入误码仪测试。

如果误码仪 2M 电信号丢失告警不消失，则判定原因可能是 2M 接口板的接口不好、2M 线断或配线架同轴头未焊好，可更换接口解决。

如果误码仪告警消失，则问题出在 2M 接口板、交叉时钟板或背板上，可更换 2M 接口板或交叉时钟板解决问题。

④ 如果故障点为与其他厂家对接的 2M 接口板，故障原因可能是由于对接设备与传输设备的地电位不同，存在电位差。要消除电位差的影响，有以下几种方法。

⑤ 检查接地网，使传输设备与对接设备的地电位一致。

⑥ 将传输设备与对接设备的 2M 信号的发端接地，收端不接地。

⑦ 在对接的 2M 信号线上串接 0.1～0.5μF 的电容。

现象五：SDH 设备投入使用后，2M 业务不通，网管上查不出告警和性能，用误码仪离线测试无误码。

分析和处理：产生这种现象的主要原因是 ODF 架没有接地或传输设备和交换机之间没有共地，从而存在较大的压差，解决办法是检查接地网、把地线接好。

8.4.6.3 误码类故障

(1) 故障原因

① 外部原因　光纤接头不清洁或连接不正确；光纤性能劣化、损耗过高；设备接地不好；设备附近有干扰源；设备散热不好，工作温度过高。

② 设备原因　交叉时钟板与线路板、支路板配合不好；时钟同步性能不好；单板失效或性能不好等。

(2) 定位故障点　误码字节包括 B1、B2、B3 和 V5 字节，其级别由高到低顺序为 B1→B2→B3→V5。对于网管上报的性能应首先处理高级别性能，如果高级别性能处理后还有低级别性能上报，再处理低级别的性能。正常情况下，网管采集的性能值应该为零。

查询故障网元的性能：如果网管上有 B1/B2 的性能，说明光路不好，定位故障点采用如下步骤。

① 检查光线路板的收发光功率是否在指标内。如果两端光线路板的发光功率均在正常指标范围内，但收光功率低于接收灵敏度或没有光输入，此时应检查光线路板收口到 ODF 的尾纤连接和耦合情况。

② 如果在两端 ODF 上的接收光功率都偏低或无收光，说明光缆线路有问题。此时必须联系光缆线路维护人员及时处理，然后通过尾纤自环光线路板输入输出来定位是本端网元光口故障还是对端网元光口故障。自环必须保证收口光功率在该类光线路板的接收光范围（过载点和灵敏度之间）内。

光缆线路维护人员要使用 OTDR 测试光缆时，应该注意必须拔掉相应光接口上的连接尾纤，避免 OTDR 发出的强光损坏光接口。

③ 如果自环本光线路板后，没有再上报 B1/B2 性能，说明本光线路板无故障。同样，如果自环对端光线路板后，对端光线路板也没有再上报 B1/B2 性能，说明对端光线路板无故障。

检查故障网元的性能：如果网管上没有 B1/B2，只有 B3 的性能，说明高阶通道不好，问题可能在交叉时钟板或支路板上，可以通过网管的相应操作来倒换交叉时钟板定位故障单板。

检查故障网元的性能：如果网管上只有 V5 的性能，表示低阶通道不好，说明支路板故障。可以改配时隙到临近网元下支路或对 AU 进行环回来定位是本端支路板还是对端支路板故障。

处理流程：采用测试法，按照上述的定位故障点方法定位误码的发源地。如果是光线路板误码，分析光线路板误码性能事件，排除线路误码。排除线路误码常用步骤如下。

① 排除外部的故障原因，如接地不好、工作温度过高、光线路板接收光功率过低或过高等问题。

② 观察光线路板误码情况。若某站所有线路板都有误码，推断为该站交叉时钟板问题，更换交叉时钟板。若只有某块线路板报误码，则可能是线路板问题，或对端线路板，或光纤的问题。

③ 如果是支路板误码，分析支路板误码性能事件，排除支路误码。若只有支路误码，则可能是支路板或交叉时钟板的问题，应更换支路板或交叉时钟板。

注意：传输维护人员必须仔细分析性能，通过分析 B1/B2/B3/V5 等 SDH 基本开销的含义和发生机制查找故障单板，严禁未加分析便对故障网元进行重启动或换板操作。

(3) 典型故障及分析

现象一：有 A、B 两个站点进行点对点连接，根据网管上报 B1/B2/B3 误码的数量，处理分别如下。

① A 点光线路板有零星小误码，规律性较强，每 24h 有几次或几天一次或连续。平均每个误码秒 1 个 BBE，且不产生 B2、B3、V5（3～5 次 B1 BBE 可能会出现 1 次 B2 BBE，3～5 次 B2 BBE 可能会出现 1 次 B3 BBE），偶尔出现 V5 也只是 1 个误码，即最多使受影响的某个 2M 一次出现一个 V5 BBE，对业务影响很小。

分析和处理：遇到该特性的误码时，首先确定 A 点光线路板收光是否正常，有无太弱（出现连续较大 B1 BBE，但无大误码）。若收光正常，则判断为 B 点光线路板有问题，可能是光线路板本身性能问题或发光模块的色散容限太小（光纤长度＞100km）造成。若误码出现频率不大，建议不更换单板。

② A 点光线路板有误码，规律性较强，每 24h 有几次或几天一次，平均每个误码秒最少 5 个 BBE，偶尔伴有瞬间帧失步（告警持续 5～6s）和 OFS。该误码为大误码，肯定会产生 B2、B3、V5（B2、B3、V5＞3 个 BBE/ES），所有业务都有影响。对电视业务会有短暂马赛克或停帧，但对电话或数据业务，用户一般察觉不到，基站也一般无异常。

分析和处理：遇到该特性的误码对业务影响，虽然不易察觉，但应及时处理，处理方法为更换收端光线路板。

③ A 点光线路板有突发连续大误码，频繁上报帧失步告警，不可用时间开始。

分析和处理：遇到该特性的误码时，业务一般不能保证。此前无误码，一旦出现，通常不会自动消失，应马上处理，处理方法为更换光线路板。

④ A 点光线路板有连续 B2 BBE 大误码，有时有复用段信号劣化告警。

分析和处理：误码严重程度可能与温度关系密切。高温天气、机房无空调或设备风扇损坏时，可能会导致误码频繁发生。此时，A 点光线路板无 B1 误码，应马上处理，处理方法为更换光线路板。

注意：设备工作温度过高会导致设备工作异常，高温天气、机房空调失效、散热风扇停转、防尘网堵塞，都会导致误码频繁发生。

现象二：个别 2M 支路误码。

分析和处理：

① 证实网管是否可用和有效，是否出现误报误码的情况。

② 如果没有，清空各站点的性能计数，查询该站点的性能值。

③ 若相应支路的误码性能始终不为零，检查两个站点的 2M 支路板接口和 2M 线，或利用软件环回进行测试。

④ 若只有本站误码，而没指示远端误码，则误码产生于本站点，查询对端站点的支路性能，应有远端误码指示，此时检查各单板的接触、改变时隙配置（检查交叉时钟板）、更换支路口或支路板。

⑤ 若本站有误码且有远端误码指示，对端站点只有本站误码，故障点在对端，处理同上一点。

⑥ 若两站点都有本站误码和远端误码则分别处理，并且注意业务经过站点的单板性能。

现象三：几乎全部 2M 支路都出现误码。

分析和处理：

① 证实网管软件工作正常，确认出现的误码没有误报。

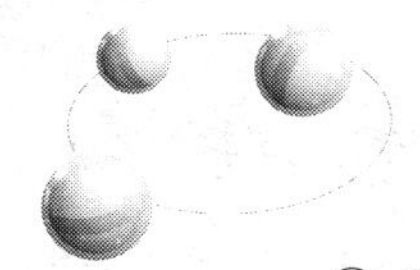

② 采集当前告警，看是否存在其他更高级别、严重程度更高的告警。

③ 查询上报误码支路的时隙配置，定位故障站点。

④ 查询光线路板是否上报误码，定位故障点，查询时注意区分近端误码和远端误码。

⑤ 造成 2M 支路出现大量误码的原因，首先可能是时钟，其次是光线路板，最后才考虑交叉时钟板和 2M 接口板。检查顺序为：倒换时钟，如果仍然存在误码，检查光线路板收发光功率，如果收发光正常，检查其他单板或经过站点。

8.4.6.4 时钟同步类故障

（1）故障原因

① 外部原因　光纤接反；外时钟质量问题。

② 操作不当　时钟源配置错误，出现一个子网中同时有两个时钟源的情况；时钟源级别设置错误；时钟对抽。

③ 设备问题　线路板故障，提供的线路时钟质量不好；交叉时钟板故障，提供的时钟源质量不好；交叉时钟板故障，给各单板分配的工作时钟质量不好。

（2）处理流程

① 检查网管的时钟配置，避免时钟对抽等人为的错误操作，并将正确的时钟配置下发至 NCP 板，保持网管数据与 NCP 数据的一致。

② 通过网管检查光路和支路是否有 AU PJE/TU PJE 的性能值。如果只有 TU PJE，说明该支路板故障，更换即可。

③ 如果 AU PJE/TU PJE 同时存在，先处理 AU PJE，处理后如果还有 TU PJE，继续处理 TU PJE。

产生 AU PJE 的单板有光线路板和交叉时钟板。处理流程如下。

④ 检查收光功率，并查询 B1/B2 性能值。如果收光功率正常，光线路板 B1/B2 性能值为 0，说明 AU PJE 来源于网元设备内部。

⑤ 检查交叉时钟板对时钟的锁定情况。如果时钟不能锁定，可以通过网管操作倒换交叉时钟板。

⑥ 如果倒换后时钟锁定并 AU PJE 消除，更换原主用交叉时钟板。

⑦ 如果倒换后时钟仍不能锁定并同样伴随 AU PJE，更改时钟提取光方向。如果 AU PJE 消除，说明原光线路板光接口或对端光接口故障。

（3）常见故障及分析

现象一：网管上报指针调整超值告警。

分析和处理：由于在时钟失锁和时钟锁定的状态下，都会产生指针调整。因此，如果发现指针调整，应首先检查时钟锁定状态是否正常，如果不正常，首先应解决时钟失锁问题。

时钟失锁

① 检查是否有外部原因发生，如断纤。

② 如果是由于断纤或网管强制时钟倒换引发的时钟倒换失效，检查数据配置和时钟源等级是否设置正确，是否存在时钟互抽的时钟源配置，时钟倒换规则是否设置。如果数据配置无误，通常是倒换后正在使用的时钟源故障或单板的硬件故障，即本端或对端的光线路板或时钟板有硬件故障，此时应考虑更换单板。

③ 如果没有发生时钟倒换，时钟处于失锁状态，通常由于光线路板或交叉时钟板有硬件故障，此时应考虑更换本端或对端的光线路板或交叉时钟板。

外时钟配置站点的时钟失锁

④ 如果在设置外时钟的站点出现时钟失锁，按照时钟失锁的操作检查数据配置，查看是否错配多级外时钟源。

⑤ 如果数据无误，再检查交叉时钟板、外时钟线及外时钟源，考虑更换故障单板或电缆。

⑥ 如果没有发生外时钟倒换而出现时钟失锁，一般是由于运行过程中单板或线路出现损坏，此时也应考虑更换本点交叉时钟板、外时钟线或外时钟源。

时钟锁定质量低

如果在时钟锁定正常的情况下发生指针调整，证明时钟锁定的质量较低，当网络不同步时，系统通过指针调整的自愈手段进行补偿。网络的不同步一般是某些单板有问题，可能会涉及的单板包括交叉时钟板和光线路板。指针调整不传递，在本端终结，可通过调整更换本端或相临站点网元的光线路板或交叉时钟板来解决。

现象二：网管上报定时输入丢失告警。

分析和处理：网管系统检测出定时输入丢失，说明本端交叉时钟板无问题。故障原因包括以下几点。

① 由外接设备造成，连接该站点的对方交叉时钟板未插。

② 由光线路板故障造成。首先检查时钟源配置，下载时钟配置，复位交叉时钟板。

③ 本端时钟源丢失造成，检查时钟源。

现象三：网元的时钟源配置为线路抽时钟，但交叉时钟板不能正常抽取线路时钟。

分析和处理：

① 查询网管是否上报定时输入丢失告警。如果存在此告警，将无法抽取线路时钟。告警解除后，抽线路时钟功能恢复。

② 通过网管查询 SSM 字节的使用情况以及时钟质量等级。当 SDH 设备的时钟质量等级为质量等级未知，但未启用该功能时，交叉时钟板将默认该时钟源不可用，应通过网管进行更改。

③ 通过网管查询是否设置时钟闭锁。

现象四：通过网管查询原设置为外时钟源的网元，上报结果为抽线路时钟。

分析和处理：判断时钟可能成环，时钟成环的处理根据组网方式有所不同。

① 组网为链网　通过网管检查网元互抽时钟是否在两对光纤上进行。如果时钟互抽在两对光纤上进行，当时钟源失效时，将导致链网时钟异常，应当将时钟源配置为同一对光纤的互抽。

② 组网为环网　如果网元互抽时钟，通过网管检查互抽是否在同一对光纤上进行。如果不是，参照上面修改抽时钟的设置。检查所有设置为抽线路时钟的网元的抽时钟方向，如果抽时钟按照同一方向形成一个闭环，将可能导致时钟成环，应更改时钟源配置。例如，将环网中的某网元设置为内时钟，破坏时钟成环。如果组网为单环，且仅有一个外时钟源，将抽外时钟源的网元的时钟源类型设置为外时钟源，且仅设置此时钟源，其他网元设置为双向互抽即可。

8.4.6.5　网管连接故障

(1) 故障原因

① 外部原因　供电电源故障，如设备掉电、供电电压过低等；光纤故障，如光纤性能

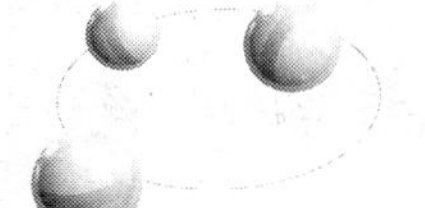

劣化、损耗过高等。

② 操作不当　配置有误。

③ 设备故障　网卡故障、光线路板故障、交叉时钟板故障、网元有大量的性能数据上报到网管，造成 ECC 通道阻塞。

（2）处理流程

① 排除外部原因，如掉电、光纤性能劣化等。

② 检查网管配置是否有误。

③ 采用测试法，逐段自环定位故障网元。

④ 采用观察分析法对光线路板、交叉时钟板进行检查。

（3）常见故障及分析

现象一：网管无法通过 Qx 口与 NCP 连接，ping 不通 NCP 但可 ping 通自己。

分析和处理：

① 检查网线是否正常，网线类型（直通网线或交叉网线）是否正确；

② 检查计算机网络设置是否正确。ping 通自己说明网卡已经正确安装并且网络配置生效，ping 不通 NCP 可能由于网管计算机和网元的 IP 地址及子网掩码不在同一网段；

③ 将 NCP 板的拨码开关拨为全“ON”状态，设置为下载状态。利用＜telnet192.192.192.11＞等命令，检查其网元和服务器 IP 地址与网管主机数据库中的配置是否一致。

现象二：没有足够的子 Manager 管理网络。

分析和处理：

① 检查所有的子 Manager 是否已经启动。如果 ZXONM E300 网管运行在 Unix 平台下，通过＜ps - ef | grep smgr＞命令检查是否已启动。如果网管运行在 Windows 平台下，通过任务管理器进行检查。

② 检查是否超过子 Manager 的管理能力。推荐每个子 Manager 管理的最大数不超过 100 个，若超过应当再启动一个子 Manager。

现象三：网管无法管理接入网元或除接入网元之外的其他网元。

分析和处理：

① 当前网管和网元不属于同一网段；

② 对于 IP 协议栈版本的网元，网管和网元属于同一网段，但未将接入网元的 IP 地址设置为默认网关或未设置路由；

③ 网管存在多余的 IP 路由。

现象四：网管只可正常管理网络中的部分网元。

分析和处理：

① 确认无法管理的网元是否处于离线状态，修改离线网元为在线网元；

② 确认网元间的光连接是否正确；

③ 确认无法管理的网元的 NCP 板版本是否正确，如不正确，应重新下发支持此网管的 NCP 板应用程序；

④ 当网管运行在 Unix 平台下时，检查系统参数 maxfiles 和 nfiles 是否正确。

现象五：IP 区域划分混乱导致网元管理不正常。

分析和处理：在实际组网中尽可能地不要划分区域，并且尽可能地不使用骨干区域。当网络中的网元数太多，如超过 64 个时，通常会将网元划分到不同的区域，当超过 128 个时，则必须划分到不同的区域。此时，由于网段划分的错误，可能出现网管无法监控全部网元的情况。

① 确认所有不同区域的网元是否都与骨干区域的边界网元直接相连。

② 确认与边界网元直接相连的非骨干区域和骨干区域网元的总数是否超过 128 个。如果超过，将无法正常管理，同时，建议每个边界网元只与一个非骨干区域直接相连。

③ 确认骨干区域中的各网元是否正确相连。

④ 由于非骨干区域的 ECC 不能直接互通，必须通过骨干区域才能互通，检查骨干区域和边界网元的 ECC 通道是否失效。

⑤ 尽量减少边界网元的数量，有时网元划分过多也会使区域间的关系变复杂。

8.4.6.6　公务故障

(1) 故障原因

① 外部原因　掉电、光纤折断等。

② 操作不当　公务板 (OW)、光线路板配置错误。

③ 设备原因　光线路板、OW 板故障。

(2) 处理流程

① 检查光路是否有告警。因为光路不通，公务也不能通。

② 检查公务电话是否出现故障，可更换电话测试。

③ 检查 OW 板，观察指示灯及网管告警，可采用拔插法、替换法确定公务板是否产生故障。

④ 检查 OW 板、光线路板的配置。

(3) 常见故障及分析

现象一：公务电话打不通、不能听拨号音。

分析和处理：

① 查看光线路板有否告警，如果有光信号告警，首先解决光线路告警；

② 复位呼叫发起点和被叫站点的 OW 板，及两者之间经过站点的 OW 板；

③ 检查各站点的光纤是否按数据配置连接；

④ 检查话机；

⑤ 更换 OW 板。

现象二：公务板群呼不通。

分析和处理：

① 检查网管软件是否设置群呼；

② 复位单板，定位故障板，换板解决。

现象三：公务电话有杂音噪声。

分析和处理：

① 检查是否公务成环，如果成环，将环回站点设为控制点；

② 检查光线路板，如有问题可更换光线路板；

③ 检查 OW 板，如有问题可更换；

④ 检查话机，如有问题应更换。

现象四：公务电话群呼有嚣叫。

分析和处理：群呼嚣叫的原因在于网络中存在两条以上的公务话音通道，从而使话音自激，产生啸叫。

① 检查是否公务成环。如果成环，将环回站点设为控制点；

② 检查对接光方向的公务保护字节设置是否正确。不同设备可设置的公务保护字节不同，对接光口的公务保护字节设置必须一致。

8.4.6.7 风扇故障

（1）故障原因

① 外部原因　风扇电缆故障、风扇插箱与背板接触不良。

② 操作不当　电源开关、拨码开关位置错误。

③ 设备原因　NCP 板、风扇控制板（FAN）故障。

（2）处理流程

① 观察设备风扇运转是否正常，检查电缆和接口的连接，或通过网管的“风扇配置”命令查询风扇运转情况。排除外部原因或操作不当导致的风扇故障。

② 检查 FAN 板，观察风扇插箱面板上的指示灯及网管告警。可采用拔插法、替换法确定 FAN 板或 NCP 板是否产生故障。

（3）常见故障与分析

现象　网管上报 FAN 板板脱位或板类型未知。

分析和处理：

① 检查风扇插箱面板上的指示灯是否正常。正常情况下，指示灯长亮，复位后指示灯应在闪烁 7s 后保持长亮。

② 检查 FAN 板的拨码开关设置是否正常。正常情况下，拨码开关的第 5 位拨至数字端，其他各位均拨至“ON”。

③ 通过网管执行“单板特殊版本”命令，如果从网管上取不到特殊版本，怀疑 FAN 板和背板的连接线缆异常，通过拔插风扇插箱检查是否正常，也可使用万用表测试风扇电缆是否正常。

④ 如果电缆正常但插上风扇插箱后仍然取不到板类型，定位故障到 FAN 板和 NCP 的相关部分，应更换 FAN 板或 NCP 板。

8.4.6.8 设备对接故障

（1）故障原因

① 光纤或电缆错连。

② 与其他厂商提供的设备对接时，一方设备接地有问题，或双方设备不共地。

③ 传输、交换各自的网络内部时钟同步，但两个网络之间不同步。

④ 各厂家 SDH 帧结构中开销字节的定义不同。

（2）处理流程

① 检查设备间物理连接的正确性，防止电缆的漏焊、虚焊、接触不良。

② 检查对接设备两侧的告警和性能，以帮助定位故障。

③ 检查双方设备的接地和共地情况。

接地问题通常是由于两个对接的设备未能真正的共地，接地电阻值达不到指标要求，DDF 配线架未按要求接地。

机房一般采用联合接地的方式，对于未采用联合接地方式的站点，硬件安装时更要仔细测试，以保证设备之间真正共地。检查同轴端口的屏蔽层接地情况。

④ 检查全网的时钟同步。有些厂家的交换机设备、GSM设备，对全网的时钟同步性能要求较高。如果通过SDH传输网络后，交换机下面的模块局和母局的时钟不同步，就可能会产生中继滑码、拨号上网用户业务中断，甚至通话经常中断。首先检查传输设备本身时钟是否有问题，如不是传输设备时钟的问题，则考虑全网时钟规划是否合理，如不合理，可适当调整全网的时钟同步方案，使全网时钟同步。

⑤ 检查对接设备的SDH帧结构中开销字节的定义是否不同。

③ 常见故障及分析

现象：当SDH设备网元和中兴通讯的其他SDH设备对接时，网元之间的公务不通。

分析和处理：由于不同SDH设备对于公务开销字节、公务保护字节的定义不同，对接时，公务保护字节的传递会影响整个网络的公务。中兴通讯SDH设备可用的公务保护字节，如表8-9所示。

表8-9　中兴通讯SDH设备公务保护字节列表

设　备	公务保护字节
ZXMP S320、ZXMP S330、ZXMP S385、ZXMP S380、ZXMP S390	E2.F1.D12以及第2行第9列字节
ZXMP S360	E2.F1和第2行第9列字节

检查对接光方向的公务保护字节设置是否正确，要求对接光口的公务保护字节设置必须一致。

知识巩固

一、填空

1. SDH帧结构的三大组成部分是______、________、________。
2. SDH帧结构的大小为________，频率为________。
3. ZXMP S320支持的最高传输速率是____________。
4. NCP板的三种工作状态分别为________、________、________。
5. E300网管是属于________级别的网络管理系统。
6. 对于ZXMP S320设备中，开销处理主要由______单板完成。
7. STM-1可复用进________个2M信号，________个34M信号，________个140M信号。
8. MSTP的多业务特性主要体现在支持________、________。
9. 为了群呼号在300～399之间的公务号码，需拨________。
10. 自愈环按环上业务的方向将自愈环分为________和________两大类。

二、选择

1. 下列不属于常见网元类型的是（　　）。

A. TM　　B. ADM　　C. REG　　D. DXC

2. 常见的网络拓扑结构是（　　）。

A. 星形网　　B. 树形网　　C. 环形网　　D. 网孔形网

3. STM-4信号是由（　　）个STM-1信号同步复用而成。

A. 4　　B. 1　　C. 16　　D. 8

4. 在中国采用的 SDH 复用结构中，如果按 2.048Mbit/s 信号直接映射入 VC-12 的方式，一个 VC-4 中最多可以传送（　　）个 2.048Mb/s 信号。

A. 60　　B. 72　　C. 64　　D. 63

5. 在 SDH 各种复用单元类型中，能够作为独立的实体在通道中任一点取出或插入，进行同步复用或交叉连接处理的是（　　）。

A. 容器 C　　B. 虚容器 VC

C. 支路单元 TU　　D. 管理单元 AU

6. STM-16 光接口板的速率为（　　）。

A. 3Gbit/s　　B. 2.75Gbit/s

C. 2.5Gbit/s　　D. 10Gbit/s

7. 自愈是指在网络发生故障（例如光纤断）时，无需人为干预，网络自动地在极短的时间内，使业务自动从故障中恢复传输。ITU-T 规定的保护倒换时间为（　　）以内。

A. 0ms　　B. 20ms　　C. 50ms　　D. 100ms

8. 两种自愈环主用业务容量比较，单向通道保护环最大业务容量为 STM-N，而两纤双向复用段保护环最大业务容量为（　　）。

A. 2×STM-N　　B. M×STM-N（M 为环上节点数）

C. M/2×STM-N（M 为环上节点数）　　D. 2M×STM-N（M 为 环上节点数）

三、判断

1. 复用段保护需要用到 APS 协议，因此保护倒换时间稍长。（　　）

2. 以太网透传功能是指将来自以太网接口的信号不经过二层交换，直接映射到 SDH 的虚容器 VC 中，然后通过 SDH 设备进行点到点传送。（　　）

3. NCP 板有两种工作状态，分别为配置状态和正常启动状态，可通过拨码开关和截铃按钮进行设置。（　　）

4. 网管层次分为四层分布分别是设备层、网元层、网元/子网管理层、网络管理层。（　　）

四、简答

1. NCP 作为整个系统的网元监控中心，它提供了哪些接口？各接口有哪些功能？

2. 总结 S320 系统，哪些单板可以进行主备用倒换，倒换时的状态有哪些？

3. 简述 NCP 板的功能，并分析如果设备正常运行时撤掉网管，会不会影响业务，为什么？如果设备正常运行时拔出 NCP 板，会不会影响业务，为什么？

4. 什么是自愈？其原理是什么？简述 1+1 和 1∶1 保护。

5. 由哪些字节完成了 SDH 分层的误码监视与告警？

6. 绘图简述 2M 信号复用进 STM-1 的过程。

项目九　WDM 光传输系统

学习目标 ▶▶▶

1. 了解波分复用系统的发展状况。

2. 进行波分复用设备认知。

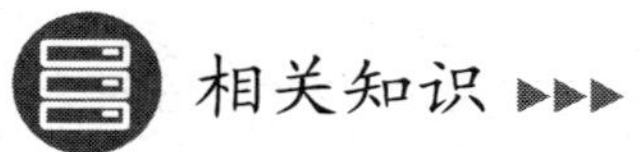

9.1　光网络复用技术的发展

通信网络中，包括多种传输媒介，如双绞线、同轴线、光纤、无线传输。其中，光纤传输的特点是传输容量大、质量好、损耗小、保密性好、中继距离长等。

随着信息时代宽带高速业务的不断发展，不但要求光传输系统向更大容量、更长距离发展，而且要求其交互便捷。因此，在光传输系统中引入了复用技术。所谓复用技术是指利用光纤宽频带、大容量的特点，用一根光纤或光缆同时传输多路信号。在多路信号传输系统中，信号的复用方式对系统的性能和造价起着重要作用。

光纤传输网的复用技术经历了空分复用（SDM）、时分复用（TDM）到波分复用（WDM）三个阶段的发展。

SDM技术设计简单、实用，但必须按信号复用的路数配置所需要的光纤传输芯数，投资效益较差；TDM技术的应用很广泛，如PDH、SDH、ATM、IP都是基于TDM的传输技术，缺点是线路利用率较低；WDM技术在1根光纤上承载多个波长（信道），使之成为当前光纤通信网络扩容的主要手段，多用于干线网络。

在过去20年里，光纤通信的发展超乎了人们的想象，光通信网络也成为现代通信网的基础平台。光纤通信系统经历了几个发展阶段，从20世纪70年代末的PDH系统，90年代中期的SDH系统，以及近来风起云涌的DWDM系统，乃至将来的智能光网络技术，光纤通信系统自身正在快速地更新换代。

光波分复用（Wavelength Division Multiplexing，WDM）技术是在一根光纤中同时传送多个波长的光载波信号，而每个光载波可以通过FDM或TDM方式，各自承载多路模拟或多路数字信号。其基本原理是在发送端将不同波长的光信号组合起来（复用），并耦合到光缆线路上的同一根光纤中进行传输，在接收端又将这些组合在一起的不同波长的信号分开（解复用），并作进一步处理，恢复出原信号后送入不同的终端。因此将此项技术称为光波长分割复用，简称光波分复用技术。

波分复用技术从光纤通信出现伊始就出现了，20世纪80年代末、90年代初，AT&T贝尔实验室的厉鼎毅（T. Y. Lee）博士大力倡导波分复用（DWDM）技术，两波长WDM（1310/1550nm）系统20世纪80年代就在美国AT&T网中使用，速率为2×1.7Gbit/s。

但是到20世纪90年代中期，WDM系统发展速度并不快。

DWDM发展迅速的主要原因如下。

① TDM 10Gbit/s面临着电子元器件的挑战，利用TDM方式已日益接近硅和镓砷技术的极限，TDM已没有太多的潜力可挖，并且传输设备的价格也很高。

② 已敷设G.652光纤1550nm窗口的高色散限制了TDM 10Gbit/s系统的传输，光纤色度色散和极化模色散的影响日益加重。人们正越来越多地把兴趣从电复用转移到光复用，即从光域上用各种复用方式来改进传输效率，提高复用速率，而WDM技术是目前能够商用化最简单的光复用技术。

③ 光电器件的迅速发展。1985年英国南安普顿大学首先研制出掺铒光纤放大器。1990年，比瑞利（Pirelli）研制出第一台商用光纤放大器（EDFA），EDFA的成熟和商用化，光放大器（1530～1565nm）区域采用WDM技术成为可能。

从技术和经济的角度，DWDM技术是目前最经济可行的扩容技术手段。

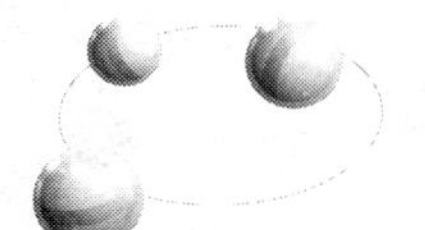

9.2 WDM技术发展背景

随着科学技术的迅猛发展，通信领域的信息传送量正以一种加速度的形式膨胀。信息时代要求越来越大容量的传输网络。近几年来，世界上的运营公司及设备制造厂家把目光更多地转向了WDM技术，并对其投以越来越多的关注，增加光纤网络的容量及灵活性，提高传输速率和扩容的手段可以有多种，下面对几种扩容方式进行比较。

9.2.1 空分复用SDM（Space Division Multiplexer）

空分复用是靠增加光纤数量的方式线性增加传输的容量，传输设备也线性增加。

在光缆制造技术已经非常成熟的今天，几十芯的带状光缆已经比较普遍，而且先进的光纤接续技术也使光缆施工变得简单，但光纤数量的增加无疑给施工以及将来线路的维护带来了诸多不便，并且对于已有的光缆线路，如果没有足够的光纤数量，通过重新敷设光缆来扩容，工程费用将会成倍增长。而且，这种方式并没有充分利用光缆的传输带宽，造成光纤带宽资源的浪费。作为通信网络的建设，不可能总是采用敷设新光纤的方式来扩容，事实上，在工程之初也很难预测日益增长的业务需要和规划应该敷设的光纤数。因此，空分复用的扩容方式是十分受限。

9.2.2 时分复用TDM（Time Division Multiplexer）

时分复用也是一项比较常用的扩容方式，从传统PDH的一次群至四次群的复用，到如今SDH的STM-1、STM-4、STM-16乃至STM-64的复用。通过时分复用技术可以成倍地提高光传输信息的容量，极大地降低了每条电路在设备和线路方面投入的成本，并且采用这种复用方式可以很容易在数据流中抽取某些特定的数字信号，尤其适合在需要采取自愈环保护策略的网络中使用。

但时分复用的扩容方式有两个缺陷：第一是影响业务，即在“全盘”升级至更高的速率等级时，网络接口及其设备需要完全更换，所以在升级的过程中，不得不中断正在运行的设备；第二是速率的升级缺乏灵活性，以SDH设备为例，当一个线路速率为155Mbit/s的系统被要求提供两个155Mbit/s的通道时，就只能将系统升级到622Mbit/s，既使有两个155Mbit/s将被闲置，也没有办法。

对于更高速率的时分复用设备，目前成本还较高，并且40Gbit/s的TDM设备已经达到电子器件的速率极限，即使是10Gbit/s的速率，在不同类型光纤中的非线性效应也会对传输产生各种限制。

现在，时分复用技术是一种被普遍采用的扩容方式，它可以通过不断地进行系统速率升级实现扩容的目的，但当达到一定的速率等级时，会由于器件和线路等各方面特性的限制而不得不寻找另外的解决办法。

不管是采用空分复用还是时分复用的扩容方式，基本的传输网络均采用传统的PDH或SDH技术，即采用单一波长的光信号传输，这种传输方式是对光纤容量的一种极大浪费，因为光纤的带宽相对于目前我们利用的单波长信道来讲几乎是无限的。我们一方面在为网络的拥挤不堪而忧心忡忡，另一方面却让大量的网络资源白白浪费。

9.2.3 波分复用WDM（Wavelength Division Multiplexing）

WDM波分复用是利用单模光纤低损耗区的巨大带宽，将不同速率（波长）的光混合在一起进行传输，这些不同波长的光信号所承载的数字信号可以是相同速率、相同数据格式，也可以是不同速率、不同数据格式。可以通过增加新的波长特性，按用户的要求确定网络容量。对于2.5Gb/s以下的速率的WDM，目前的技术可以完全克服由于光纤的色散和光纤非线性效应带来的限制，满足对传输容量和传输距离的各种需求。WDM扩容方案的缺点是需要较多的光纤器件，增加了失效和故障的概率。

9.2.4　TDM和WDM技术合用

利用TDM和WDM两种技术的优点进行网络扩容是应用的方向。可以根据不同的光纤类型选择TDM的最高传输速率，在这个基础上再根据传输容量的大小选择WDM复用的光信道数，在可能情况下使用最多的光载波。毫无疑问，多信道永远比单信道的传输容量大，更经济。

9.3　CWDM技术简介

美国的1400nm商业利益组织正在致力于为CWDM系统制定标准。目前建议草案考虑的CWDM（稀疏波分复用器，也称粗波分复用器）系统波长栅格分为三个波段。

"O波段"包括四个波长：1290、1310、1330和1350nm；

"E波段"包括四个波长：1380、1400、1420和1440nm；

"S+C+L"波段包括从1470nm到1610nm的范围，间距为20nm的八个波长。

这些波长利用了光纤的全部光谱，包括在1310nm、1510nm和1550nm处的传统光源，从而增加了复用的信道数20nm的信道间距允许利用廉价的不带冷却器的激光发射机和宽带光滤波器，同时，它也躲开了1270nm高损耗波长，并且使相邻波段之间保持了30nm的间隙。尽管目前还没有CWDM的技术标准，在市场上已经存在一个事实上的城域网标准：IEEE已经制定了万兆以太网10GbE标准。CWDM的标准将据此来制定。

CWDM的复用/解复用器和激光器正在逐渐形成自己的标准。相邻波长间隔根据无冷却的激光器在很宽的温度范围内工作产生的波长漂移来决定。目前被确定为20nm，其中心波长为1491nm、1511nm、1531nm等一直到1611nm。而在1300nm波段，IEEE以太网定义通道宽度为20nm，但是中心波长为1290nm、1310nm、1330nm和1359nm。在1400nm波段如何定义还不知道。目前已经成立CWDM用户组开始结束CWDM城域网标准的混乱状态。虽然CWDM目前尚没有形成统一的技术标准，不过，CWDM用户组已经成立，估计不远的将来，这种混乱的局面将结束。目前已经有设备生产厂商着手开发CWDM的传输设备，并已经有设备投入商用化，能够支持从100Mbit/s～2.5Gbit/s的传输速率。

9.4　DWDM技术

DWDM是一种能在一根光纤上同时传送多个携带有信息（模拟或数字）的光载波，可以承载SDH业务、IP业务、ATM业务。只需通过增加波长（信道）实现系统扩容的光纤通信技术。它将几种不同波长的光信号组合（复用）起来传输，传输后将光纤中组合的光信号再分离开（解复用），送入不同的通信终端，即在一根物理光纤上提供多个虚拟的光纤通道，也可以称之为虚拟光纤。

9.4.1　DWDM技术简介

9.4.1.1　DWDM对光纤性能的要求

DWDM是密集的多波长光信道复用技术，光纤的非线性效应是影响WDM传输系统性

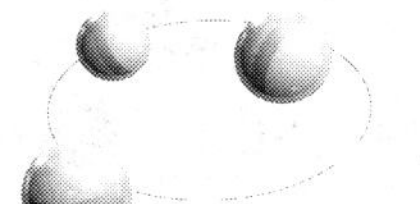

能的主要因素。光纤的非线性效应主要与光功率密度、信道间隔和光纤的色散等因素密切相关；光功率密度越大、信道间隔越小，光纤的非线性效应就越严重；色散与各种非线性效应之间的关系比较复杂，其中四波混频随色散接近零而显著增加。随着WDM技术的不断发展，光纤中传输的信道数越来越多，信道间距越来越小，传输功率越来越大，因而光纤的非线性效应对DWDM传输系统性能的影响也越来越大。

克服非线性效应的主要方法是改进光纤的性能，如增加光纤的有效传光面积，减小光功率密度；在工作波段保留一定量的色散，以减小四波混频效应；减小光纤的色散斜率，以扩大DWDM系统的工作波长范围，增加波长间隔；同时，还应尽量减小光纤的偏振模色散，以及在减小四波混频效应的基础上尽量减小光纤工作波段上的色散，以适应单信道速率的不断提高。

9.4.1.2 DWDM系统中的光源

密集波分复用系统中的光源应具有以下4点要求：

① 波长范围很宽；

② 尽可能多的信道数；

③ 每信道波长的光谱宽度应尽可能窄；

④ 各信道波长及其间隔应高度稳定。

因此，在波分复用系统中使用的激光光源，几乎都是分布反馈激光器（DFB-LD），而且目前多为量子阱DFB激光器。

随着科学技术的发展与进步，用在波分复用系统中的光源除了分立的DFB-LD、可调谐激光器、面发射激光器外，还有两种形式。

一种是激光二极管的阵列，或是阵列的激光器与电子器件的集成，实际是光电集成回路（OEIC），与分立的DFB-LD相比，这种激光器在技术上前进了一大步，它体积缩小、功耗降低、可靠性高，应用上简单、方便。

另一种新的光源——超连续光源。超连续光源，确切地说应该是限幅光谱超连续光源（Spectrum Sliced Supercontinum Source）。研究表明，当具有很高峰值功率的短脉冲注入光纤时，由于非线性传播会在光纤中产生超连续（SC）宽光谱，它能限幅成为许多波长，并适合于作波分复用的光源，这就是所谓的限幅光谱超连续光源。

9.4.1.3 实现DWDM的关键技术和设备

实现光波分复用和传输的设备种类很多，各个功能模块都有多种实现方法，具体采用何种设备应根据现场条件和系统性能的侧重点来决定。总体上看，在DWDM系统当中有光发送/接收器、波分复用器、光放大器、光监控信道和光纤五个模块。

（1）光发送/接收器　光发送/接收器主要产生和接收光信号。主要要求具有较高的波长精度控制技术和较为精确的输出功率控制技术。两种技术都有两种实现方法。常用控制波长的方式包括：温度控制，使激光器工作在恒定的温度条件下来达到控制精度的要求；波长反馈技术，采用波长敏感器件监控和比较激光器的输出波长，并通过激光器控制电路对输出波长进行精确控制。

（2）波分复用器　波分复用器（OMD）包括合波器和分波器。

光合波器用于传输系统发送端，是一种具有多个输入端口和一个输出端口的器件，它的每一个输入端口输入一个预选波长的光信号，输入的不同波长的光波由同一个输出端口输出。光合波器一般有耦合器型、介质膜滤波器型和集成光波导型等种类。

光分波器用于传输系统接收端，正好与光合波器相反，它具有一个输入端口和多个输出端口，它将多个不同波长的光信号分离开来。光分波器主要有介质膜滤波器型、集成光波导型、布拉格光栅型等种类。

其中，集成光波导技术使用最为广泛，它利用光平面波导构成 N×M 个端口传输分配器件，可以接收多个支路输入并产生多个支路输出，利用不同通道的置换，可用作合波器，也可用作分波器。具有集成化程度高的特点，但是对环境较为敏感。

（3）光放大器　光放大器可以作为前置放大器、线路放大器、功率放大器，是光纤通信中的关键部件之一。目前使用的光放大器分为光纤放大器（OFA）和半导体光放大器（SOA）两大类，光纤放大器又有掺饵光纤放大器（EDFA）、掺镨光纤放大器（PDFA）、掺铌光纤放大器（NDFA）。其中，掺饵光纤放大器（EDFA）的性能优越，已经在波分复用实验系统、商用系统中广泛应用，成为现阶段光放大器的主流。对 EDFA 的基本要求是高增益且在通带内增益平坦、高输出、宽频带、低噪声、增益特性与偏振不相关等。半导体光放大器（SOA）早期受噪声、偏振相关性等因素的影响，性能不达到实用要求，后来在应变量子阱材料的 SOA 研制成功后，再度引起人们的关注。SOA 结构简单、适于批量生产、成本低、寿命长、功耗小、还能与其他配件一块集成以及使用波长范围可望覆盖 EDFA 和 PDFA 的应用。

（4）光监控通道　根据 ITU-T G.692 建议要求，DWDM 系统要利用 EDFA 工作频带以外的一个波长对 EDFA 进行监控和管理。目前在这个技术上的差异主要体现在光监控通道（OSC）波长选择、监控信号速率、监控信号格式等方面。

（5）光纤　随着密集波分复用系统（DWDM）的实际应用，那些成熟的现有光纤被使用外，一些新型的全波光纤也出现了，使光纤的带宽得到更大的利用。

9.4.2　DWDM 原理概述

DWDM 技术是利用单模光纤的带宽以及低损耗的特性，采用多个波长作为载波，允许各载波信道在光纤内同时传输。与通用的单信道系统相比，密集 WDM（DWDM）不仅极大地提高了网络系统的通信容量，充分利用了光纤的带宽，而且它具有扩容简单和性能可靠等诸多优点，特别是它可以直接接入多种业务更使得它的应用前景十分光明。在模拟载波通信系统中，为了充分利用电缆的带宽资源，提高系统的传输容量，通常利用频分复用的方法。即在同一根电缆中同时传输若干个频率不同的信号，接收端根据各载波频率的不同利用带通滤波器滤出每一个信道的信号。同样，在光纤通信系统中也可以采用光的频分复用的方法来提高系统的传输容量。事实上，这样的复用方法在光纤通信系统中是非常有效的。与模拟的载波通信系统中的频分复用不同的是，在光纤通信系统中是用光波作为信号的载波，根据每一个信道光波的频率（或波长）不同将光纤的低损耗窗口划分成若干个信道，从而在一根光纤中实现多路光信号的复用传输。

由于目前一些光器件（如带宽很窄的滤光器、相干光源等）还不很成熟，因此，要实现光信道非常密集的光频分复用（相干光通信技术）是很困难的，但基于目前的器件水平，已可以实现相隔光信道的频分复用。人们通常把光信道间隔较大（甚至在光纤不同窗口上）的复用称为光波分复用（WDM），再把在同一窗口中信道间隔较小的 WDM 称为密集波分复用（DWDM）。随着科技的进步，现代的技术已经能够实现波长间隔为纳米级的复用，甚至可以实现波长间隔为零点几个纳米级的复用，只是在器件的技术要求上更加严格而已，因此把波长间隔较小的 8 个波、16 个波、32 乃至更多个波长的复用称为 DWDM。ITU-T G.692 建议，DWDM 系统的绝对参考频率为 193.1THz（对应的波长为 1552.52nm），不同波长的频率间隔应为 100GHz 的整数倍（对应波长间隔约为 0.8nm 的整数倍）。DWDM 系统的构成及光谱示意图如图 9-1 所示。发送端的光发射机发出波长不同而精度和稳定度满足一定要求的光信号，经过光波长复用器复用在一起送入掺铒光纤功率放大器（掺铒光纤放大器主要用来弥补合波器引起的功率损失和提高光信号的发送功率），再将放大后的多路光信号送入光纤传输，中间可以根据情况决定有或没有光线路放大器，到达接收端经光前置放大器（主要用于提高接收灵敏度，以便延长传输距离）放大以后，送入光波长分波器分解出原来的各路光信号。

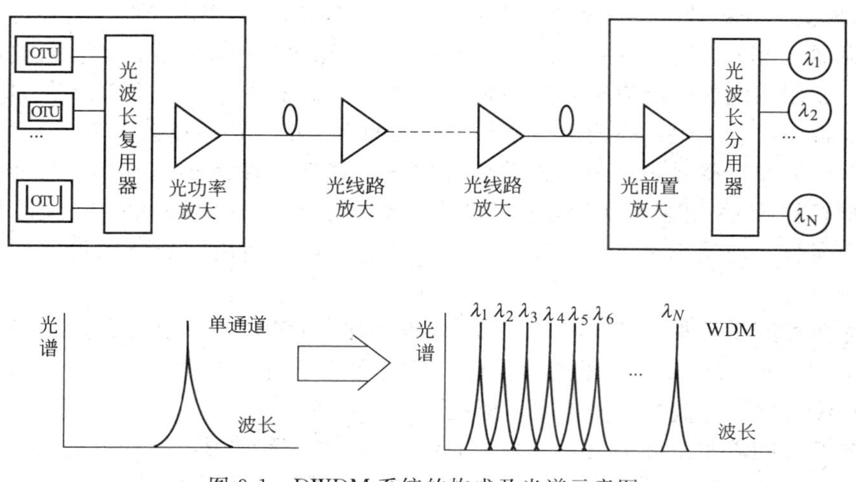

图 9-1 DWDM 系统的构成及光谱示意图

9.4.3 DWDM 的优势

光纤的容量是极其巨大的，而传统的光纤通信系统都是在一根光纤中传输一路光信号，这样的方法实际上只使用了光纤丰富带宽的很少一部分。为了充分利用光纤的巨大带宽资源，增加光纤的传输容量，以密集 WDM（DWDM）技术为核心的新一代的光纤通信技术已经产生。

DWDM 技术具有如下特点。

(1) 超大容量　目前使用的普通光纤可传输的带宽是很宽的，但其利用率还很低。使用 DWDM 技术可以使一根光纤的传输容量比单波长传输容量增加几倍、几十倍乃至几百倍。现在商用的高容量光纤传输系统为 1.6Tbit/s 系统，朗讯和北电网络两公司提供的该类产品都采用 160×10Gbit/s 方案结构，容量 3.2Tbit/s 实用化系统的开发已具备条件。

(2) 对数据的“透明”传输　由于 DWDM 系统按光波长的不同进行复用和解复用，而与信号的速率和电调制方式无关，即对数据是“透明”的。一个 WDM 系统的业务可以承载多种格式的“业务”信号，如 ATM、IP 或者将来有可能出现的信号。WDM 系统完成的是透明传输，对于“业务”层信号来说，WDM 系统中的各个光波长通道就像“虚拟”的光纤一样。

(3) 系统升级扩容　系统升级时能最大限度地保护已有投资在网络扩充和发展，无需对光缆线路进行改造，只需更换光发射机和光接收机即可实现，是理想的扩容手段，也是引入宽带业务（例如 CATV、HDTV 和 B-ISDN 等）的方便手段，而且利用增加一个波长即可引入任意想要的新业务或新容量。

（4）高度的组网灵活性、经济性和可靠性　利用 WDM 技术构成的新型通信网络比用传统的电时分复用技术组成的网络结构要大大简化，而且网络层次分明，各种业务的调度只需调整相应光信号的波长即可实现。由于网络结构简化、层次分明以及业务调度方便，由此而带来的网络的灵活性、经济性和可靠性是显而易见的。

（5）可兼容全光交换　可以预见，在未来可望实现的全光网络中，各种电信业务的上/下、交叉连接等都是在光上通过对光信号波长的改变和调整来实现的。因此，WDM 技术将是实现全光网的关键技术之一，而且 WDM 系统能与未来的全光网兼容，将来可能会在已经建成的 WDM 系统的基础上实现透明的、具有高度生存性的全光网络。

9.4.4　DWDM 的应用

DWDM 既可用于陆地与海底干线，也可用于市内通信网，还可用于全光通信网。

市内通信网与长途干线的根本不同点在于各交换局之间的距离不会很长，一般在 10km 上下，很少超过 15km 的，这就不用装设线路光放大器，只要 DWDM 系统终端设备成本足够低就将是合算的。已有人试验过一种叫做 MetroWDM 都市波分多路系统的方案，表明将 WDM 用于市内网的局间干线可以比由 TDM 提升等级的办法节省约 30%的费用。同时 WDM 系统还具有多路复用保护功能，对运行安全有利。交换局到大楼 FTTB 或到路边 FT-TC 这一段接入网也可用 DWDM 系统，可节省费用或可更好地保护用户通信安全。

利用 DWDM 系统传输的不同波长可以提供选寻路由和交换功能。在通信网的结点处装上不同波长的光的插分复接器 WADM OADM，就可以在结点处任意取下或加上几个波长信号，对业务增减十分方便。每一结点的交叉连接也会是波长的或光的交叉连接。如果再配以光波长变换器 OTU 或光波长发生器，以使在波长交叉连接时可改用其他波长则更加灵活适应需要了。这样整个通信网包括交换在内就可完全在光域中完成。

9.4.5　DWDM 系统结构

图 9-2 是 DWDM 系统结构图，从图中可以看出，DWDM 主要由光发送端、光中继、

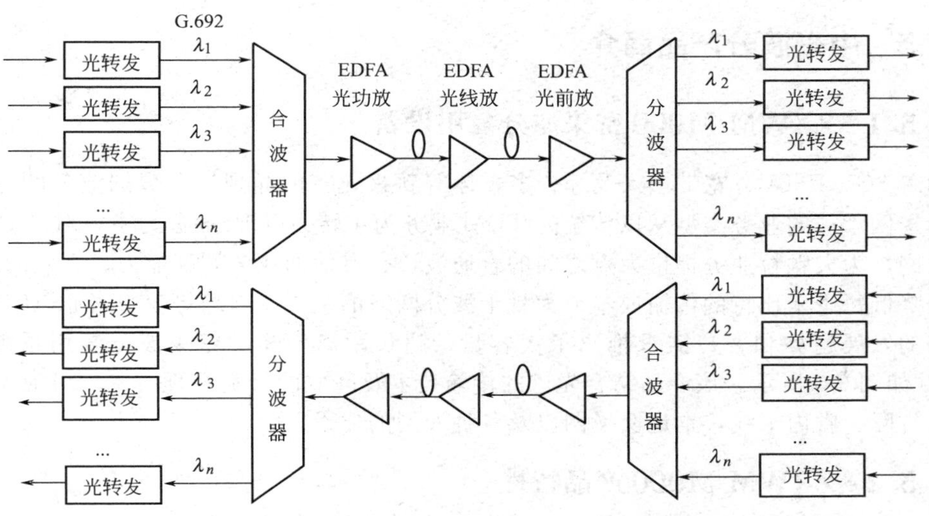

图 9-2　DWDM 系统配置示意图

光接收端、光通道监控及传输用的光纤组成。

(1) 光发送端　发送端的光转发器(OTUT)主要是将来自SDH设备、路由器、ATM设备等的光路业务信号，转发为符合G.692规范的适合在波分复用系统中传输的光载波信号。对具用FEC功能的光转换器还将对接收到的SDH信号进行带外编码后进行传送。

光合波板(OMU)主要将经转发板转发后的各个信道的信号合路至同一光纤中，完成合波过程。

光功率放大板(OBA)主要将耦合有多路信号的光载波通过EDFA进行功率放大，然后进入光缆传输。对于32波系统而言，光功率放大板发出的入纤光功率一般不得大于20dBm。

(2) 光中继放大　光线路放大器(OLA)是将经传输路由衰减到一定程度的光载波，在无需解复用的条件下，对所有信道的信号进行功率放大。

(3) 光接收端　在光接收端的光前置放大器(OPA)的作用就是：当合路光信号经一定距离的传输后，其功率衰减较大，一般不能直接通过分波设备进行光信道的解复用，为了提高信号的接收灵敏度，系统配置构建中，一般在分波器前增加光前置放大器，将来自前一站点的光载波进行预放大，然后再进入分波设备完成解复用。

光分波板(ODU)主要功能是将经同一光纤送来的合路的多波长信号分解为相互独立的光波，分别送入不同的光纤中。

接收端光转发器(OTUR)是将接收来自光分波板各通路的光信号，并将其转化为电信号进行信号的再生整形，在必要时实现解码、监测、纠码等功能，然后转化为适当功率和频率的光信号，送给相应的SDH、路由器或ATM设备。接收端光转发器是选配单板，其配置数量不仅与信道数量有关，而且与系统其他要求有关。

另外，在不同的光复用段间进行信号的传送，还需要用到中继光转换器(OTUG)，以满足跨复用段的或长距离的信号传送。

(4) 光监控通道OSC　监控通道建立在波长为1510nm的光载波之上，带宽为2.048Mbit/s。根据有关标准和规范的要求，该信号与业务信号在同一线路光纤中传输，但不经由各中继放大设备，以保证监控信道的相对独立生存能力。OSC包括线路OSCL和终端OSCT两种，可灵活配置，满足各类复杂组网的需要。

9.5　中兴波分产品简介

9.5.1　ZXWM M900密集波分复用设备

随着3G、IPTV、宽带接入及综合多媒体等新兴业务的涌现以及数据业务的持续增长，波分传送网承载的业务类型从以传统的TDM业务为主转为以IP业务为主，对于DWDM骨干传送网，为大颗粒业务提供大点之间的直通波道、灵活的业务调度能力、高效的带宽管理能力及降低每千米比特的传输成本成为骨干波分网络的主要发展趋势。中兴通讯结合骨干波分网络的发展趋势和客户需求推出了大容量、超长距离传输的密集波分复用系统ZXWM M900，如图9-3所示。该产品结合先进的传输技术及高效的带宽管理技术，可应用于国际、国家、省际、省内干线，本地交换网以及各种专网的建设。

9.5.2　ZXWM M900产品特性

ZXWM M900密集波分复用系统作为长途干线DWDM设备，具有超大容量，超长距离传输等特点，可以实现容量的平滑升级，并提供全面灵活，成熟的保护方案。同时ZXWM M900设备全面支持OTN功能，支持多厂家设备互连互通，是新一代的骨干网传输设备。它具有如下特点。

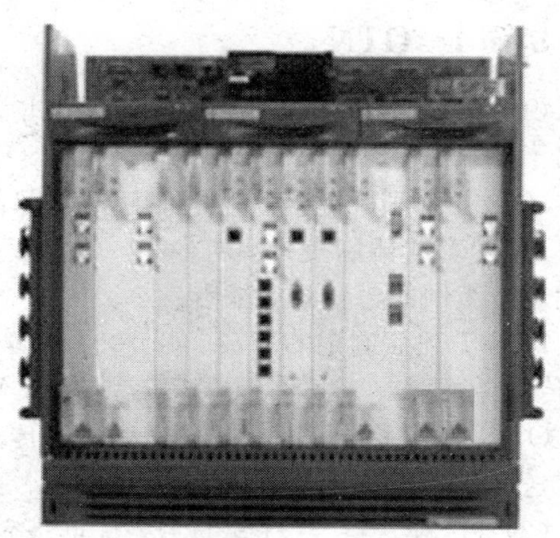

图 9-3　中兴 DWDM 设备 ZXWM M900

（1）超大容量传输和模块化升级能力　在10G系统配置下，采用96/192波系统框架，子系统可模块化扩容，可提供400 Gbit/s、480 Gbit/s、800 Gbit/s、960 Gbit/s 直至1920 Gbit/s的传输容量。

在40G系统配置下，采用C波段96波系统框架，子系统可模块化扩容，可提供1.6T、1.92T、3.2T、3.84T的传输容量，满足未来不断增长的带宽需求。

（2）单波长40Gbit/s技术　40Gbit/s系统采用DPSK、RZ-DQPSK调制码型，具有信噪比容限优良、非线性容限强等特点，具备自动色散补偿能力（TDC），适于超长距离传输系统应用。40Gbit/s业务单板的槽位只占有两个槽位，槽位利用率高，功耗低。

（3）超长距离传输能力　在10G系统配置下，支持无电中继传输距离5000km以上；在40G系统配置下，支持无电中继传输距离1500km以上。

（4）全面支持OTN功能　ZXWM M900设备所有线路接口都支持OTN标准，全面支持OTN的开销检测和利用，支持ODUk颗粒的交叉调度，完全满足G.709、G.798标准；支持TCM域管理开销，实现跨厂家、跨域的精确故障定位与信息传递，实现多域多厂家设备互联互通。

（5）IWF（integrated wavelength feedback）集中式波长反馈控制专利技术　自有专利的波长集中监控技术与高精度的温度控制相结合，进一步保证50/25GHz波长间隔系统的波长稳定性。

（6）高集成度与低功耗合分波　独有的80波单级合分波架构，无需OCI实现80波的合分波，槽位占用率减少20%，功耗减少50%。

（7）波长上下功能　采用灵活的合分波架构设计，实现1个波长至96/192个波长的灵活上下；支持固定光分插复用（FOADM）功能和可重配置光分插复用（ROADM）功能。

（8）全面灵活、成熟的保护方案　提供1+1通道保护，二纤双向通道层共享保护，二纤双向复用段共享保护，子网连接保护，1+1复用段保护，设备侧1∶N OTU保护；通道共享保护技术，可充分减少系统的波长使用数，节省建网投资。

（9）强大的业务接入和汇集能力　STM-1（OC3）、STM-4（OC12）、STM-16（OC48）、STM-64（OC192）、STM-256、FE、GE/10GE、FICON、ESCON，FC，ATM，PDH业务等，汇聚为2/8×GE、4×155M、4×622M、4×2.5G、4×10G、8×Any、2/4/8×FC等。

9.6 光网络未来发展趋势

OTN（Optical Transport Network，光传送网）是以波分复用技术为基础、在光层组织网络的传送网；PTN（Packet Transport Network，分组传送网）是以分组为核心，且支持多业务传送网路。

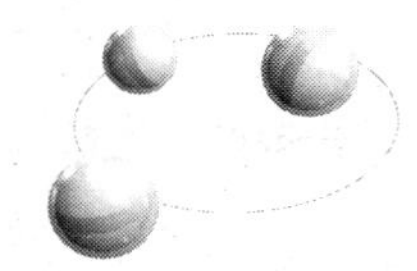

9.6.1 OTN

(1) OTN概述　随着数据业务颗粒增大和处理能力更细化的要求，用户需求对传送网提出了要求。

1998年，国际电信联盟电信标准化部门（ITU-T）正式提出了OTN的概念。OTN技术解决了SDH体制交叉颗粒偏小、调度复杂等问题，同时也部分克服了WDM系统故障定位困难，组网能力较弱等缺点。

ITU-T先后制定G.872、G.709、G.798等一系列标准规范新一代“数字传送体系”和“光传送体系”。

OTN跨越了传统的数字传送和模拟传送，是管理数字和模拟的统一标准，可提供巨大的传送容量的最优技术。

(2) OTN特点　OTN的主要优点是完全向后兼容。基于SDH管理功能基础上，既提供了现有通信协议的完全透明，又为WDM提供端到端的连接和组网能力。

OTN概念涵盖了光层、电层网络，其技术继承了SDH和WDM的双重优势，特征体现为以下几点。

① 多种用户信号封装和透明传输根据G.709标准，OTN帧结构可支持多种用户信号的映射和透明传输，如SDH、ATM、以太网等。目前对于SDH和ATM信号可实现标准封装和透明传送，但对于不同速率的以太网封装及传送却有所差异。

② 大颗粒的复用、交叉和配置电层带宽颗粒为光通路数据单元，即ODUk（k=0、1、2、3）；光层的带宽颗粒为波长。相对于SDH的调度颗粒而言，OTN颗粒明显大，对高带宽数据用户业务的适配和传送效率都有显著提升。

③ 强大的开销和维护管理能力OTN提供了与SDH类似的开销管理能力，其中在光通路层增强数字监视能力，另外还提供了6层嵌套串联连接监视功能。

④ 增强了组网和保护能力OTN帧结构、ODUk交叉和多维度可重构光分/插复用器等引入，极大增强光传送网的组网能力。前向纠错（Forward Error Correction，FEC）技术的采用，显著增加了光层传输的距离。它也提供了更为灵活的电层及光层的业务保护功能。

OTN也有其不足之处，缺乏细带宽粒度上的性能监测和故障管理能力，对于速率要求不高的网络应用，经济性不佳。

9.6.2 PTN

(1) PTN技术　PTN（Packet Transport Network，分组传送网）是以分组为核心，且支持多业务传送网路。它针对分组业务流量的突发性和统计复用传送的要求而设计，极大地降低建设和维护成本，同时秉承光传输的传统优势。

在目前网络当中，PTN主要以太网增强技术、传输技术结合MPLS构成。以太网增强技术以PBB-TE（Provider Backbone Bridge-Traffic Engineering，运营商骨干桥接-交通运输工程）为标准；传输技术结合多协议标签交换是以T-MPLS（Transport Multi-Protocol Label Switching）为主。

(2) PTN特点　PTN是二层数据技术机制的精简版与OAM增强版的结合产物。在现实中，两大主流技术PBT和T-MPLS都将是SDH的进阶产品，而非IP/MPLS的竞争者。它们的基本原理极其相似，都是基于端到端、点对点（双向）的连接，且提供中心管理。

PTN 主要特点有：

① 支持基于分组交换业务的双向点对点连接通道；

② 具有适合于各种颗粒业务、端到端的组网能力；

③ 提供更适合 IP 业务特性的“柔性”传输管道；

④ 具备丰富的保护方式；具有点对点连接的完整的 OAM 功能，保证网络具备保护切换、错误检测和通道监控能力；

⑤ 实现无缝承载 IP 业务；

⑥ 网管系统可控制连接信道的建立与设置，实现业务 QoS（Quality of Service，服务质量）的区分和保证，提供 SLA（Service-Level Agreement，服务等级协议）。

随着光纤通信技术的发展，光网络已经成为各国信息基础设施的基础传输网络，其中关键体现在传输技术的发展。本项目分别对 ASON 技术、光传送网（OTN）及 PTN 技术的概念、关键技术及特点做了简要的分析。

光传送网络（OTN）是一种可以统一管理电域（数字传送）和光域（模拟传送），可提供巨大的传送容量、完全透明的端到端波长、子波长连接以及电信级的保护，其中传送带宽大颗粒业务是其最优特性。

分组传送网络（PTN）是一种以分组业务为核心，并为支持多业务传送，提供了高可用性、高可靠性及高效的带宽管理机制和流量控制、便捷的 OAM 功能和网管、可扩展、较高的安全等特性，其中 T-MPLS 技术是 PTN 的关键技术。

知识巩固 ▶▶▶

一、填空

1. ______技术是在一根光纤中同时同时多个波长的光载波信号，而每个光载波可以通过 FDM 或 TDM 方式，各自承载多路模拟或多路数字信号。

2. 目前使用的光放大器分为______和______两大类。

3. 光放大器可以作为______放大器、______放大器、______放大器，是光纤通信中的关键部件之一。

二、选择

1. 以下哪项不是光纤传输网的复用技术经历的阶段（　　）。

A. 空分复用（SDM）　　B. 时分复用（TDM）

C. 码分复用（CDM）　　D. 波分复用（WDM）

2.（　　）技术是目前最经济可行的扩容技术手段。

A. DWDM　　B. WDM　　C. TDM　　D. CDM

3. 在 DWDM 系统的应用代码中，第二项表示跨距长度等级，可以选用 L、V、U 三个代码，其中 V 表示（　　）。

A. 80km　　B. 120km　　C. 160km　　D. 200km

4. WDM 系统中的光监控通路 OSC 的监控速率优选（　　）

A. 1Mbit/s　　B. 2Mbit/s　　C. 4Mbit/s　　D. 8Mbit/s

5. 以下对 DWDM 系统的两种基本结构描述正确的是（　　）。

A. 单纤单向传输和双纤双向传输　　B. 单纤双向传输和双纤单向传输

C. 单纤单向传输和双纤单向传输　　D. 单纤双向传输和双纤双向传输

三、判断

1. 空分复用是靠增加光纤数量的方式非线性增加传输的容量，传输设备也线性增加。(　　)

2. DWDM 是密集的多波长光信道复用技术。(　　)

3. DWDM 既可用于陆地与海底干线，还可用于全光通信网，但是不能用于市内通信网。(　　)

四、简答

1. 密集波分复用系统中的光源应具备哪些要求？

2. DWDM 主要组成部分有哪些？各自起什么作用？

参 考 文 献

[1] 乔桂红. 吴凤修等编著. 光纤通信. 北京：人民邮电出版社，2005.

[2] 孙青华，黄红艳等编著. 光电缆线务工程（下）——光缆线务工程. 北京：人民邮电出版社，2011.

[3] 柳春峰主编. 光纤通信技术. 北京：北京理工大学出版社，2007.

[4] 李立高主编. 通信光缆工程. 北京：人民邮电出版社，2009.

[5] 卜爱琴主编. 光纤通信. 北京：北京师范大学出版社，2009.

[6] 吴凤修主编. 光纤通信. 北京：人民邮电出版社，2009.

[7] 刘业辉，方水平主编. 光传输系统（中兴）组建、维护与管理. 北京：人民邮电出版社，2011.

[8] 许圳彬，王田甜，胡佳等编著. SDH光传输技术与应用. 北京：人民邮电出版社，2012.

[9] 顾生华主编. 光纤通信技术. 北京：北京邮电大学出版社，2008.

[10] 李筱林，曹惠等编著. 传输系统组建与维护. 北京：人民邮电出版社，2012.

[11] 陈海涛，李斯伟等编著. 光传输线路与设备维护. 北京：机械工业出版社，2011.

[12] 曾翎主编. 通信机务. 北京：中国铁道出版社，2012.

[13] 铁道部劳动和卫生司，铁道部运输局编. 高速铁路通信网管岗位. 北京：中国铁道出版社，2012.

[14] YD/T 1238-2002 基于SDH的多业务传送节点技术要求.

[15] Djafar K Mynbaev，Lowell L Scheiner. 光纤通信技术. 徐公权等译. 北京：机械工业出版社，2002.

[16] 马声全. 高速光纤通信ITU-T规范与系统设计. 北京：北京邮电大学出版社，2002.

[17] 刘世春，胡庆. 本地网光缆线路维护读本. 北京：人民邮电出版社，2006.

[18] 张引发. 光缆线路工程设计、施工与维护（第2版）. 北京：电子工业出版社，2007.

[19] 程毅. 光缆通信工程设计、施工与维护. 北京：机械工业出版社，2010.

[20] [美] 迈恩贝弗等著. 光纤通信技术. 北京：科学出版社，2002.